[개정판]

현대전략론

[개정판]

현대전략론

발행일 2013년 8월 3일 **발행인** 정상철 **저자** 이종학 · 노양규 · 이성만
펴낸곳 충남대학교출판문화원 **주소** 대전광역시 유성구 대학로 99 **전화** 042-821-6045
홈페이지 cnupress.cnu.ac.kr **E-mail** cnupress@cnu.ac.kr

ISBN 978-89-7599-483-8 93390
정가 24,000원

| 개정판 |

군사학총서 10

현대전략론

이종학 · 노양규 · 이성만

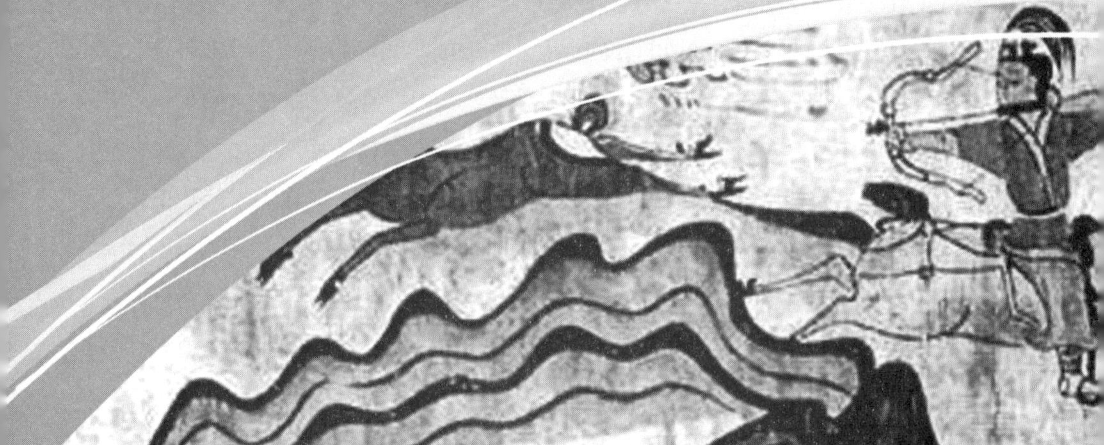

충남대학교출판문화원

머 리 말

오늘날 한반도 정세는 급변하고 있는 상황이다. 즉 북한은 금년 2월 12일 3차 핵실험을 감행하고는 '전시상황 선포' 등, 곧 전쟁이라도 일으킬 것처럼 최고 수준의 대남 협박과 심리전을 구사했다. 박근혜 대통령이 미국(5월)·중국(6월)과의 정상회담을 통해, '한반도의 비핵화 실현이 한반도의 평화와 안전 유지에 부합한다'는 것을 확인하자, 북한은 다급하게 중국과 러시아에 특사를 보내어 외교 공세를 펴고 있다.

거기에다 일본의 아베 신조(安倍晋三) 정권이 우경화·군국주의화로 치닫고 또한 과거 역사에 대한 왜곡歪曲, 독도 영유권 등으로 오늘날의 한반도는 위기상황에 처해 있다고 하겠다. 그러나 이러한 위기를 슬기롭게 극복하면 기회가 온다는 것을 알아야 하며, 위기를 어떻게 해결할 것인가 하는 것이 '전략'에 속하는 연구과제이다.

필자는 1960년 중반부터 공군사관학교, 공군대학 그리고 국방대학원(현재의 국방대학교)에서 '전략론'을 강의했는데, 전략에 관한 우리말 입문서가 전연 없었다. 그리하여 『現代戰略論현대전략론』(1972)을 발간함으로써 입문서 역할을 수행했지만, '한글세대'의 등장으로 이 책은 절판되고 말았다. 그동안 이 책의 개정판을 발간하지 못했으나, 이번에 다행히 영남대학교의 노양규 교수와 공군사관학교의 이성만 교수의 협조를 얻어 개정판을 발간하게 된 것을 기쁘고 또한 감사히 생각한다.

이번 개정판에는 전략의 기본문제를 보완하면서, 미국에서의 새로운 전략연구의 추세와 한반도 정세를 감안하여 책의 내용을 편성했다. 그리고 내용을 한글화 했고 중요한 군사용어에는 영문을 삽입함으로써 개념을 명확히 했을 뿐만 아니라, 앞으로 영문원서를 읽는데 도움이 되도록 배려했다.

필자는 국방대학원에 재직하고 있을 때, 「군사학의 이론체계」(1980)를 세미나에서 발표함으로써 '군사학 이론체계의 정립'을 시도했다. 2002년 12월 군사학이 학문으로 인정되어, 2003년 3월 신학기부터 충남대학교에서 '군사학 석사과정'의 강의가 시작되었고, 그 후 10여개의 민간대학교에서 군사학을 가르치고 또 학사·석사·박사 학위를 수여하게 되었다.

「군사학의 이론체계」에 의하면, 용병술(military art)에는 군사전략, 작전술 그리고 전술로 구성되어 있으며, 이것은 군사학의 핵심내용이다.

필자는 용병술을 다루었고, 「전략이란 무엇인가」에서 전략의 본질에 대한 설명을 새로운 접근법으로 시도해 보았으며 또한 「전략이론의 주요 학설」을 소개함으로써 전략을 넓은 관점에서 이해할 수 있으리라고 본다.

특히 용병술 가운데 '작전술'(operational art)은 근래 한국군에 새로이 도입된 분야이며, 작전술로 군사학 박사 학위를 취득한 노양규 교수가 집필함으로써 내용이 충실하게 소개되어 있다.

그리고 이성만 교수는 최근의 전략연구의 추세와 「북한의 핵무기와 한반도의 안보」를 집필함으로써 한반도의 위기를 이해·해결하는 데 좋은 지침이 되리라.

이 책을 발간하는 데 협조하여 주신 출판문화원장 정순모 교수와 김현순 씨·김보라 씨 등 충남대학교출판문화원 직원들에게 깊은 사의를 표하며, 특히 이 책의 교정을 보아준 최정화 연구위원에게 심심한 감사의 마음을 전한다.

2013년 7월

李 鍾 學 識

－경주 風石齋에서－

목 차

I

전략입문

• 전쟁은 전쟁에 의해서만 배울 수 있다고 하는 옛 원리는 거짓말이다.

–포슈 장군–

• 전략이란 전쟁을 어떻게 승리할 것인가와 방지할 것인가를 다루기 때문에, 전쟁의 변하지 않는 본질과 변하는 성격 그리고 변하지 않는 인간의 본성을 바탕으로 형성되어 있다는 것을 전제로 논의를 진행시키고자 한다.

–본문에서–

1. 역사와 전쟁

인간은 평화를 바라고 또 전쟁을 싫어하여 왔다. 그러나 인간의 역사를 살펴본다면, 서기 전 1496년부터 서기 1861년 사이의 3,357년 동안에 3,130년간 전쟁을 하였고, 다만 227년간이 평화로웠다고 한다. 그러나 이 227년간이 사실은 평화로운 시기가 아니라, 오히려 전쟁을 하다가 지쳐서 잠깐 쉬는 기간으로 보는 것이 타당할 것이다. 그리고 근대에 와서 전쟁이 매우 자주 일어났는데, 즉 전쟁과 전쟁 사이의 간격이 점차로 좁혀졌다는 것이다. 나폴레옹전쟁과 보불전쟁 사이의 간격은 55년간, 보불전쟁과 제1차 대전의 간격은 43년간, 제1차 대전과 제2차 대전 사이의 간격은 21년간과 같이, 인류가 그의 행복을 위하여 필수적인 모든 물질적인 여러 조건을 소유하였다고 생각하던 시대에 있어서 전쟁이 바쁘게 자주 발발했던 것이다. 뿐만 아니라, 1920년부터 제2차 대전이 발발했던 1939년까지 19년 동안에 무려 4,568회의 평화조약이 조인되었고, 제2차 대전이 발발하기 전, 11개월 동안에 211회의 평화조약이 조인되었지만, 전쟁은 여전히 줄어들기는커녕 많아지기만 했다.

전쟁의 무서움을 새삼 논의할 필요는 없다. 다만 전쟁은 국가 존망의 문제요, 국민 생사의 문제일 뿐만 아니라, 패자敗者는 승자의 의지 앞에 굴욕적인 굴복을 당하고 만다는 것이다. 그리고 전쟁은 상호의 약속이나 계약에 의해 발발하는 것이 아니라, 전쟁을 시작하고자 하는 자의 의지에 의하여 이루어진다는 것이다. 지금까지 개인적 분쟁에 대해서는 효과적인 방안과 기구가 있어서 문제를 해결해 주었지만, 민족이나 국가처럼 단위가 커지면 지금까지 그 사이에서 일어난 분쟁이 조정기관에 의해 해결된 일은 거의 없었고, 유일한 해결수단으로 전쟁을 구사해 왔던 것이다. 그리고 지금까지 전쟁은 인류 생존의 기본요소가 되어왔고 또 인간의 천성이 갑자기 변하지 않는 한 그 전쟁 양상을 달리하면서 계속 존속한다는 것이다. 따라서 진정한 평화주의자와 또 전쟁을 싫어하고 증오하는 지성인은 이 사실을 외면하지 말고 과감히 도전해야 할 것이 아닌가?

우리들 주변의 평화주의자와 지성인들이 입으로 평화를 논의하는 것이 전혀 무가치하다는 것은 아니다. 그러나 우리들이 병에 걸렸을 때, 주문呪文이나 기도로 병을 고칠 수 없다는 것과 마찬가지로 평화를 누리기 위해서는 입만으로는 달성되지 않는다는 현실을 직시하지 않으면 안 될 것이다. 오늘날 예방의학의 발전은 그 첫 출발이 병원체의 추구에서 비롯되었다고 한다. 그렇다면 전쟁을 방지하고 평화를 누리기 위해서는 평화를 파괴하는 병원체인 전쟁의 연구·분석의 추구가 선행되어야 할 것이다.

고대 그리스의 철학자 디오게네스(?~323 B.C.)는 지금으로부터 2천여 년 전에 다음과 같이 말했다. 즉, 완력이나 권력이 센 사람은 그보다 약한 사람을 지배한다는 것은 전 인류에 공통적인 자연의 법칙인데, 이것은 시간이 말살할 수도 없고 또 파괴할 수도 없는 진리이다. 이 말은 듣기에 불쾌하고 생각만 해도 불유쾌한 일이지만, 인간의 역사는 바로 이 말의 진리와 지혜를 증명해 주고 있다. 다시 말하면, 한 국가가 충분한 방비도 없이 환락의 부유富裕를 즐기는 것만큼 다른 국가의 침략을 자극하고 평화를 깨뜨리는 원인이 되지 않는 것은 없었던 것이다.

그리고 전략연구란 국가 안보를 위해 군사력을 어떻게 다루느냐가 연구의 초점이다.

2. 전쟁 이론의 연구

프랑스 군사사상의 재건자再建者요, 또 제1차 세계대전에 있어서 연합군 총사령관을 역임한 포슈(Ferdinand Foch, 1851~1929) 장군은 그의 최초의 중요한 저서, 『전쟁의 원칙』(1903)에서 전쟁은 전장戰場에서만 배울 수 있다는 종래의 관념을 논박했다. 전쟁은 전쟁에 의해서만이 배울 수 있다고 하는 옛 원리는 거짓말이라고 그는 썼다. 왜냐하면 자기가 알고 있는 지식을 적용하기 위해 그가 할 수 있는 것을 단순히 해야 하는 그러한 전쟁에서는 어떠한 연구도 가능하지 않기 때문이다. 따라서 비록 조그마한 일을 하기 위해서도 그는 먼저 더 많은 지식을 지녀야 하고 또 그 지식을 잘 알고 있어야 한다. 1815년 이후 전쟁의 경험이 없이, 철저한 학술적 교육을 받은 프로이센군이 1859년에 실제적인 전쟁경험을 가졌던 오스트리아군을 1866년에 격파하였던 것은 좋은 실례實例가 된다. 또 프랑스군이 보불전쟁(1870~1871)에서 참패를 당한 것도 마찬가지였다. 군사이론으로 주의 깊게 훈련되고 또 잘 편성된 참모 조직에 의해 보좌를 받고 있는 프로이센 장군들과 대치한 프랑스의 지휘관들은 그들의 부하장병들이 아무리 용감하다 하더라도, 감출 수 없는 무지無知, 혼란 및 무계획성을 노출하였다. 프랑스군의 패배의 원인 가운데 무엇보다도 고급 지휘관들이 무능력했다는 것이 사실事實로서 명백하게 드러났다. 거기에는 그럴만한 이유가 있었다. 프랑스의 고급 지휘관들은 군사이론의 습득과 지식을 무시하는 반면에 기마술騎馬術과 같은 외면적이고 실제적인 기능을 중요시했기 때문이다.[1]

---

[1] Edward M. Earle ed., *Makers of Modern Strategy* (Princeton : Princeton University Press, 1943), pp. 217~218 참고.

그런데 이론(Theory)이란 무엇이며 또 해야 할 일이 무엇인가에 대해서 클라우제비츠(Carl von Clausewitz, 1780~1831)는 그의 저서 『전쟁론』(1832)에서 다음과 같이 설명했다. 즉

> 이러한 이론은 대상對象을 분석적으로 연구하여, 대상에 관한 정확한 지식을 얻는 것이다. 또한 경험에 적용되면-우리들의 경우라면 전쟁사戰爭史에 적용되면 대상의 완전한 이해理解에 도달하는 것이다.… 전쟁을 구성하고 있는 모든 대상은 얼핏 보아 엉켜져 있어 변별辨別하기 어려움에도 불구하고, 만약 이론이 이러한 대상을 일일이 명확하게 구별하고 여러 가지 수단의 특성을 모두 제시하고 또 그러한 수단에서 생기는 효과를 지적하고, 목적의 성질을 명백히 규정하고, 더욱이 투철한 비판적 고찰의 빛에 의해 전쟁이라는 영역을 구석까지 비추어 준다면 이론은 그 중요한 임무를 수행한 것이 된다. 그렇게 되면 이론은 전쟁이란 어떤 것인가 하는 것을 책에 의해서 알려는 사람에게 훌륭한 안내자가 되며, 또 그가 가는 어느 곳에서나 밝은 빛을 비추어 그의 보행步行을 쉽게 하며, 또 그의 판단력을 육성하여 그가 길을 잃지 않도록 해준다.… 전쟁이론은 전쟁에 있어서 미래의 지휘관의 정신을 교육시키는 데 있다. 그리고 오히려 그의 독학獨學을 지도하는 데 있고, 그와 함께 동반하여 전장戰場에 가져가서는 안 된다.(제2편 제2장, 차후 II-2로 표기함)

클라우제비츠는 전쟁이론의 이상적理想的 임무를 말했으나, 전쟁은 원래 위험, 육체적 고통, 불확실성 및 우연 등이 복잡하게 개입하는 분야이기 때문에 이론의 한계성을 지적하고 결코 그것을 전장에까지 가지고 가지는 말라고 했다. 전쟁이론은 그 자체가 전쟁의 문제를 해결해 주는 것은 아니며, 문제 해결을 하려는 사람에게 그 방향을 알려주는 것이다. 즉 전쟁이론은 전쟁에 관한 여러 가지 대상을 분석하고 검토하며, 또 그러한 대상을 정리함으로써 전쟁을 발생케 하는 여러 가지 요인을 변별辨別하며 또 전쟁의 요강要綱을 제시하여 그 시대의 일반적 요구와 그 때의 특수한 요구를 각각 적절하게 판단할 수 있도록 해 줄 것이다. 그리고 그것은 우리들의 정신을 훈

련시켜 여러 가지 잡다한 대상과 이러한 대상 상호간의 관계를 철저하게 넘겨다보게 하고, 그 위에 다시 정신을 행동의 영역으로 내딛게 할 것이다. 이러한 경우의 행동의 영역은 이전보다 한층 더 고차적인 것이 된다. 이때의 정신은 그가 얻은 힘의 대소大小에 따라 그러한 정신적인 여러 힘을 규합하여 진실한 것과 바른 것을 하나의 명백한 사상으로써 감득感得하는 것이다.

전쟁의 수행을 연구의 대상으로 삼았을 때, 그것은 학(學, Science)에 기반을 둔 술(術, Art)의 영역이라고 생각한다. 여기서 학과 술의 차이점을 규명한다면, 연구와 지식을 목적으로 하는 것은 학의 영역에 속하고, 어떤 사물을 만들어내는 능력을 목적으로 하는 것은 술의 영역이다. 좀 더 구체적으로 얘기한다면, 술이란 예측하기 어려운 여러 가지 대상이나 관계 속에서 가장 중요한 것, 또 가장 결정적인 것을 충분히 숙련된 판단력에 의하여 찾아내는 숙달된 능력을 뜻한다. 물론 학과 술의 사이에 엄밀한 경계선은 존재하지 않는다. 만약 전쟁에 관한 학의 영역에 머물고 있다면, 그는 전략이론가에 지나지 않지만, 전쟁의 실제적인 수행 능력을 갖춘 자는 전략가에 속한다고 말할 수 있을 것이다. 그렇다면 훌륭한 전략가란 "자원, 배치, 시간 그리고 전쟁의 중심重心의 무게를 통제하고 또 그의 추구하는 목적을 향해 전쟁형戰爭型의 효과적인 통제를 개발하는 사람이다."[2]

그런데 군사학(Military Art and Science)이란 무엇인가?(차후 논의함). 군사학은 위대한 장수가 실시한 전쟁술(Art of War)을 연구·분석해서 만든 학문(Science)이다. 따라서 우리들이 추구하는 것은 전쟁술 내지 전략가이며, 군사학은 전략가로 가는 안내자 혹은 입문에 지나지 않는다. 그것은 마치 미학美學이 미술가를 만들기 위한 입문에 지나지 않고, 미학만으로 그림을 잘 그릴 수 있다는 보장이 되지 않는 것과 같다. 그렇다고 군사학 연구의 중요성을 얕잡아 평가하려는 것은 결코 아니다. 예컨대 몰트케(1800~ 1891)는 중대 이상

---

[2] J. C. Wylie, *Military Strategy* (New Brunswick : Rutgers University press, 1967), p. 91.

의 부대를 지휘한 경험도 없었는데, 보오전쟁(1866)에서 30만여의 병력을 지휘했고, 또 보불전쟁(1870~1871)에서는 38만여의 병력을 지휘하여 전승戰勝을 획득할 수 있게 만든 것은 그의 군사학, 특히 꾸준한 전사연구戰史硏究에서 힘입은 바가 많았으며, 또 앞에 말한 바와 같이 프로이센 군대가 50여년간 실전實戰의 경험이 없었음에도 불구하고 당시 유럽에서 가장 강한 군대가 된 이유는 왕성한 군사학의 연구, 평시平時의 실전實戰에 입각한 군사훈련 그리고 전쟁수행에 적합한 편제編制를 하고 있었기 때문이었다. 따라서 우리들은 전쟁이론의 연구가 추상적인 철학적 취미에서가 아니라, 효과적인 행동을 취하기 위한 선결先決조건으로 생각해야 한다.

3. 군사이론·군사학 그리고 전략이론의 연구

필자가 1960년도 중반, 공군사관학교 교수부 군사학과에 재직하고 있을 때 미국의 미시간 대학교에서 물리학 석사학위를 취득하고 귀국한 동기생이 하루는 연구실에 찾아와서 "자네 군사학도 학문인가?" 하고 농담·조롱의 어투로 질문했다. 그것이 동기가 되어 1980년 10월 국방대학원 교수부에 재직하고 있을 때, 「군사학의 이론체계」라는 논문을 발표함으로써 우리나라에서 최초로 학문으로서의 이론정립을 시도했다. 그 내용을 요약하면 다음과 같다.[3]

3] 李鍾學, 『軍事論文選』(경주 : 서라벌군사연구소, 1991), pp. 27~28 및 이종학·길병옥 편저, 『군사학 개론』(대전 : 충남대학교 출판부, 2009), pp. 13~14.

군사학(military art and science)은 군사이론(military theory)을 더욱 발전시켜 학문적(철학과 과학분야의 통합)으로 지식을 한층 더 체계화한 것으로 이해한다. 필자는 아래와 같이 군사학을 정의했다.

☆군사학은 전쟁을 연구대상으로 하여, 그것의 본질과 성격을 연구하고 전·평시를 통하여 전쟁에 대비한 군사력의 건설과 후방지원 방법을 연구한다. 그리고 전쟁목적을 달성하기 위한 무력전의 형태와 수행방법 및 억제에 관한 통일된 지식의 체계이다.

•군사학은 아래와 같은 학문분야로 구성되어 있다.

(1) 전쟁철학

(2) 전쟁학

(가) 군제학

(나) 용병술(군사전략, 작전술, 전술)

(3) 군사사학

(4) 군사기술

(5) 군사교육학

(6) 군사지리학(해양 및 기상학 포함)

(7) 군사보조학문(국방경제학, 군법, 위생학 등)

군사학은 교육인적자원부가 인정하는 한국교육개발원이 공식 학문으로 인정하는 '표준교육과정'으로 2002년 12월에 공시함으로써 문학사, 이학사 등과 마찬가지로 '군사학사'라는 학위를 수여할 수 있게 되었다. 그리하여 충남대학교 평화안보대학원에서는 2003년 3월 신학기부터 '군사학 석사과정'이 개설되었고, 2005년에는 박사과정도 설치되어 2010년 8월 군사학 박사학위 수령자 4명을 배출했다. 그리고 군사학 학사과정은 2004년부터 일반 대학교에 개설되었다.

이 책은 전략연구의 초보자를 위해 국가목적을 달성하기 위한 국가전략(national strategy)과 용병술(military art), 즉 군사전략(military strategy), 작전술(operational art) 그리고 전술(tactics) 및 전략이란 무엇인가를 밝히는 데 역점을 두고 집필·편집되어 있으며, 또한 군사학의 이론적 기초는 전쟁사와 외교사임을 밝혀 둔다.

한편, 스웨덴의 국제문제연구소의 줄리안 라이더(Julian Lider)는 1983년에 『군사이론』(*Military Theory*)을 발간하면서 군사이론을 다음과 같이 설명했다.[4]

> 고대에는 군사문제연구의 초점은 '전쟁이란 무엇이며' 그리고 그것을 '어떻게 승리할 것인가?' 하는 두 가지 질문에 놓여 있었다. 전자에 대한 답변은 '전쟁철학'이라고 불렀고, 후자는 '전략'이라고 불렀다. 전략이라는 용어는 전쟁수행의 이론과 실제 및 군사작전에 있어서 군대의 운용을 뜻했다.
>
> 군사이론의 구조는 다음 3가지 질문에 해답을 구해야 한다.
>
> 1) 전쟁이란 무엇인가?
>
> 2) 전쟁을 어떻게 승리할 것인가?
>
> 3) 전쟁준비를 어떻게 할 것인가?
>
> 더욱이 이 분야에 있어서 억제이론과 전략을 포함시켜야 할 지금의 시대적 요구는 결코 무시할 수 없는 것이기 때문에 위의 3가지에 한 가지를 반드시 추가해야 한다.
>
> 4) 어떻게 전쟁을 방지할 것인가?

미국의 존 베이리스 외 공저로 2010년(3판)에 발간된 『현대세계의 전략』에서 '전략이론'(Strategic Theory)에 대해 다음과 같이 밝혔다.[5]

> 전쟁과 전략의 논리(logic)는 보편적이며, 어느 시대, 어느 장소에 있어서도 유효하다. 그것은 주로 전쟁이 인류의 활동이며, 물질적으로 진보가 있음에도 불구하고 인간의 본성에는 변화가 없기 때문이다.…
>
> 전략이론은 전쟁을 이해하는 데 개념적 기반을 제공한다. 그것은 전쟁

---

[4] Julian Lider, *Military Theory* (Aldershot : Gower Publishing Company Limited, 1983), pp. 1~2.

[5] John Baylis, et al. *Strategy in the Contemporary World* (New York : Oxford University press, 2010), p. 68.

과 평화를 둘러싼 문제를 분석하기 위해 사용되는 도구를 제공한다. 이론을 이해함으로써 학생들은 진척되는 연구의 지도를 위해 일련의 개념과 의문을 가지게 된다. 클라우제비츠가 쓴 것처럼 이론의 목적은 확정된 법칙이나 원칙을 발견하는 것이 아니라, 오히려 정신을 연마하는 데 있다.…

전략이론의 성공과 실패는, 정책 입안자가 전쟁과 평화를 둘러싼 문제를 이해하고 적절한 전략을 수립했을 때, 유용성과 정비례한다. 20세기의 미국의 전략가인 버나드 브로디(Bernard Brodie, 1910~1978)는 다음과 같이 말했다. 즉, "전략이란, 실행 가능한 해결책을 추구하는 데 진실을 탐구하는 분야이다."

전쟁과 전략의 논리는 보편적이며, 시간과 공간을 초월해서 유용하며, 이와 대조적으로 전쟁의 성격(양상)과 수행은 시간과 상대편에 따라 언제나 변화하는 것이다. 그리고 이론의 목적은 확정된 법칙이나 원칙을 발견하는 데 있는 것이 아니라, 오히려 연구자의 정신을 연마하는 데 있다고 했다. 따라서 전략이란 전쟁을 어떻게 승리할 것인가를 다루기 때문에 전쟁의 변하지 않는 본질과 변하는 성격 그리고 변하지 않는 인간의 본성을 바탕으로 형성되어 있는 것이다.[6]

4. 전쟁목적과 군사목표의 식별

클라우제비츠의 『전쟁론』(1832)에 의하면 전략과 전술 그리고 전쟁목적과 군사목표를 다음과 같이 구분해서 설명하고 있다.

[6] 이 문제에 대해서는 이종학, 『군사고전의 지혜를 찾아서』(충남대학교 출판문화원, 2012)를 참고할 것.

- 전술이란 전투에 있어서 군사력을 사용하는 것을 말하며, 전략이란 전쟁의 목적을 달성하기 위해서 전투를 사용하는 것을 말한다.… 좁은 뜻으로 전쟁술(art of war)은 전술과 전략으로 구분된다.(II－1)
- 전략은 전쟁의 목적을 달성하기 위한 전투의 사용이기 때문에 모든 군사적 행동에 대해 그 목적에 상응하는 목표를 설정해야 한다. 즉 전쟁계획을 세우고, 행동의 순서를 그 목표에 결부시키고, 행동의 목표를 달성하도록 안배한다.(III-1)
- 전쟁에 의해 또한 전쟁에 있어서 무엇을 달성하려고 하는가? 이 두 가지 질문에 대답하지 않고서 전쟁을 개시하는 사람은 없을 것이다. 또한 당사자로서 현명하다면 전쟁을 개시해서는 안 될 것이다. 이 질문의 첫째는 목적(purpose)이고, 둘째는 목표(objective)에 관한 것이다.

  이 두 가지의 주요 사항에 의해 군사적 행동의 일체의 방향, 사용해야 할 수단의 범위, 전쟁을 수행하는 힘의 정도가 규정된다. 그리고 전쟁계획은 군사적 행동의 극히 사소한 말단에까지 그 영향을 미친다. (VIII-2)

클라우제비츠는,

첫째, 전쟁술이란 전략과 전술을 합한 뜻으로 사용했다. 그러나 오늘날 전략은 국가전략, 군사전략, 경영전략, 판매전략 등으로 광범위하게 사용되기 때문에 명백히 구분해서 사용해야 한다. 그리고 용병술이란 전쟁술에서 비롯되었다는 것을 밝혔다.

둘째, 전쟁에 의해서 달성하고자 하는 '목적'이란 전쟁의 '정치적 목적'(political purpose)이고, 전쟁에 있어서 달성하고자 하는 '목표'란 군사목표(military objective) 혹은 '작전목표'(operational objective)라는 것을 밝혀 둔다.

셋째, 따라서 군사전략은 전쟁의 정치적 목적을 달성해야 하기 때문에 이 목적에 상응하는 목표를 설정해야 한다는 것을 강조하고 있다.

전쟁의 정치적 목적과 군사목표에 대한 개념을 확실하게 알지 못한 결과로 인해 생긴 제2차 대전의 성과에 대해 논평해 보고자 한다.

1943년 1월 미국의 루스벨트 대통령과 영국의 처칠 수상은 카사블랑카 회담에서 '전쟁목적은 무조건 항복'(unconditional surrender)이라고 공식으로 선언했다. 이 선언에 앞서 마셜 육군 참모총장은 참모본부 전쟁계획처의 웨드마이어 장군에게 통합참모회의에서 '무조건 항복'에 대한 견해를 발표하게 했다. 그는 '무조건 항복'이란 독일국민으로 하여금 최후의 한 병사까지 싸우게 할 것이라고 했다. 웨드마이어 장군은 루스벨트 대통령이 어떻게 해서 '무조건 항복'을 선언하게 되었는지 문헌사료를 발굴하지 못했다고 밝혔지만, 당시의 상황으로 보아 필자는 마셜 참모총장이 건의하여 루스벨트 대통령이 수용해서 발표한 것으로 추정하며, 그 결과를 웨드마이어 장군은 다음과 같이 논평했다.[7]

> 연합군은 제2차 대전에서 승리를 획득했다. 그러나 영국과 미국의 지도자들은 도대체 무엇을 위해 싸우고 있는지 그 목적을 알지 못하며 또 그것을 알려고 하지 않았기 때문에 독일과 일본을 군사적으로 격파하였지만 결국은 새롭고 더 위험한 적을 육성하는 결과가 되고 말았다. 스탈린은 처칠과 루스벨트와는 다르게 나치 독일을 격파하는 것 외에 또 다른 목적을 가지고 있었다. 스탈린은 대규모의 살육과 파괴를 동반하는 세계대전의 과정에 진공지대가 발생할 것을 알고, 전쟁 종결을 함에 있어 확실하게 정치적, 경제적, 심리적인 여러 목표를 달성하려는 입장을 견지하고 있었다. 스탈린은 전쟁에서 승리를 획득했을 뿐만 아니라, 발칸반도와 서유럽의 모든 지역을 공산화하는데 유리한 조건을 만들고자 생각했기 때문에 스탈린만이 전쟁의 참다운 승리자가 되고 말았다.

웨드마이어 장군은 1936년 대위시절 미 육군 지휘참모대학을 졸업하고, 1936년~1938년 2년간 나치 독일의 육군대학을 졸업했다. 그런데 그의 회고록을 보면, 백과사전에 나오는 클라우제비츠의 전략의 정의定義만 소개

7] Albert C. Wedemeyer, *Wedemeyer Reports!* (New York : The Devin–Adair Company, 1958), p. 77.

하고, 『전쟁론』의 내용에 대해 전연 언급이 없는 것을 보면 독일의 육군대학에서나 그 후에도 『전쟁론』을 읽어보지 못한 것 같다. 클라우제비츠의 관점에서 루스벨트 대통령이 발표한 '전쟁목적은 무조건 항복'을 논평하면 다음과 같다.

첫째 : 전쟁에 의해서 달성하고자 하는 것이 '전쟁목적'이고, 전쟁에 있어서 달성하고자 하는 것이 '군사목표'인데, '무조건 항복'은 군사목표이지 결코 전쟁목적은 아니다 하고 주장했어야 했다.

둘째 : 무조건 항복을 위해 적을 끝까지 분쇄하고야 만다는 것은 절대전쟁(absolute war)의 개념이며, 이런 전쟁에 접근함에 따라 또 전쟁의 범위가 다수의 교전국을 포괄하고 여러 국가를 전쟁의 와중으로 끌어들임으로써 전쟁에서의 여러 가지 일의 연관은 더욱 더 긴밀해지며, 최초의 한 걸음을 내어 디딜 때, 최후의 결과를 미리 고려할 것을 절실히 요구한다.(Ⅷ-3)

셋째 : 이리하여 전쟁은 한 편에서는 그 강력함과 그 본성을 증대시켰지만, 다른 편에 있어서는 거기서 얻은 이점을 다시 잃게 되었던 것이다.(Ⅷ-3)

나폴레옹의 출현 후 전쟁은 절대적 형태, 즉 절대전쟁을 수행했지만 오히려 이점을 잃었다고 하는 클라우제비츠의 견해는 심오한 탁견이다. 예컨대 보불전쟁(1870~1871)에 있어서 몰트케 장군은 비스마르크 수상의 견해를 무시하고 절대전쟁 형식의 승리를 추구했기 때문에 프랑스와 독일 사이는 철천지원수가 되어 제1·2차 세계대전에서 또 싸우게 되었던 것이다. 웨드마이어 장군은 제2차 대전 후 다음과 같이 회고했다.[8]

> 무조건 항복의 요구를 생각해 낸 것은 처칠이 아니라, 루스벨트였다.… 우리는 전쟁 후를 생각하지 않고 군사적 승리만을 향해서 싸웠다. 따라서 우리는 전쟁 전에 비하여 전쟁 후의 더 좋은 환경을 만들어 내지 못했다.…

8] 상게서, pp. 91~94.

> 우리는 한 마리의 커다란 뱀을 타도하고 보니, 전보다 더 거대하고 더 위험스러운 용龍과 대치하고 있다는 것을 1945년에 가서야 알았다.…
>
> 우리는 나치 독일이나 파쇼의 이태리나 일본 군벌을 타도하고 나서 어떤 세계를 만들 것인가에 대한 명확한 전쟁목적을 연합군 측과 결정해 두었어야 했다.… 이리하여 미국은 제2차 대전에 역사상 최강의 전투조직을 가지고 참전했지만, 세계평화를 실현하는데 실패하고 말았던 것이다.

미국은 제2차 대전에 있어서 전쟁목적과 군사목표를 식별하지 못했을 뿐만 아니라, 군사목표인 '무조건 항복'을 전쟁목적으로 표방함으로써 전쟁에서 승리하여 배상금도 받지 못했을 뿐만 아니라, 폐허가 된 유럽에 대한 미국의 경제원조 계획, 즉 마셜플랜(1948~1952)을 실시해야만 했다. 그리고 나치즘보다 더 새롭고 위험한 공산주의를 육성했다는 귀중한 교훈을 남겼다.

5. 전략연구의 방법

전략연구란 정치적 목적을 달성하는 수단으로서, 무력행사 혹은 그것에 의한 위협을 어떻게 사용할 것인가에 관해 연구하는 포괄적인 학문분야이며, 방법이란 어떤 목적을 달성하기 위한 수단이다. 목적이 없이 수단이나 방법을 생각할 수 없듯이, 바람직한 수단이나 방법이 없이 목적만 생각한다면 그것은 목적이 아니라 공상에 지나지 않을 것이다. 따라서 목적과 그 목적을 달성하는 데 필요한 방법은 서로 알맞고 또 합리적인 상호관계에 있어야 한다.

미국의 하페린(Morton H. Halperin) 교수는 오늘날 미국의 전략이론 연구에는 크게 두 가지의 연구방법(research methods)이 있는데, 하나는 양적 방법(quantitative method)이요, 다른 하나는 질적 방법(qualitative method)이라 했다.[9]

군사전략 연구에 도입된 양적 방법에는 두 가지가 있는데,

하나는 체계분석(system analysis)이다. 즉 예상되는 가상 적假想敵의 능력에 대하여 운용 가능한 무기에 대한 효율 평가의 시도이다. 예컨대 체계분석은 총력전쟁이나 전면전쟁이 발발하였을 때, 예상되는 피해 내용의 계산이라든가, 아울러 이와 같은 가상 총력전쟁 때 사용될 새로운 무기체계의 효율의 평가 혹은 기존 무기체계에 사용될 개발된 새로운 전략의 평가 등에 사용될 것이다. 실제로 이와 같은 사례는 1950년 초기 미국의 전략외교 정책의 일환으로서 미군 해외기지의 역할을 연구함에 미국 정부를 위하여 비밀리에 시도되었으며, 이는 1960년에 발표된 바가 있다. 연구내용은 미 현존 전략 폭격기美現存戰略爆擊機의 가장 효율적인 사용방법과 만일 필요하다면 구입해야 할 신형 폭격기의 평가를 위하여 여러 가지 기법이 사용되었다. 이 연구는 또한 미국 내 및 해외에 주둔하고 있는 항공기지에 대한 가장 적절한 항공기의 전개방법도 아울러 대상으로 했다.

둘째의 방법은 주로 체계분석과 많은 관련을 가지고 있는 것으로 비용대효과費用對效果의 비교 분석법(cost- effectiveness comparative analysis)이다. 이 방법의 목적은 주로 어떤 특정한 목적을 달성하기 위하여 사용되는 두 가지 방법에 의해 야기되는 비용의 비교이든가, 아니면 동일 비용이 소요되는 두 가지 체계의 효율의 비교에 있다. 그리고 이 기법은 구입되는 무기의 가격뿐만 아니라, 채택된 무기의 5년간에 소요되는 운용비용도 대상으로 한다. 이 양적 방법은 1961년 맥나마라 국방장관이 국방성에 들어온 후에 점차 사용도가 높아졌다는 것은 주지의 사실이다.

9] Morton H. Halperin, *Contemporary Military Strategy* (Boston : Little, Brown and Company, 1967), pp. 33~42.

다음은 질적 방법을 고찰해 보려고 한다. 가장 열렬한 양적 방법의 주장자도 전략적 의사결정에 있어서 질적 통찰력과 반드시 결부되어야 한다고 경고하고 있다. 그럼에도 불구하고 질적 고려考慮의 형태가 원래 무형無形이라는 특성으로 인하여, 양적 분석에서 빠뜨리는 경우가 때때로 있는 것이다. 이 방법은 전통적인 전략연구의 방법으로 전략이론가의 통찰력에 주로 의존하며, 그것은 역사로부터 얻은 교훈의 연구, 정치의 일반적인 연구, 적국과 동맹체에 대한 개별적이고 특수한 연구 등을 통하여 전략을 연구한다. 질적 방법을 간단히 말한다면, 양적 방법에 속하지 않는 방법의 총칭이며, 계산 및 측정의 방법을 취하지 않는다. 개인과 논리, 평가, 직관直觀, 통찰력 및 능력 등에 의하여 이루어진다.

우리들은 전략연구에 있어서 양적 방법과 질적 방법의 최단점과 한계점을 잘 분별해서 효과적으로 그것을 사용해야 한다. 예컨대, 병참, 정보의 처리, 전력구조의 분석, 무기체계의 비용분석 등은 양적 방법이 효과적이다. 그러나 일부 사람들처럼 결코 양적 방법이 전략연구에 있어서 만병통치약은 아니다. 양적 방법의 선구자인 힛치는 다음과 같이 말하였다.

> 목표와 비용에 관해서 대체방법을 열거하고 각각의 의미를 고찰하는 것은 좋지만, 분석방법이나 계산기를 특히 쓸 수 없는 군사문제도 많다. 수학모델이나 계산기가 쓰이는 경우도 그것은 건전한 직관적 판단을 대신하거나 또 그것과 경합하는 것은 결코 아니며, 오히려 판단을 돕는 것이다.… 나는 최적전략最適戰略이 계산척計算尺 혹은 고속 계산기에 의해서 산출된다고 믿는다는 점에서는 가장 소극적인 인간이다. 사실이야말로 최고의 것이다. 체계분석은 정책 결정자에게 가장 쓸모 있는 방법으로 구성된 적절한 자료를 제공하는 하나의 수법이다. 따라서 이 수법도 또한 건전하고 경험이 풍부한 군인의 판단을 대신하는 것이 아니며, 결정자가 필요로 하는 여러 가지 정보의 하나에 지나지 않는다.[10]

---

[10] Charles J. Hitch, *Decision–Making For Defense* (University of California Press, 1965), p. 53.

전쟁은 양적 방법으로 다루지 못하는 많은 요인을 내포하고 있다. 즉 전쟁 수행의 주체인 장병들의 사기, 전투경험, 전투를 수행하려는 결의와 용기, 그들의 자질 등이다. 그러나 맥나마라 장관의 월남전쟁 수행의 전략결정은 지나치게 양적 방법에 의존하고 질적 방법을 소홀히 한데서 비용대효과를 가장 많이 주장한 그가 가장 비경제적인 전쟁수행을 한 결과가 되었다. 그러나 전쟁 규모의 확대화와 복잡화, 거기에 수반하는 무기체계의 효율적인 개발과 운용은 질적 방법의 활용을 더욱 더 확대할 것이다.

필자는 이 책에서 특히 전쟁사戰爭史와 외교사의 교훈과 전례戰例를 많이 인용하였다. 그 이유는 역사란 뒤를 돌아보는 회고(retrospective)의 역사가 아니라, 앞을 내다보는 장차(prospective)의 역사라고 확신하며, 또 그것은 인간 체험의 지혜의 보고寶庫라고 생각했기 때문이다. 그리고 일찍이 몰트케(Helmuth von Moltke, 1800~1891)가 말했듯이 "역사적 연구는 장차의 지휘관들이 군사작전을 수행할 수 있는 여러 가지 실정의 복잡성을 잘 이해하게 하는 데 가장 유용하다"[11]고 했기 때문이다. 그리고 클라우제비츠는 『전쟁론』에서 "역사적 실례實例는 모든 것을 명확하게 할 뿐만 아니라, 경험과학에 있어서는 가장 훌륭한 증명력을 가지고 있다. 특히 전쟁술에 있어서는 더욱 뚜렷하다."(II-6)고 주장했다.

영국의 역사가 카(E. H. Carr, 1892~1982)에 의하면, "나는 지난 강연에서 역사를 과거와 현재와의 대화라고 말했지만, 오히려 역사는 과거의 여러 사건과 점차적으로 우리들 앞에서 출현하게 될 미래의 여러 목적과의 대화라고 말해야 했다. 과거에 대한 역사가의 해석도, 의의 있는 것과 적절한 것의 선택도, 새로운 목표가 점차적으로 출현함에 따라서 진화되어 나아가는 것이다"[12]고 말했다. 역사란 과거를 대상으로 하여 연구하지만, 결국 미래 지

11] Edward M. Earle(ed.)(1943), 전게서, p. 179.

12] Edward H. Carr, *What is History?*(New York : Vintage Books, 1961), p. 164.

향적인 학문임을 밝히고 있다. 필자도 그동안 '역사란 무엇인가' 하는 문제를 곰곰이 생각하여 다음과 같이 풀이해 보았다. 즉, 역사란 지난날 인간생활에서 일어난 여러 사건의 인과관계因果關係의 진실을 밝히고, 그것으로 현실을 이해하는 자료로 삼고 또 후세에 넘겨주어 교훈으로 삼게 함으로써 삶을 유익하게 하는 학문이다.

오늘날 발전하는 첨단 과학기술의 무기체계와 정보통신기술 등으로 전쟁양상은 옛날과 전연 다르다. 그러나 군사고전인 손무의 『손자병법』(513. B.C?)과 클라우제비츠의 『전쟁론』(1832)은 오늘날에도 군사전문가뿐만 아니라, 정치가 및 최고 경영자들에 의해 애독되고 있는 이유는 전쟁의 본질과 인간의 본성은 변하지 않았고 또 그 책들은 심오한 철학을 바탕으로 하고 있기 때문이라 생각했다. 필자는 지난 반세기 이상 이런 관점에서 연구한 결과의 논문을 편집하여 『군사고전의 지혜를 찾아서』(2012)[13]로 발간했다. 다루지 않았던 한 분야가 '인간의 본성'인데, 영국의 철학자 토머스 홉스(Thomas Hobbes, 1588~1679)에 의하면, 인간이란 본질적으로 파괴적이고, 자기 중심적이며, 경쟁적이고, 공격적이라는 것이다. 그는 인간이란 관용적이고 친절하고 협력적인 존재가 될 수 있는 능력을 가지고 있으나, 인간의 본성에 내재하는 자존심과 이기주의로 인하여 인류가 분쟁, 폭력 그리고 악행惡行으로 향하는 경향이 있다는 것을 지적했다.

유사 이래 인류사는 투쟁과 전쟁사로 점철되어 왔는데, 홉스의 견해는 많은 참고가 되리라. 이와 관련하여 코린 그레이(Colin S. Gray, 1943~)교수는, "전쟁의 성격과 수행 그리고 전략은 시간과 상대측에 따라 반드시 변해야 하지만, 그러나 전쟁과 전략의 본질과 기능은 변하지 않는다"[14]고 주장했는데, 앞으로 전쟁과 전략연구에 훌륭한 지침이 되리라 생각한다.♣

---

[13] 이종학, 『군사고전의 지혜를 찾아서』(대전 : 충남대학교 출판문화원, 2012)

[14] Colin S. Gray, *Modern Strategy* (Oxford University press, 1999), p. 296.

II

현대전쟁의 성격

• 전쟁이란 국가의 중대한 일이다. 국민의 생사와 국가의 존망이 갈라지는 길이니 깊이 생각하지 않으면 안 된다.

-손자-

• 북한의 수뇌자들은 핵·미사일 전쟁의 점화단추를 누르기 전에 그 전쟁의 결과가 어떻게 될 것인가를 사전에 그리고 깊이 생각하기 바란다. 한반도에서 핵전쟁이 일어난다면 평양 금수산 기념궁전을 비롯하여 한반도는 완전히 폐허로 변할 것이고, 거기서 적화통일이 무슨 소용이 있으며, 외세의 개입으로 새로운 휴전선이 생기고, 한민족은 영원히 쇠망의 길로 접어들게 되리라.

-본문에서-

1. 전쟁의 정의定義와 범위

전쟁이란 무엇인가 하고 좀 더 깊이 생각한다면, 분명하게 알고 있었던 이 단어의 뜻이 흐려지기 시작한다. 요즘 군사전문가 가운데도 전쟁의 본질과 성격을 혼돈하여 군사고전의 가치를 무시하는 경향의 학자도 있다. 전쟁의 본질은 변하지 않으며, 전쟁의 성격과 수행방법은 항상 변한다. 그래서 전쟁의 본질에 대해 깊이 생각해야 할 단계에 왔으며, 전쟁철학자 클라우제비츠는 『전쟁론』에서 아래와 같이 밝혔다.

- 전쟁을 구성하고 있는 기본 요소, 즉 두 사람 사이에서 벌어지는 결투를 생각하려 한다. 전쟁이란 결투가 확대된 것에 지나지 않는다.… 전쟁은 언제나 두 개의 살아 있는 힘의 충돌이다.(I -1)

전쟁의 본질이란 살아있는 사람이 주체가 된 힘의 충돌이라는 상호작용이기 때문에 근래에 발생한 테러리즘도 여기에 해당되며 또한 전쟁의 범위에 속하게 된다. 그리고 여러 학자들의 전쟁의 정의에 대해 살펴보면 다음과 같다.

- 전쟁이란 적을 굴복시켜 자기의 의지를 강요하기 위해 사용되는 일종의 폭력행위이다. －클라우제비츠(Carl von Clausewitz, 『전쟁론』, I -1)－
- 전쟁은 일반적으로 인종적 집단이나 민족, 국가 또는 정치집단 등 여러 가지의 집단이 상호간의 관계에 있어서 무력적으로 충돌하는 투쟁

현상이다.[1]

- 전쟁은 주로 무력행사武力行使를 통하여 자기가 원하는 평화의 조건을 상대방에게 강요하려는 국가 간의 전면적 투쟁이다. －스타크(J. G. Stark)－
- 정치는 피를 흘리지 않는 전쟁이며, 전쟁은 피를 흘리는 정치이다. －마오쩌둥(毛沢東)－
- 전쟁은 그러므로 집단 사이의 폭력을 포함한 충돌이 사회적으로 승인된 한 형태… 현대 사회학자는 전쟁은 집단생활을 항구화恒久化하며 보전하는 특수한 기능을 가진 사회적인 상호작용과 집단적 행동의 한 형태이다. －퀸시 라이트(Quincy Wright)－
- 전쟁은 서로가 자기네의 의사를 관철시키려고 애쓰는 주권국가 사이의 조직화된 무력충돌이다. －오스굿(Robert E. Osgood)－
- 『합동·연합작전 군사용어사전』에 의하면[2] 전쟁이란,

  ① 상호 대립하는 2개 이상의 국가 또는 이에 준하는 집단 간에 있어서 군사력을 비롯한 각종 수단을 행사하여 자기의 의지를 상대방에게 강요하려는 행위 또는 그러한 상태.

  ② 주권을 가진 국가 간의 조직적인 무력투쟁 상태로서 선전포고와 더불어 개시되고 강화조약으로 무력투쟁이 종결될 때까지의 상태.

  ③ 국가의 생존이 달려있는 국가목표를 달성하기 위한 전역(campaigns).

이러한 전쟁의 정의에 대한 다양한 내용은 각자의 관점에 따라 다르다. 그러나 공통점을 찾는다면,

첫째, 전쟁이란 반드시 정치집단과 정치집단 사이에서 생겨나는 투쟁현상이며, 개인과 개인 사이의 투쟁현상이 아니라는 것이다. 전쟁은 정치집단의 존재를 전제로 한 집단현상이다. 정치집단이 없는 곳에 전쟁현상이 있을 수 없다. 그리고 한 국가 내에 여러 가지 정치집단이 병립竝立해서 거

---

[1] *Encyclopedia of the Social Sciences*, vol. XV(New York : Macmillan Company, 1954), p. 331. "Alvin Johnson War".

[2] 합동참모본부 편, 『합동·연합작전 군사용어사전』(2010), p. 312.(차후 『군사용어사전』으로 약칭함)

기에서 전쟁현상이 일어날 수 있다. 보통 이것을 내란 혹은 국내전쟁이라고 부르고 있고, 국가와 국가 사이에 실시되는 전쟁은 국제전쟁이라고 한다. 그래서 통상 전쟁이라고 한다면 국제전쟁을 뜻하여 왔지만 오늘날에 와서는 국내 혹은 국제전쟁을 구태여 구분할 필요가 없게 되었다.

둘째, 전쟁은 조직적인 투쟁이기 때문에 아무런 조직이 없는 투쟁은 전쟁이 아니다. 전쟁은 통상 하나의 사회제도로서 인정되는 조직이며 질서 있는 투쟁이다.

셋째, 전쟁은 무력투쟁이다. 보통 어떤 무기와 장비를 가진 다수인의 단체와 단체 사이의 투쟁도 있고 또 개개인에 의한 테러리즘도 존재하게 되었다. 이러한 전쟁개념은 시대의 변천에 따라 변하는 것이지만, 중국의 고대 병학가古代兵學家인 손무孫武가 그의 저서 『손자孫子』(차후 『손자병법』이라 칭한다)에서 "전쟁이란 국가의 중대한 일이다. 국민의 생사와 국가의 존망이 갈라지는 길이니 깊이 생각하지 않으면 안 된다"[3]고 했는데, 이것은 대단히 훌륭한 명언이요, 탁견이라 하지 않을 수 없다.

그리고 우리들이 알아야 할 것은 전쟁과 정치와의 관계이며, 이에 대해 클라우제비츠는 그의 『전쟁론戰爭論』에서 명확히 했으며,[4] 이에 대한 그의 공적은 높이 평가되고 있다. 그는 "어떤 경우의 전쟁도 독립된 것으로 생각해서는 안 되며, 하나의 정치적 수단으로서 생각해야 한다. 이런 견지에서만이 우리들은 모든 전쟁사戰爭史를 모순 없이 이해할 수 있다."(I-1), "모든 전쟁은 정치적 힘과 관계에서 연유하는 특질과 주요 윤곽의 추측에 의거하여 이해되어야 한다.… 여기에 있어서 전쟁을 지도指導하고, 그것의 주요방침을 규정하는 최고의 입각점立脚點이 정치 이외에는 있을 수 없다는 것은 완전히 확실하고 또 분명하다"(Ⅷ-6)고 했다. 그의 전쟁에 대한 정의와 함께

3] 『孫子兵法』, 始計 第一.

4] 제8편 제1장.

그의 사상을 요약하면, 즉

첫째, 전쟁은 목적을 달성하기 위한 수단이며, 그 자체가 목적이 아니다.

둘째, 적국의 저항력을 상실케 한다는 것은 군사행동의 본래의 목표이지만, 전쟁 그 자체의 목적은 아니다. 적국의 저항력을 격멸한다는 것은 정치적 목적을 달성하기 위한 수단에 지나지 않는다.

셋째, 전쟁 그 자체의 목적은 적국에 대해서 자국의 의지를 강요하는 것이다. 자국의 의지란 전쟁에 의해서 달성하려는 국가 목적이다.

따라서 국가는 다른 수단에 의해서 그들의 국가 목적을 달성할 수 없다고 간주할 때, 최후 수단으로 국가 목적을 달성하기 위해 전쟁을 구사하게 된다. 그런데 오늘날 현대무기의 대량 파괴력 때문에 전쟁은 필연적으로 목적 그 자체로서가 아니라, 목적에 이르는 수단으로서 간주되어야만 한다. 그리고 현대전은 국민경제와 자원에 의존하기 때문에 국가는 그 목적을 달성하기 위해서 어느 정도의 전쟁을 실행해야 하는가를 결정해야 한다. 전쟁은 오직 군사력만으로 수행되는 것이 아니며, 비록 수행된다 할지라도 군사력보다는 오히려 선전宣傳, 외교적, 경제적 압력의 교묘한 사용에 의해서도 효과적으로 국가 목적을 달성할 수도 있다. 예컨대 전쟁의 궁극적 목적이 적 국민의 의지를 굴복시켜 복종케 하는 것이라면, 구태여 적 군사력의 파괴, 적 영토 점령의 순서로 할 것이 아니라, 사상·선전宣傳·모략전謀略戰으로 달성하는 것이 더욱 경제적이며, 이것을 간접전략(indirect strategy)이라고도 한다.

전략은 전쟁을 어떻게 승리할 것인가를 다루기 때문에 전쟁의 연구는 전략연구의 출발점임을 잊지 말아야 한다. 그리고 전쟁의 범위는 그 전쟁에 참여하는 자의 성격, 그들이 추구하는 목표의 성격, 목표의 달성을 위한 노력의 성격, 전쟁에 사용하는 자원의 성격에 의해 구분할 수 있다. 학자들의 견해에 따라 의견의 차이가 있지만 다음 다섯 가지로 구분할 수 있다.

1) 총력전쟁(Total War)

총력전쟁總力戰爭은 교전 국가들이 국가의 존망을 걸고 모든 수단과 자원을 사용하는 투쟁이다. 총력전쟁은 제한이 없다는 것이 특징이며, 만약 강대국 간에 총력전쟁이 발생한다면 거기에서는 열핵무기 및 화생무기의 사용도 포함될 것이다.

『군사용어사전』에 의하면, 총력전쟁이란 국가 각 분야의 총체적인 힘을 기울여 수행하는 전쟁.(p. 387)

2) 전면전쟁(General War)

한 국가가 타국을 멸망시킬 목적을 가진 양국 간의 전쟁이지만, 가능한 모든 수단을 전부 사용하지는 않는 전쟁이다. 오늘날 강대국 간에 발생한다면 전술 열핵무기가 사용되긴 하겠지만 그 사용범위는 광범위하지 않을 것이다. 2차 세계대전은 총력전쟁이었다. 그러나 오늘날의 강대국 입장에서 그것을 본다면 전면전쟁이라고 볼 수 있을 것이다.

『군사용어사전』에 의하면, 전면전쟁이란 적의 직접적인 군사적 위협으로 발생한 위기를 해소하고 국가를 방위하기 위해 실시하는 작전. 전면전시에는 군사력을 포함한 국가안보의 모든 수단과 역량을 투입하여 국가 총력전을 수행함으로써 최단기간 내에 최소의 희생으로 전쟁 승리를 달성해야 함.(p. 294)

3) 제한전쟁(Limited War)

양측이 제한된 목표를 가지고 제한된 자원을 쓰며, 제한된 지역 내에서 행하는 강대국 간의 혹은 약소국 간의 전쟁이다. 제한전쟁에 있어서는 재래식 무기만이 사용되는 비교적 제한된 지역에서 소수의 병력에 의한 무장

충돌일 수도 있다. 반면 제한전쟁은 광대한 지역에서 대병력에 의한 교전交戰일 수도 있다. 상대국을 억제하는 정도가 이완됨에 따라 제한전쟁이 전면전쟁 혹은 총력전쟁으로 확대될 것인가의 정확한 기점을 발견한다는 것은 결코 불가능할 것이다. 근본적으로 제한전쟁은 그 이상의 전쟁으로 확대하지 않는 무장 충돌이며 또 최대 한계는 한 교전국가가 직접적이고도 즉각적으로 국가의 존망을 위태롭게 하고 모든 저항을 포기하지 않는 범위까지를 말한다. 예컨대 6·25전쟁은 미국과 중국의 입장에서 본다면 제한전쟁이지만, 우리의 입장에서 본다면 전면전쟁이었다.

『군사용어사전』에 의하면, 제한전쟁이란 한정된 정치목적에 부합되도록 행동지역, 사용수단, 사용무기, 병력 및 달성해야 할 목표 등에 일정한 제한을 가하면서 수행하는 무력전.(p. 340)

4) 혁명전쟁(War of Revolution)

정부와 비정부집단 사이의 전쟁이며 여기에서 정부는 한정된 혹은 가능한 모든 수단을 써서 비정부집단의 붕괴를 기도하고, 비정부집단은 가능한 모든 수단을 다하여 영토의 전부 혹은 일부에 걸쳐 새로운 정부를 세우려 한다. 2차 대전 후 중국, 베트남, 쿠바, 말라야, 알제리 등에서 있었던 투쟁은 혁명전쟁이었다.

『군사용어사전』에 의하면, 혁명전쟁이란 ① 비합법적 수단으로 기존 정권을 뒤집어엎어 새로운 정권을 세우기 위한 투쟁, ② 북한의 혁명전쟁은 3대 혁명 역량을 강화하기 위해 남한 내 인민 봉기를 지원하는 형식의 무력 남침에 의한 적화통일로 유리한 국제정세 조성, 북한 내 혁명기지 강화, 남한 내 동조세력 역량 구축을 통하여 혁명 역량을 성숙시켜 적화통일하는 것을 말함.(p. 478)

5) 테러리즘(Terrorism)

테러리즘은 정치적 목적을 달성하기 위해 중동 및 중남미 등지에서 발생하고 있는 소규모의 정치적·비정치적 집단에 의한 투쟁행위가 그 주류였지만, 최근에 와서 국제적 성격을 가진 테러리즘의 형태로 발전되고 있다. 예컨대, 2001년 9월 11일 누구도 상상하지 못했던 사건이 벌어졌다. 알카에다 테러범들이 운항 중이던 민항 여객기를 납치해 뉴욕 쌍둥이 빌딩과 미 국방성 빌딩에 충돌시킨 사건이며, 사상자가 3,000여명이나 발생했는데, 앞으로도 세계 각 지역에서 빈번히 일어날 투쟁형태일 뿐만 아니라, 전쟁 본질의 관점으로 보아 전쟁의 범위 속에 테러리즘을 넣어야 한다는 것을 분명히 했다.

일반적으로 테러리즘은 공포와 폭력을 내포하는 다양한 형태의 모든 행위를 일컫는 것으로 강제와 억압의 수단으로 테러를 체계적으로 활용하는 포괄적 의미를 지닌다. 조직적인 정치 폭력의 일환으로서 테러리즘의 행위와 탈선행위를 구분하기 위해서 '테러'와 '테러리즘'을 구분할 필요가 있다.… 즉, 테러가 행위나 수단적 측면을 강조하는 극도의 불안한 심리적 상태의 자연적 현상임에 반해, 테러리즘은 다소 객관적이며 가치 평가를 부정적으로 내린 범죄성의 결과를 강조하는 폭력의 조직적·의도적·체계적 활용을 함축하고 있다고 할 수 있다.… 테러와 테러리즘의 구분에 대해서도 일반적인 합의가 없는 실정이며, 경우에 따라서는 동의어로 또는 교환적으로 사용되기도 한다.[5]

『군사용어사전』에 의하면, 테러리즘이란 폭력을 행사하여 사회적 공포 상태를 일으키는 행위를 말하며, 살인, 납치, 유괴, 저격, 약탈 등 다양한 방법이 포함됨.(p. 405)

---

[5] 이태윤, 『새로운 전쟁, 21세기 국제 테러리즘』(서울 : 모시는 사람들, 2004), pp. 46~47.

이처럼 전쟁을 여러 가지 유형(Type)으로 구분하는 한계선은 반드시 명확한 것은 아니고, 다만 이론적으로 또는 개념상으로 구별을 짓고 있다. 그러나 이와 같은 다섯 가지 유형의 전쟁은 참전국 혹은 정치집단간의 군사적 상호작용의 모든 것을 다 포함하고 있다.

제2차 세계대전 후 공산주의자들의 소위 냉전으로 인하여 전쟁과 평화 사이에는 명확한 한계선이 없다는 특징을 고려하며 이러한 현실을 설명할 수 있는 새로운 개념을 찾기 시작했다. 1954년 '투쟁의 범위'(The Spectrum of Conflict)라는 특수한 개념이 미 해군대학에서 발표하기 위해 차트에 그려졌으며, 그 후 수 년 동안 몇몇 강연이나 논문에서 사용되었다.[6] 그러나 새로운 그리고 특수한 개념이라는 것도 클라우제비츠는 『전쟁론』에서 현대적 상황을 미리 예견하고 있다는 것을 알 수 있다. 즉,

> 전쟁을 야기시키는 정치적 목적이 여러 가지 있다는 것을 알아야 한다. 즉, 한편에는 한 국가의 정치적 존망을 위한 필사적 전쟁과 또 한편에선 강요되거나 혹은 해소되어 가는 동맹관계가 참전을 불쾌한 업무로서 부과하는 전쟁도 있다. 그래서 우리들은 이 양자 사이에 있는 거리를 한 눈으로 측정해야 한다. 요컨대 양자 사이에는 무수한 단계가 있고, 이러한 단계는 실제로 일어난다. 그러한 단계의 하나라도 이론적으로 부인하려고 한다면, 그것은 똑같은 권리를 가진 다른 단계도 모두 부인하게 된다. 그리고 그것은 현실의 세계를 전부 무시하는 것에 지나지 않는다.(Ⅰ-2)

---

[6] Henry E. Eccles, *Military Concepts and Philosophy* (New Brunswick, New Jersey : Rutgers University press, 1965), p. 36.

투쟁의 범위(The Spectrum of Conflict)

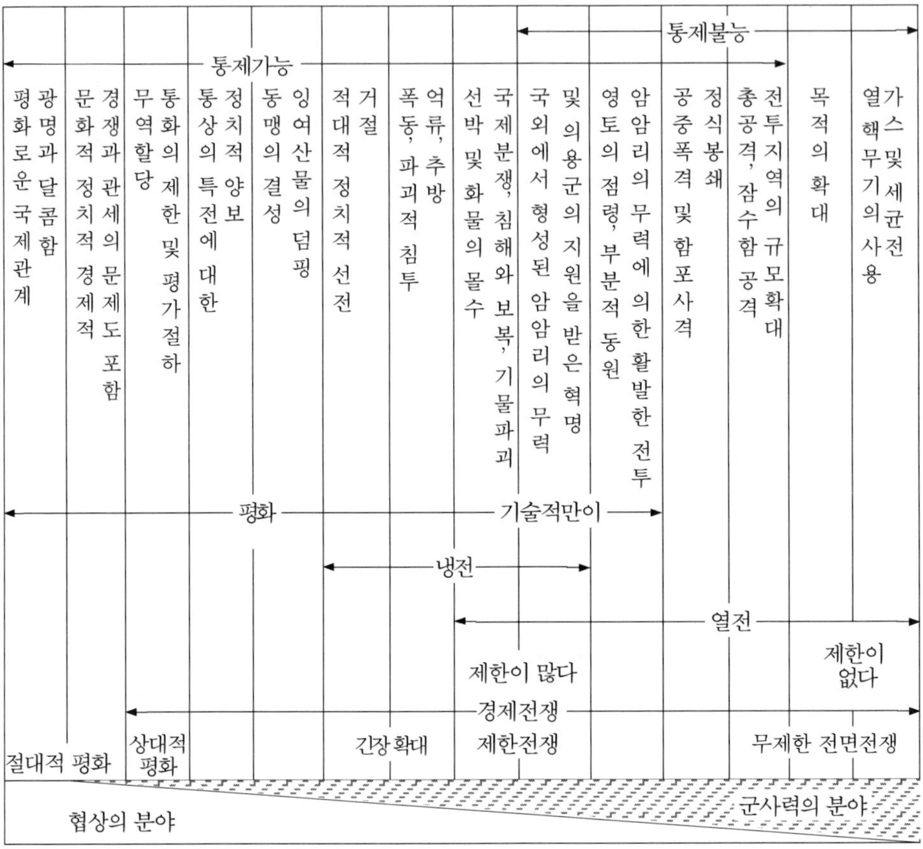

☆긴장의 증대에 따라 더 많은 무기와 분쟁의 도구가 사용된다. 어느 경우에도 더 많은 무기가 등장하며 재래식 무기의 사용이 계속된다. 이리하여 마침내 제한할 수 없는 모든 무기가 누적적으로 사용된다.

☆Henry E. Eccles, *Military Concepts and Philosophy*, p. 37

전쟁 양상의 분류

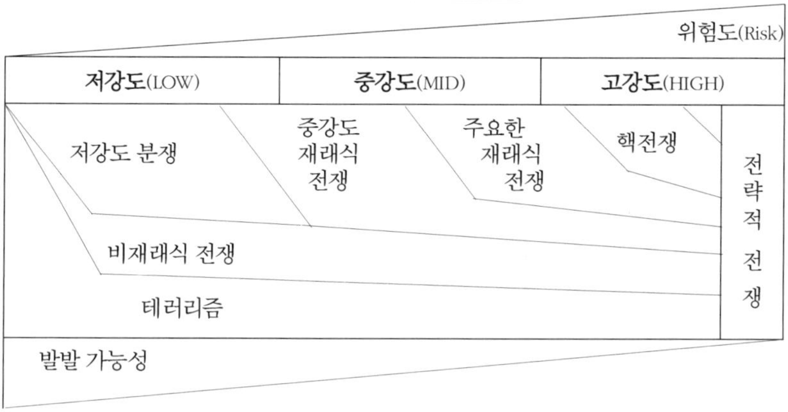

출처 : U.S National War College, *Terrorism* (Washington, D.C. : U.S. National War College, 1986), p. 6.

물론 전쟁의 성격이 변해져 전쟁상태와 평화상태를 식별할 수 없는 상황하에서 어떤 한 장의 그래프에 의해 현대의 인간투쟁을 구성하고 있는 여러 가지의 힘, 압력, 불확실한 반응의 상황을 사실 그대로 보여주고 또 설명해줄 수는 없겠지만, 그러나 끊임없이 변화하는 관계와 환경 속에서 중복되는 힘과 상황을 설명하고 이해하는 데 도움이 되리라고 생각한다.

2. 전쟁의 원인

전쟁이 더욱 더 잔인해지고 있는데 무엇 때문에 인류는 전쟁 속에서 존속하고 있는 것일까? 각 시대의 학자들은 이러한 복잡한 질문에 해결책을 끌어내려고 시도해 보았지만, 그 대답은 더욱 많은 논쟁을 불러일으켰다. 전쟁의 원인에 대해 많은 학자들이 그들의 견해를 발표했다. 즉 정치적, 기술적, 법률적, 이념적, 사회적, 종교적, 경제적, 감정적 원인 등이다. 1925년 미국 워싱턴에서 전쟁의 원인과 구제책救濟策에 대한 회의가 개최되었는데, 그 조사에서 250개 이상의 원인 종목이 나왔다. 어떤 자료에 의하면 21개의 원인으로 되었고 또 다른 자료에 의하면 전쟁의 원인을 네 가지 중요한 범주, 즉 정치적, 경제적, 사회·심리적 그리고 전략적 요인으로 분류하였는데, 그 내용은 다음과 같다.

- 사회·심리적 요인 : ① 종교적 ② 종족적 ③ 문화적 ④ 광신적 애국주의 ⑤ 공포
- 정치적 요인 : ① 군주적君主的 ② 국내적 ③ 민족주의적 ④ 제국주의적 ⑤ 외교적 ⑥ 법률적 ⑦ 이데올로기적
- 전략적 요인 : ① 영토 ② 군축 ③ 군비軍備 ④ 세계 지위 ⑤ 치명적인 이익
- 경제적 요인 : ① 과승過乘인구 ② 상업정책 ③ 외국투자 ④ 배상 ⑤ 중립국

이러한 작은 항목은 성질상 더욱 더 세분화할 수도 있다. 그래서 전쟁의 원인에 대한 이와 같은 현저한 차이가 있는 항목은 제거해 버릴 수도 있다. 근본적으로 전쟁의 중요한 원인은 직접적인 원인을 첨가시켜야 한다. 그 직접적 원인이란 언제나 공공연한 행동이나 위협행동처럼 식별하기 쉬운 것들이다. 예컨대, 세르비아 당국의 묵인 하에 세르비아의 암살자에 의하여 자행되었던 페르디난트 대공大公의 암살은 제1차 세계대전을 유발시켰다. 1939년 9월 독일군의 폴란드 침입은 제2차 세계대전의 직접적 원인이 되었다. 그 후 태평양전쟁은 1941년 12월 일본 해군기海軍機의 진주만 기습 공격으로 개시되었다.

전쟁의 직접적인 원인의 가장 단순한 형태를 얘기한다면, 그것은 한 독립국 혹은 여러 개의 독립국이 제3의 독립국을 침공하기로 결정하였을 때 전쟁이

일어난다고 말할 수 있다. 넓은 의미에 있어서 전쟁의 직접적인 원인은 일반적으로 계획적이고 의도적이거나 또는 고의적 모험이다. 전쟁의 직접적 원인은 특히 전쟁의 현상을 분석하는 것이 중요한 것은 아니다. 실제적으로 직접적인 원인은 더욱 심각하고 복잡한 원인을 유발시키는 전쟁으로 이끌어 나가는 군사력 개입의 초기단계에 지나지 않는다. 전쟁에 대한 만족스러운 해결은 근본적인 원인에 대한 이해가 필요하다. 그런데 여기서 전쟁의 직접적인 원인을 동기動機라는 말로 바꾸어서 생각한다면 문제를 더 쉽게 이해할 수 있을 것이다. 즉 전쟁은 반드시 원인과 동기에 의해서 발발한다는 것이다. 원인이란 가스가 충만充滿하는 작용이며, 동기는 점화點火의 작용이다. 앞에 얘기한 바와 같이 제1차 대전에 있어서 황태자에 대한 세르비아의 한 발의 권총은 점화였으며, 이 점화가 전쟁으로 확대되기 전에 유럽의 국제정세는 영·불 양국과 독일과의 대립을 중심으로 가스가 이미 천지天地에 충만하고 있었다.

1934년 유고슬라비아의 황제가 마르세유에서 암살되었으나, 이 커다란 점화작용은 가스에 점화할 정도로 국제적 압박 정세에 놓여 있지 않았기 때문에 평온하게 사태가 아물었다. 이 원인과 동기의 두 가지 작용 가운데, 원인은 예외 없이 장기간에 걸쳐 전쟁결의와는 별도로 교전국 쌍방 간에 있어서 만들어지는 것이며, 동기 즉 점화는 많은 경우 미묘하고, 또 개전 책임을 상대편에 전가시키기 위해 감추어져서 분별하기 어렵기는 하지만, 아무튼 한편이 먼저 침공하는 것만은 사실이다.

3. 과거전쟁의 성격

고대나 중세시대의 전쟁은 전 국민이 무장하는 그러한 전쟁으로부터 이탈리아의 초기 르네상스 시대에서 볼 수 있는 일단의 용병傭兵들에 의해 감행되었던 제한전쟁에 이르기까지 아주 다양하다. 어떤 전쟁은 심각한 이데올로기적인 의견 차이에서 오는 것도 있다. 예컨대, 후에 스페인전쟁과 십자군전쟁의 원인이 되었던 이슬람교와 기독교와의 투쟁과 같은 것을 들 수 있다. 역사가들 가운데는 이와 같은 이데올로기적 투쟁과 지난날의 냉전 사이에 유사점을 들고 있다. 중세기에 걸친 서부 유럽에서의 전쟁은 대부분 상대적으로 소수의 군대에 의해 싸워진 국부적인 사건이었다. 이것은 근본적으로 봉건제도, 즉 기사騎士와 그의 수행원이 영주領主에게 1년 중 2~3개월 동안 제한된 충성의 의무에 기인하는 것이었다.

한국에 있어서는 고대 삼국시대부터 국민개병주의를 채택해왔으나, 조선시대에 와서 그 제도의 운용이 약간 문란한 때도 있었고, 또 임진왜란처럼 전면전쟁이 있었던가 하면, 왜구와의 싸움과 같이 제한전쟁도 있었다. 그런데 숭문억무정책崇文抑武政策으로 근세조선에 내려올수록 병력의 동원능력 및 규모가 작아졌고, 무기도 상대편에 비해 빈약해져 갔다는 것이다.

유럽에 있어서 15세기에 로마제국의 멸망 후, 서부 유럽의 단순한 정치적 구조와 빈약한 통신수단은 방대한 군사력의 이동과 훈련을 거의 불가능하게 만들었다. 십자군이 적은 규모나마 군대를 동원했다는 것은 주목할 만한 일이었다. 시간의 흐름에 따라 상대적으로 대규모의 군대가 전투를 할 수 있게 된 것은 근세의 중앙집권정부의 발전과 더불어 국가의 부흥 때문이었다. 그리고 화약과 대포 및 구식 보병총步兵銃의 발명은 봉건제도의 중추부가 되어

왔던 요새화된 성城의 가치를 감소시켰고, 또 중앙집권에 대한 반대를 종식시켰다.

그것은 고대와 중세에 걸쳐 전쟁의 성격에 관해 어떤 적절한 보편성을 찾는다는 것을 불가능케 하였다. 로마제국으로 침입한 동東코트족의 대이동은 거의 전면전쟁이나 다름이 없었다. 11세기에 프랑스에서 두 귀족간의 30일간의 싸움은 전면전쟁의 반대편 범위의 말단에 놓인 전쟁이었다. 어쨌든 많은 경우에 있어서 과거 형태의 전쟁보다 더 큰 규모의 전쟁을 억제하였던 것은 원시적 무기와 비산업화된 경제구조의 결합에 의한 것이었다. 전쟁의 수행정신遂行精神은 바람직하였으나, 수단이 부적합한 것이었다.

15세기 초기부터 18세기 후반에 이르기까지(종교적 광신 때문에 일어난 1618년부터 1648년까지의 30년전쟁은 제외하고) 전쟁은 과거보다도 드문드문 발생하였고 또 발생했던 전쟁은 온전한 방법으로 수행되었다. 영국의 저명한 역사가 아놀드 토인비(1889~1975) 교수는 이러한 현상에 관해 근본적인 이유를 제시했다. 즉, "전쟁은 종교적 광신의 수단으로서 끝났지만, 그러나 아직 국가적 광신의 수단으로는 되지 않았다." 18세기 말에 이르러 전쟁의 성격은 변화되었다. 토인비 교수에 의하면, 지난 18세기의 마지막 10년 이래로 민주주의와 산업주의에 의해 보강된 국가적 섬멸전의 시대에 살고 있다고 하였다.

전쟁에 있어서 민족주의와 산업주의의 힘에 의하여 일어난 변화는 나폴레옹 시대에 이르러서야 비로소 알 수 있었다. 가장 주목할 만한 변화 중의 하나는 용병들로부터 수많은 시민으로 구성된 보병으로 대치된 점이다. 군대의 구성에 있어서의 변화는 1793년 프랑스에서 절정에 올랐다. 그때 침략군의 위협 하에서 직업군인의 부족 때문에 오늘날의 첫 징병제도를 토의하기 위한 '공안위원회公安委員會'(committee of public safety)가 발족되었다. 재빠른 징집제도의 발달로 프랑스는 75만의 병력을 확보할 수 있었다. 민족주의의 열성에 불을 질렀던 강력한 시민군대의 육성은 직업군인들이 수행하였던 전쟁의 시대에 막을 내리게 했다. 나폴레옹(1769~1821)의 훌륭한 지도하에 새로이 발족한 프랑스 군대는 기동력에 대해 특별한 중점을 둔 전술과 기법을 받아들였다. 동시에 나폴레옹에 대항하는 군대는 여전히 과거의 엄격하고도 기동력이 열세한 전투를 신봉하고 있었다.

미국 독립전쟁(1775~1783)의 발발로 대부분의 고급지휘관들은 현대전에 있어서 아주 고전적인 규범이 되고 있는 나폴레옹의 전쟁술戰爭術을 교육받았다. 그러나 나폴레옹 전술의 교훈은 더 이상 대병력의 운용에 적용되지 않았다. 산업혁명은 전쟁수행에 있어서 변화를 가져오게 했다. 후미 장진식의 기관총은 화력을 증강시켰다. 전신전보電信電報는 통신을 신속케 했고, 철도와 기선汽船은 더 큰 기동력의 수단을 제공하였다.

민족주의의 힘과 산업혁명은 제1차 세계대전에 있어서 막대한 영향을 미쳤다. 방대한 군대의 육성은 우세한 민족주의적인 열광에 대해 거의 아무런 조처도 취할 수 없게 만들었다. 작전상 전쟁은 서부전선의 우익右翼에서 독일군의 전진前進으로 시작되었다. 어쨌든 6주 이내에, 기동전은 방어화력과 전술(기관총, 대포, 참호 그리고 철조망)로 불과 몇 미터의 전진이 제한을 받는 진지전陣地戰으로 변해 버렸다. 거의 3년 동안, 전선의 실질적인 교착상태가 있은 후, 프랑스에 있는 연합군은 전차라는 새로운 무기에 의해 기동력을 회복하였다. 오판誤判과 오용誤用을 거친 후 전차는 1918년의 승리의 공세를 취하는 동안 지상전에 있어서 효과적 무기인 것으로 판명되었다. 그러나 전쟁은 전차의 충분한 잠재력을 발휘하기도 전에 종식되고 말았다.

민족주의와 산업혁명의 추세의 결과로 전쟁은 서서히 그 규모가 확대되었고, 교전국의 자원과 더 높은 인구의 비율을 포함해서 잔인해졌으며 또 더욱 더 격렬해졌고, 더 많은 비용이 들게 되었다. 특히 더욱 더 확대적이고, 파괴적으로 변한 전쟁의 경향은 새롭고 강력한 무기의 발달과 더불어 산업시대의 또 다른 부산물의 발달을 가져왔다. 산업시대의 생산품의 하나요, 또 전쟁에 있어서 가장 심각하게 영향을 끼쳤던 것은 항공기이다. 항공기의 출현은 전쟁을 3차원으로 확대시켰고, 또 입체전쟁을 가능케 했다. 따라서 전쟁은 지상군 사이의 지루하고도 값비싼 전투에 더 이상 제한을 받지 않게 되었다. 그리고 항공기는 적 내륙을 깊숙이 침투 비행하여 폭탄을 투하할 수도 있고 또 적의 국가적 생명, 즉 그들의 경제, 정치적 기구, 사회 및 군사력 등의 모든 면에 타격을 가할 수 있게 되었다.

4. 현대전쟁의 성격

전쟁의 도구로서 항공기의 도입으로 전쟁의 범위는 계속해서 확대되고 있다. 이러한 확대는 직접 전투를 담당하고 있는 전체 인구의 비율을 점점 증가시키는 결과를 가져왔으며, 방대한 규모의 군사력(숫자에 있어서나 전체 인구의 비율에 있어서나)이 20세기 전쟁의 특색을 이루고 있다. 프랑스혁명 이전에 있어서 군의 병력은 만 단위의 숫자에 지나지 않았고, 군인의 비율은 전 인구의 1%보다도 적은 숫자였다. 19세기의 어느 나라 군대는 10만 단위의 숫자였지만 여전히 그 비율은 전체 인구의 극히 적은 부분을 차지하였다. 제1차 세계대전의 군대의 수는 백만을 초과하였고, 몇몇 참전국은 군인의 비율이 전체 인구의 14%를 나타내었다. 제2차 세계대전에 있어서 병력은 1억 이상이 투입되었으며, 어떤 열강국은 전체 인구의 약 10%를 군인이 차지했다. 제1차 대전과 제2차 대전 사이에 전체 인구의 비율의 차이는 기계화전機械化戰의 증가를 반영하고 있다.

군사제도가 확대되었을 때, 무기와 장비는 극단적으로 복잡하여졌다. 더욱이 군사력의 규모는 보급, 수송 및 통신의 문제로 더욱 더 복잡해졌다. 이러한 원인은 전쟁 중의 군인의 비율을 점점 더 높여주었다. 따라서 현대전에서 유지되는 군사력의 과제는 후방에서 일하는 국민의 비율에 의해 좌우되게 되었다. 만약 후방기지에서 9명이 전선에 있는 1명을 뒷받침하고 있다는 계산이 올바르다면 100만에 달하는 군인을 위해 필요한 군사 보급품 및 장비를 공급하기 위해서는 전 인구의 거의 1/4이 이에 소요된다는 결론이다. 사실 현대전의 성공은 군사력과 국민들 간의 협동적인 노력에 의존하는 것이다.

가. 전쟁 사상자

참전 인구 비율의 증가는 민간인의 전쟁 피해의 비율을 증가시켰다. 이러한 민간인 피해의 증가는 더욱 더 전쟁 규모를 확대하는 것을 뜻하는 것이다.

제2차 대전에서 중요한 임무를 담당했던 항공기는 민간인에게 막대한 피해를 주었다. 전쟁 중 사망자의 총 수는, 물론 산출해 내기가 불가능하지만, 고성능 폭약을 사용한 공중폭격과 거대한 재난을 가져온 소이탄 그리고 단 2개의 핵폭탄은 단번에 15만 명 이상의 민간인을 사살케 했다. 2차 대전에 있어서 민간인의 모든 피해는 모든 군인의 손실보다 더 많았던 것은 의심할 여지가 없다. 오늘날의 새로운 무기와 무기체계의 발전은 분명히 이전 단계의 무기보다 더욱 파괴적일 것이라는 것은 바로 현대전의 전면성의 증가를 말해 주고 있다.

나. 과학 및 산업기술의 영향

현대의 전쟁은 무기의 기술적인 발달의 결과로 그 규모가 크게 확장되었다. 옛날 전쟁과는 대조적으로 현대의 전쟁은 거의 제한을 받지 않는 무기의 사정거리가 특색이다. 16세기 중엽에 있어서 수동手動대포의 사정거리는 약 90m에 불과했고, 발사속도는 2분에 1발 꼴이었다. 제1차 세계대전에 있어서 중포重砲의 사정거리는 약 120㎞로, 항공폭격의 항속거리는 160㎞로 신장되었다. 제2차 대전 말에는 약 2,400㎞의 항속거리의 능력을 갖춘 항공기가 출현하였다. 그 후 산업기술의 놀라운 진보로 전쟁무기로서 항공기의 항속거리는 제한 없이 어떤 목표에나 알맞게 사용할 수 있게 되었다. 16,000㎞ 이상의 항속거리의 능력을 갖춘 항공기를 생산해 냈을 뿐만 아니라, 비행하면서 연료보급까지 할 수 있는 항공기도 생산해 내었다. 그리고 또 항공기는 착륙하지 않고 지구를 선회할 수도 있게 되었다.

유인有人 항공기에 부가해서 대륙간탄도탄(ICBM)은 11,200㎞ 이상의 사정거리를 갖게 되었다. 예컨대 북극 항로를 경유해서 뉴욕과 모스크바까지의 거리가 약 6,400㎞이고, 미국의 어떤 주요 도시에서 소련 영토까지의 거리가 약 9,600㎞가 된다는 것을 깨달았을 때, 이런 거대한 사정거리의 중요성은 더욱 명백하다. 따라서 현대 항공무기 체계의 범위와 함께 지구상에서 유인·무인 항공기나 우주선에 의한 공격에서 완전히 벗어날 수 있는 지역은 한 곳도 없다. 그러므로 만약 강대국이 총력전쟁을 감행하는 날이면, 전 지구가 하나의 전술지역으로 변하고 말 것이다.

무기가 가지는 사정거리의 신장은 무기의 파괴력의 증가를 수반하게 되었다. 19세기 말에 있어서 개량된 기관총을 발명하기까지 무기와 인력의 파괴력 사이의 비율은 거의 동등하였다. 개량된 기관총의 도입과 함께 그 비율은 500대 1로 무기의 파괴력이 월등하게 높아졌다. 이러한 비율은 무기의 효능이 높아짐에 따라 그 비율은 계속 증가되었다. 사실 제1차 대전에 있어서 대부분의 군사적 손실은 기관총의 효력 때문이라고 간주되었다. 그러나 다른 무기, 즉 고성능 대포, 전차, 독가스, 항공기 등을 포함한 다른 무기도 역시 무기와 인력 사이의 파괴력의 비율을 증가시켰다. 몇 사람의 병력을 가지고도 적의 군사력에 대항해서 막대한 타격을 줄 수도 있고 또 적국의 생산능력에도 막대한 손실을 입힐 수 있게 되었다.

제2차 대전 중 한 대의 항공기에 의한 폭격은 많은 인명 피해와 재산 손해를 입게 하였다. 게다가 무기의 파괴력과 무기를 조작하는 인원 사이의 비율은 여전히 타당성 있는 비율이었다. 그러나 핵무기의 출현과 함께 그 비율은 천문학적 숫자로 뛰어올랐다. 단지 12명의 승무원을 태운 한 대의 항공기가 투하한 한 개의 폭탄으로 히로시마(廣島)의 4.7평방 마일을 파괴하였고, 10만이 넘는 민간인 부녀자들을 사망케 했거나 불구자로 만들었다. 오늘날 한 척의 폴라리스 잠수함이 가지고 있는 16발의 미사일의 파괴력은 16Mt의 위력을 가지고 있는데, 제2차 대전에서 사용한 총 화약은 약 5 내지 6Mt(1Mt은 보통 화약으로 환산하여 100만t의 파괴력에 비등하며, 히로시마에 투하된 원폭은 20kt이다)이라고 하니 어느 정도의 파괴력을 가지는가를 짐작할 것이다.

핵무기체계는 재래식 무기체계의 무기와 비교한다면 다음과 같은 특징을 가지고 있다.[7]

① 파괴력이 천문학적 배율로 증대하였다는 것.

② 파괴를 위한 소요시간이 현저하게 단축되었다는 것.

③ 결정적인 방어수단이 존재하지 않는다는 것.

④ 핵폭核爆에 수반하여 발생하는 방사능 강하물降下物의 피해는 적과 우리 편에도 미친다는 것.

⑤ 핵무기는 보유량의 다과多寡와 그 전력이 반드시 정비례하지 않는다

7] 戦略問題研究会, 『戦後 世界軍事史–1945~1969–』(東京 : 原書房, 1970), p. 4.

는 것.

⑥ 핵무기체계의 보유에는 진보된 대규모의 공업력이 필요하다는 것.

여기서 ①, ②의 특징은 총력전쟁, 특히 강대국에 의한 핵전쟁의 발발을 저지하는 데 가장 중요한 원인이 되었으며, 따라서 이것이 새로운 전략사상의 탄생을 촉구하였으니, 즉 사상, 심리, 경제, 외교 등의 비군사적인 여러 수단을 통합 지도하여 상대편의 약점을 쳐, 그들의 태세를 흔들어 점차 압박하여 그들의 결속을 약화시키고 고립시켜 마침내 우리 편의 세력권으로 끌어들인다. 그렇다고 군사력을 사용치 않는가 하면 그렇지 않고, 강대한 군사력을 여전히 확보하고 있으면서 그것을 목적 달성에 적합하도록 제한하여 사용하는 것이다.

다. 전쟁의 단계에 대한 이해

항공세력[8](Air power)은 전쟁수행과 국가의 기본적 안전보장에 급격한 변화를 가져왔다. 역사상으로 전쟁은 점점 확대되어 가는 분쟁을 수행하고 있는 군사력에 의해 일반적인 형태를 갖게 되는 특징이 있다. 그리고 전쟁은 보통 세 가지 단계에 의해 수행된다. 즉

첫째 : 힘의 육성단계

둘째 : 결정적 단계

셋째 : 이용의 단계

침략국가는 전쟁을 시작하기 전에 첫째 단계를 완료하고 있다. 그리고 현대무기의 결정적인 특성과 한국과 같은 여건, 즉 지정학적 위치와 면적 및 다른 요인으로 인하여 전쟁 중에 있어서 힘의 육성의 단계란 있을 수 없

8) 항공세력이란 공중 매개물을 통하여 국가의 의지를 주장하는 능력을 뜻하며, 국가의 항공세력을 적용하는 군사적 도구가 공군이다.

을 것이다. 첫째 단계는 대적對敵행위가 시작되기 전에 취해져야 한다. 그러므로 즉각대응병력(Force-in-being)이 대단히 중요한 위치를 차지하게 된다. 즉각적으로 전면적인 군사작전을 취할 수 없는 나라는 전쟁 초기에 대패大敗하고 말 것이며, 특히 적이 적시適時·적소適所에서 전쟁을 도발하였을 때는 더욱 그러할 것이다. 따라서 힘의 육성단계는 대단히 중요하며, 그 중요성과 필요성은 전쟁이 시작되기 훨씬 전에 인식되고 실천되어야 한다.

결정적 단계는 작전행위가 상대편에 대해 전세戰勢가 확정적이며 결정적으로 우세하게 전개되도록 하는 단계이며, 아마 그것은 단시일 내에 이루게 될 것이며, 또 그러한 방향으로 전력을 기울일 것이다. 보유하고 있는 다량의 파괴력을 정확히 그리고 효과적으로 운용한다면, 최초의 공격이 이미 결정적이 될 것이다. 이 단계에서 아래 열거한 조건 가운데 하나 혹은 그 이상의 현상이 일어나게 될 것이다.

① 적이 전승戰勝을 획득하기 위한 충분한 군사력을 유지할 수 없을 정도로 후방 지원기구가 파괴 혹은 마비될 것이다.
② 적의 항전 의욕이 완전히 저하됨으로 동맹국이 그 이상 전쟁을 수행할 필요가 없다고 판단하게 될 것이다.
③ 적 정부는 그들의 국민을 단결시켜 전쟁 수행을 하려는 여러 가지 필요한 행정력을 상실케 될 것이다.
④ 그 이상 전쟁을 수행하고 지탱할 수 없을 정도로 적군의 능력이 좌절 감소될 것이다.

이용의 단계는 승전국가가 전쟁의 목적을 달성하기 위하여 결정적 단계에서 획득한 우세를 이용하는 것이다.

항공세력은 근래에 와서 전쟁수행을 급격하게 변화시켰다. 항공세력은 공중과 우주간의 매개체에서 작전을 하기 때문에 그것은 원래부터 어느 곳,

어느 때에도 작전수행의 능력을 갖추고 있으며, 따라서 육지와 바다의 경계에 제한을 받지 않는다. 따라서 한 국가의 전체적 기구는 치명적이며 잠재적인 항공세력에 노출되어 있다. 그리고 이와 같은 치명적 무기는 대단히 짧은 시간 내에 사용할 수 있기 때문에 전쟁 도발에 따르는 전쟁의 전통적인 준비단계를 불가능하게 하며, 따라서 현대전쟁은 각 국으로 하여금 그들에게 공방위攻防衛와 그리고 위협세력으로서의 정치적 이익을 가져다 주는 현존現存 공군력의 육성에 전력을 기울이고 있다.

이처럼 과거의 전쟁 교훈과 현대전쟁의 성격을 통하여, 그리고 항공세력의 본질과 특성을 조금이라도 진지하게 연구를 한다면, 효과적인 육상작전이나 해상작전을 수행하기 위해서는 공중우세가 필요 불가결한 요소임을 알 것이다.

5. 핵무기의 등장과 억지전략[9]

1945년 8월 6일 일본의 히로시마(廣島)에 원자폭탄이 투하되어 사상자가 129,550여 명에 달했고, 이어서 8월 9일 나가사키(長埼)에도 투하되어 사상자 66,770여 명을 내어 두 발의 원자탄으로 196,320여 명의 사상자와 양 도시는 폐허로 변했으며, 이로써 인류는 핵시대로 돌입하게 되었다.

핵전략의 지배적인 개념인 억지(Deterrence)는, 원자탄이 투하되고 그 해 가을 미국의 버나드 브로디(Bernard Brodie) 교수의 논문에서 등장했다. 즉

9] 이종학 편저, 『전략이론이란 무엇인가』(대전 : 충남대학교 출판문화원 2012), pp. 35~37.

"원자폭탄이 사용되는 미래전쟁에서 누가 승리할 것인가에 관해 우리는 생각할 필요가 없다. 지금까지 미군의 주목적은 전쟁에서 승리하는 데 있었으나, 이제부터는 전쟁을 회피하거나 억지하는 데 그 목적을 두어야 할 것이며, 이것 외에 다른 유용한 목적은 가질 수 없다."

핵무기의 등장은 전략의 특성과 그 기능에 근본적인 변화를 가져왔다. 지금까지 전략은 군사력의 효과적·기술적 사용으로 정의되어 왔으나, 이제 전략은 군사력의 효과적·기술적 불사용不使用으로 변했다. 전략이란 군사력을 사용하는 술로부터 위협하는 술, 즉 억지의 술(art of deterrence)로 변했는데, 억지란 무기를 실제로 사용하지 않고, 무기의 존재 그 자체를 활용하는 것이다.

표현을 바꾸어 말한다면, 억지란 전쟁을 위한 전략이 아니라, 상대방으로 하여금 모든 대안代案 중에서 침략이 가장 매력이 없는 대안이라는 것을 확신시키는 평화를 위한 전략이며, 또한 적을 물리적으로 억지시키는 것이 아니라, 적을 심리적으로 억지시키는 것이다. 지금까지 재래식 전쟁에 사용될 소요 군사력을 평가하는 데 있어서 지침적인 요소는 적의 능력(capability)에 기준을 주었으나, 억지를 위해서 소요되는 군사력의 수준은 적의 의도(intentions)에 영향을 줄 수 있는 수준으로 변했다. 따라서 억지라는 개념은 상대편이 감당하기 어려운 유효한 반격을 받는다는 공포심을 불러일으키게 함으로써 그 적대행위를 좌절시키는 조치를 뜻하게 되었다. 이런 억지가 성립되기 위한 조건은 세 가지가 있다.

- 첫째 : 능력의 확실성
- 둘째 : 능력을 행사하는 결의
- 셋째 : 상대편에게 결의의 전달

미국이 6·25전쟁 및 월남전쟁에서 핵무기를 사용하지 못한 원인은 여러 가지 있지만, 결국 핵무기를 사용하는 것이 국가 이익이 되지 못하기 때문에 사용하지 않았으니, 둘째에 해당한다고 말할 수 있으리라. 1975년 4월 월남이 패망한 후, 김일성은 베이징(北京)을 방문하여, “한반도에서 전쟁이 나면, 잃어버릴 것은 휴전선이요, 얻을 것은 남북통일이다!”고 호언장담을 했을 때, 미국의 슐레진저 국방장관은 핵무기 사용에 대한 언급을 했다. 그 후 소련은 김일성의 모스크바 방문을 거절했고, 김일성이 전쟁을 일으키지 못했을 뿐만 아니라 또 조용해진 것을 보면 미국 정부는 소련을 통해 만약 북한이 한반도에서 전쟁을 일으킨다면 미국은 단호히 핵무기를 사용한다는 결의를 전달한 것으로 짐작한다.(셋째)

미국의 핵전략(Nuclear Strategy)은 제2차 대전 후 여러 가지 등장했으나, 그것은 실전을 거치지 않았기 때문에 가설(Hypothesis)에 지나지 않았다는 것은 인류를 위해 다행한 일이었다.

그런데 북한은 2012년 12월 장거리 미사일의 발사를 성공시켰고 또 금년(2013년) 2월 12일 3차 핵실험을 감행하면서 한국뿐만 아니라 미국 본토에 대한(핵·미사일 공격으로 위협하면서) 핵·미사일의 점화단추를 누르는 것만 남았다고 위협했다. 북한의 이런 위협은 곧 일본의 본격적인 재무장을 가속화시키고 있고, 한국 내부의 독자적 핵무장 주장을 키우고 있다.

북한의 수뇌자들은 핵·미사일 전쟁의 점화단추를 누르기 전에 그 전쟁의 결과가 어떻게 될 것인가를 사전에 그리고 깊이 생각하기 바란다. 한반도에서 핵전쟁이 일어난다면 평양 금수산 기념궁전을 비롯하여 한반도는 완전히 폐허로 변할 것이고, 거기서 적화통일이 무슨 소용이 있으며, 외세의 개입으로 새로운 휴전선이 생기고, 한민족은 영원히 쇠망의 길로 접어들게 되리라.

6. 북한 사회주의자의 전쟁관

우리들은 오늘날 북한 사회주의자들이 어떤 정치적 목적을 가지고 있으며, 또한 그들의 전쟁관을 알아야 한다. 이와 관련된 북한의 「조선로동당규약」(2010. 9. 28)의 내용은 다음과 같다.

- 조선로동당은 위대한 수령 김일성동지께서 개척하신 주체혁명 위업의 승리를 위하여 투쟁한다.
- 조선로동당의 당면목적은 공화국 북반부에서 사회주의 강성대국을 건설하며 전국적 범위에서 민족해방민주주의의 과업을 수행하는데 있으며 최종 목적은 온 사회를 주체사상화하여 인민대중의 자주성을 완전히 실현한 데 있다.
- 조선로동당은 주체사상교양을 강화하며 자본주의 사상, 봉건유교 사상, 수정주의, 교조주의, 사대주의를 비롯한 온갖 반동적 기회주의적 사상 조류들을 반대 배격하여 맑스－레닌주의의 혁명적 원칙을 견지한다.

우리들은 먼저 김일성이 개척했다는 주체사상이 무엇인가를 알아야 한다.[10]

첫째, 마르크스－레닌주의적 요소가 함축되어 있다. 왜냐하면, 근로인민의 해방과 이들이 지배하는 사회체제를 이상으로 하고 있기 때문이며, 마르크스－레닌주의의 요소인 개인소유 부정, 전체주의적 가치관, 당 중심의 대중동원을 통한 혁명 수행을 강조하고, 현 경제체제의 구조와 운영방식을 이해함에 있어서도 프롤레타리아 독재, 생산수단의 사회적 소유, 잉여가치설, 계급투쟁 및 유물사관 등을 떠나서는 곤란하기 때문이다.

10] 박성규·길병옥 공저, 『현대북한의 이해』(대전 : 충남대학교 출판문화원, 2012), pp. 86~87.

둘째, 전체적 권위주의가 지배적이다. 이것은 주체사상의 형성과정, 김일성 왕국·김일성 봉건왕조체제·부자세습체제인 현실, 주체사상의 수령론·후계자론이 이를 증명해주고 있다.

셋째, 현 체제는 마르크스-레닌주의를 기본으로 하고 있다.

마르크스(1818~1883), 레닌(1870~1924) 그리고 마오쩌둥(毛沢東, 1893~1976) 등은 혁명가일 뿐만 아니라, 군사전문가로서의 자질을 갖추고 있었다. 특히 레닌은 클라우제비츠의 『전쟁론』에 크게 영향을 입었다. 그는 클라우제비츠의 "전쟁은 다른(즉, 강력한) 수단에 의한 정책의 계속이다."라고 하는 구절을 인용하고는, "이 유명한 격언은 전쟁문제에 관한 가장 심오한 저자의 한 사람인 클라우제비츠의 말이다. 공산주의자는 이 구절을 언제나 모든 전쟁의 의의를 이해하기 위한 이론적 기초로 생각해야 한다"[11]고 까지 했다.

그래서 공산주의자들은 전쟁은 목적 그 자체가 아니라, 오히려 정책의 수단이라는 전제에서 출발한다. 즉 전쟁과 정치는 서로 치환할 수 있는 것이지만, 전쟁은 정치목적을 달성하기 위한 수단이라는 것이다. 그들의 목적은 "공산주의 사회의 건설이 바로 그것이다"[12]고 함으로써 그들의 야욕이 세계의 적화통일赤化統一에 있음을 알 수 있다. 마오쩌둥은 "전쟁은 정치의 계속이다. 이러한 관점에서 볼 때 전쟁은 정치요, 전쟁 그 자체가 정치적 성격을 가진 행동이다.… 그러므로 정치는 피를 흘리지 않는 전쟁이요, 전쟁은 피를 흘리는 정치라 할 수 있다"[13]고 했다. 이러한 점으로 미루어 보아도 서방측, 특히 미국은 힘과 정책의 분리가 현저한데 반하여, 공산주의자들

11] J. F. C. Fuller, *The Conduct of War*(New Jersey : Rutgers University Press, 1962), pp. 205~206.

12] V. D. Sokolovskii, *Soviet Military Strategy*, trans. Herbert. S. Dinerstein(New Jersey : Prentice-Hall, Inc., 1963), p. 100.

13] Mao Tse-Tung, *Selected Works of Mao Tse-Tung*, vol. 2.(New York : International Publisher, 1954), pp. 202~203.

은 전쟁 및 군사력의 행사에 대한 힘과 정책의 결합 및 조화가 원만하므로 많은 이득을 획득하고 있다.

사회주의자의 전쟁에 대한 태도에 대하여 레닌은 "사회주의자가 전쟁에 반대한다면 벌써 사회주의자는 못된다. 우리들은 전쟁의 근본적인 뿌리, 즉 자본주의자와 겨루어 투쟁하고 있다. 그러나 아직 자본주의가 근절되지 않는 한, 우리는 일반적으로 전쟁과 투쟁하고 있는 것이 아니라, 반동전쟁反動戰爭에 대항하여 그리고 혁명전쟁을 위해 투쟁하고 있다"[14]고 했으며, 마오쩌둥은 "혁명의 중심 임무와 최고 형태는 무력武力으로 정권을 탈취한다는 것이며, 전쟁으로 문제를 해결한다는 것이다. 이 마르크스·레닌주의의 혁명원칙은 보편적으로 옳으며, 중국에 있어서나 외국에 있어서도 모두 옳은 것이다"[15]고 했다. 북한의 전쟁준비, 무력 증강과 무력 남침의 이론적 기반이 여기에 있는 것이다.

북한의 「조선로동당 규약」에 의하면, "조선로동당의 당면 목적은 공화국 북반부에서 사회주의 강성대국을 건설하며… 최종 목적은 온 사회를 주체사상화하여…"라 함으로써 무력에 의한 한국의 적화통일을 최종목적으로 삼고 있다는 것이 명백하다. 오늘날 핵·미사일 무기체계의 등장으로 핵전쟁이 '정책을 달성하는 수단'이 될 수 없다는 것이 명백함에도 불구하고 북한의 수뇌들이 승인한 「조선로동당 규약」은 마르크스-레닌시대를 고수하고 있다는 데 한민족의 위기가 도사리고 있다. 우리들은 만반의 전쟁준비 태세를 갖추어 북한으로 하여금 전쟁도발 뿐만 아니라, 여러 형태의 도발을 사전 억제를 해야만 한다.♣

14] Robert E. Osgood, *Limited War* (Chicago : The University of Chicago press, 1957), p. 48.

15] 『毛沢東軍事論文選』(北京 : 外文出版社, 1969), p. 376.

III

국력과 지정학설

• 유사有史 이래 대륙국가와 해양국가의 분쟁교섭의 접촉점인 한반도는 언제나 중요한 역할을 담당해 왔고 또 한편으로는 열강국의 이권개입利權介入으로 복잡한 처지에 놓여 타의他意에 의해 국가의 운명이 좌우되기도 했다. 그러나 이러한 원인을 한반도의 지정학적 위치로만 돌린다면 큰 잘못이다. 만약 우리가 우리의 민족적 주체의식과 역사적 사명을 깨닫고 또 국력을 배양한다면, 우리는 대륙이나 해양으로 얼마든지 신장伸張할 수 있는 요충지에 자리잡고 있다는 것을 알아야 한다.

예컨대, 신라의 아시아 제해권을 장악한 수군력, 장보고(?~846)에 의한 해상무역과 중국 땅의 신라방新羅坊 등은 마한의 해양학설(1890)이 등장하기 1,000여 년 전에 이미 실천되고 있었다.

-본문에서-

1. 국 력※

가. 국력의 개념

국력(national power)은 민족주의 및 주권과 함께 국가제도에서는 분리해서 생각할 수 없는 중요한 요소이며, 또 권력 혹은 힘이라는 것은 인간이 타인의 마음과 행동을 지배하는 상태를 뜻하며 인간이 서로 사회적으로 접촉하여 생활하고 있을 때 볼 수 있는 현상이다. 그래서 이것을 좀 더 확대해서 국력을 규정한다면, 한 국가가 국제사회에서 자국自國의 국가이익을 보호하고 나아가서 자국의 의사意思를 타국에 관철시킬 수 있는 능력을 뜻하는 것이다. 그래서 국제사회에서는 국가 간에 이러한 힘이 부단하게 작용하고 있다. 이 힘이 적극적으로 나타난 것이 국가 간의 무력적 충돌인 전쟁이며, 반면 소극적으로 나타난 것이 냉전이요, 더 나아가서 평화의 상태이다. 그러나 어떠한 경우에 있어서나 국가 간의 관계에 있어서 국력은 뺄 수 없는 기본적이며 근본적인 요소이며, 따라서 국제정치는 국력을 수단으로 하는 정치이며 그것으로 자국의 정책을 수행하는 데 주저하지 않는 냉철한 사회이다.

※ 참고문헌은 다음과 같다.

1) 최종기, 『국제관계론』(서울 : 박영사, 1966)
2) 조재근, 『국제정치학』(서울 : 법문사)
3) Hans J. Morgenthau, *Politics Among Nations* (New York : Alfred A. Knopf, 1960.)
4) N. D. Palmer and H. C. Perkins, *International Relations* (Boston : Houghton Mifflin Co., 1957.)

그런데 국가가 행사하는 국력의 정도는 그들이 달성하려는 국가목적의 중요성과 정비례한다고 볼 수 있다. 예컨대 국가의 안전과 독립이 위협을 당하는 경우, 국력을 총동원해서 싸우든가 그렇지 않으면 협상을 통해 후퇴를 하든가, 그것도 여의치 않다면 최악의 경우는 항복도 하게 될 것이다. 반면에 사소한 문제라고 한다면 관계국간의 외교적 교섭에 의해서 문제가 해결되기도 한다. 그러나 해결되어 가는 방향은 국력이 강한 국가의 의사를 받아들이는 경향이라는 것은 상식에 속한다. 국제사회는 불행하게도 정의正義보다는 힘이 횡행하는 서글픈 사회이지만, 그것이 또한 현실임을 직시해야 하고, 그 상황에 맞추어 우리의 대비도 갖추어야 한다.

아무튼 국력은 국가 간의 정치적 이해관계利害關係를 지배하는 근본적인 힘이며, 그것의 행사 규모와 정도는 야기된 문제의 성질과 상대국의 자국에 대한 우호 혹은 적대의 관계여하에 따라 변동하는 것이다. 그러면 국력의 구성요소에는 어떤 것이 있는가를 살펴보려고 한다.

나. 국력의 요소

국력의 요소에 대해서는 여러 학자들 간에는 견해를 달리하고 있으나, 따지고 보면 대동소이大同小異한 것이라 하겠다. 예컨대 노만 힐(Norman Hill) 교수는 군사력, 국토의 크기, 인구, 유리한 지리적 위치, 산업화의 정도, 자원, 산업기술의 능력, 국민성 그리고 정치제도라 했고, 퀸시 라이트(Quincy Wright) 교수는 군사력, 사기士氣, 국가의 위신, 외교능력, 자원, 지세地勢라 했으며, 또 모겐소(Hans J. Morgenthau) 교수는 지리, 천연자원, 산업능력, 군비軍備, 인구, 국민성, 국민의 사기, 외교의 질, 정부의 질 등이라 했다.

다른 편에서는 유형과 무형으로 구분하여, 유형에는 지리적 위치, 인구 및 인적 자원, 천연자원, 공업 및 농업생산력, 군사력 등으로 실질적인 능력을 분석하고 그 요소는 양(quantity)으로 측정할 수 있다. 무형에는 정치적·

경제적 및 사회적 구조, 교육적 및 기술적 수준, 국민의 사기 등으로 측정이 어려우며, 주로 질(quality)에 달려 있다.

1) 지리적 요소

국력을 측정하는 데 가장 구체적이고 안정된 요소는 지리적 요인이다. 먼저 그 국가의 지구상에서의 지리적 위치가 대단히 중요하다. 예컨대 한국은 중국, 소련 및 일본에 둘러싸여 있기 때문에 그들과의 이해관계利害關係가 깊어 국제분쟁을 가져올 요인을 내포하고 있기도 하다. 한편 영국은 유럽대륙과 접촉되어 있지 않고 도버해협을 사이에 두고 있기 때문에 나폴레옹과 나치 히틀러의 침공도 그들의 해군력으로 저지시킬 수 있었고, 일본도 또한 그러하였다.

그러나 오늘날 교통과 통신 그리고 특히 미사일과 같은 화력 운반수단의 발달은 지리적 위치가 종전처럼 군사적·정치적 가치를 가지는 것은 아니지만, 그렇다고 아직 무가치하게 만들고 있지는 않은 것이다. 그리고 국토의 크기, 즉 영토의 넓이는 국력에 지대한 영향을 미치고 있다. 예컨대 군사적 관점에서 보아도 외국의 침략을 받았을 때 좁은 영토를 가진 국가는 빨리 정복당하기 쉽지만, 넓은 영토를 가진 국가는 그렇지가 않다. 임진왜란 때의 한국이나, 양차 대전兩次大戰에서의 벨기에, 룩셈부르크, 네덜란드 등은 전자에 속하고, 나폴레옹 및 나치 독일군의 소련 침공 그리고 일본의 중국 침공의 실패는 후자에 많은 영향을 받은 실례實例라 하겠다.

2) 천연자원

가) 식량

국가의 천연자원 가운데 가장 기본적인 것은 식량이다. 식량을 자급자족하는 국가는 그렇지 못한 국가에 비해 상당히 유리한 입장에 서게 되며 그것은 특히 전시戰時에 있어서 더욱 그러하다. 예컨대 영국은 그들의 식량 소요량의 30% 밖에 충족시킬 수 없고, 그 외는 국외에서 수입을 해야 한다. 그래서 양차 대전을 통하여 독일은 해상봉쇄를 통하여 유리한 위치를 견지하고 나아가서 전승戰勝을 노렸으나 결국 실패하고 말았다. 한편 독일도 영국보다는 식량사정이 유리하기는 하지만, 역시 부족한 국가이다. 그래서 그들도 전승을 위해 다음 세 가지 주요 목표를 추구하지 않을 수 없었다. 즉,

첫째, 독일은 비축식량을 모두 사용하기 전에 단기전으로 승리하고 장기전을 피할 것.

둘째, 동유럽의 광대한 곡창지역을 정복할 것.

셋째, 해상의 식량공급원에 접근하는 것을 방해하고 있는 영국 해상세력을 제거하는 것 등이다.

이처럼 전·평시를 막론하고 식량이 부족한 국가는 식량을 획득하기 위해 국력과 군사력을 소비해야 하고 나아가서는 국가정책도 변경하는 취약성을 나타내는 것이다. 따라서 식량의 자급자족은 국력의 항구적恒久的인 원천인 동시에 국력을 형성하는 귀중한 요소이다.

나) 원료

원료는 모든 생산을 위해 필요 불가결한 것이며, 더욱이 전쟁을 수행하기 위한 군수물자의 생산을 위한 원료의 자급자족의 여부는 국력에 지대한 영향을 미친다. 따라서 오늘날 미·소 그리고 중국 등이 세계의 강대국으로 등장하게 된 기본조건의 하나는 공업생산에 필요한 원료를 거의 자급자족할

수 있고 또 국내에서 생산할 수 없는 원료는 그것을 보유하고 있는 외국과의 접근이 순조로운 데 있는 것이다. 예컨대 석유는 제1차 대전 이후 공업과 전쟁에 있어서 더욱 중요시 되었다. 기계화된 대부분의 무기, 차량 그리고 함선은 모두 석유에 의하여 움직여졌고, 따라서 '한 방울의 석유는 한 방울의 피와 같다'고 할 정도로 중요시되었다. 그래서 유전油田를 가진 중동지역이 전략적으로 중요시되었다.

한편 제2차 대전 후기 원자폭탄의 출현은 우라늄 광물의 보유 여부가 또한 국력에 영향을 미치게 되었다. 즉 우라늄에서 원자력을 개발하여 전쟁과 평화에 다 같이 사용할 수 있다는 것은 국가 간의 힘의 균형에 실질적인 영향을 주고 있다. 예컨대, 캐나다, 체코슬로바키아, 소련, 남아프리카공화국 및 미국 등과 같이 우라늄 광물을 보유하고 있고 또 그것을 이용할 능력이 있는 국가의 힘의 평가는 상승되고 있으나, 그렇지 않은 국가는 하락하고 있는 추세이다.

3) 산업기술능력

아무리 천연자원이 풍부하다 하더라도 그것을 개발하고 이용할 수 있는 산업기술 능력이 결핍되어 있다면, 그 천연자원은 아무런 구실도 하지 못할 뿐만 아니라, 화근禍根이 되기도 한다. 예컨대 이란, 사우디아라비아 및 이라크 등 중동의 여러 국가에는 풍부한 석유자원을 가지고 있지만, 그것을 개발할 만한 능력을 가지고 있지 않았기 때문에 국력을 형성하는 요소가 되지 못하였을 뿐만 아니라, 열강국의 투쟁의 대상이 되기도 하였다.

1960년 아프리카의 콩고 사태가 여러 가지로 얽혀 복잡하게 된 큰 이유 가운데 하나는 콩고가 세계에서 가장 양질의 우라늄 광물을 가지고 있었기 때문이기도 하였다. 현대전을 성공적으로 수행하기 위해서는 미사일, 항공기, 전차, 통신장비, 장갑차, 함선, 화포, 전파무기 등의 질과 양에 크게 의존하고 있다. 국가 간의 힘의 경쟁은 보다 강력한 새로운 전쟁도구의 생산경쟁으로 크게 변하고 있다. 따라서 공업설비의 질과 양, 노동자의 지식, 기술자의 기능, 과학자의 발명능력, 경영기구 등은 한 국가의 국가 구성에 불가결한 요소이다.

4) 인구

인구는 국력의 요소에서도 중요한 위치를 차지하며, 그것은 보다 많은 사람이 생산업무에 종사할 수 있으며 또 군무軍務에 종사할 수 있는 연령층이 많으냐에 의존하고 있다. 예컨대 1870년부터 1940년 사이에 독일과 프랑스의 인구성장 상황을 살펴본다면, 이 기간 중에 프랑스의 인구는 400만 명만이 증가하였는데, 독일은 2,700만 명의 증가를 기록하였다. 1940년 독일은 약 1,500만 명의 병역 적령자를 동원할 수 있었는데 비하여, 프랑스는 500만 명을 동원할 수 있었다.

여기서 한 가지 깊이 생각해야 할 문제는 인구가 많다는 것이 반드시 국력에 기여하고 또 유리하지는 않다는 것이다. 예컨대 인도처럼 4억 이상의 인구를 가짐으로써 식량의 부족을 가져와서 국력 발전의 저해요소로 작용하기도 한다. 그러므로 인구는 국력의 요소로 기여하기 위해서는 다음과 같은 조건, 즉 국토의 크기, 천연자원 그리고 산업기술 능력이 적절하게 조화되는 경우라고 말할 수 있다. 그리고 어떤 국가라 할지라도 지금 인구가 억 단위를 넘은 국가가 실제로 세계의 강대국으로 군림하고 있다는 것이다.

5) 국민성

국민성이란 대단히 추상적인 것이며, 따라서 양적으로 측정할 수 있는 것이 아니라, 질적 성질을 갖고 있다. 예컨대 일본인은 근면하고 소련인은 끈기와 인내심이 강하고, 미국인은 창조력과 창의력이 풍부하며, 독일인의 규율과 철저 등은 국민들의 집단적 성격을 잘 반영하고 있다. 국제사회에 있어서 각 국민의 국민성을 잘 파악하고 그것의 평가에 신중을 기해야 하다. 예컨대, 제1차 세계대전 후의 독일 부흥의 경시輕視라든가, 1941년~42년의 소련의 지구력에 대한 과소평가와 같은 오판을 범하게 된다. 베르사유 조약에 의하여 독일은 영토, 자원, 공업력 및 군비軍備에 철저한 제한을 받고 있었다. 그러나 독일은 20년 만에 상실한 모든 것을 회복하고 세계 최강의 군사력을 가진 국가로 등장하였는데, 그들은 제2차 대전 후에도 라인강의 기적을 낳았다. 이것은 그들의 국민성과 지력知力과 근면을 새삼스럽게 재평가하지 않고는 이해하기 어려울 것이다.

1942년 소련군은 독일군에 의하여 수개월 밖에 저항할 수 없으리라는 것이 당시 군사전문가들의 일치된 의견으로 그들의 새로운 전격전법電擊戰法, 군사전략, 기동력 그리고 공업자원 등과 같이 군사적 관점에서는 그렇게 생각할 수도 있지만, 그러나 소련의 큰 강점의 근원이었던 국민성의 끈기와 인내라는 요인 그리고 전 국민에 대한 군사교육 및 훈련의 보급 등을 경시한 것은 명백한 과오였다.

1940년 서부전선에서의 연합군의 대패배, 그리고 됭케르크의 비극적인 철수작전 등으로 영국이 생존의 기회를 상실했다고 하는 비관론은 영국인의 국민성을 무시하였든지, 아니면 오해에서 기인하는 것이라 하겠다. 그리고 국가의 대외정책을 수립하기 위해서는 이러한 국민성을 잘 파악해 두어야 하는데, 이것은 비단 자국自國뿐만 아니라, 상대국의 국민성도 잘 이해하고 또 파악해두어야 한다. 이러한 것을 고려해 넣지 않는 국가정책은 대내외對內外를 막론하고 실패하기 마련이다.

6) 군비軍備

국가의 지리적 조건, 천연자원, 산업기술능력 등의 국력의 구체적 능력의 표시와 힘의 과시가 바로 국가의 군사적 준비와 연결되어, 이것이 군사력으로 나타나게 된다. 예컨대 19세기부터 청국清國의 주요도시 및 항구는 거의 유럽 열강국에게 약탈당하고, 특히 아편전쟁(1839~1842)에서 청국이 영국에 굴복하고 만 것은 청국의 군사력이 약한 탓이다. 광대한 영토, 풍부한 천연자원과 인구, 모든 면에서 거의 자급자족이 가능했던 그들이 그것을 개발하고 이용할 산업기술을 갖지 못하였고, 그러한 요소를 결합하여 근대적 군비를 갖추지 못했기 때문에 영국에 굴복 당하고 말았던 것이다. 군사력의 구성요소에 관한 문제는 '군사전략의 요소'에서 상론詳論키로 하고, 여기서는 다만 군대의 질에 관해서만 약간 논의하고자 한다. 군대란 병력(엄밀히 말하면 병원兵員)과 무기 및 장비의 결합체이다. 따라서 군대의 질이란,

첫째, 어느 정도 적절한 규모의 병력을 갖고 있느냐 하는 것.

둘째, 현대화된 무기와 장비를 갖고 어느 정도로 다룰 수 있는 능력이 있느냐 하는 것.

셋째, 국내외에 대해 유사시 즉시 병력을 동원·배치할 수 있는 임전태세臨戰態勢를 갖출 수 있도록 훈련이 잘 된 병력이냐 하는 것과 병참지원이 원활한가 하는 것.

넷째, 국가목적을 달성하기 위하여 전략·전술의 연구를 통한 효율적인 군사력의 운용을 할 수 있는가 하는 것 등이다.

아무튼 군대는 잘 훈련되고 또 최신식 무기와 장비를 갖추고 언제든지 임전태세를 갖추고 있으면서 주어진 목적을 효율적으로 달성할 수 있는 용병술을 갖추고 있어야 한다.

7) 외교의 질

국력의 요소 가운데 불안정하나마 중요한 것은 외교의 질이다. 국력을 결정하는 다른 모든 요소를 종합하여 전체로서 결합하여 이것에 방향을 부여하고 현실의 힘에 어떤 실효성을 가져다주는 것이 바로 외교의 질이다. 예컨대 아무리 유리한 국력을 갖추고 있다 하여도, 그 국력으로써 달성할 수 없는 목표를 위해 정책의 수립이나 방향 그리고 정치적 판단을 잘못한다면, 유리한 조건을 구비하고 있음에도 불구하고 결과적으로는 오히려 불리하게 되는 일이 있는 것이다. 1866년 프로이센·오스트리아 전쟁에서 프로이센의 비스마르크가 오스트리아를 공격했을 때, 나폴레옹 3세가 내린 정치적 오판은 1871년 프로이센·프랑스 전쟁에서 프랑스가 패배하는 근본적 요인이 되었던 것이다.

그리고 국가목적을 과대하게 책정하여 유리한 국력을 오히려 패전의 궁지로 이끌어간 예는 1938년의 뮌헨회담 후의 히틀러의 외교정책이었으며, 또 제1차 세계대전 전도 이와 마찬가지의 경우였다. 당시 독일은 전쟁에 개입하지 않았다면 자연히 유리한 방향으로 유럽의 강대국으로 군림할 수 있었던 것이다. 이와 반대로 자국이 가지고 있는 불리한 조건을 적절한 외교력에 의하여 타국과 동맹 또 조약을 맺음으로써 자국의 상대적 약점을 보충하는 일도 있다. 예컨대 미국의 독립전쟁(1775~1783) 당시, 미국은 압도적으로 우세한 영국과 대항하기 위하여 영국과 적대관계에 있었던 프랑스와 동맹관계를 맺음으로써 그 약세를 보충하였다. 1902년 일본은 러시아와 전쟁을 하기 위하여 영국과 동맹을 맺음으로써 적극적으로 전쟁을 수행할 수 있는 재정적·외교적 기반을 구축하였다.

이처럼 외교의 질은 여러 가지 국력의 요소를 국가이익과 직접으로 관계가 있는 국제정세의 여러 국면에 가장 효율적으로 관련시키는 기술이다. 즉 국력의 다른 요소가 어느 것이거나 간에 유능한 외교는 다른 모든 요인을 결합한다는 견지에서 보면 우리가 예상하고 있는 이상으로 국가의 국력을 증대시킬 수가 있다. 탁월한 외교의 질은 대외정책의 목적과 수단을 국력의 유용한 자원에 조화시키게 될 것이다.

다. 국력의 평가

국력을 측정한다든가 평가한다는 것은 국력의 요소가 너무나 복잡하기 때문에 대단히 어려우며 또 국력은 고정적인 것이 아니라, 상대적으로 가변적인 것이다. 이것을 요약한다면,

첫째, 국력은 상대적인 것으로서, 서로 다른 것에 의하여 영향을 받는다는 것.

둘째, 외교의 질, 정부의 구성요인, 군대의 질 등도 국력의 중요한 요소이지만, 이것을 정확하게 측정하기 어렵다는 것.

셋째, 각국의 국력의 현황은 때때로 변하며, 국가 간의 상대적 국력의 변화를 정확히 측정한다는 것은 더욱 어렵다는 것 등이다.

따라서 국가의 지도자들은 국력의 이러한 관점을 고려하면서 적국에 대한 국력 평가를 무시하거나 경시하지 말아야 한다.

예컨대 1923년 프랑스가 독일의 루르지방을 점령하였을 때, 독일은 거의 무력하였다는 사실이나, 1939년 소련이 핀란드를 공격하였을 때 의외의 고전을 했다는 사실은 절대적인 것으로 생각했던 자국의 우월성에 도취함으로써 기인한 것인데, 이것은 힘의 상대성을 소홀하게 다룬데서 온 과오이다. 1940년 프랑스가 독일의 공격을 받고 대패한 것이나, 1941년 독일이 소련을 침공한 데에도 이와 같은 잘못된 판단이 작용한 탓이라 하겠다. 1941년 12월 일본이 태평양전쟁을 시작한 것도 그들의 국력을 바르게 이해하지 못하였고, 미국의 국력과 국민성에 대한 오판에서 기인한 것이라 하겠다.

제2차 대전 후 미국의 「전략폭격 조사단의 보고서」에는 일본의 국력에

대하여 명쾌한 판단을 내렸다. 즉,

> 요컨대, 일본이라는 나라는 본질적으로 작은 나라이며 수입 원료에 의존하는 산업구조를 가진 빈약한 나라이고, 모든 형태의 근대적 공격에 대해 무방비하였다. 하루하루를 지내는 일본경제에는 여력餘力이라는 것이 없었으며, 긴급사태에 대처하는 방도가 없었다. 원시적인 구조의 목조도시木造都市에 밀집하고 있었던 일본인은 그의 집이 파괴되는 경우, 살만한 집이 없었다.
>
> 일본의 경제적 전쟁능력은 한정된 범위 내에서 단기전을 수행할 수 있을 따름이었다. 축적된 무기와 석유 그리고 선박을 투입하여 아직 동원을 완료하지 못한 적에 대해 일격을 가할 수는 있다. 다만 그것은 1회만 가능했던 것이다. 이 유일한 공격이 평화를 가져오지 못할 경우, 일본의 운명은 이미 정해져 있었다. 그 경제는 미국의 절반의 힘을 가진 적과의 장기전에 있어서도 지탱할 수 없었다.

이런 빈약한 국력을 가진 일본 자신은 미국, 영국, 소련 및 중국과 싸울 수 있는 군사력을 가지고 있는 것으로 착각하고 있었던 모양이다. 1936년 6월 3일에 개정된 「제국국방방침」에는,

> 명실공히 동아東亞의 안정세력으로서의 국력, 특히 무비武備를 갖추며 … 미래의 전쟁은 장기長期에 걸칠 가능성이 있으니, 이에 대한 각오와 준비를 필요로 하며…미국과 러시아를 다 같이 목표로 하며, 중국, 영국에 대비하며…

라. 국력과 군사력의 상호관계

군사력이란 국가를 외부의 무력공격으로부터 방어하는 또 국가목적을 달성하는 최후 수단이기도 하다. 환언한다면, 군사력이란 국가이익의 국제적인 충돌을 해결하기 위한 하나의 수단이다. 그런데 국력과 군사력은 상호 의존적 관계에 있기 때문에 비록 개념적으로나 이론적으로 구분할 수는

있지만, 실제에 있어서는 구분할 수 없으며 또 힘이란 불가분의 전체적인 것임을 알아야 한다. 그러나 여기서 한 가지 우리가 유의할 점은 국력이 강하다고 해서 곧 군사력이 강하다고 말할 수는 없는 것이다. 여기에는 그 국가 정부의 성격에 의해 크게 작용을 받게 된다.

예컨대, 일본, 독일 그리고 소련과 같은 전체주의 및 군국주의 국가에 있어서는 평시라 할지라도 그들의 국가자원의 대부분을 전쟁수단으로 전환하여 전쟁계획 및 준비를 사전에 완료하여 유리한 위치에 있었지만, 영·미 국가는 그렇지가 못했다. 그래서 제2차 세계대전 발발 당시의 전쟁준비를 살펴보면, 독일군은 100개 이상의 완전한 전투사단과 4,500대의 항공기를 보유하고 있었고, 일본도 100개의 전투사단과 2,600대의 항공기를 보유하고 있었다. 이에 반하여 프랑스는 25개 사단, 영·미는 전투준비가 완료된 6개 사단을 보유했을 따름이었다. 그러나 당시만 해도 전쟁의 진행속도가 느렸기 때문에 미국은 동원전략(strategy of mobilization), 즉 위기를 특정 지점에 두고 그것을 향한 군사력의 준비노력으로 가능했지만, 오늘날에 와서는 무기체계의 놀라운 발전으로 그러한 시간적 여유가 없기 때문에 즉각대응병력(Force-in-being)의 전략개념이 생겨나지 않을 수 없게 되었다.

군사력의 더 많은 요소가 엉켜져 있어서 수학적 등식으로 도출할 수가 없다는 것이다. 예컨대 사단 수, 함선의 수, 항공기 및 전차, 포의 수 등에 절대적 의미를 부여할 수 없다. 더 깊은 이해에 도달하기 위해서 우리는 수량화할 수 있는 거기에다 병사의 사기, 전략이론, 조직과 편성, 전통傳統, 지휘·통솔법 등 질적 요인을 첨가해서 평가해야 한다.

2. 지정학설

앞에서 지리적 요소가 국력에 지대한 영향을 미친다는 것을 알았다. 우리의 지난날 역사를 들추어 본다면 우리가 겪어온 외침의 참화는 그 요인이 한반도의 지정학적 위치에서 기인한다고 생각한다. 왜냐하면, 한반도는 대륙국가와 해양국가와의 경계점이며, 양 세력의 균형점이기 때문이다. 그래서 해양국이 대륙침공을 하자면 한반도는 디딤돌로서 확보해 두어야 하며, 또 대륙국가가 동남아시아 및 태평양으로 진출하려면 한반도는 역시 디딤돌로서 전략적 가치는 대단히 크다. 예컨대 청일전쟁(1894년), 러일전쟁(1904년), 만주사변(1931년) 및 중일전쟁(1937년)의 발발은 대륙국가인 러시아 및 중국과 해양국가인 일본과의 전쟁이었고 또한 6·25전쟁(1950년)도 지정학적 견지에서 본다면 대륙국가인 소련 및 중공과 해양국가인 미국이 개입한 전쟁이라고도 볼 수 있다.

유사 이래 대륙국가와 해양국가의 분쟁교섭의 접촉점인 한반도는 언제나 중요한 역할을 담당해왔고 또 한편으로는 열강국의 이권개입으로 복잡한 처지에 놓여 타의에 의해 국가의 운명이 좌우되기도 했다. 그러나 이러한 원인을 한반도의 지정학적 위치로만 돌린다면 큰 잘못이다. 만약 우리가 우리의 민족적 주체의식과 역사적 사명을 깨닫고 또 국력을 배양한다면 우리는 대륙이나 해양으로 얼마든지 신장할 수 있는 요충지에 자리 잡고 있다는 것을 알아야 한다. 예컨대, 신라의 아시아 제해권을 장악한 수군력, 장보고(?~846)에 의한 해상무역과 중국 땅의 신라방新羅坊 등은 마한의 해양학설(1890)이 등장하기 1,000여 년 전에 이미 실천되고 있었다.

국제정세를 연구하는 전략가나 학자들은 국가 간의 상호 세력관계를 좌우하며 또한 여러 국가가 무의식적으로 순응하게 되는 어떤 명확한 판도版圖 혹은 약간의 특이하고 고정된 여러 국력의 세계적 작용의 유형을 발견하기 위하여 노력하였다. 그리고 지리, 역사, 인간의 지성적, 과학적 진보에 관한 깊은 연구를 통하여 그들은 장래의 국제정치가 취할 진로와 만일 국가의 상호투쟁이 아무런 제약도 받지 않고 계속될 경우에 국가 상호간의 투쟁으로 인하여 초래될 궁극적인 결과에 관하여 어떤 학설을 발전시켰다. 특히 많은 관심을 끈 학자들은 마한, 매킨더, 스파이크만 및 하우스호퍼이며, 이들의 학설을 소개하면 다음과 같다.[1]

가. 마한의 학설

마한[2]은 그의 저서에서 해군의 전략·전술을 구체적으로 논의하고 있지만, 그러나 그와 마찬가지로 세계정세에 있어서의 해양세력의 광범한 역할을 탐구하는 데도 관심을 가지고 있었다.

마한은 세계정치를 근본적으로 해상 장악을 위한 계속적인 투쟁으로 해석하였다. 해상통상항로海上通商航路를 지배하는 국가는 세계의 강대국으로서 필요한 관건책關鍵策을 장악하는 것이었다. 그가 세계지도를 관찰하였을 때, 그의 주의를 환기시킨 것은 육지가 아니었고, 오히려 육지를 둘러싸고 있는 해양 영역이었다. 그에게 있어서 해양은 장애물에 의하여 분산되지 아니한 대평원이었고, 아무런 표시도 없으나 최대한의 운항을 위하여 사용

1] 이 내용은 미 공군대학 간행의 *National Power and International Relations*, pp. 15~20을 주로 참고로 하였다.

2] 마한(Alfred Thayer Mahan, 1840. 9.~1914. 12.) : 미국의 해군 전략이론가. 미 해군사관학교를 졸업(1859)하고, 남북전쟁(1861~1865)에서는 북군에 참가했다. 해군대학에서 전사를 강의했으며, 그 후 교장을 역임했다(1886~1889, 1892~1893). 그의 두 저서 『해상세력이 역사에 미친 영향, 1660~1783』(1890)과 『해상세력이 프랑스 혁명과 제국에 미친 영향, 1793~1812』(1892)은 해군력이 전쟁의 결정적 요소라고 주장했고 당시 제국주의시대의 열강국의 정책에 지대한 영향을 미쳤다. 제1회 헤이그 평화회의 미국대표를 역임했다.

되는 국도國道의 교차로였으며, 또한 인간을 위해서는 통상의 목적을 위하여 육상의 수송체제와는 비교도 되지 않는 수송체제를 제공하는 것이었다.

마한에 의하면, 해양은 문화적, 경제적 그리고 정치적으로 여러 국가의 문화를 위하여 밀접한 관계를 유지하는 데 가장 위대한 매개물의 역할을 담당하였다고 주장하였다. 근대에 와서 해양에 대한 영국의 지배권은 나폴레옹의 대륙체제를 실패의 운명으로 인도하였고 또 궁극적인 자멸自滅을 체험케 했다. 마한에 의하면, 역사에 있어서 중요한 정치적 및 군사적 의사결정은 해양의 지배권을 장악하는 국가가 소유하게 된 것을 가르쳐 주었으며, 그것은 해양세력이 육상에서의 체제보다는 훨씬 우수한 교통교류와 기동성을 제공한다는 것을 명시하였다.

해양세력은 세계자원의 많은 부분에 대한 접근을 가능케 하며, 또한 어떠한 육상세력보다도 한층 용이하고 또한 경제적으로 군사력은 물론이고 우세한 정치적 및 경제적 영향을 집중할 수 있다. 예컨대, 수에즈, 지브롤터, 실론, 싱가포르 그리고 홍콩과 같은 중요한 지점을 장악함으로써 해양세력은 세계의 통상을 지배할 수 있다.

☆ 마한은 해양세력으로서 요충지를 지배할 수 있다면 그것이 곧 세계의 경제를 지배할 수 있는 힘이 된다고 주장했다.

마한은 자기가 처했던 시대의 여러 사건에 대하여 중대한 영향력을 미쳤다고 일반적으로 시인되고 있다. 그는 영국을 위해 그들이 수세기에 걸쳐 해양에서 실지로 행사한 세력을 위한 철학적 근거를 제공하였으며, 그리하여 그는 영국이 해양에서 절대적 세력국가로서 그 기반을 공고히 하기 위한 결의를 강화하였다. 더욱이 그는 윌리엄 2세와 데르빗츠 제독시대에 해양에서의 독일의 국가이익에 대하여 자극을 주었다. 식민지의 결속, 해외통상, 해군력 등에서 얻어지는 국력에 관한 그의 해석은 19세기 후반기에 있어서 제국주의와 식민지주의의 성행을 자극하였다. 그리고 루스벨트 미 대통령, 롯지와 같은 자기 친구들에 대한 직접적인 영향력과 정치적 권력에 의해 마한은 미국으로 하여금 20세기 초의 세계에서 한층 더 위대한 사명의식을 가지고 활약하도록 하는 데 중요한 역할을 담당하였다.

나. 매킨더의 학설

20세기 초의 10년간 매킨더[3]경卿은 스코틀랜드의 지리학 선구자로서 해양세력의 절대적 우월성이라는 마한의 학설에 대하여 정면으로 도전하였다. 매킨더의 견해는 「역사의 지리적 정점頂點」(1904)이라는 제목의 유명한 논문에서 빛을 보았다.

매킨더에 의하면, 20세기의 초는 위대한 역사적 신기원을 맞이하였다고 믿었다. 지리적 탐험기가 종말에 이르렀으므로 그는 이 시대의 조류에 따라서 여러 국가의 지도자는 전 세계적인 활약무대에서의 밀폐密閉된 정치체제에 대처해야 한다고 생각했다. 이런 밀폐된 정치체제에서 매킨더는 여러 국가를 위한 기회 균등과 같은 것을 인식할 수 없고, 오히려 영토의 비옥성과 전략적 기회의 분배에 있어서의 불균등을 인식하였다. 그러한 불균등

3) 매킨더(Sir Halford John Mackinder, 1861. 2.~1947. 3.) : 영국의 정치지리학자, 교육가, 1920년 기사작위를 받음.

은 여러 국가 상호간에 있어서 전쟁의 근본적 동기가 되었으며 또한 계속적으로 근본적 동기가 될 것이다. 이런 여러 국가 상호간의 투쟁에 있어서 매킨더는 그 시대에 유행되고 있었던 대륙적 지상세력보다 절대로 우위에 있는 해양세력의 지배권을 믿을 수가 없었다. 그에 의하면, 해양세력은 궁극적으로 육상에 있어서의 "안전하고 생산적인 기지"의 소유에 의하여 좌우되는 것이며, 또한 지상에서의 기동력은 해상에서의 기동력과 마찬가지로 대단히 중요하게 되었다.

매킨더는 본질적으로 유라시아의 내륙지대를 세계정치의 궁극적 심장지역(Heartland)으로 보았다. 이 지역은 볼가 강의 동부지역으로부터 레나 강까지 이르고 또한 티베트지방에서부터 시작하여 북극 해안까지 이르고 있다. 매킨더에 의하면, 이 지역은 해양 강대국이 접근할 수 없는 곳이며, 또한 영토의 규모가 방대하고 자원도 풍부해서 지상에서 가장 중요한 곳이다. 만약 한 강대국이 효과적으로 이 방대한 지역을 지배할 수 있다면 이 강대국은 바로 세계를 지배하는 위치에 놓여 질 것이다. 이 지역이 바로 매킨더가 세계의 심장지역이라고 이름 지어 부르고 있는 곳이다.

1919년 매킨더는 심장지역에 관한 자기의 견해를 수정하였다. 그는 어느 정도 심장지역을 확대하였으나, 여전히 이 지역을 세계에서 가장 전략적인 지역이라는 견해를 고수하였다. 이 견해는 1919년의 베르사유 평화회의 참석자에 대해 그가 때때로 인용한 경고의 근원이었다. 즉,

> 동부 유럽을 지배하는 자는 심장지역을 지배하고
> 심장지역을 지배하는 자는 세계도世界島를 지배하고
> 세계도를 지배하는 자는 세계를 지배한다.

매킨더는 러시아 영토의 이 부분에 대하여 중요성을 부여하였으며, 그 이유는 이 지역이 광대하고 또 자원이 풍부한 까닭이었다. 그는 1904년 러시아를 관찰하면서 철도에 의한 기동력의 개발은 다만 시간문제라고 생각했

다. 또한 그는 사회주의 혁명이 본질적으로 이러한 지리적 한계를 변경하는 것이라고 생각지는 않았다.

매킨더는 당시 유지되고 있었던 국제적 세력균형으로서는 중심국가인 러시아는 주변의 여러 국가에 비하여 그 세력이 동일하지 않다는 것을 알았다. 그러나 심장지역 국가에 대하여 유리하게 당시의 국제적 세력균형이 변화하는 새로운 사태는 유라시아 지역의 한계영토限界領土로 향한 러시아의 세력 확대를 결과적으로 초래하며, 또한 그 세력 확대는 러시아로 하여금 함대건조를 위하여 대륙의 막대한 자원을 이용케 하는 것을 가능케 할 것이다. 그렇게 되면 세계제국이 머지않아서 실현될 것이다. 이러한 신생제국은 만일 독일이 러시아와 동맹을 맺는다면 생겨날 수 있을 것이라고 매킨더는 생각하였다. 만약 중국이 러시아 제국을 패배시키고 또한 러시아의 영토를 정복한다면, 중국은 세계의 자유에 대하여 황화黃禍를 초래할 것이다. 그 이유는 심장지역을 중국이 정복함으로 그들은 광대한 대륙자원에 대해 한 해양 개척지역을 추가하리라는 생각 때문이었다.

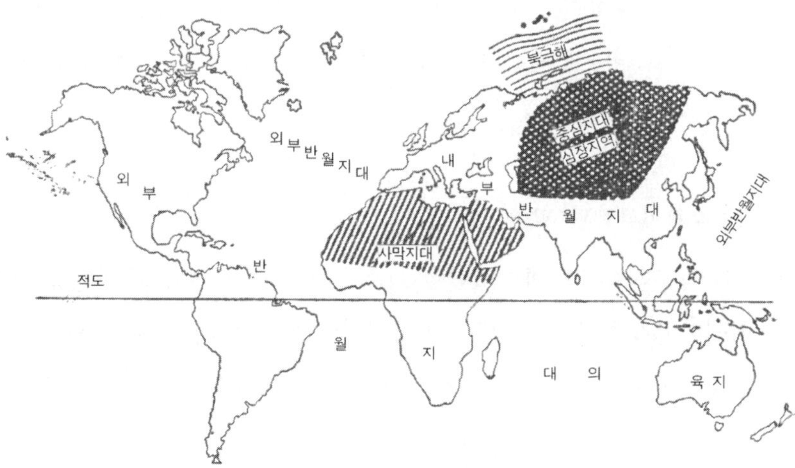

☆ 매킨더는 심장지역이 세계에서 가장 전략적인 지역이라고 생각했다

1943년 제2차 세계대전 당시 항공세력의 활동에 대해 직접 목격할 기회를 가졌던 매킨더는 자신의 견해를 수정하였다. 그는 더 이상 심장지역이 세계에서 가장 전략적 요충지대라는 견해를 고집하지 않았으며, 오히려 북대서양의 주변지역도 역시 동등한 전략적 이점利點을 가지고 있다고 주장하였다. 물론 그는 자기의 결론을 내리는 데 있어서 항공세력을 염두에 두긴 하였으나, 역시 구체적으로 열거하면 영토의 규모, 자연의 자원, 인구, 공업화 및 그 국가의 통신체제와 같은 요소에 의하여 어느 정도 영향을 받은 인상을 주었다.

그는 교통 및 통신망의 내선적內線的 이점이 점점 증가됨에 따라, 심장지역을 지배하는 한 국가는 또다시 해양세계를 지배할 수 있다고 확신하였다. 그는 자신의 생애 중에 자기의 근본학설의 논지가 하우스호퍼(Karl Haushofer)의 지정학 속에 흡수된 것을 보았다. 그의 학설은 히틀러에 의하여 실천에 옮겨졌으나 결국 실패하고 말았다. 그는 사회주의 통치하의 소련의 탄생과 또 소련이 세계 열강국으로 그 세력이 상승하는 것을 목격하였다. 역사상에 있어서 처음으로 심장지역은 지리적 위치를 충분히 이용하기 위하여 군사 및 경제 그리고 정치적으로 충분하고도 강력한 국가에 의하여 요새화 되었다. 그러나 소련은 마르크스·레닌주의의 자체 모순에 의해 1991년 12월 붕괴되고 말았다.

다. 스파이크만의 학설

미국의 지정학자인 스파이크만[4](Nicholas J. Spykman)은 매킨더의 심장지역설을 비평하고 또한 수정하였다. 그는 매킨더가 심장지역의 잠재력을 과대평가하였으며 또한 대륙의 내부 반월지대內部半月地帶를 과소평가하였다고

4] 스파이크만(Nicholas John Spykman, 1893~1943), 네덜란드 암스테르담에서 출생. 1913~1920년까지 기자생활로 아시아 등을 돌아다님. 그 후 미국에서 공부하여 1925년 예일대학 교수, 국제정치학과 학과장, 국제문제연구소장 등을 역임.

주장하였으며, 그 내부 반월지대를 그는 주변지역(Rimland)라고 불렀다. 제2차 세계대전이 끝나는 해에 발간되었던 그의 저서 『평화의 지리地理』에서 그는 심장지역과 주변지역의 개념을 다루었고 또 항공기의 기동력이 그 개념에 대해 미치는 영향에 대해서도 각별한 주의를 기울였다. 그는 유라시아의 주변지역은 심장지역보다 더욱 중요하며, 주변지역은 해양세력과 대륙세력 상호간의 완충지대로 인정하는 까닭에 매킨더의 학설을 다음과 같이 수정하였다. 즉,

주변지역을 지배하는 자는 유라시아를 지배하고
유라시아를 지배하는 자는 세계의 운명을 지배한다.

예컨대 미국과 같은 주요한 해양세력 국가가 주변지역의 여러 국가를 연합하고 또한 심장지역 주변의 변두리 해양을 지배할 수 있다면, 그들은 변두리의 도서요새島嶼要塞를 가지고 심장지역을 봉쇄할 수 있다는 것이 스파이크만의 신념이었다.

그의 견해에 의하면 전시나 평시를 막론하고 심장지역과 유라시아의 주변지역의 통합을 방해하는 것이 언제나 미국의 목표가 되어야 한다고 했다. 만약 이 통합이 실현된다면, 서반구西半球 세력의 심장지역은 미국의 영토에 비하여, 2.5배의 면적을 차지하며 또한 미국 인구의 10배에 해당하는 잠재적 세력을 맞게 되어 미국은 통합된 유라시아 세력과 대결하게 된다는 것이 그 이유이다.[5]

5] 닉슨 미 대통령에 의한 미국의 중국에 대한 접근정책을 상기하면, 그 이론적 기반은 스파이크만의 학설에 있는 것 같다.

☆ 스파이크만은 주변지역이 세계를 지배할 수 있는 관건이 된다고 믿었다.

특히 중심지대는 강력한 주변지역의 반월지대의 국가에 의하여 밀봉密封할 수 있다는 스파이크만의 견해는 독창적인 봉쇄전략개념과의 어떤 유사성을 보여준다. 이것은 소련의 영토 확장 위협에 대해 어떤 대응책을 마련해 주는 학설이다. 예컨대 봉쇄전략개념이란 주변지역을 향한 소련의 영토 확장을 멈추게 하기 위한 수단을 의미하며, 이것은 한 정책으로서 그리스와 터키에 대한 미국 원조에 관한 트루먼 대통령의 선언과 함께 1947년에 공식적으로 등장하였다. 그리고 스파이크만의 학설은 미국의 제한전制限戰의 군사력에 대한 관심을 가지는 이유이며 또한 그런 군사력을 가지고서 아마 심장지역을 장악한 세력국가의 침투나 혹은 합병으로부터 안전히 주변지역을 보호하기 위해 투쟁할 것이다. 따라서 미국이 동남아시아, 인도, 중동 그리고 북아프리카에 관심을 가지는 이유를 납득할 수 있을 것이다.

라. 하우스호퍼의 학설

독일의 정치지리학자인 하우스호퍼[6](Karl Haushofer)는 히틀러의 영토 확

6] 카를 하우스호퍼(Karl Haushofer, 1869~1946), 독일군 장교, 정치지리학자. 제1·2차 세계대전

장을 위한 욕망을 돋우기 위해 지리학과 정치학을 공히 이용할 목적으로 뮌헨에 지리학을 위한 학교를 설립하였다. 지리에 있어서 어떤 요소는 독일이 그 영토를 확장하여 결국 한층 더 거대한 경제권을 형성하는 것이 불가피한 것이라는 이론을 발전시켰다. 그러나 지정학에 대한 그가 가지는 자연스럽지 못한 견해와 또한 나치운동에 대한 그의 지지는 지정학이라는 용어를 더럽히는 결과가 되었다.

하우스호퍼 학파學派의 지정학은 학파의 5개의 주요한 개념을 근본으로 하고 있다. 즉,

첫째, 자급자족 경제체제로서 국가는 경제적으로 자급자족을 해야 한다는 개념이다. 한 국가는 자신의 영토 내에 독립을 유지하기 위하여 필요로 하는 모든 자원을 소유해야 한다는 것이다. 그런데 자급자족의 경제체제라는 것은 세계의 통일이 유지되지 않고서는 달성될 수 없는 것이다. 나치에 대한 이러한 개념은 독일국민에 대하여 독일을 자급자족케 하기 위하여 국민들 개인의 욕망을 희생하게 하는 자극제의 역할을 하였다.

둘째, 생활을 위한 영토권의 개념이다. 독일의 지정학자들은 국민을 위하여 충분한 영토를 확보하는 것이 국가의 권리로서 이 개념을 발전시켰다. 약소국가는 논리적으로 사라지고 또한 없어지는 숙명을 지니고 있다.

셋째, 범지역汎地域의 개념이다. 독일의 지정학자는 최초로 4개의 범지역이 있다고 생각했으며, 그 4개의 범지역은 범미지역(미국), 범서구지역(독일), 범소지역(소련), 대동아공영권大東亞共榮圈(일본)이었다.

중간에 주목받았던 지정학의 대가였으나, 그의 이론이 나치의 세계지배 이론과 유사성이 있었기 때문에 말년에 악평을 받음. 군장교로 일본 체류동안(1908~1910)에 일본의 아시아 팽창정책을 연구함. 저서로는 정치지리학 분야의 야심적인 연구서인 『태평양의 지정학』(*Geopolitik des Pazifixdhen Ozeans*)(1924) 등 다수 있음.

독일이 일단 범서구지역을 통합한 연후에는 계속하여 범미 및 범소지역을 소멸시키게 될 것이다.

넷째, 육상세력은 해상세력보다 한층 더 중요해졌다는 개념이다. 어느 정도 하우스호퍼와 그의 동조자들은 매킨더의 견해에 의존하였다. 그들은 유라시아－아프리카 대륙은 가장 큰 세계도世界島이며, 또한 이 대륙의 중심부는 소련의 영토이다. 만약 독일이 해양으로 진출한다면, 독일은 소련과 동맹을 체결할 수 있으며, 따라서 독일은 유라시아－아프리카를 지배할 수 있다고 주장했다. 이 위치에서 독일은 영국 및 일본의 해상세력을 지배할 수 있으며, 그 후는 북미 및 남미도 지배할 수 있다는 것이다. 독일은 이 야심적 계획의 제1단계 조치를 1939년 독소동맹獨蘇同盟이 체결되었을 때 실지로 실현하였다. 이 동맹은 역시 독일의 동부전선을 고정화하는 역할도 하였다. 히틀러는 1941년 6월 소련에 대한 공격명령을 내렸으며, 결국 이 조치는 심장지역을 강제적으로 독일의 지배하에 두기 위한 것이었다.

다섯째, 정치적 국경선은 언제나 일시적인 약속에 의한 것이지만, 모든 국가는 자연적 국경선에 대해 권리가 부여되어 있다는 개념이다. 독일의 지정학자는 한 국가는 자연적 국경선에 대해 권리를 가지고 있다고 주장하였다. 이 국경선은 현존하는 정치적 국경선을 초월하여 설치될 수도 있는 것이다. 만일 그렇다면, 한 국가는 침략적 수단에 의하여 국경선을 추구할 수도 있는 것이다.

물론 독일의 지정학자는 이런 개념이 불가피하게 전쟁을 유발하는 것이라고 알기는 하였으나, 그러나 전쟁은 인간의 자연적 현상이며 또한 한 국가에 대해서는 은혜로운 효력을 가지는 것이라고 주장하였다. 이런 주장은 학문적이며 과학적인 지식에 대한 공헌으로 인정되었으며, 나치선전宣傳을 위한 핵심으로서 독일 국민들에 의해 용인되었다.

다른 서구 및 미국의 학자 및 정치가들은 하우스호퍼와 그의 제자들의 견해에서 심각한 오류를 발견했다. 이러한 비판은 독일의 지정학자에 대하여 거의 영향을 미치지 못하였다.

마. 항공세력과 지정학 이론

항공세력(air power)의 출현은 급진적으로 전쟁의 개념을 변화시켰으며, 주로 육상 및 해상에서의 전쟁을 기반으로 한 전략은 여러 국가 상호간의 주요 전쟁에 관계되는 한, 시대에 뒤떨어진 것이 되었다. 전쟁개념에 대한 이러한 변화는 우리로 하여금 전쟁의 재정의再定義와 분쟁의 스펙트럼을 재검토하도록 강요하였다. 그래서 심지어 20년 전에 명확한 의미를 가지고 있었던 학술어가 오늘날에 와서 재정의 되어야 하는 바와 같이 국력을 형성하는 여러 요소는 항공세력 운용의 결과로서 재평가되어야 한다.

근래에 와서 해상세력이나 지상세력보다 항공세력이 세계정치를 결정짓는다고 주장한 사람은 소련 출생으로 미국에 귀화한 세버스키(Alexander P. de Seversky, 1894~1974)이다. 그는 1951년에 『항공세력 : 생존을 위한 열쇠』라는 저서를 발표했다. 즉 ;

> 세계는 대륙과 공중의 싸움이며,
> 공중을 지배하는 자는 대륙을 지배하고,
> 대륙을 지배하는 자는 해양과 세계를 지배한다.

아무튼 항공세력은 군사적 수단의 가장 중요하고도 또한 가장 강력한 부분이기 때문에, 그것은 한 국가의 잠재적 역량을 명시하는 것이다. 오늘날 우리들이 당면한 가장 중대한 도전 중의 하나는 항공세력을 운용하기 위한 새로운 개념을 발전시키는 일이며, 또한 국력의 요소 가운데서 항공세력 혹은 다른 것과의 연합된 세력의 효과적 사용은 어떠한 적의 도전에 대해서도 응전하여 승리를 획득할 수 있을 것이다.♣

IV

●

전략이란 무엇인가

• 전쟁술은 살아있는 힘과 정신적 힘을 다루고 있기 때문에 절대적인 것, 확실한 것에 도달할 수 있는 것이 아니다.

－클라우제비츠－

• 전략은 힘의 변증법의 술 혹은 더 명확히 말해서 그들의 쟁점을 해결하기 위해 힘을 사용하는 두 개의 상반된 의지의 변증법의 술이다.

－앙드레 보프르－

1. '전략'의 어원語源과 변천과정

전략(strategy)이라는 용어는 그리스어의 'strategus'에서 유래하며, '장수의 책략'(art of the general)을 뜻한다. 이것이 엄밀한 군사적 용어로 쓰이기 시작한 것은 18세기 말엽부터라고 한다. 좀 더 구체적으로 얘기하면, 1799년 뷜로(Heinrich Dietrich von Bülow, 1757~1808)의 저서, 『근대 전쟁체계의 정신』(*Geist des neueren Kriegssystems*)은 대단한 호평을 받았고, 프랑스어와 영어로도 번역되었다. 그는 용어의 정의를 명확히 했는데, 즉 전술, 전략, 작전기지 등이다. 그의 정의는 모두 수용되지는 않았지만, 한 때 유행하기도 했으며, 그의 저서의 이론은 옛날 사상을 집대성한 데 지나지 않았다.[1]

나폴레옹(1769~1821)의 등장은 전쟁을 왕조전쟁으로부터 국민전쟁으로 전쟁의 성격과 규모를 전환해 버렸다. 즉 국민이 전쟁에 참가할 뿐만 아니라, 내각이나 군대를 대신하여 전 국민이 승패의 귀추를 결정하게 되었다. 전쟁에 사용될 수단의 한계는 없어졌으며, 군사행동의 목표는 적군의 타도·격멸에 두었고, 적이 무력화되어야만 전쟁의 중지나 강화가 성립되는 추세를 보였다. 주로 나폴레옹이 수행한 전쟁을 바탕으로 하여 전쟁이론을 체계화한 것은 클라우제비츠(1780~1831)와 조미니(1779~1869)였다. 클라우제비츠는 그의 명저 『전쟁론』(1832)에서 전략·전술에 대해 다음과 같이 논의했다.

---

[1] Edward M. Earle, ed., *Makers of Modern Strategy* (Princeton University Press, 1943). p. 69.

- 전술이란 전투에 있어서 군사력을 사용하는 것을 말하며, 전략이란 전쟁의 목적을 달성하기 위해서 전투를 사용하는 것을 말한다.(II－1)
- 전략이라는 단어는 원래 그리스어語의 책략에서 유래하며 또 전쟁의 주요 관계가 그리스 시대 이래로 실제 여러 가지의 변화를 거쳐 왔음에도 불구하고, 오늘날에 전략 그 자체의 본질이 여전히 책략을 시사하고 있다는 것은 당연한 것으로 생각한다.(III－10)

조미니는 그의 전쟁이론 연구의 완숙기에 그리고 클라우제비츠의 『전쟁론』을 읽고, 검토한 후에 완성한 책이 『전쟁술 개요』(1838)이며, 다음과 같이 논의했다.

> 전략은 도상에서 전쟁을 계획하는 술術로서 모든 작전구역을 포함한다. 대전술이란 도상의 계획과는 대조적으로 지면의 고저·기복에 따라 전장에다 부대를 배치하는 술이고, 부대를 전투에 투입시키는 술이며, 지면에서 전투를 수행하는 술이다. 대전술의 작전범위는 10 내지 12마일의 야지野地까지 연장된다. 전략은 전투장소를 결정하며, 군수는 이 지점까지 부대를 이동시켜주고, 대전술은 전투수행 방법과 부대 운용을 결정한다.[2]

필자도 그동안의 연구를 통해, "전략은 목표 달성으로 지향되는 가장 적합한 수단과 속임수의 운용을 위한 행동의 계획이다"고 정의定義해 보았다. 한편 중국의 고대 병서인 무경칠서武經七書에는 '전략'이라는 용어는 찾을 수 없지만, 이에 해당하는 단어는 쉽게 찾을 수 있다. 예컨대, 『손자』에서 「兵병」자字는 전쟁, 병법, 전략, 전술, 병사, 무기 등을, 「用兵之法용병지법」은 전략·전술 등을 뜻한다.

- 병법[3]은 속임수이다.(始計, 第一)

---

[2] Baron De Jomini, *The Art of War*, trans. by G. H. Mendell and W. P. Craighill (Westport, Connecticut : Greenwood Press, 1971), p. 69.

[3] 병법은 전략·전술을 결합한 용어인 전쟁술(art of war) 혹은 용병술(military art)과 같은 뜻이다.

• 용병의 원칙은 적이 오지 않으리라고 믿어서는 안 되며, 언제 와도 대적할 수 있는 자신의 대비태세를 믿어야 하며, 적이 공격하지 않으리라는 것을 믿을 것이 아니라, 공격해 오지 못하도록 하는 방비태세를 믿어야 한다.(九變, 第八)

병법의 가장 본질적이며 핵심적 비법秘法의 하나는 '속임수'이다. 그래서 손무는 '兵者詭道也'라 했다. 즉, 네 가지의 적을 기만하는 술術, 여덟 가지의 적을 다루는 술, 그리고 두 가지의 적을 공격하는 술인데, 적의 무방비한 곳을 택하여 공격하고, 적이 뜻하지 못한 곳을 노려야 한다고 주장했다. 이 문제를 가지고 걱정하고 비난하는 사람들이 역사상 많았다. 즉 이런 속임수가 인간관계·경영관리·사업 등에 활용된다면 그 사회는 불신사회가 되기 때문이다. 그러나 『손자병법』은 인간의 윤리·도덕을 가르치는 성서(Bible)와는 차원을 달리한 저서이다. 그것은 국가의 존망과 국민의 생사를 결정짓는 피투성이의 전쟁터에서 어떻게 하면 생존하느냐, 승리하느냐 하는 중대한 문제를 다루는 것이기 때문에 그 속임수는 허용되어 왔고 또 현실적으로 시인되어 왔다는 것이 역사가 증명하고 있다.

중국 송宋나라의 양공襄公은 기원전 7세기 춘추시대의 군주였다. 기원전 638년 송나라는 강대한 초楚나라와 싸우게 되었으며, 송나라 병사들은 전열을 가다듬고 진陣을 쳤고, 초나라 병사들은 도강渡江하는 참이었다. 송나라의 작전참모는 초나라 병력은 많고, 송나라 병력은 적으니, 초나라 병사의 도강이 끝나지 않은 기회를 틈타서 공격할 것을 건의했다. 그러나 송나라의 양공은 "그것은 안 돼. 군자는 타인의 어려움에 처해 있는 틈을 타서 공격하지는 않는다"고 했다. 초나라 병사들이 도강을 마치고 아직 병사들의 포진布陣이 끝나기 전에 송나라의 작전참모가 다시 공격할 것을 건의했다. 송의 양공은 또 "그것은 안 될 말이다. 군자는 진용陣容을 갖추지 않은 적군을 공격하지 않는다"고 말했다. 초나라 병사들이 완전하게 전투준비를 갖추었을 때, 비로소 양공은 공격명령을 내렸다. 그 결과 송나라 군대는 완패 당했고, 양공은 부상을 당했다. 이것을 소위 "송양의 인(宋襄之仁)"이라 하여 후세의 조소거리가 되었다.

마오쩌둥(毛沢東, 1893~1976)은 "전쟁에서 자비, 정의正義, 도덕을 생각하여 가책을 받을 필요는 없다. 승리를 쟁취하기 위해서는 적의 눈과 귀를 가지고 적을 장님으로 만들고 귀머거리로 만드는 데 최선을 다해야 한다"고 했고, 이탈리아의 정치학자·역사가인 마키아벨리(1469~1527)는, "조국의 존망存亡이 걸려있는 경우, 어떠한 수단도 그 목적을 달성하는 데 유효하다면 정당화正當化된다. 이 한 가지는 위정자뿐만 아니라, 국민들은 마음에 새겨두어야 한다.… 무엇보다도 우선해야 하는 목적은 조국의 안전과 자유의 유지이기 때문이다"고 했다. 1941년 12월 7일 일본 해군의 기동함대가 하와이 기습작전을 감행한다는 것을 루스벨트 대통령은 2시간 전에 암호해독으로 알았지만, 하와이의 군인뿐만 아니라 국민들에게 알리지 않았는데, 그것은 미국이 2차 세계대전에 개입하기 위해서였다는 것이 나중에서야 알려졌지만, 크게 비난을 받지 않았다.

프로이센·오스트리아 전쟁(1866)과 프로이센·프랑스 전쟁(1870~1871)을 승리로 이끌어 낸 몰트케(1800~1891)는 "전략이란 제시된 목적을 달성하기 위해 한 장수에게 주어진 여러 수단의 실제적 적용이다"[4]고 했고, 리델 하트(1895~1970)는 "전략이란 전쟁목적을 달성하기 위해 군사적 수단을 배분하고 적용하는 술"[5]이라 정의定義했다.

제1차 세계대전(1914~1918)은 역사상 최초의 대전大戰으로서 이 전쟁의 두드러진 성격은 총력전의 형태였다. 형식상으로는 전투원과 비전투원의 구별이 실질적으로 없어지고 모든 국민과 자원이 총동원되었고 새로운 살상

4] B. H. Liddell Hart, *Strategy* (New York : Frederick A. Praeger, 1954), p. 334.

5] 상게서, p. 335.

용 무기도 등장했다. 그리하여 프랑스의 클레망소는 전쟁이란 장군들에게만 맡겨두기에는 너무나 중요하다고 오랫동안 생각했고, 특히 영국의 로이드 조지(Lloyd George, 1863~1945)도 그의 『전쟁 회고록』(*War Memoirs*)의 마지막 책장에 다음과 같이 기록했다.

> 우리가 과연 전략의 영역에 간섭해야 할 것인가. 이것은 전시에 있어서 정부가 가장 두통거리로 여기는 문제 중의 하나이다. 민간인은 전쟁의 원칙에 대하여 아무런 교육도 훈련도 경험도 없다. 따라서 전쟁을 수행하는 방법에 대해서는 완전히 아마추어이다. 그러나 지식인들이 다년간에 걸쳐 매일매일 그러한 난관에 부딪히고도 아무것도 배우지 못한다든가, 그 난관의 타개책을 배우지 못한다고 생각하는 것은 어리석은 것이다.…
>
> 전략은 순전히 군사문제가 아니고 거기에는 어느 정도 고차원적인 정치의 요소가 포함되어 있다.…
>
> 모든 것을 황폐화시킨 전쟁, 그 지도에 임한 정치가와 군인이 각각 수행한 역할을 회고해 보았을 때, 나는 정치가들이 군사지도자들에게 권한을 행사함에 있어서 지나치게 신중했다는 결론을 얻게 되었다.[6]

제1차 세계대전을 계기로 전쟁은 총력전으로 변하고 그 범위가 확대되었다. 그리하여 전략은 점차로 정치, 경제, 사회심리, 도덕, 산업기술 등의 비군사적 요소를 고려할 필요성을 갖게 되었다. 따라서 전략은 전시뿐만 아니라, 평시에도 군사적 요소 및 비군사적 요소도 포괄하는 광의廣義의 전략개념이 요청되었다. 미국의 얼 박사는 『현대전략의 창시자』(1943)의 서문에서 다음과 같이 주장했다.

> 전략은 전쟁 그 자체와 전쟁의 준비와 수행을 다루고 있다. 이것을 좁은 뜻으로 정의한다면, 전략이란 전역(campaign)의 계획, 지도 및 부대지휘의 술이다. 전략은 전술과는 다르다. 전술은 전장에서 각각의 부대를 직접 지휘하는 술이다.…

6] Edward M. Earle, ed.,(1943), 전게서, pp. 300~301.

오늘날의 전략은 군사력을 포함하는 한 국가 또는 연합국의 자원을 실제적 적, 잠재적 적, 혹은 단순한 가상적 적에 대해서 자기의 중대한 이익을 효과적으로 증진 확보하기 위하여 관리하고 이용하는 기술이다. 보통 대전략(Grand Strategy)이라고 불리는 최고 형태의 전략은 국가의 정책과 군비를 잘 통합함으로써 전쟁에 호소할 필요가 없게 하고, 만약 호소하게 된다면 최대한 승리의 기회를 가지고 수행할 수 있게 한다. 이 책에서 사용한 전략은 넓은 뜻으로 사용하고 있다.[7]

미국으로 하여금 제2차 세계대전을 승리로 이끌게 한 전쟁계획인 「승리의 계획」의 작성자요, 전략가로 유명한 웨드마이어(Albert C. Wedemeyer, 1897~1989) 대장은 다음과 같이 광의의 전략을 제시했다.

나는 다이크스 준장에게 전략에 대한 한 개념을 제시하였는데, 이 개념은 여러 해 후, 국방대학원에서 강연했을 때(1950 8월 30일), 청중들에게 제시했다. 즉 대전략(Grand Strategy)이란 국가정책에 의해 결정된 여러 목표를 달성하기 위해 국가의 모든 자원을 운용하는 기술이고 과학이다. 내가 여기서 지적한 것처럼 대전략에서 측정할 수도, 만져도 알기 어려운 문제이다. 인간의 감정을 다루기 때문에 그것은 기술(art)이며, 또 전략상의 여러 요인 속에는 과학적으로도 정밀히 측정할 수 있는 예컨대, 거리, 면적, 속도 등 정확한 계산을 요구하는 요인도 있으니, 그것은 과학(science)인 것이다.…

대전략의 하나의 수단으로서 사람들은 선전의 중요성을 곧 인식할 수 있다. 만약 선전을 먼저 얘기한 정치적, 경제적 방책에 덧붙여서, 각 부의 조정을 취한 현명한 방법을 병합해서 사용한다면, 제4의 수단인 무력에 호소하지 않고 국가목적을 달성할 수 있을 것이다. 이렇게 되면 국가 간의 여러 문제는 파괴적인 전쟁을 하는 대신, 건설적이고 평화적인 대화와 협정으로 해결될 것이리라. 이것은 확실히 문명사회의 모든 사람들이 바라는 목적이다.[8]

7] 상게서, p. viii.

8] Albert C. Wedemeyer, *Wedemeyer Report!* (New York : The Devin-Adair Co., 1958), p. 81, p. 85.

협의狹義의 전략, 즉 군사전략(Military Strategy)은 군대를 운용하는 방책으로서 작전계획을 수립하고, 목표 달성을 위해 그 실천을 통제하며 군사행동의 방향뿐만 아니라, 일단 전투를 하게 되면 전세를 유리하게 인도하여 그 결과를 결정적으로 확대하기 위한 방책이다. 따라서 그 특징은 전쟁의 준비와 수행의 과정이 중심 과제이며, 전쟁이 개시된 후의 문제가 중요하다. 그래서 군사전략의 연구는 이미 개시된 전쟁의 과정에서 효과적으로 군사목표를 달성하여 전쟁목적을 달성하는 데 이바지해야 한다.

광의의 전략, 즉 대전략(Grand Strategy) 혹은 국가전략(National Strategy)은 군사전략뿐만 아니라, 정치, 경제 및 사회 심리전략 등을 포함한 군사분야와 비군사분야를 통합 운영하는 방책이다. 여기서는 정치적 목적을 달성하기 위해 비군사적 수단의 효과적 운용이 중심 과제이고, 부득이한 최후 수단으로 군사적 수단을 사용하게 된다. 따라서 전쟁을 하는 문제보다는 어떻게 하면 전쟁을 억제하느냐, 위기에 대한 대응 조치, 군비관리 등이 중심 과제이다.

2. 전략의 본질

클라우제비츠 이후 많은 전략이론가나 전략가들이 전략과 전술에 대한 만족스럽고 명백한 정의를 내리기 위한 노력을 기울여왔으나, 사람에 따라 시대에 따라, 국가에 따라 다르게 표현되어 왔다. 거기에다 '경영전략', '기업전략', '투자전략', '판매전략' 등의 용어가 일반화되어 버렸다. 이것은 전략이란 주어진 목적을 달성하기 위한 책략이라고 한다면, 그 수단은 광범위하고 또 여러 가지가 있을 수 있는 것이다. 전략이라는 단어가 다양하고, 불확실하고 애매하게 사용되는 이유는 그것은 바로 전략 자체의 본질에서 유래된다고 보아야 할 것이다. 그렇다면 전략의 본질은 무엇인가?

- 전쟁술은 살아있는 힘과 정신적 힘을 다루고 있기 때문에 절대적인 것, 확실한 것에 도달할 수 있는 것이 아니다. 따라서 전쟁술에는 많든 적든 언제나 추론의 여지가 남아 있는 것이다.… 요컨대, 용기와 자신自信은 전쟁에 있어서 본질적인 원리라는 것이다.(Ⅰ-1)
- 전략의 본질은 포슈(Ferdinand Foch, 1851~1929)의 말을 빌리자면, 두 개의 상반된 의지간의 충돌에서 생겨나는 추상적 상호작용이다. 어떠한 수법을 사용한다 할지라도, 의지의 상충에서 제기되는 문제를 극복하기 위하여, 또한 결과적으로 최대한의 효과를 가져 오는 바람직한 수법을 사람으로 하여금 운용 가능케 하는 술術이다. 따라서 전략은 힘의 변증법의 술(art of the dialectic of force) 혹은 더 명확히 말해서 그들의 쟁점을 해결하기 위해 힘을 사용하는 두 개의 상반된 의지의 변증법의 술이다.[9]

여기에 전략의 윤리적 문제가 등장하게 된다. 즉 "두 개의 상반된 의지의 변증법의 술"이라는 것은 바꾸어 말하면, "한 의지를 다른 의지에 강요하려는 술"로 해석되기 때문이다. 여기서 자기의 의지를 관철하기 위해 어떠한 수단이 허용되는가 하는 문제이다. 앞에서 논의한 것처럼 만약 전쟁이 국가의 존망과 국민의 생사를 좌우하는 것이라면, 전장에서의 전략, 즉 임기응변의 속임수[10]는 허용될 뿐만 아니라, 본질적인 요인이 되어야 한다. 그리고 필자의 경험에 의하면, 변증법(dialectic)을 알아야만 군사고전인 손무의

9] André Beaufre, *An Introduction to Strategy*, trans. R. H. Barry (New York : Frederick A. Praeger, 1965), p. 22.

10] 孫武는 '兵者詭道也, 兵而詐立'이라 했다.

『손자』(512. B.C. ?)와 클라우제비츠의 『전쟁론』(1832)도 이해·해석이 가능하다는 관점에서 상세히 그리고 구체적으로 다루고자 한다.

변증법(Dialektik)이란 용어는 문답술(dialogos)을 나타내는 그리스어에서 유래되지만, 시대와 사람에 따라 다양하게 사용·해석되어 왔다. 먼저 형식논리학을 살펴보면, 아리스토텔레스(384~322. B.C.)부터 칸트(1724~1804)에 이르기까지 대표되는 학문의 일반적 견해에 의하면, 모순矛盾이란 진리에 있어서 절대로 배척되어야 한다. 즉, "A(生)는 非A(死)가 아니다."라고 한다. 이것이 정통적인 형식논리학으로 모순을 생각할 수 없는 정지의 논리요, 불변의 논리이다. 모순이란 말이나 행동이 앞뒤가 서로 일치되지 아니 함을 뜻한다. 이것은 중국의 고전 『한비자韓非子』에서 유래한다. 즉 옛날 초나라 사람으로 방패(盾)와 창(矛)을 파는 사람이 있었다. 방패를 자랑하면서 어떤 날카로운 창이라도 이 방패를 뚫지 못한다고 하고, 또 창을 자랑하면서 어떤 방패도 뚫을 수 있다고 했다. 그래서 어떤 사람이 "그 창으로 그 방패를 뚫고자 한다면 어떻게 되나?" 하고 질문하니, 그 상인은 대답할 수 없었으며, 모순矛盾이란 단어는 여기서 비롯되었다.

여기에 대해 헤겔(1770~1831)은 운동하고 발전하는 현실의 세계가 나타내는 모순을 해명하는 운동의 논리, 발전의 논리, 전화轉化의 논리를 제시하여 모순이 없는 곳에 진리가 있는 것이 아니라, 모순이 있는 곳이야말로 실재實在의 진실이 있기 때문에 모순은 바로 진리의 지표가 된다고 주장했다. 즉 참다운 변증법이란, 절대와 상대, 무한과 유한, 정지와 운동, 삶과 죽음, 평화와 전쟁, 공격과 방어 등 거의 통일이 불가능하게 보이는 궁극적인 대립도 결코 고정시키지 않고, 얼핏 보아 분명히 모순으로 생각되는 대립마저도 유동화 함으로써 이것을 결부시키는 역동적인 사고방식이라 하고, "A(生)는 非A(死)가 된다"고 주장했다. 이렇게 주장한 헤겔의 변증법을 당시의 지식인들이 쉽게 이해할 수가 없었다. 예컨대, 1827년 10월 18일 바이마르에 왔던 헤겔에게 당시 일류 시인인 괴테(1749~1832)는 변증법의 본질에 대해 질문하기도 했다. 헤겔의 변증법에 대한 구체적 설명은 아래와 같다.

> 모든 유한有限한 것은 자기 스스로는 지양止揚하는 것이다. 따라서 변증법적인 것은 학문적 발전을 안에서 움직이는 혼魂이며, 그것에 의해서만이 내재적인 연관과 필연성이 학문의 내용에 들어가며, 또 그 속에서만이 유한한 것으로부터 외면적이 아닌 참다운 초출超出이 포함되어 있는 원리이다.
>
> 변증법의 올바른 이해와 인식은 대단히 중요하다. 그것은 현실세계의 모든 운동, 모든 생명의 원리이다. 또한 변증법은 모든 참다운 학문적 인식의 혼이다. 속담에도 "자기와 상대편을 더불어 살려라"(Leben und leben lassen)고 얘기되고 있지만, 이것은 어떤 것을 인정함과 동시에 다른 것도 인정한다는 뜻이다. 그러나 한 걸음 더 깊이 생각해보면, 유한한 것은 외부로부터 제한되어 있는 것이 아니라, 자기 자신의 본성에 의하여 자기를 지양止揚하고, 자기 자신에 의하여 반대의 것으로 옮겨가는 것이다. 예컨대, 우리들은 인간이란 죽어야 하는 것이라고 얘기하고, 그리고 그 죽음을 외부의 사정에 바탕을 둔 것으로 생각하지만, 우리들의 관점에 의하면 인간에게는 산다고 하는 성질과 죽어야 한다는 성질, 두 가지의 특수한 성질이 있게 된다. 그러나 참다운 관점은 그런 것이 아니고, 생명 그 자체가 그 속에는 죽음의 맹아萌芽를 짊어지고 있는 것이며, 일반적으로 유한한 것은 자기 자신 속에서 자기와 모순되고, 그것에 의하여 자기를 지양止揚하는 것이다.[11]

위에 말한 내용을 부연하면, 삶(生)과 죽음(死)에 대한 변증법을 생각해 보자. 모든 유한한 것은 스스로 그 속에 자기 부정否定을 포함하고 있으며, 스스로 부정하기에 이른다. 따라서 모든 유한한 생명은 반드시 사멸死滅할 뿐만 아니라, 살아있는 사이에 이미 죽음이 시작되고 있다. 그리고 죽음으로 모든 것이 끝나는 것이 아니며 또한 죽음이 일체의 종착역이 아니다. 죽음 그 자체가 또 자기 부정을 포함하여, 죽음 그 자체가 죽음으로써 새로운 생

11] ヘーゲル, 『小論理学』(上), 松村一人(東京 : 岩波書店, 1997, 46刷), pp. 246~247.

명의 탄생이 이루어진다. 죽음은 끝이 아니라 하나의 시작이다. 죽음은 불모의 부정이 아니라, 생산적인 부정이다. "한 알의 밀이 땅에 떨어져 죽지 않는다면 한 알로 끝나리라. 죽어야 만이 많은 열매를 맺는다."고 하는 『성서』 '요한복음서'의 유명한 이 구절은 바로 삶(生)과 죽음(死)의 변증법을, 그리고 변증법적인 정신의 생산성을 얘기한 것으로 해석할 수 있다. 변증법에 대해 사례事例를 통해 설명하고자 한다.

이순신의 『난중일기』에 의하면, "이의득李義得이 보러왔기에 패하던 정황을 물었다. 모든 사람이 울며 말하기를, '대장 원균元均이 적을 보자 먼저 뭍으로 달아나고 여러 장수들도 모두 그 같이 뭍으로 달아나 이 지경에 이르렀다'는 것이었다."(1597. 7. 21). 이순신은 명량해전의 전날 밤 지휘관들을 불러 모아 약속하기를 "병법에 이르기를 '반드시 죽고자 하면 살고, 살고자 하면 죽는다'[12](必死則生 必生則死)고 하였다."(1597. 9. 15). 다음날 해전에서 통제사 이순신은 죽기를 각오하고 진두지휘를 해서 13척으로 130여척의 왜 병선과 싸워 31척을 격파하고 승리했다. 한편 칠천량해전(1597. 7. 15)에서 통제사 원균은 왜군의 기습을 당하자 먼저 살려고 육지로 도망쳤으나, 왜 병사의 복병을 만나 살해당하고 말았으며, 조선 수군은 단번에 완패·와해되고 말았다. 그 후 역사는 이 두 사람을 어떻게 평가했는지 우리는 알고 있다.

현행본의 『손자병법』은 위 무제(魏武帝, 즉 조조曹操, 155~220)가 당시 전래된 여러 『손자병법』을 편집했으며, 공격과 방어에 대해 다음과 같이 기록했다.

12] 『吳子』에서 인용한 글이다. 즉 "무릇 전쟁터란 전사자의 시체가 널린 곳에서는 반드시 죽고자 하면 살고, 살기를 꾀하면 죽는다"고 했다. 원문 가운데 '幸生則死'는 '必生則死'로 강조되어 있다.

「현행손자現行孫子」: 적으로 하여금 승리하지 못하게 하는 것은 수세守勢이고, 적에게 승리를 쟁취하는 것은 공세攻勢이다.

수세는 병력이 부족하기 때문이요, 공세는 병력이 우세하기 때문이다. 수세를 잘하는 자는 깊은 땅 속에 숨어 있는 것과 같이 방어하고, 공세를 잘하는 자는 하늘에서 마음대로 나는 것처럼 공격한다.

(軍形 : 不可勝者守也, 可勝者攻也. 守則不足, 攻則有餘, 善守者藏於九地之下, 善攻者動於九天之上.)

1972년 중국 산동성 은작산에서 전한前漢시대(140~118 B.C.)의 묘에서 많은 죽간竹簡이 출토되었는데, 거기에는 현행의 『손자병법』과 약간 다른 내용의 『죽간 손자竹簡孫子』가 출토되었고, 거기서는 방어와 공격에 대해 아래와 같이 기록되어 있다.

「죽간 손자」: …수세는 병력의 여유가 생기기 때문이요, 공세는 병력의 부족을 가져오기 마련이다. 수세를 잘하는 자는 깊은 땅 속에 숨어 방어하고 있다가, 적의 허점을 찾아 하늘에서 마음대로 움직이는 것처럼 적을 공격한다.

(…守則有餘, 攻則不足, 善守者藏於九地之下, 動於九天之地上)

위 무제는 방어와 공격을 두 가지 개념으로 분리하고, "A(방어)는 비非A(공격)가 아니다"는 입장이다. 한편 『죽간 손자병법』은 방어와 공격을 두 가지 개념으로 나누지 않을 뿐만 아니라, "A(방어)는 非A(공격)가 된다"는 변증법으로 기술記述되어 있으니, 변증법에 바탕을 두고 있다.

한편 클라우제비츠는 그의 『전쟁론』에서 방어와 공격에 대해 아래와 같이 밝혔다.

> 전략에 있어서는 승리란 없다. 한편 전략적 성과란 군이 전투에 있어서 전술적 승리를 얻을 수 있도록 준비해 둔다는 것이다.…전략적 성과를 올리기 위한 주요한 원리는 다음과 같다.
>
> ① 토지 및 지형의 유리
> ② 기습
> ③ 여러 방면에서의 공격(이상 세 가지는 전술에서와 동일하다).
> ④ 요새 및 이에 속하는 일체의 것을 원용하며 전장을 보호한다.
> ⑤ 국민의 지원
> ⑥ 훌륭한 정신력의 활용
>
> …
>
> 이상으로 우리들은 방어(Verteidigung)란 공격(Angriff)보다 더 강력한 전쟁 형식(Kriegsform)이라고 하는 명제를 충분히 증명했다고 믿는다.(VI-3)

1870년 프랑스·프로이센 전쟁에서 프로이센이 프랑스를 대패시키고 승리하여 통일된 독일제국을 탄생시키자, 그 후 독일의 군사전문가들은 클라우제비츠가 주장한 "방어란 공격보다 더 강력한 전쟁형식이다"(Denfense is a stronger form of war than attack)는 명제를 수용하는 것을 거부했다. 일본의 육군대학에서 3년간 가르친 바가 있는 멕켈(1842~1906) 장군은 "방어로의 결심은 절망적 상태에의 첫째 단계이다"고 했고, 브루메 장군도 "전략적 공세는 전쟁의 정치적 목적이 적극적이든 소극적이든, 전쟁수행의 더 효과적인 형태이며, 그것만이 궁극의 목적에 도달할 수 있는 것이다"고 했다.

독일의 저명한 군사저술가인 골츠(1843~1916) 원수는 공세를 설교하고 수세를 거부하는 글을 발표했다. 즉 "우리들 독일군의 현대적 전투방식은 우리들의 결의에 가득 찬 공세의 개념에 따라 계속적인 강력한 타격에 의해 결정적 결과를 획득하는 것을 목표로 한다. 공세의 개념에는 말하지 않아도 우리들의 모든 이론적 논문이, 또 대부분의 실제적 연습의 기초가 되어 있다. 주저하거나, 기다리거나 또 소극적인 수세는 우리들의 성격에 맞지 않는다.… 클라우제비츠의 저술著述 가운데 공격에 관한 내용이 초고草稿로 그대로 있다는 것은 참으로 애석한 일이다. 아마도 이 위대한 군사이론가는 엄밀한 연구 후에는 만년晩年에 공격의 편이 이롭다는 설로 바꾸었으리라.”

“방어란 공격보다 더 강력한 전쟁형식이다”는 명제를 거부·반대한 독일의 군사전문가들은 방어와 공격의 변증법을 알지 못하거나 혹은 『전쟁론』을 정독하지 않았다는 것이 필자의 견해이며, 그 이유는 아래와 같다.

- 방어의 개념이란 무엇인가? 그것은 적의 공격을 저지한다는 것이다. … 교전에서의 방어적 체제라는 것은 결코 단순한 방패와 같은 것으로 생각해서는 안 되며, 교묘하게 공방攻防 양용으로 사용되는 방패로 생각해야 한다.(VI-1)
- 방어자가 신속하고 강력한 공격으로 옮기는 것, 즉 적의 공격을 저지하자 곧 반격을 하는 것이야말로 방어의 가장 빛나는 순간이다. 그러한 옮김을 곧 생각하지 못하는 사람, 또 그러한 옮김을 곧 방어의 개념에 넣지 못하는 사람은 방어의 우위에 대하여 이해하지 못할 것이다. 그러한 사람은 적의 전투 수단을 파괴하거나 혹은 탈취하는 것은 주로 공격이라는 것 밖에 모른다.(VI-5)
- 무릇 적극적 원리를 결여한 방어는 전술에서와 마찬가지로 전략에 있어서도 그 자체가 모순이라는 것이 우리들 본래의 주장이 되지 않으면 안 된다. 따라서 어떠한 방어도 방어의 이점利點을 모두 활용했다면, 곧 공격으로 옮겨야 한다는 것을 반복하여 지적해 둔다.(VIII-4)

3. 전략의 구성 요소

1981년 미 육군전쟁대학원을 방문했을 때, 테일러(1901~1987) 장군은 전략을 목표, 방법 및 수단으로 구성되는 것으로 특정화하였다. 이 개념을 등식으로 설명하면 아래와 같다.

전략=목적(지향하는 목표)+방법(행동방안)
+수단(특정 목적을 달성하기 위한 도구)

위의 공식은 전략의 일반적 개념으로서 군사전략으로 접근할 수 있는 방법을 개발할 수 있다. 목적은 군사목표로 표현할 수 있으며, 방법은 군대를 사용하는 여러 가지 방안과 관련된다. 근본적으로 이것은 군사목표를 달성하기 위한 행동방안의 모색을 의미한다. 수단은 임무를 달성하기 위한 군사자원(인력, 물자, 금전, 부대 등)으로 표현된다.[13] 요약한다면, 전략이란 달성하고자 하는 목표와 가지고 있는 수단 사이를 조화시키고 또한 양쪽의 가교架橋 역할을 수행하는 것이라 할 수 있다.

위에 소개한 등식은 전략수립을 구상할 때, 기본적 요인이 무엇인가를 잘 명시해 주고 있으며, 전략을 수립했다면 아래 세 가지 기준에 입각하여 분석·평가를 한 연후에 실천으로 옮겨야 한다.

- 적합성(Suitability) : 성과成果가 바라던 결과를 달성하는가?
- 실현가능성(Feasibility) : 행동이 이용 가능한 수단에 의하여 달성될 수 있는가?
- 수락성(Acceptability) : 비용의 결과가 바라던 결과에 의하여 정당화되는가?[14]

13] 이종학 편저, 『군사전략론』(대전 : 충남대학교 출판부, 2009), pp. 85~86.

전략이란 선택의 과학이라는 견해도 있는데, 보프르(1851~1929) 장군은 전략의 선택에 대해 더 구체적으로 아래와 같이 밝혔다.

> 전략이란 하나의 한정된 교리(doctrine)가 될 수 없다는 것이다. 전략은 하나의 사고방식(a method of thought)이며, 그 목적은 각 현상을 계통적으로 배열해서 그 우선순위를 확정하고 가장 효과적인 행동방책을 선택하는 데 있다. 각각의 상황에는 그것에 맞는 특별한 전략이 있을 것이며, 주어진 전략은 어느 상황에서는 가능한 최선의 전략이 되기도 하지만, 다른 상황에서는 최악일 수도 있다. 이것이 기본적 진리이다.[15]

우리들은 역사적 사례를 통해 이 문제를 고찰해 보고자 한다.

병자호란(1636~1637) 때, 서울 사대부집 젊은 부인이나 처녀들이 수백 명 전쟁포로로 심양瀋陽으로 끌려갔다. 그 후 화친이 성립되어 그들은 본국으로 송환되었으나, 이에 문제가 되는 것은 그들의 정조貞操가 온전한가, 아니한가였다. 그래서 남편은 아내를 의심하고, 처녀들은 혼인길이 막히는 상황이었다. 수년간 적진에 머물고 있었던 유부녀나 처녀의 몸이 성할 리가 없었다. 이 문제를 어떻게 처리해야 그들도 구하고 또 사회도 잠잠해질 수 있을까?

아마도 인조왕과 그의 중신重臣들은 다음 세 가지 방안을 두고 토의했으리라. 즉

- 첫째 안 : 유부녀와 처녀들을 그대로 귀가시키는 것. 만약 이렇게 한다면, 가정적 불화와 비극은 사회적 문제도 대두되고, 적군의 침입으로 그들만 일생을 두고 너무나 가혹한 피해를 입는 결과가 될 것이다.

14] 상게서, p. 144.

15] André Beaufre(1965), 전게서, p. 13.

• 둘째 안 : 유부녀와 처녀들을 심사해서 귀가시키는 것. 만약 그들을 일일이 심문하여 정말 깨끗한 자와 더럽혀진 자를 가리고, 더럽혀진 자 중에도 억지로 더럽혀진 자, 마음이 동한 자를 가리려고 한다면, 이것도 역시 복잡한 문제가 개재되어 뒷맛이 좋지 않을 것이다.

• 셋째 안 : "심양에 잡혀 갔다가 돌아오는 여자들은 홍제원弘濟院에서 모조리 목욕을 하고 서울에 들어오라."(인조왕이 결심한 안). 이것이 무슨 뜻인가 하면, 목욕을 함으로써 그들의 정조문제는 씻어버리기로 하고, 다시 거론하는 자는 엄벌에 처한다는 것이었다. 이리하여 그들은 누명을 벗고 다시 아내와 어머니가 되었고, 처녀들은 시집을 갔던 것이다.

인조왕이 채택한 '셋째 안'은 시간이 지난 후, 그 결과로 보아 가장 적합한 전략임이 밝혀졌던 것이다. 이와 비슷한 사례가 제2차 대전 후 한국에서 발생했던 것이다. 즉 1948년 9월 법률 제3호로 공포된 '반민족 행위反民族行爲 처벌법'을 집행하기 위하여 제헌국회가 설치한 특별기관인 '반민족 행위 특별조사위원회'였다. 일본에 협력하여 악질적으로 반민족 행위를 한 자를 조사하기 위한 기관이었다. 그 후 조사를 실시했으나, 여론의 비등과 정부의 비협조로 지지부진하다가 1949년 8월 정식으로 폐지되었다.

필자의 기억으로는 사학자 최남선, 문필가 이광수 등이 소환되어 조사를 받았지만, 석연치 않았다. 나라의 주권과 영토를 일제日帝에 약탈당했는데, 그 일차적 책임은 국왕과 대신들의 책임이 막중한데… 인조왕처럼 일제에 협력한 자들은 한강에서 목욕을 시켜 지난날의 잘못을 씻어버리기로 하고 새로운 대한민국의 건설에 노력을 집중토록 했어야 하는데… 앞으로 남북통일이 된다면 북한 공산주의자의 처벌문제가 야기되리라. 그들을 대동강에서 목욕을 시켜 지난날의 잘못을 씻어버리고, 북한의 경제력 향상과 삼림녹화 등을 위해 기회를 부여하는 방안이 좋으리라.

4. 한반도의 전략이론 서설序說

필자는 국방대학원에 재직하고 있을 때, 일본의 사토 도쿠다로(佐藤德太郞) 교수의 저서 『대륙국가와 해양국가의 전략』(1973)을 읽고, 내용이 훌륭하기에 그 책의 서평書評을 『국방연구』(1974. 12.)에 발표하고 사토 교수에게 보내주면서 서신왕래가 시작되었다. 1975년 8월 도쿄(東京)의 호텔에서 처음 만나 질문하기를, "일본은 해양국가이기 때문에 해양전략이론을 수용하면 되지만, 나는 반도국半島國에 살고 있습니다. 반도국의 전략이론이나 연구 자료를 소개해 주었으면 합니다"고 말했다. 사토 교수는 약간 긴장된 얼굴로 대답했다. 즉 "반도국의 전략이론이나 연구 자료는 전연 보지 못했습니다. 그러나 반도국의 전략이론은 이李 교수가 지금부터 연구해야 할 과제가 아닐까요?"

필자는 그 후 한반도에서 살고 있는 통일된 한민족韓民族의 생존전략이론을 구상하기에 앞서 기초적인 전략이론을 검토하여 발표한 논문이 「한반도의 전략이론 서설」(1976. 6.)이며, 약간 보완해서 여기에 소개코자 한다. 그리고 그 후 「한반도의 억지전략이론 서설」[16]을 발표했음을 밝혀 둔다.

가. 머리말

한 국가나 민족이 생존, 독립 및 자유를 누리고 번영을 하기 위해서는 어떻게 하는 것이 가장 바람직한 성과를 가져올 것인가 하는 문제는 가장 긴요하

16] 李鍾學, 『韓半島의 抑止戰略理論』(서울 : 螢雪出版社, 1979), pp. 291~335.

고 중요한 과제라 생각된다. 아시아 대륙의 젖꼭지처럼 붙어 있는 한반도에 대하여 한 사학도史學徒의 조사에 의하면, 기원전 109년 한漢나라가 수륙으로 내침來侵하여 고조선을 멸망시키고 한사군漢四郡을 설치한 것부터 1950년 북한군의 남침에 이르기까지 외침外侵의 총회수는 418회인데, 그 가운데서 북방의 대륙세력의 침입이 161회였고, 남방으로부터의 해양세력의 침입이 257회에 달하였다. 대륙세력이란 중국, 만주, 몽골 등의 여러 민족이 대부분이었고, 러시아의 침입도 2회에 달한다. 한편 해양세력의 침입은 주로 일본이며 영국, 미국 및 프랑스도 끼어 있다. 이 가운데서 일본은 침입자의 가장 으뜸으로 251회로 전체의 60%를 차지한다.

돌이켜보면 한국의 역사는 외세의 침략과 그것에 저항하는 역사로 점철되어왔다고 해도 과언이 아니다. 우리의 조상들은 용기와 지혜로써 외세의 침략을 저지하면서 안으로 우리 사회와 문화·전통을 유지하고 발전시켜 나아가는 어려운 과제를 수행하여 5천여 년의 역사를 간직하는 민족으로 남아있다. 한반도를 자주 침공했던 만주 및 중국의 여러 민족은 한 때 우세한 모습을 나타낸 적도 있지만, 이제는 그 모습을 찾을 수 없는 민족도 허다하다. 그렇다면 어떻게 한민족은 역사와 문화 및 전통을 유지하고 발전되어 왔는가? 거기에는 두 가지의 중요한 요인이 있다고 본다. 즉

첫째 : 외침에 대한 무서운 저항정신을 가지고 있다는 점이다. 육체에 병균이 침입했을 때, 백혈구의 저항기능이 마비되어버리면, 그 육체는 죽고 만다. 한민족의 저항정신을 유감없이 발휘한 것은 몽골의 침략 때였다. 당시 몽골은 천하무적의 강대국이었고 정복을 통하여 세계제국世界帝國을 건설하고 있었다. 그들의 영토는 아시아·유럽대륙의 대부분에 걸쳐있었고, 유사有史 이래 그와 같은 대제국은 출현하지 않았던 거대한 국가였다. 고려는 이와 같은 세계제국을 상대로 항전을 계속하였고 몽골은 그들의 체면을

위해서도 작은 나라 고려를 굴복시키기 위하여 끊임없이 침략하여 왔다. 고종 5년(1218)경부터 1259년까지 약 40년간 고려는 항전하였다. 『고려사』에 의하면, "남녀 포로 206,800명, 살육당한 자는 셀 수가 없을 정도였다. 몽골 병사가 지나간 마을은 모두 불살라졌다"고 했다. 이러한 희생에도 불구하고 고려는 항전의지抗戰意志를 누그러뜨리지 않았다. 그러므로 몽골은 여러 차례 조건부 강화를 제의해 왔다. 무력에 의해서는 고려를 굴복시킬 수 없다고 판단했기 때문이다. 한편 고려도 국력의 소모가 너무 심하여 강화키로 하고 1259년 고종의 태자 전倎(뒤의 원종元宗)이 강화 교섭차 중국에 갔다. 그 곳에서 홀필열忽必烈(쿠빌라이, 후의 원元의 세조世祖)를 만났는데 그는 고려의 태자를 보고 뛸 듯이 기뻐했다. "고려는 만리 밖에 있는 나라로서 옛날에 당 태종이 친정親征했어도 항복시킬 수 없었다. 이제 그 나라의 세자가 스스로 나에게 왔으니, 이는 하늘의 뜻"이라 했다. 이것은 당시 몽골이 고려와의 강화를 바라고 있었다는 증거라 하겠다. 당시 몽골이 무력으로 정복하지 못하고 강화로써 전투를 끝내고 주권을 인정한 것은 고려 이외는 예를 찾을 수 없다.

둘째 : 고도의 창조적 문화민족이었다는 점이다. 인류문화에 공헌한 세계 3대 발명의 하나인 금속활자를 발명해서 『상정고금예문祥定古今禮文』 50책冊을 간행해 낸 것이 1234년으로 몽골군에게 치열하게 항전하고 있었을 때 발명했다. 독일의 구텐베르크가 금속활자를 발명하기보다 230년 앞서 있었다. 뿐만 아니라, 몽골군을 격퇴하기 위해서는 인간의 힘만으로는 안 된다 하여 초인적인 신의 힘, 즉 부처님의 힘을 빌고자 수도를 강화도로 옮겨 항전하면서도 팔만대장경八萬大藏經을 만들었고, 또한 세계적으로 유명한 고려자기도 만들었다. 그리고 당시 고려를 도와준 우방국은 하나도 없었다. 몽골이 대제국을 건설하고도 오래 지속하지 못하고 멸망한 것은 무력武力에 비하여 문화수준이 얕았기 때문이요, 한민족漢民族이 사나운 북방

민족에게 정복을 당하면서 끝에 가서 그들을 정복하고 동화同化해버린 것은 그들이 고도의 문화민족이었기 때문이었다.

한민족韓民族이 오늘날에 이르기까지 발전한 요인은 위에 말한 두 가지 요인을 우리들이 간직하고 있었기 때문이었다.

이제 한반도에는 세계의 4대 강국의 이해利害가 집중되어 있으니, 만약 6·25전쟁 같은 전쟁이 다시 발발한다면 우리의 강토는 전쟁에 개입하는 강대국의 최신식 무기 시험장이 될 것이며, 우리는 실험용 모르모트(marmotte)가 되리라. 따라서 이런 참화를 피하기 위하여 어떻게 하면 한반도에서의 전쟁을 억제하고 평화적 수단에 의해 남북한을 통일하고, 통일 후의 한국은 주변 열강국과 우호관계를 유지·증진하면서 자위自衛·자립自立·자주自主의 독립국으로 번영을 누리게 하는 전략을 연구하는 것이 중요한 과제이지만, 본 논문에서는 그 서설로 다음 내용을 구명究明해 보고자 한다.

첫째 : 전략이론이란 무엇인가?

둘째 : 기존 전략이론에 대한 이해

나. 전략이론이란?

이론(theory)이란 그리스어에서 'theoria'에서 유래했으며, 그 기능은 다음과 같다.

① 사물현상에 대한 체계적 설명이나 분석의 수단을 제공한다.

② 사물 사이에 성립하는 상호관계를 명시하고, 중요한 것과 그렇지 않은 것을 변별한다.

③ 사물에 대해 계통을 세워 집성集成하는 데 필요하다.

④ 인간의 정신을 훈련하고 대상의 상호관계를 알게 하고, 한층 더 고차高次의 행동의 영역으로 인도한다.

⑤ 이론에 근거를 둔 분석은 선입관, 감정, 희망적 관측 등이 범하기 쉬운 함정을 피하기 위해 합리적, 실질적 그리고 철학적이어야 한다.

클라우제비츠는 그의 『전쟁론』에서 이론의 임무를 다음과 같이 설명했다.

> 전쟁을 구성하고 있는 모든 대상은 얼른 보아서는 엉클어져 분별하기 어려움에도 불구하고 만약 이론이 이러한 대상을 하나하나 명백히 구별하고, 여러 수단의 특성을 열거하며, 또 이러한 수단에서 생기는 효과를 지적하고, 목적의 성질을 명백히 규정하며, 더욱이 투철한 비판적 관찰의 빛에 의해서 전쟁이라는 영역을 샅샅이 비칠 수 있다면 이론은 그 주요한 임무를 달성한 것이 된다. 이렇게 되면, 이론은 전쟁이 어떠한 것인가를 책을 통해서 알려는 사람에게 좋은 안내자가 되며, 그가 가는 곳을 비쳐주며, 그의 발걸음을 가볍게 해주고 또 그의 판단력을 육성하며 그를 기로岐路에서 헤매지 않도록 지도指導할 수 있다.(II-2)

전략의 본질을 프랑스의 앙드레 보르프(André Beaufre)는, 서로 상반된 의지意志가 충돌할 때 생겨나는 추상적 상호작용이며,… 전략은 힘의 변증법의 술術이라 했다. 이것은 사실과 부합되는 말이며, 전략이란 항상 대립과 어려움에 직면하면서 발전하며, 상대편이 어떠한 수단으로 도전하여도 거기에 대응하면서 목표를 효과적으로 달성해야 한다.

전략이론이 다루는 내용은 대체로 다음과 같은 것이 있다.[17]

첫째 : 전략은 정책집행의 작인作因이다. 무력이나 또는 군사적 수단이 목표달성의 도구로 사용되었을 때, 행동의 본래의 목표, 즉 정책에 의하여 설정되고 국가전략에 의하여 형성된 궁극적인 목적이 달성되려면, 민간인 및 군사지도자들 사이의 긴밀한 이해와 협조가 절대로 필요하다.

정책은 역시 전략이 적당한 목표를 추구하는 것을 보장한다. 전술은 전

---

[17] B. M. Simpson, "On the Theory of Strategy", *Military Review*, June 1973.

략적 목표에 알맞은 결과를 만들어내야만 한다. 이 같은 이유 때문에 전략과 전술은 분리할 수 없는 것이다. 물론 전략은 전술에게 전략이 요구하는 결과를 달성할 수 있는 상응相應한 힘을 부여해야 한다. 예컨대, 쿠바의 픽스만灣의 예例에서 보는 바와 같이 공중지원이 필요했지만, 이에 대한 준비가 없었던 사례事例는 전략이 전술에게 전략의 목표를 달성하는 데 필요한 힘을 주지 않았던 좋은 보기이다.

전략은 전술이 목표를 달성하는 데 전술적 전투를 시작할 때는 합리적이고 유리한 조건으로 해결할 수 있도록 보장해야 한다. 머리로 벽돌을 받는 것과 같은 어리석은 정도의 자원의 낭비가 있어서는 안 된다.

둘째 : 전략이론은 군사작전의 계획이나 실천에만 한정되는 것이 아니다. 전략이론은 국제적인 조직 간에서 그의 목적을 추구하는 것이기 때문에 정치, 경제 및 사회적인 여러 분야에 광범하게 적용될 수 있으며, 또한 그렇게 되어야만 한다. 이러한 목적을 추구하는 데 사용되는 수단은 목표 자체와 그 목표가 처하고 있는 특수한 배경을 합리적이고 실질적인 분석을 통하여 최고 수준의 정책 입안자들이 정책수립 과정에서 결정하여야 한다.

셋째 : 전략적인 행동은 정치적인 분석으로부터 유래한다. 추구하는 전략목표와 그러한 목표를 달성하기 위한 특수목적은 특정한 사태의 전후관계前後關係에서만이 찾을 수 있다. 그리고 전략적 개념이 간섭을 기획하는 데 있어 이 같은 사태를 이해하고 분석하는 것은 필요한 일이다. 여기에 사용하는 간섭이라는 의미는 나쁜 뜻으로 사용되는 것은 아니다. 이것은 국제기구 안에서 한 국가의 행동이 각 사태의 진행에 영향을 주어 다른 국가와의 관계에 어떠한 결과를 가져오는 것으로 이해되어야 할 것이다. 말하자면, 간섭은 행동하는 국가가 다른 국가에 영향을 주어 사건에 개입하는 것으로 말할 수 있겠다.

이러한 정치적 분석은 사태 그 자체를 분석함은 물론이요, 군사력의 예상되는 작용과 반작용도 아울러 분석해야만 한다. 지휘관은 그의 군대가 무엇을 할 것인가 하는 것을 고려함은 물론 적의 장차 예상되는 반응도 아울러 고려하는 것과 같이 정치지도자는 보다 높은 차원에서 아군의 움직임에 적군이 어떠한 반응을 보일 것인가를 고려해야만 한다.

넷째 : 목표의 결정과 이 목표를 달성하기 위한 최선의 방법으로서 채택된 통제의 수단은 다음 사항을 요구한다. 즉 하나의 정치적 목적을 수행하는 데 효과적으로 사용할 수 있는 힘이 어떤 종류의 것인가 하는 것이다. 이것은 또한 주어진 상황 하에서 어느 특정한 종류의 힘의 효용에 관한 결정까지를 요구한다. 군사력은 단지 힘의 한 종류에 지나지 않는다. 이를 이용함에 있어서는 전략이론에 근거한 합리적인 방식으로 명령에 따라 주어진 상황하의 특정한 사정에 의하여 이루어질 것이다.

모든 종류의 힘이 모든 상황에 유용하거나 적당한 것은 아니다. 전략적 결정은 한 종류의 힘을 선택한다(정치, 군사, 경제 또는 이의 복합 중에서). 그리고 그것은 소망하는 결과를 산출하려고 실시하는 통제 목적을 위하여 포괄적인 방식으로 힘을 지정한다.

전략이론에 관한 고찰은 그것이 개념적이고 방법론에 관한 원칙적인 사항을 다루기 때문에 당연히 추상적이고 비교적秘教的인 것이다. 우리가 비행기술을 배우기 전에 기체역학氣體力學에 관한 여러 법칙을 완전히 이해해야만 하는 것 같이 특수한 구상을 고안하거나 기획하기 전에 전략이론을 이해해야만 한다.

전략이론은 전략적 문제의 현실을 이해할 수 있도록 해 줄 뿐만 아니라, 현실을 이해하여 미래를 예측할 수 있기 때문에 대응책을 세우는 기반을 마련하여 준다.

다. 지정학적으로 본 국가 유형

한 국가의 지정학적地政學的 위치와 지리는 그 국가의 국가전략, 군사전략, 작전술 및 전술의 골격을 이루는 것이다. 위치(location)란 어떤 한 물체의 다른 물체에 대한 관계를 말하며, 이러한 관계는 거리와 방향에 의해서 구체화·정확화正確化된다. 국가의 위치분류에 대해서는 학자에 따라 다르지만 편의상 자연지리적 위치(physical-geographical location)에 의하면, 국가의 위치를 육지·해양·반도·도서島嶼 등과 같은 자연지리적 지물地物과의 관계에서 바라보는 것이며, 크게 나누어서 대륙적 위치(continental location), 해양적 위치(maritime location) 그리고 반도적 위치(peninsular location)가 있다.[18]

1) 대륙적 위치

한 국가의 영토의 대부분이 바다와 직접 접하고 있지 않을 때, 이런 나라의 위치를 대륙적 위치라고 한다. 이러한 나라는 숙명적으로 바다와 접촉하기를 갈망한다. 대륙적 위치와 해양적 위치의 개념은 서로 상대적인 관계에 있다. 가령 큰 나라가 한쪽 면 내지 극소부분極所部分이 바다와 접하고 있다면 그 나라는 분류상 하나의 해양적 위치의 국가가 되기는 하지만, 전체적으로 보아 대륙적 위치의 국가라고 보는 것이 좋다. 여기서 군사적 개념을 도입한다면 더욱 명백해지리라. 즉, 한 국가의 방위문제가 육군(지상군) 혹은 해군의 어느 쪽에 의해 의존하는가 하는 문제이다. 만약 한 국가가 육군에 의하여 국가의 존망이 좌우된다면 그것은 대륙국가가 되고, 해군에 의하여 좌우된다면 해양국가라 불러도 좋을 것이다. 이러한 관점에서 본다면 독일, 소련, 중국 등은 여기에 속할 것이다.

18] 任德淳, 『政治地理學原論』(서울 : 一志社, 1973), pp. 57~59. 참조.

2) 해양적 위치

국가가 바다와 접촉하고 있는 경우에 이 말을 사용하고 국가가 일면一面만 바다와 접하고 있을 경우도 있고, 이면二面 또는 삼면三面도 있는데, 이것을 각각 일해양적一海洋的 위치(one-sea location), 이해양적二海洋的 위치 등으로 부른다고 하나, 필자는 이것을 주로 그 국가의 국방이 해군에 의해 좌우되는 도서국島嶼國을 뜻하며, 예컨대 영국·일본·필리핀 등이 여기에 속하고 미국도 실질적인 행세를 본다면 여기에 속한다.

3) 반도적 위치

대륙과 연결되어 있으면서 대개 2~3 해양적 위치의 나라를 말하며, 한반도, 인도차이나 반도, 말레이 반도, 발칸 반도, 이탈리아 반도, 이베리아 반도, 스칸디나비아 반도 등이 여기에 속한다.

이러한 지정학적 위치가 전략에 어떤 영향을 미쳤나 하는 것을 고찰해 보고자 한다.

라. 전략이론의 주요 학설

전략이론으로 현재 일반적으로 인정되고 있는 주요 학설로서 세 가지가 있으며, 그 외에도 새로 나타난 전략이론이 한 가지 있다. 현재 활동하고 있는 거의 모든 전략가들은 같은 형태이든 다른 형태이든, 의식적이든 무의식적이든 간에 이들 이론의 하나 이상에 각각 기여하고 있으니 그것은, 즉 대륙이론(continental theory), 해양이론(maritime theory), 항공이론(air theory) 그리고 마오쩌둥 이론(毛沢東理論, Mao theory)이 있다.

이 네 가지 이론의 유래와 발전 및 확립과정은 서로 다르며, 또 그 국가에 따라 경중輕重이 달라지게 마련이다.

1) 대륙국가의 전략이론

대륙국가의 전략이론에 관한 가장 훌륭하고 대표적인 저서는 프로이센의 클라우제비츠의 『전쟁론』(1832)이라 하겠다. 그런데 『전쟁론』은 전연 관점을 달리하는 '절대전쟁'과 '현실전쟁'의 혼작混作의 미완성 작품이다. 거기에다 철학적 용어의 추상성과 방대한 분량 등에 의해 명저로 알려져 있으나, 실제로 읽혀지기 보다는 인용문으로 사용되는 경우가 많다는 것을 알아두어야 한다. 이런 저서가 프로이센에서 저술되기에는 그만한 이유가 있다. 즉 프로이센(후後의 독일)은 국경선의 지세地勢는 대부분 평탄하며, 적의 침략에서 대해서 거의 커다란 장애물이란 없었다. 거기다가 주위를 둘러싸고 있는 여러 국가는 모두 강국이며 그들의 국토는 마치 쟁탈장의 모습이었다. 독일은 러시아, 스웨덴, 오스트리아 및 프랑스 등의 강국에 의해 수백 년 간 전장戰場이 되어왔다. 유명한 30년전쟁에 있어서는 독일의 인구가 약 1/3 가까이 감소했으며, 전멸全滅된 부락도 적지 않았다.

그 후에 있어서도 독일을 무대로 하지 않은 전쟁은 거의 없었으며, 스페인 왕위계승전쟁, 오스트리아 왕위계승전쟁, 7년전쟁 및 나폴레옹전쟁을 통하여 그 격전지로 알려진 곳은 독일의 지명地名임을 알 것이다. 더욱이 당시의 2대二大 육군국인 프랑스와 오스트리아의 각축지인 남독일 지방이 더욱 심했다. 대륙국의 군사사상이 독일에서 가장 전형적인 것을 찾을 수 있는 이유는 바로 여기에 있다.

따라서 독일은 해양국인 영국처럼 전쟁을 이해득실利害得失로 취사선택을 자유로이 할 수 있는 유리한 사업이 아니라, 오히려 전쟁은 그 규모가 작든 크든 국가의 존망과 직결되며, 패퇴는 곧 망국과 연결된다. 그래서 독일은 생존하려고 하는 한, 용감히 전쟁과 대결하지 않을 수 없었다. 전쟁으로부터의 도피는 생존의지의 포기를 뜻한다.

국가의 원래 사명使命은 민족, 생활지역 및 생활조건을 유지 개선하는 것을 목적으로 한다. 이것을 방해하는 타국과의 투쟁의 최종 결정형태가 전쟁이다. 전쟁은 가치와 생명력에 대한 위대하고 공평한 신의 시련이다. 이 시련에 대해서 마지막 피의 한 방울마저 뿌려도 후회하지 않는 강인한 희생적 국가에 대해서만이 신은 이 세상에 존재하고 번영하는 축복을 내려주시는 것으로 믿었다.

독일의 전쟁목적은 그것이 자기보존과 직접 연결되기 때문에 언제나 정당화되고 또 긍정되며 마침내 미화된다. 그것은 또한 스스로의 의지를 관철하기 위한 적의 분쇄粉碎에로 인도해 간다. 국가는 모든 힘을 발휘하여 적의 타도에 직접 매진한다. 전쟁에 있어서 최고도의 폭력을 유감없이 발휘하여 그 목적을 관철한다는 것은 자기보존을 위한 지상명령至上命令이었다. 그렇지 않으면 적이 우리를 압도해 버리고 말 것이다. 독일이 전쟁을 법적으로 규제하거나 또는 전쟁수법을 제한하려는 시도에 대해 냉담하거나 무시하는 태도를 취하는 경향도 위에 말한 이유에서 연유한다.

클라우제비츠가 말하듯, "폭력의 사용에는 국제법과그것의 관례의 이름 밑에 여러 가지 제한이 가해지지만, 그것은 미미한 것이다.… 전쟁과 같이 위험한 일에 있어서 선량한 마음에서 생기는 그릇된 생각이야말로 가장 나쁜 것이다"(Ⅰ-1)고 한 내용도 위에 말한 전쟁관戰爭觀에서 이해되어야 한다. 따라서 대륙국가의 전략형태는 클라우제비츠가 생각한 방향으로 나아가지 않을 수 없으며, 그의 전략이론을 소개하면 다음과 같다.

- 전쟁을 구성하고 있는 기본요소, 즉 두 사람 사이에서 벌어지는 결투決鬪를 생각하려 한다. 전쟁이란 결투가 확대된 것에 지나지 않는다. (전쟁의 본질)
- 전쟁이란 적을 굴복시켜 자기의 의지意志를 강요하기 위해 사용되는 일종의 폭력행위이다.(전쟁의 정의定義)

• 전쟁이란 구체적 상황에 따라 그 성질을 달리하는 카멜레온과 같은 것일 뿐만 아니라, 그 현상 전체를 통해 지배적인 여러 경향을 보았을 때, 기묘한 삼위일체三位一體를 이루고 있다.[19]

첫째는, 맹목적인 자연 충동이라 볼 수 있는 증오·적개심과 같은 본래의 격렬성.

둘째는, 전쟁을 자유로운 정신활동으로 만드는 개연성·우연성과 같은 도박의 요소.

셋째는, 전쟁은 순수히 오성悟性의 영역에 속한다는 것에 의해 정치적 도구로서의 종속적 성격을 가진다.

이러한 세 가지 가운데, 첫째의 것은 주로 국민에, 둘째의 것은 주로 장수와 군대에, 셋째의 것은 주로 정부에 각각 속하는 것이다.…어쨌든 여기에 논의한 전쟁개념의 규정은 전쟁이론의 기초 구조를 해명하는 최초의 광명이며, 우리들은 이 빛에 따라 전쟁을 구성하고 있는 막연한 요소를 명백히 구별할 수 있게 될 것이다.(Ⅰ-1)

• 전쟁은 정치적 행동일 뿐만 아니라, 실로 하나의 정치적 수단이며, 정치적 교섭의 계속이며, 다른 수단에 의한 정치적 교섭의 계속에 지나지 않는다.(Ⅰ-1)

• 요컨대, 전쟁에 있어서 목표에 도달하는 길, 즉 정치적 목적을 달성하기 위한 길은 많이 있다. 그럼에도 불구하고 전투야말로 목적을 달성하기 위한 유일한 수단이다.(Ⅰ-2)

• 전쟁에서의 모든 것은 대단히 단순하다. 그런데 너무나 단순한 이것이 오히려 더 어려움을 간직하고 있다. 이 어려움은 누적되어 전쟁을 아직 보지 못한 자는 상상도 못할 마찰(friction)이 있다.… 어쨌든 큰 도로가 마주치는 광장에 서있는 오벨리스크처럼, 전쟁술의 중앙에 당당히 솟아있는 것이, 즉 불굴의 정신을 갖춘 장수의 견고한 의지인 것이다.(Ⅰ-7)

• 전쟁을 둘러싸고 있는 분위기의 네 가지 요소, 즉 위험·육체적 고통·불확실성 및 우연 등 이러한 것을 주시하고 또 이런 분위기에 대처하

19] 상세한 내용 설명은 이종학, 『군사고전의 지혜를 찾아서』(충남대학교 출판문화원, 2012), pp. 241~256. 참조.

여 확실하고 유효한 행동을 하기 위해서는 반드시 정의情意와 오성悟性의 커다란 힘이 필요하다.(Ⅰ-3)

• 전쟁 수행의 지식은 완전히 정신 속에 동화同化되어야 하는 것이며, 조금이라도 동화되지 않고 남아 있어서는 안 된다.… 전쟁에 있어서 지휘관은 어떠한 상황에 당면해서도 즉각적으로 자기의 능력에 의해서 결단을 내려야한다.… 전쟁에 있어서 지휘관의 지식은 정신 및 생활과 완전히 동화해서 참다운 능력이 되어 있어야 한다.(Ⅱ-2)

지상전략地上戰略과 해군 및 항공전략 사이에는 기본적인 차이점이 있는데, 그것은 지상전략에 내포되어 있는 여러 가지 복잡성을 가진 지형요소이며, 해군 및 항공전략에는 그것이 없는 것이다. 해상이나 공중에서의 전쟁은 장애물이라고는 바람, 태양 그리고 구름밖에 없는 표면상이나 공중에서 그 장소를 택함으로써 미리 계획할 수 있고 또한 도식화圖式化할 수도 있다. 거기에서는 장비의 성능, 즉 속도, 기동성, 항속거리, 방호防護, 일제사격一齊射擊 능력 등이 일반적으로 결정적인 요소가 된다.

앞에 말한 바와 같이 대륙국가의 전략은 그 국가의 지리적 조건에 의해서 결정되는 것이다. 예컨대, 좁은 국토를 가진 국가인 독일이나 프랑스 등은 필경 공세전략攻勢戰略, 속전속결速戰速決 전략으로 방침을 세우지 않을 수 없으며, 소련이나 중국 등 광대한 영토를 가진 국가는 수세전략守勢戰略이나 지연작전遲延作戰, 퇴피작전退避作戰 등을 활용할 수 있다. 그리고 산악지대, 사막지대, 평야 등의 지형에 따라 전술이 달라지게 마련이다. 그래서 프리드리히 대왕은 "지휘관의 지형에 대한 지식을 비유한다면, 그것은 마치 보병의 총기에 대한 지식과 기하학자의 수학공식에 대한 지식과 마찬가지이다. 만약 지휘관이 지형에 대하여 모른다면 커다란 과오를 범하는 외는 아무 것도 하지 못할 것이다"[20]고 했다.

---

20) T. R. Philips, (ed.), *Roots of Strategy* (Harrisburg, 1940), p. 113.

지상군에 있어서 지형은 모든 것이며, 또 육군이 작전하는 고정된 분야이다. 그것은 육군이 기능을 발휘해야 하는 제한된 범위이며, 그것은 누가 적이 되든 간에 항상 직면해야 하는 적수이고 또한 전문적 지식으로 계획을 작성해야 하는 분야이다.

2) 해양국가의 전략이론

해양국가의 전략이론에 관한 훌륭하고 대표적인 저서는 미국의 마한(Alfred T. Mahan, 1840~1914)의 『해상세력사론』(*The Influence of Sea Power upon History*, 1890)과 영국의 리델 하트(Liddell Hart)의 『전략』(*Strategy*, 1954년 미국판 간행)이 있으나, 여기서는 주로 마한의 전략이론을 다루고자 한다.

슐리펜이 칸내의 전투를 연구하여 '슐리펜 계획'의 착상을 얻은 것과 마찬가지로 마한도 국제적 사건에 대하여 해상세력이 미치는 영향을 분석하다가 그 착상을 얻었다. 그는 몸젠(Theodor Mommsen, 1817~1903)이 1854년~1885년, 즉 30여년에 걸쳐 집필한 『로마사』(*History of Rome*)를 탐독했는데, 그 사실을 그는 후일 다음과 같이 기술했다. 즉 "그 저서는 나에게 갑자기 감명을 주었다.… 한니발이 만약 먼 육로에 의하지 않고 로마인이 아프리카에 대하여 빈번히 했던 것처럼 해로로 이탈리아에 침입했다면 어떤 다른 결과가 일어났을까." 1년 후 그는 해군대학에 배속되었는데, 이 때 그는 이미 명성을 떨칠 강의계획을 완료했으며, 이것은 더 유명한 저서를 위한 계획이기도 했는데 그는 다음과 같이 기술했다. 즉 "지난 세기世紀 간의 일반사一般史와 해군사海軍史를 병행시켜 이 중의 어느 한쪽의 사건이 다른 쪽에 영향을 미친 사실을 논증한다는 관점에서 연구하였다."[21]

마한의 저서 『해상세력사론』에 대해 영국의 평론가들은 "영국의 위대한

---

[21] R. E. Dupuy & T. N. Dupuy, *Military Heritage for America*(New York : McGraw-Hill Book Company, 1956), p. 195에서 재인용.

복음福音"이라 했고, 런던의 「포스트」 지紙는 1914년 그가 서거했을 때 경의를 표하는 가운데 "영국의 해상세력 철학을 처음으로 공들여 종합적으로 개진했기 때문에 영국은 한 위대한 미국시민에게 갚을 수 없는 빚을 지고 있다"고 평했다. 마한은 영국이 왜 해상세력을 강화해야 하느냐 하는 철학적·이론적 근거를 명확하게 제시해 주었다.

마한은 세계정치를 근본적으로 해상 장악을 위한 계속적인 투쟁으로 해석하였다. 해상 통상通商 항로를 지배하는 국가는 세계의 강대국으로서 필요한 관건책關鍵策을 장악하는 것이었다. 그가 세계지도를 관찰했을 때, 그의 주의를 환기시킨 것은 육지가 아니었고, 오히려 육지를 둘러싸고 있는 해양 영역이었다. 그에게 있어서 해양은 장애물에 의하여 분산되지 아니한 대평원이었고, 아무런 표시도 없으나 최대한의 운항을 위하여 사용되는 국도의 교차로였고 또한 인간을 위해서 통상의 목적을 위하여 육상의 수송체제와는 비교도 되지 않는 수송체제를 제공하는 것이었다.

마한에 의하면, 해양은 문화적, 경제적 그리고 정치적으로 여러 국가와 문화를 위하여 밀접한 관계를 유지하는 데 가장 위대한 매개물의 역할을 담당하였다고 주장했다. 근대에 와서 해양에 대한 영국의 지배권은 나폴레옹의 대륙체제를 실패의 운명으로 인도하였고 또 궁극적인 자멸自滅을 체험케 했다. 그에 의하면, 역사에 있어서 중요한 정치적 및 군사적 의사결정은 해양의 지배권을 장악하는 국가가 소유하게 된 것을 가르쳐 주었으며, 그것은 해양세력이 육상에서의 체제보다 훨씬 우수한 교통교류와 기동성을 제공한다는 것을 명시하였다.

영국과 같은 해양국가의 전쟁관은 냉철한 타산을 특색으로 한다. 그들에게 있어서 전쟁은 계산을 도외시한 투기도 아니며, 운을 하늘에 맡긴 모험도 아니다. 외교와 전쟁을 교묘히 구사하며, 그 실행에 있어서는 최소의 희생, 최소의 경비, 최소의 노력을 가지고 최대의 성과를 획득하는 것을 이상

理想으로 하여 가능한 한, 동맹연합을 획책하고 타국을 자기진영에 끌어들여 그 힘을 이용하고 나아가 자기의 힘을 절약하며, 이것을 위해 필요하다면 어제의 적과도 곧 화해하는데 주저하지 않고(미국의 중국과의 관계개선), 주의主義, 주장에 사로잡히지 않으며 인종, 종교에 개의치 않으며, 감정이나 증오심에 좌우되지 않고 모든 것을 국가이익의 달성에 융합하며, 전쟁이 이에 지불하는 가격에 합당치 않으면 그 목적을 곧 변경하며, 싸움의 와중에서도 외교를 잊지 않으며, 전후戰後의 경영에 시종 눈을 떼지 않는다.

마한의 주요한 해상세력 이론을 소개하면 다음과 같다.[22]

> ① 정치적 및 사회적 관점에서 볼 때, 가장 중요하고 명백한 점은 바다란 하나의 거대한 교통로라는 사실이다. 좀 더 보편적으로 말하자면 바다는 인간이 사방으로 통과하기에 보다 유리한 통로가 될 수 있다.
>
> ② 바다가 갖는 여러 가지 알려진 그리고 알려지지 않은 위험에도 불구하고 해로海路에 의한 여행과 수송은 모두 언제나 육로陸路보다 용이하고 값 싼 것이었다.
>
> ③ 전시戰時에 있어서 선박의 보호는 무장선武裝船에 의해 실시되어야 한다. 따라서 협의狹義에 의한 해군의 필요성은 상선商船의 존재에서 비롯되며, 상선의 소멸과 더불어 해군도 소멸된다.
>
> ④ 상선이나 군함이 자기 나라의 해안을 떠나면 곧 평화로운 통상이나 피난 그리고 보급을 위해 선박이 의지할 수 있는 지점의 필요성을 느끼게 된다.… 식민지가 발전하여 성공하는 여부는 그 나라의 능력과 정책에 의존하지만, 그 발전과 성공이 세계의 역사, 특히 해양사海洋史의 태반을 이루고 있다.
>
> ⑤ 생산, 해운海運 그리고 식민지, 이 세 가지는 바다에 연하고 있는 국가의 정책뿐만 아니라 역사의 열쇠를 찾으리라. 생산에 의해 생산물의 교역이 필요하고, 해운에 교역품이 운반된다. 식민지는 해운

22] A. T. Mahan, *The Influence of Sea Power upon History, 1660~1783*(Boston : Little, Brown and Company, 1890), pp. 23~28.

의 활동을 확대하고 또 안전한 거점을 늘림으로써 해운의 보호를 돌본다.

⑥ 정책은 시대의 정신 및 지도자의 성격과 선견지명에 의해 변화되어 왔다. 그러나 바다에 연한 나라의 역사는 정부의 기민성과 선견성先見性에 의하기보다 오히려 위치, 영토의 넓이, 지형, 국가의 인구와 국민성, 요약컨대 자연적 조건에 의해 결정되어 왔다. 그러나 개인의 현명한 혹은 현명치 않은 행동이 어느 시대에 광의廣義의 해상세력의 발전에 변화적인 영향을 미쳤다는 것을 시인해야 한다.

⑦ 광의의 해상세력이란 군사력에 의한 해양 내지 그 일부분을 지배하는 해상의 군대뿐만 아니라, 평화적인 통상과 해운을 포함하고 있다.

클라우제비츠는 "가장 훌륭한 전략은 언제나 강력한 병력을 보유한다는 것이다. 바꾸어 말을 한다면 먼저 강력한 병력을, 다음에 결정적 지점에 강력한 병력을 보유하는 것이다.… 전쟁의 수단은 다만 하나에 지나지 않는다. 즉 그것은 전투이다"(III-11 및 I-2)고 주장한데 반하여 리델 하트는 "전략의 진실한 목적은 되도록 전투를 하려하지 않고, 부득이하다 할지라도 유리한 전략적 상황을 추구하며, 만일 그렇게 좋은 결과에 도달하지 못할 경우에는 전투를 계속하면서도 이것을 성취하고자 한다"[23]고 했는데 이것은 대륙국가와 해양국가의 전략의 본질적 차이점이다.

3) 항공전략의 이론

항공전략의 이론에 대하여 공헌한 사람은 이탈리아의 두헤(Giulio Douhet), 미국인 미첼(William Mitchell) 및 세버스키(Alexander P. de Seversky)가 있으나, 창시자는 역시 두헤이다.

1909년 이미 두헤는 항공세력에 대하여 관심을 가지고 있었고, 그때 벌

---

[23] Liddell Hart(1954), 전게서, p. 339.

써 그는 그것이 군사전략상 혁명적인 중요성을 가지고 있음을 예견하였다. 그의 견해는 1921년에 최초의 저서, 『제공권制空權』에서 구체화되었는데, 6년 후인 1927년에 개정판을 내어 좀 더 완숙하게 그의 이론을 전개했고, 영어로 번역된 것은 1942년이다.

그의 항공전략 이론의 기반을 형성하고 있는 주요한 가정假定은 다음과 같다.[24]

가) 항공기는 비교할 수 없는 능력을 가진 공격무기이며, 항공기에 대한 효과적인 방어수단이란 아직 예견할 수 없다.
나) 인구 중심지에 대한 폭격으로 민간인의 전의戰意를 파괴할 수 있다.

이와 같은 가정을 기초로 하여 그는 다음과 같은 결론을 내렸다.

① 유효적절한 국방을 확보하기 위해서는 전쟁이 야기된 경우에 제공권을 완전히 쟁취하는 것이 필요하다.
② 공중공격의 기본적인 목표는 지상군의 접전지대로부터 머리 떨어져 있는 산업시설 및 인구집결 중심지가 되어야 하며 군사시설이 되어서는 안 될 것이다.
③ 특히 적 항공대를 공중전空中戰으로써 격파하려고 해서는 안 되며, 무엇보다도 항공기의 보급물자의 출처인 지상시설 및 공장지대를 파괴시켜야 한다.
④ 지상부대의 역할은 전선前線을 방어하며, 적의 전진을 저지시키고 특히 아군의 통신망, 산업시설, 공군기지 및 병참선을 적이 장악하지 못하도록 하는 방어적인 것이어야 하며, 이와 동시에 공중공격을 통하여 적이 군대를 유지할 수 있는 능력과 감당할 수 있는 국민의 전의戰意를 마비시켜야 한다.
⑤ 모든 노력의 가장 효과적인 적용을 위해서 적의 폭격기에 대비하기 위한 특수형태의 전투기를 먼저 마련해야 한다. 공군장비의 기

24] Edward Warner, "Douhet, Mitchell, Seversky : Theories of Air Warfare", in Edward M. Earle (ed.), *Makers of Modern Strategy* (Princeton : Princeton University Press, 1943), pp. 489~490.

> 본 형태는 '전투기'라야 하다. 이 전투기는 폭격과 동시에 자체 방어가 가능해야 한다. 즉 전투 목적을 위하여 두 개의 기능 중 어느 것이라도 발휘할 수 있는 것이어야 한다.

위에 열거한 두헤의 이론의 가정을 제1·2차 세계대전을 비롯하여 그 후의 전사戰史를 통하여 분석·평가한다면 약간 빗나간 점, 소홀한 점도 있지만, 아무튼 제2차 대전 이후에 있어서 제공권 내지 공중우세의 획득이 전승戰勝에 있어서 대단히 중요하다는 데 이론異論을 제기할 사람은 아무도 없으리라. 미국의 래드포드(Radford) 제독은 "오늘날 항공세력은 전쟁에 있어서 가장 우위를 차지하는 요소이다. 물론 항공세력만으로 전쟁에서 승리할 수는 없지만, 그러나 그것 없이 커다란 전쟁에서 승리할 수는 없다. 우리들이 아는 한, 항공세력은 공수攻守 양면에서 또 타군을 지원함에 있어서 가장 필요로 한다"고 했는데, 이것은 항공세력의 진가眞價를 적절하게 평가한 내용이라 하겠다.

그렇다면 항공세력(air power)이란 무엇인가? 세버스키에 의하면, "항공세력이란 공중 매개물을 통하여 국가의 의지를 주장하는 능력을 뜻한다. 국가의 항공세력을 적용하는 군사적 도구가 공군이다. 평시에 적절한 규모와 능력을 가진 공군의 존재—현재 공군력은 국가정책을 수행하기 위하여 국가에서 사용한다"[25]고 했다.

그리고 항공세력의 요소란, 포소니(Stefan T. Possony)의 견해에 의하면, 원료와 연료, 공업생산능력, 통신 및 전자장치, 기지, 병참과 보급, 보조지원(항공의료, 항공지도, 기상관측소 등), 공정부대空挺部隊, 로켓·미사일 및 원자무기, 항공기(수數, 질質, 전문화), 인력, 훈련, 사기士氣, 정보활동, 기술연구개발, 전술-전략-계획 등 15개를 열거했다.[26]

---

[25] Alexander P. de Seversky, "What is Air Power?" in Eugene M. Emme, (ed.), *The Impact of Air Power* (Princeton : D. Van Nostrand Company, 1959), p. 201.

4) 마오쩌둥(毛沢東)의 유격전 이론[27]

중국의 마오쩌둥(1893~1976)의 유격전 이론에 대한 그의 주요 논문은 「항일抗日유격전쟁의 전략문제」(1938. 5.), 「지구전持久戰에 대하여」(1938. 5.), 「전쟁과 전략의 문제」(1938. 11.) 등이 있다. 유격전遊擊戰(게릴라전이라고도 칭함)은 옛날부터 존재하였고, 게릴라란 말 자체가 나폴레옹 전쟁 때의 스페인어이다. 그러나 현대의 이론과 실행의 새로운 국면을 가져오게 했고, 또 전쟁에 있어서 전술적이며 또 보조적 지위 밖에 차지하지 못하는 유격전을 전략적 지위에까지 향상시킨 것은 마오쩌둥의 군사적 업적이라 하겠다. 그는 현대판 게릴라전 이론과 실제實際의 아버지요, 호치민(胡志明), 지압(Giap), 카스트로(Castro) 및 체 게바라(Che Guevara) 등은 그의 유능한 제자들이라 하겠다.

마오쩌둥은 유격전이 정규전의 보조적 지위에 있음에도 불구하고 그것을 전략적 관점에서 고찰하지 않으면 안 되는 이유를 다음과 같이 설명하고 있다.

> 항일전쟁에서 정규전쟁正規戰爭이 주요한 것이며, 유격전쟁은 보조적인 것이다. 이 점에 관해서 우리들은 이미 바르게 해결하고 있다. 그렇다면 유격전쟁에는 전술문제밖에 없는데, 어찌하여 전략문제를 제기하는가.
>
> 만약 우리나라가 작은 나라이고, 유격전쟁이 정규군의 전역적戰役的 작전으로 근거리의 직접적인 호응의 역할을 얼마간 수행하는 것이라면, 물론 전술문제가 있을 뿐이고 전략문제는 없다. 또 만약 중국이 소련처럼 강대하고, 적이 침입해 와도 곧 추방할 수 있든가 혹은 약간 시간이 소용된다

26] Stefan T. Possony, "Elements of Air Power", in Eugene M. Emme, (ed.), 상게서, pp. 135~144.

27] 마오쩌둥의 유격전 이론은 비대칭 전략(非對稱戰略, Asymmetric Strategy)으로 또한 4세대 전쟁으로 요즘 각광을 받고 있다. 비대칭 전략이란 군사목표 달성을 위해 전략환경과 군사적 능력, 전쟁수행방법의 변화를 고려하여 적의 강점을 회피하고 약점을 공격함으로써, 적이 효과적으로 대응하지 못하도록 하는 전략(『군사용어사전』, p. 160). 그리고 4세대 전쟁에 관해서는 토마스 함메스, 『21세기 전쟁 : 비대칭의 4세대 전쟁』, 하광희·배달형·김성걸 옮김(서울 : 한국국방연구원, 2010)을 참조하기 바람.

할지라도 점령되고 있는 지역이 넓지 않고 유격전쟁이 역시 전역적 호응의 역할 밖에 수행할 수 없는 것이라면, 물론 전술문제만 있고 전략문제는 없다.

유격전쟁의 전략문제는 다음과 같은 상황하에서 생기는 것이다. 즉 중국은 작은 나라도 아니고, 소련과 같은 나라도 아니며, 크고 약한 나라이다. 이 크고 약한 나라가 다른 작고도 강한 나라로부터 공격을 받고 있지만, 그러나 이 크고 약한 나라는 진보의 시대에 있다. 여기서 모든 문제가 생겨나는 것이다. 이러한 상황하에서는 적의 점령지역은 대단히 넓다는 현상이 생겨나고, 전쟁의 장기성長期性이 생겨난다. 적은 우리의 대국大國에 있어서 대단히 넓은 지역을 점령하고 있지만, 그들의 나라는 소국小國이고, 병력이 부족하여 점령구占領區에 많은 공백지대空白地帶를 남겨두고 있다. 따라서 항일 유격전쟁은 주로 내선內線에서 정규군의 전역적 작전에는 호응하는 것이 아니라, 외선外線에서 단독작전을 하는 것이다. 거기다 중국이 진보하고 있다는 것, 즉 공산당이 지도하는 군세고 단단한 군대와 광범한 인민대중이 존재함으로 인해서 항일 유격전쟁은 소규모의 것이 아니고 대규모의 것이 된다. 그래서 전략적 방어, 전략적 진공進攻 등과 같은 일련의 일이 생긴다. 전쟁의 장기성長期性과 거기에 수반하는 잔혹성에 의해 유격전쟁에서는 보통과 다른 일을 많이 해야 한다는 것이 규정되어 있다. 그래서 근거지의 문제, 기동전機動戰으로 발전하는 문제 등도 생겨난다. 그래서 중국의 항일 유격전쟁은 전술의 범위에서 벗어나서 전략의 문을 두들겨, 유격전쟁의 문제를 전략적 관점에서 고찰하기를 요구한다.[28]

마오쩌둥은 다른 나라에서 사용하여 성공한 혁명전쟁 방식을 따를 것이 아니라, 중국의 특징에 맞는 방식을 해야 한다는 것을 다음과 같이 주장했다.

…봉기나 전쟁을 실시해야 하는 때가 오면, 먼저 처음에 도시를 점령하고 그 후에 농촌으로 진공하는 것이며, 그 반대는 아니다. 이것은 모두 자본주의제국의 공산당이 실천한 것이며, 러시아의 10혁명으로 실증實證되었다.

28] 『毛沢東軍事論文選』(北京 : 外文出版社, 1967), pp. 209~211.

중국은 그것과 다르다. 중국의 특징은 독립된 민주주의국도 아니며, 반식민지적半植民地的·반봉건적半封建的인 나라이다. 내부적으로는 민주제도가 없고, 봉건제도의 억압을 받고 있고, 외부적으로는 독립이 없고, 제국주의의 억압을 받고 있다. 따라서 이용하는 의회도 없고 노동자를 조직하여 태업怠業을 하는 합법적 권리도 없다. 거기서의 공산당의 임무는 기본적으로 장기의 합법투쟁을 통하여 봉기나 전쟁으로 나아가는 것이 아니고, 또 먼저 도시를 점령하고 다음에 농촌을 탈취하는 것이 아니라, 그것과 반대의 길을 걸어가는 것이다.[29]

그의 이론이 공산주의 이론이기는 하지만, 소련 공산주의의 이론이 아니라 중국 공산주의의 이론이라는 점이며, 이것이 근본적이고 결정적인 차이점이다. 마르크스, 레닌, 스탈린 등 모두가 도시 무산계급에 기반을 둔 공산주의 이론을 가졌었다. 마르크스의 이론은 산업혁명의 과정에서 확보되었던 도시 노동자계급을 가려냄으로써 출발하였다. 레닌은 도시 무산계급 이론을 그의 혁명기반으로 사용하였는데, 이것은 정부의 핵심 부분에 대한 직접적 통제력을 획득하기 위해 도시에 초점이 맞추어졌던 것이다.

마오쩌둥은 마르크스·레닌 식의 혁명을 시도하였지만 그것은 불가능했다. 당시 중국에는 서구식의 도시 무산계급이 없었기 때문이었다. 그리하여 마오쩌둥은 현명하게도 마르크스의 출발점을 변경시켰다. 그의 혁명기반으로 도시 무산계급을 사용하는 대신, 이론을 수정하여 농촌의 농민으로 대체하였다. 소련과 중국의 공산주의 이론은 서로 많은 공통점이 있음에도 불구하고, 이와 같은 근본적인 차이점을 가지고 있다.

일찍이 클라우제비츠는 "각 시대는 그 시대의 독특한 전쟁이론을 가졌던 것이다"(Ⅷ-3)고 했는데, 이것은 목표를 달성하는 전략은 그 국가의 주관적·객관적 조건에 따라 최적전략最適戰略이 있었고 또 있어야 한다는 뜻이며, 이런 관점에서 본다면 마오쩌둥의 이론은 실제로 타당성을 보였던 것이며,

---

29] 상게서, p. 377.

또한 필자가 한반도의 전략이론을 도출導出하고자 시도하는 이유도 바로 여기에 있는 것이다.

마오쩌둥의 이론은 매우 단순하다. 그것은 소수의 청교도적淸敎徒的으로 열렬한 신봉자들로 출발한다. 첫 단계는 전국에 있는 확대된 신봉자의 핵심 분자들에 대한 정치적 사상의 주입이다. 그 다음에는 정치·사회·경제적 전쟁과 결합된 게릴라전으로 발전하게 되는 데, 그것은 모든 부면部面에서 기존 정부와 그 군대에 직접적으로 대항한다. 이것이 성공적으로 성장함에 따라 조직화되고 보다 정통적인 군대로 확대된 게릴라 간부를 사용하는 것이 편리할 수도 있고, 그렇지 않을 수도 있다. 결국은 모든 지방이 기존의 비공산정부에 대해 통제되고 조직화된 적의敵意로 물들게 된다. 그 정부가 타격을 받아 붕괴되면, 공산주의 기관에 의해 대체되고, 민족해방전쟁은 독재적이고도 전제적專制的인 공산주의의 보다 정통적인 국면으로 돌입하게 된다.

이미 앞에 말한 바와 같이 유격전 이론의 가장 중요한 점은 농촌의 농민이 힘의 근간이라는 사실이다. 이것은 도시혁명이 아니라, 농촌혁명이며, 중요한 활동 역시 도시에서가 아니라 농촌에서 전개된다.

마오쩌둥의 논문에서 몇 가지 인용문을 빌려옴으로써 그의 전쟁론 및 게릴라전의 모습을 약간 감지感知할 수 있을 것이다.

- 모든 군사행동의 지도원칙은 가능한 한, 자기의 힘을 보존하고 적의 힘을 소멸시킨다는 기본원칙에 바탕을 두고 있다. 이 원칙은 혁명전쟁에 있어서는 기본적인 정치원칙과 직접 연결되어 있다.
- 혁명의 중심 임무와 최고 형태는 무력으로 정권을 탈취하는 것이며, 전쟁으로 문제를 해결하는 것이다. 이 마르크스·레닌주의의 혁명원칙은 보편적으로 타당하며, 중국에서나 외국에서도 모두 타당하다.

• 적이 전진해 오면 후퇴하고(敵進我退)
적이 멈추면 우리는 교란하고(敵駐我擾)
적이 피로하면 우리는 치고(敵疲我打)
적이 후퇴하면 우리는 추격한다(敵退我追).

• 게릴라전에는 결정적 전투와 같은 일은 없다.

• 게릴라전에 있어서는 소규모 단위부대가 독립적으로 중요한 역할을 수행하며, 그들의 활동에 지나친 간섭이 있어서는 안 된다. 정통적 전쟁에 있어서는… 원칙적으로 지휘가 중앙집권화中央集權化 되어 있다.…그러나 게릴라전에 있어서는 이것은 바람직한 것이 아닐 뿐만 아니라, 가능하지도 않은 일이다.
게릴라전의 영역 내에는 방위전술防衛戰術이란 것이 없다.[30]

게바라는 다음과 같이 주장했다.

• 게릴라는 그 무엇보다도 토지土地 혁명당원이다.… 그는 사회 개혁자이며, 또 압제자壓制者에 대항하는 광범위한 민중세력에 호응하여 무기를 들었다.

• 게릴라전은 무장된 핵심 분자로서의 게릴라 집단과 모든 대중의 투쟁이다.

• 우리는 쿠바혁명이 라틴아메리카제국에 있어서의 무장혁명에 대한 세 가지 기본적 결론을 보여주었다고 믿는다.
① 군대에 대항하여 싸우는 전투에서 대중의 힘은 승리할 수 있다.
② 혁명적 상황이 일어나기를 기다려야 할 필요는 없다. 그것은 창조되어야 한다.
③ 라틴 아메리카의 여러 저개발 국가에 있어서는 농촌지역이 혁명을 위한 최상의 전장戰場이다.[31]

30] 상게서, pp. 92~207.

31] Harries Clich Peterson, *Che Guevara on Guerrilla Warfare*(New York : Frederick A. Praeger, 1961)에서 인용.

그리고 지압(Giap)의 '인민전쟁·인민군대'에 관계된 월맹의 경험으로부터 인용하면 다음과 같다.

- 그것은 제일第一의, 최고의 인민전쟁이었다. 모든 인민을 교육하고 동원하며, 조직화하고 무장시키는 것이었다.
- 농민이 인구의 대다수를 결정하는 우리처럼 후진적 식민지 국가에서는 인민전쟁은 핵심적으로 노동계급의 주도하의 농민전쟁이다.
- 이 전쟁에서는 명확하게 규정된 전선戰線이 없다. 적이 있는 곳이 곧 전선이다. 전선은 아무 곳에도 없으며, 또 모든 곳이 전선이기도 하다.
- 수많은 소규모적 승리를 모아 하나의 커다란 승리로 전환시킬 필요가 있으며, 그리하여 우리의 약점을 힘으로 변화시킴으로써 점차적으로 군사력의 균형을 바꿔야 한다.
- 우리의 군사력이 발전됨에 따라, 게릴라전은 기동전으로 변화되었다.…우리의 인민군은 끊임없이 성장해 왔으며, 분대나 중대 규모의 전투단계를 거쳐 몇 개의 사단 규모의 활동을 전개할 수 있는 상당히 큰 규모의 전투로 변하여 왔다.
- 초기의 저항시대에는 농민문제의 중요성을 과소평가하였다.… 이러한 과오는 그 후에… 당에서 농민이 농촌의 참된 주인이 되도록 결정하였을 때, 수정되었다.
- 인구의 대부분을 결정하는 농민층은 혁명과 저항전쟁의 핵심적인 힘을 구성하였다.
- 게릴라전은 강력하게 장비되고, 잘 훈련된 적에 대항하여 싸우는 경제적 후진국의 광범위한 대중적 전쟁이다.… 적이 강한가? 그러면 피한다. 적이 약한가? 그러면 공격한다.… 그리고 군사작전을 정치·경제적 활동과 결합시킴으로써 고정된 경계선이 없으며, 적이 발견되는 곳이면, 그 곳이 곧 전선이 된다.

  각 개인 병사가 되고, 각 마을이 성채城砦가 되며, 당의 각 지부와 저항위원회가 참모진이 된다.

  우리는 군사적 분야에서 싸울 뿐만 아니라, 정치적·경제적·문화적

분야에서도 투쟁하였다.[32]

물론 몇 개의 인용문으로 저서나 사상의 전체의 의미를 파악한다는 것은 어려운 일이지만, 그러나 이러한 인용문은 다음 세 가지 점을 설명하기 위해서 발췌한 것이다.

첫째는, 마오쩌둥의 유격전 이론이 이미 시험되었다는 사실, 즉 중국 대륙에서 그리고 월남, 쿠바 및 알제리 등지에서 성공을 거두었다는 사실이다. 이런 경우 우리들은 공허한 관념觀念을 다루는 것이 아니라, 현실적 관념을 대상으로 하고 있다.

둘째는, 도시 무산계급보다는 농촌의 농민계급에 근거를 둔 이 이론의 기반이 중요하다는 사실이다. 그리고 세계의 공산화되지 않은 지역이 도시가 아니라, 아시아, 아프리카 및 라틴아메리카 등 모두 농촌사회이기 때문이다.

셋째는, 지금까지의 인용구에서 보여 진 바와 같이 마오쩌둥의 유격전 이론과 조직화되고 기계화된 대량의 정규군대의 클라우제비츠 혹은 대륙국가의 전략이론이 거의 완전하게 상반된다는 사실이다. 클라우제비츠는 "적 전투력의 격멸은 주로 전투에 의해서만 달성되고, 대규모의 전반적인 전투만이 커다란 성과를 가져온다"고 했고, 1955년 미 육군 『야전요무령』은 "궁극적인 목표는 적의 군대를 격멸하는 것이다"고 했다.

마오쩌둥은 "소규모 단위부대가 독립적으로 중요한 역할을 수행하며… 결정적 전투와 같은 일은 없다"고 했다. 지압은 "전선은 아무 곳에도 없으며, 또 모든 곳이 전선이기도 하다"고 했다.

대륙국가의 전략이론이나 클라우제비츠 이론의 일반적 전략이 연속적 전략(Sequential Strategy)인데 반해, 마오쩌둥의 유격전 이론의 주요한 비중은

32] J. C. Wylie, *Military Strategy*(New Jersey : Rutgers University Press), pp. 61~62.재인용.

연속적 개념이 아니라 누적적 개념(Cumulative Concept)에 기반을 두고 있다는 사실을 밝혀두는 것이 중요하다. 이것은 양자 간의 가장 중요한 차이점이다.[33]

미국이 월남전쟁에 개입하여 결국 실패한 요인은 여러 가지가 있겠으나, 가장 결정적 요인은 마오쩌둥을 비롯한 지압의 기본전략이론을 이해하지 못하였고, 따라서 거기에 대응하는 전략의 수립과 실시가 미비했기 때문인 것으로 생각한다.[34]

필자는 지금까지 몇 가지의 주요 전략이론을 단편적이나마 소개했는데, 우리의 주관적·객관적 상황을 고려하면서 거기서 취사선택하며 대응전략, 아니 우리 민족의 영원한 생존을 위한 전략이론을 수립하고 실천해야 할 것이다.♣

33] 상게서, pp. 62~64.

34] 미국의 월남전쟁의 실패에 대한 분석은 많지만, 미국의 저명한 군사평론가인 Hanson W. Baldwin의 *Strategy for Tomorrow*(1967)란 저서가 읽을 만하다.

V

국가전략

• 대통령은 국가의 원수요, 국군의 총사령관이기 때문에 국가목적을 달성하기 위한 국가전략의 안출과 결정의 총책임자이다.

–본문에서–

• 군사력과 국가 자원을 분배함에 있어서 가장 중점을 두어야 하는 것은 국가의 생존 유지에 대한 위협에 대항하기 위해 최선의 수단을 제공해야 한다는 것이다.

–본문에서–

국력의 여러 요소에 관한 연구를 통하여 우리는 그러한 여러 요소가 국력에 공헌하는 바를 알게 되었다. 그러면 우리는 국가가 국력을 행사하며 또한 목적을 달성하기 위하여 사용하는 도구 혹은 수단을 검토할 단계에 이르렀다. 이러한 도구나 수단은 국가정책 내지 국가전략의 도구 혹은 수단으로 불리며, 보통 네 가지 범주로 분류된다. 즉 정치적, 경제적, 심리적, 군사적 수단(도구)이다. 이러한 네 가지 수단을 연구함에 있어서 우리는 최대의 성과를 얻기 위하여 각개의 수단이 사용될 수 있는 방법을 생각해야 한다. 이러한 수단은 각각 독립된 성질의 것이 아니며, 그것은 상호 연관적, 지원적 그리고 의존적 관계에 있기 때문에 한 수단의 단독적 사용은 무의미하고 또 소기의 성과를 얻기 어렵다. 따라서 정세의 변화에 의지한 국가 지도자의 명령에 의거 통합적 사용이 가능하며 또 이러한 수단은 국가적 태도에 의하여 전·평시에 사용되는 것이다.

1. 국가목적

우리는 국가목적[1]을 논의하기 전에 국가이익에 관하여 약간 검토하려고 한다. 국가이익이라는 개념이 역사적으로는 국민경제의 통일을 기반으로 하는 근대국가의 확립을 계기로 제기되었으므로 국가의 독립과 발전, 안전보장, 복지 등 근대국가의 존립과 발전에 없어서는 안 될 사활적死活的인 것으로 고려되는 민족적 열망을 포함한다. 그리고 이 민족적 열망은 지리적·전략적 위치, 역사, 전통 그리고 생활양식 등 특정한 국민의 가치체계의 총체를 포함하므로 국민이 놓여 있는 여건과 욕망에 따라 국가이익의 구체적인 의미와 내용이 달라진다.[2]

그리고 지금까지의 역사를 살펴본다면 국제정치는 힘과 국가이익을 기본원칙으로 추구해 왔다. 따라서 국제정치, 특히 외교에 있어서 영원한 적은 없으며, 있는 것이라고는 이해관계利害關係뿐이라고 얘기되는 것도 거기서 연유하는 것이다. 국가사회에 있어서 국가는 힘의 체계요, 또 이익의 체계이다. 그리고 더 나아가서 가치의 체계이며 또 그렇게 되어야 한다.

모든 국가는 국가목적을 가지며, 그것은 국가이익의 구체적인 제시이며, 국가가 달성하려는 국가정책의 목적이다. 따라서 국가목적은 현재의 상태

1] '목표'(objective)라는 말은 어떤 지리적 지점이나 장소를 가리키는 국한된 경우에 사용되지만, '목적'(purpose)은 지리적 지점이나 장소뿐만 아니라, 구체적 사상이나 그 결과를 구하는 경우에도 사용된다. 따라서 국가목표보다는 국가목적이 타당하여, 慣用語로 국가목표를 많이 사용하고 있으나 이번 기회에 수정키로 했다.

2] 金永俊, 『國家利益과 國家政策』(서울 : 신명문화사, 1962), pp. 4~5.

라기보다는 앞으로 국가가 성취하려는 미래의 상태라 하겠다. 그리고 국가목적의 수립에 있어서 국가이익이 기준이 되듯이, 국가목적은 국가정책의 수립에 있어서 기본적인 방향과 노선을 제시하며 국가의 대내외對內外 정책에도 전환이 되므로 국가정책의 지침이 되기도 한다. 이러한 국가목적은 어느 국가를 막론하고 정식으로 표명되는 일은 드물며, 기본적 법적 문서나 정치구조에 의하여 표방되는 목적이 있는가 하면 그때그때의 국민여론 또는 필요성에 의하여 설정되는 목적도 있다.[3]

모든 국가가 공통적으로 바라는 목적을 열거한다면 다음과 같다.

① 국가의 주권 및 영토의 확보

② 침략으로부터의 안전보장

③ 국민의 번영과 복지의 유지

④ 정치적 안정

⑤ 국민이 공통적으로 추구하는 가치관의 유지

⑥ 국위의 선양 등이다.

오늘날 우리의 국가목적은 다음과 같다.

① 자유민주주의 이념 하에서 국토를 통일하고 영구적 독립을 보장한다.

② 국민의 자유와 권리를 보장하고 국민생활의 균등한 향상을 기한다.

③ 국제적 위신을 확립하여 항구적인 국제평화의 유지에 노력한다.

3] 상게서, p. 25.

2. 국가정책

국가정책은 국가목적의 달성을 위한 국가의 행동원칙 및 행동방침을 포함한다. 따라서 국가정책은 국가목적의 달성을 위하여 취해지는 지속적이며 총체적인 국가의 행동방침, 방안 그리고 책략을 뜻하는 것이다. 이러한 국가정책의 기본요소가 되는 것은 그 국가의 역사적 배경, 정치제도, 전통, 경제적 욕구, 권력, 지리적 환경 그리고 그 민족의 독특한 기본적 가치체계 등이다.

대체로 국가정책은 타국에 대한 자국의 정치적, 경제적 그리고 군사적 지위의 평가는 물론이지만, 국가를 유지하는 포괄적인 행동원칙, 구체적인 국가이익과 국가목적의 실현을 위한 전략·전술도 포함하게 된다. 따라서 국가정책은 유연성을 가져야 한다는 것은 그 자체로서는 바람직한 것이지만, 그것이 너무 많으면 적당한 초점이 흐려져 불완전한 정책이 되고 만다. 그래서 효과적인 정책은 다음과 같은 필요조건을 만족시켜야 한다.

① 특정한 정세에 있어서 현존하는 중대하고도 유리한 요소를 최대한도로 유리하게 활용할 수 있어야 한다.

② 불리하고 중대한 요소의 영향은 역으로 경멸해야 한다.

③ 행동의 유인이 때때로 다른 행동을 취하는 경우라 할지라도 자국과 그 동맹국의 양편에 있어서 가능한 한 받아들여지는 행동일 것.

④ 이용할 수 있는 자원의 범위 내에서 현실적일 것.

그러면 국가정책과 국가전략의 서로 다른 점은 무엇인가? 리델 하트는 "국가전략이란 실제적으로는 정책과 동의어同義語이면서 전쟁수행의 지침이 되지만, 그 목표를 지배하는 한층 근본적인 정책과는 구별되는 것이다.

그래서 '국가전략'이란 '실천상實踐上의 정책'이라는 의미를 가지는 것이다. 왜냐하면 국가전략(고차高次의 전략)의 역할은 전쟁의 정치적 목적 즉 근본목적에 의하여 규정된 목표를 달성하기 위하여 한 국가 또는 여러 국가 간의 모든 자원을 협조하고 조정하는 까닭이다"[4]고 했다. 국가정책이 국가목적의 달성을 위한 국가의 행동방침이라면, 국가전략은 개념상 국가정책의 수립이 아니라, 집행에 관한 것이다. 정책의 수립과 집행 또는 국가정책과 국가전략의 차이는 이와 같이 전략이 정책의 하위에서 그 목표를 달성하기 위한 것이라는 개념상의 차이에 지나지 않는다. 따라서 현실적으로 국가정책과 국가전략의 구별은 거의 불가능하며 또 실질적으로 밀접 불가분의 관계에 있다.

여기서 유의할 점은 민주주의 국가에 있어서는 문민우위文民優位의 원칙을 전제로 하기 때문에 개념상 국가정책이 국가전략의 상위에 선다고 하겠다.

3. 국가전략

국가전략이란 "국가목적을 달성하기 위하여 전·평시를 막론하고 군사력과 아울러 정치, 경제, 심리 등 국가가 사용할 수 있는 모든 방법과 수단을 통합하여 사용하는 기술과 과학이다"[5]고 했으며, 또 좀 다르게 표현하면, "국가전략은 국가목적을 달성하기 위하여 국력을 운용하기 위한 장기계획

4] B. H. Liddell Hart, *Strategy* (New York : Frederick A. Praeger, 1954), pp. 335~336.

5] 陸軍大學編, 『군사평론』 117호, 1970년, pp. 31~32.

이다. 넓은 뜻에서의 국가전략은 전시나 평시를 막론하고 적용된다. 국가전략은 전체 국력의 요소, 즉 정치, 경제, 심리 및 군사력을 포함하여 운용할 것이며, 지리적인 위치나 국민의 정신적 태도와 같은 기타의 국가자원을 증진 개발할 것이다. 비록 국가전략이 순간적인 우발사태에 대하여 융통성과 적응성이 없기는 하지만, 국가전략이 국가에 관계되는 궁극적인 목적으로 지향하는 과정에 연유되는 한 국가전략은 기본적으로 고정적이고 안정적인 것이며 가변성이 있는 것은 아니다."[6] 그러고 보면 국가전략은 국가목적을 달성하기 위해 국가정책에 바탕을 두고 모든 국가의 자원을 이용하는 기술과 과학이라 말할 수 있다.

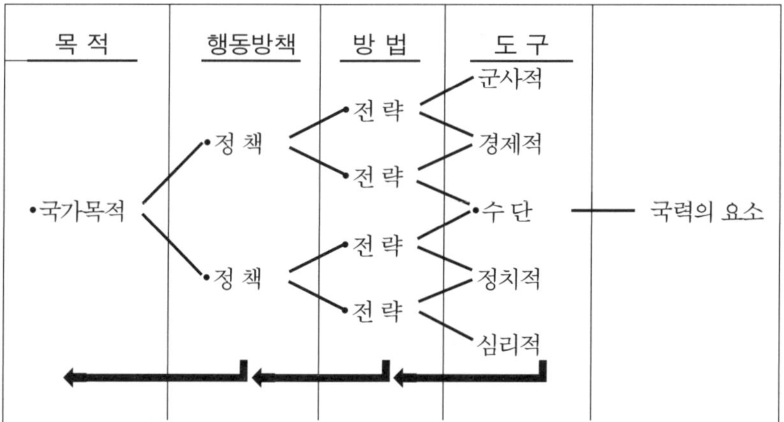

☆국가는 국가목적을 달성하기 위하여 국가정책(전략)의 수단을 사용한다.

그렇다면 국가전략의 수단(도구)에는 어떤 것이 있는가를 논의하고자 한다. 중국의 고대병서古代兵書 『육도六韜』에 다음과 같은 내용이 있다.[7] 즉

문왕이 태공太公에게 물었다.

6] 陸軍本部編, 『(야전교범 100-5) 作戰要務令』, 1968 再刊, p. 2.

7] 『六韜』, 武韜 第十五 交伐.

"무력을 사용하지 않고 타국을 정복하는 방법에는 어떤 것이 있습니까?"

태공이 말하였다.

"무력을 사용하지 않고 타국을 정복하는 방법은 12종류가 있습니다.

첫째, 그 나라 군주가 즐겨하는 것을 그의 뜻대로 순종하면 그는 장차 교만한 마음이 생겨서 반드시 좋지 못한 일이 있을 것입니다. 진실로 그것을 잘 활용한다면 반드시 그를 제거할 수 있을 것입니다.

둘째, 그 나라 군주가 총애하는 신하를 이쪽에서 친밀하게 매수하여 그로 하여금 그 나라 군주와 맞서서 군주의 권위를 나누어 갖게 만듭니다. 그렇게 하면 그 신하는 한 사람으로서 두 가지 마음을 가지게 될 것이니, 그 나라의 내부는 반드시 쇠약하여질 것입니다. 정부에 충신이 없으면 국가는 반드시 위태롭게 될 것입니다.

셋째, 몰래 그 나라 군주의 측근에 있는 자들에게 뇌물을 주어서 그들의 마음이 이쪽에 아주 흠뻑 쏠리게 만듭니다. 그렇게 되면 그들의 몸은 비록 제 나라 안에 있으나 마음은 외국인 이쪽에 있게 되어 그 나라에는 장차 해로운 일이 일어날 것입니다.

넷째, 그 군주의 음탕한 오락을 도와주어서 그 버릇을 조장시키며 구슬과 옥 같은 값진 보물을 많이 뇌물로 보내고, 예쁜 여인들을 제공하여 즐기게 만들며 이쪽에서는 한껏 저자세를 취하여 그의 하는 말이면 무엇이나 경청하고 명령대로 순종하여 그의 뜻에 영합하면 그는 장차 우리의 하는 일에 바르고 그른 것을 다투지 않을 것입니다. 그렇게 되면 그의 좋지 못한 행동은 곧 결정적인 운명에 도달할 것입니다.

다섯째, 타국의 충신을 잘 대접한다면 그 나라는 모략으로써 정복할 수 있을 겁니다.

여섯째, 그 나라 안의 신하들을 이쪽에서 매수하고 그 나라와 외국과의 외교관계를 이간시키면 유능한 신하들은 남의 나라를 돕고, 적국은 나라 안을 침노하게 됩니다. 그렇게 되면 나라가 멸망하지 않을 일이 드물 것입니다.

일곱째, 그 나라의 군주의 양심을 막아버리려면 반드시 많은 뇌물을 주어야 합니다. 그리하여 군주와 신하들이 이욕利慾에 급급하여져서 나라 안의 산업을 경시하므로 저축을 없게 만드는 일입니다.

여덟째, 귀중한 보물을 타국의 군주에게 뇌물을 주고, 그것을 인연으로 하여 그와 함께 모리謀利를 계획합니다. 국가를 소유한 한 나라의 군주로서 외국에 이용하게 되면 그 나라는 반드시 망할 것입니다.

아홉째, 타국의 군주에게 천자니 황제니 하는 헛이름으로 높여주고 그리하여 그로 하여금 스스로 위대하고 높은 존재라고 생각하게 만들어서 먼저 그에게 영화를 느끼게 하고 넌지시 그가 성인聖人이라고 꾸며 칭찬하면 그 나라는 반드시 정치를 게을리 하고 목전의 안일에 빠질 것입니다.

열째, 타국의 군주에게 이쪽에서 스스로 저자세를 취하고 성의를 보여 반드시 믿음성 있게 합니다. 그리하여 충분한 신임을 받게 되면, 곧 조금씩 정복의 계획을 진행시킵니다. 장차 기회가 오면 마치 하늘이 그를 멸망시킨 것처럼 그 나라는 멸망하고 말 것입니다.

열한째, 사리事理에 맞는 방법으로 타국 군주의 총명을 가로막아 버리는 일입니다.

열두째, 나라를 혼란하게 만들 인물을 타국의 신하로 길러주어서 그 나라 군주의 판단을 흐리게 만듭니다.

이러한 12가지 여건이 갖추어지면 곧 무력을 행사하여도 좋습니다. 이른바 위로는 천시天時를 살피고 아래로는 지리地利를 살펴서 적국의 멸망할 징조가 보인 뒤라야 드디어 정벌을 결행한다는 것입니다."

중국의 고대 국가체제는 군주를 핵으로 하여 절대 권력을 향유하고 있었기 때문에 자연히 모략을 통한 군주의 정복을 주안점으로 하고 있었다. 그러나 모략을 사용함에 있어서도 약간 미약하기는 하지만, 경제적·심리적 그리고 외교적 지원을 구사하고 있었다는 것을 엿보게 한다. 그리고 클라우제비츠도 그의 『전쟁론』에서 다음과 같이 말했다.

적의 전투력을 완전히 타도하지 않고서도 장래 확실하다고 생각되는 성과를 가져오게 하는 독특한 수단이 있다. 그것은 양국 각각의 정치적 관계에 직접 연결하도록 하는 기도企圖이다. 즉 한편에서는 적측의 동맹국을 이간케 하고 혹은 이러한 국가의 원조를 중지케 하며 또 다른 편에서는 우리 편을 도와줄 동맹국을 얻으며, 혹은 내외의 정치적 기능을 활발하게 움직여 우리 편에 유리한 결과를 가져오도록 하는 등의 계획은 이 목적에 가장 적합한 것이다. 이것이 장래의 성과의 확실성을 높이고 또 적 전투력의 완전한 타도보다 훨씬 빨리 목표에 도달하는 방책이라는 것은 극히 명백하다. 둘째는 적의 전력戰力을 소비시키기 위한, 환언하면 적의 희생을 증대시키기 위한 수단은 어떤 것인가 하는 문제이다. 적측에 대한 전력의 소비는 먼저 적 전투력의 소모에 있다. 다음은 적 영토의 공략에 있다.… 적측에 대한 전력의 소비를 증대시키는 셋째의 독특한 방법은 먼저 침략에 있다. 환언하면 적 영토의 탈취이기는 하지만 그러나 점령한 지역을 그대로 소유하려는 의도가 아니라, 이러한 지방에서 군세軍稅를 징발하거나 혹은 약탈을 하기 위해서이다. 이런 경우의 직접적인 목적은 적 국토의 공략攻略도 아니며 또 적 전투력의 완전한 타도도 아니고, 일반적으로 적에 대해 손해를 주는데 있다.(Ⅰ-2)

전략의 계층과 상호관계

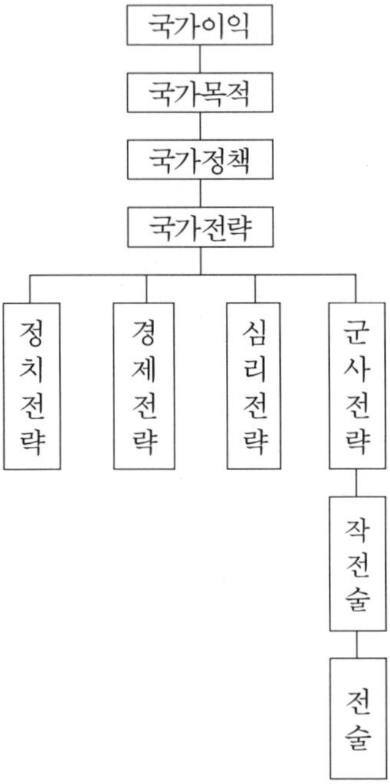

클라우제비츠의 견해는 수단으로서 주로 정치적(외교) 그리고 군사적 수단을 이용하고 있다. 그런데 국가의 모든 자원을 국가전략의 수단으로 포괄적으로 네 가지 범주에다 몰아서 말한다면, 즉 정치적, 경제적, 심리적 그리고 군사적 수단으로 분류할 수 있다. 그러나 이것은 국가정책이나 국가전략의 관점에서는 수단(도구)이기는 하지만, 수단 그 자체의 관점에서 생각한다면 그것의 자원을 국가정책에 바탕을 두고 어떻게 계획하여 국가목적을 달성하는가이다. 그것은 각각 정치전략, 경제전략, 심리전략 그리고 군사전략으로 분류할 수 있고, 그것의 계층과 상호관계는 그림과 같다.

가. 정치전략

정치전략은 국가목적을 달성하기 위한 외교정책 등에 바탕을 둔 계획된 전반적인 정치방책이며, 그것은 행정적, 입법적 그리고 외교적 실천방법을 통하여 구체적으로 표현된다. 정치전략의 수단으로는 외교, 동맹 및 조약 그리고 외국정부에 대한 승인 혹은 불승인 등이 있다.

국가정책의 한 수단으로서의 외교는 원래 외국정부를 설복說服하여 자기 정부의 견해를 받아들이게 하도록 노력하는 것이다. 그리고 이와 같은 설복은 다른 수단, 즉 경제적 및 군사적 수단과 결합되면 더욱 효과적이다.

그런데 근대적 외교제도는 이태리의 도시국가가 영구적 근거지에 그들의 대사를 파견한 15세기로부터 시작된다. 중세 유럽의 다른 국가는 봉건제도로 인하여 외교의 실천에 거의 공헌한 바가 없었다. 그러나 봉건제도에 의하여 영향을 받지 않았던 북부 이태리의 각 도시 국가들은 오늘날의 여러 국가와 마찬가지로 상호 적대관계에 있었다. 베니스의 도시국가는 대사를 양성하는 학교로 알려졌으며, 또 유럽 외교의 중심지였다. 16세기를 통하여 외교의 실천방법은 궤변, 표리表裏있는 마음, 비밀 그리고 기만으로 특징지어져 있었고, 국가 상호간에는 영예로운 행동규칙이 없었다. 16세기의 외교와 소련의 독재자 스탈린(Joseph Stalin)의 태도는 좋은 비교가 되어 흥미롭다. 즉 "외교관의 말은 그의 행동과 아무런 관계를 가져서는 안 된다. 말과 행동이 일치한다면 그것이 무슨 외교인가? 말과 행동은 서로 다른 것이다. 좋은 말은 나쁜 행위를 감추기 위한 가면에 지나지 않는다. 성실한 외교란 말라버린 물이나 혹은 나무로 된 철과 마찬가지로 가능한 것이 아니다."

16세기에서 20세기에 이르는 동안 외교의 본질과 범위에 많은 변화가 생겼다. 그러나 그것의 기본적 목적과 기능은 여전히 동일하였다. 외교상의 대화는 개인적으로 수행되었고, 그 결과는 일반대중에게는 비밀에 붙여졌다. 그리고 최후의 협상은 전통적인 양국 국가 간의 상대주의의 노선에 따라 주로 실천되었다. 그리고 외교술은 제1차 세계대전 이후 많은 변화를 가져왔다. 물론 그 차이는 혁명적인 것은 아니었지만, 그 외교술은 외교관이 협상하는 원칙과 또 그들이 협상하는 데 대한 국민 대중의 인식을 내포하고 있었기 때문에 현저한 것이었다. 그 변화는 ;

① 개인적 외교의 적극적인 사용

② 외교내용의 많은 공개화公開化

③ 근래 수십 년간 2개국의 상대주의에 추가하여 다수 국 상대주의의 광범위한 사용 등이다.

그리고 하나의 표준절차로 인정되어 온 외교의 두 가지 형태는 회의에 의한 외교와 개인 외교이다. 이것에는 각각의 장단점이 있으며 또 시대 조류에 따라 그 경향이 달라지기도 하지만 요즘은 개인 외교가 대단히 중요한 위치를 차지하고 있다. 외교적 수단의 효과적 사용으로 국가 간의 분쟁을 해결한 몇 가지의 역사적 사례事例를 살펴보려고 한다.

예컨대, 고려 성종 10년(991)에 거란은 압록강 방면의 요지인 검동도黔同島 등 3성을 쌓고 여진과 송宋과의 통로를 차단하더니, 993년에는 요遼의 동경(지금의 요양遼陽) 유수留守 소손녕蕭遜寧이 병력을 이끌고 고려의 서북변에 침입해 왔다. 성종은 내사시랑內史侍郎 서희徐熙로 중군사中軍使를 삼아 제장諸將과 함께 적을 방어케 하고 또 왕도 친히 서경西京(평양)에 행차하여 전선의 장병을 독려하였다. 요군遼軍은 초전初戰에서의 승리로 당당한 기세를 보이자 왕은 중신을 모으고 방책을 강구했다.

의논은 서로 엇갈려 항복을 주장하는가 하면 또 서경 이북의 땅을 떼어주자는 의견도 나왔다. 할지론割地論이 우세하여 서경 이북의 땅을 요에 할양하려고 하니, 서희는 그것의 부당함을 주장하고 스스로 정부를 대표하여

단영丹營에 가서 적장敵將과 담판하기를 청하였다. 왕은 매우 기뻐하여 곧 허락하였다. 이때 적장 소손령은 안주전투에서 패배하였기 때문에 더 진격할 생각은 하지 않고 다만 항복을 독촉하고 있었다. 서희는 당당히 단영에 이르러 대등한 위치에서 적장과 마주 앉아 내침來侵의 이유를 물었다. 적장은, "고려가 신라 땅에서 일어나 우리나라가 차지한 고구려의 옛 땅을 침식하고 또 고려가 우리와 경계를 연連하고 있음에도 불구하고 멀리 바다를 건너 송과 통하므로 오늘의 이 사태가 발생한 것이니, 만약 우리에게 땅을 베어주고 교빙交聘을 한다면 무사할 수 있으리라." 하였다.

이에 대해 서희는 반박하여, "아니다. 우리나라는 즉 고구려의 후신이다. 그러므로 국호를 고려라 하고 국도國都도 평양에 있으며, 지계地界로 말하더라도 귀국의 동경(요양)은 우리의 옛날 경계 내에 있으니 어찌 우리더러 침략이라 하느냐. 귀국과 사빙使聘을 통하지 못하고 있는 것은 중간에 여진이 개재介在하여 길을 막고 있는 때문이니, 만일 여진을 쫓고 우리의 옛 땅을 회복하여 성보城堡를 쌓고 도로가 통하게 되면 수빙修聘하지 아니할 리가 있는가." 하고 조리條理와 이치에 맞는 말과 정세의 교묘한 이용으로 강경한 태도를 보이자, 적장도 어찌할 수 없음을 알고 드디어 요주遼主의 허락을 받아 화和를 맺고 병력을 철수시켰다. 한 사람의 훌륭한 외교관의 외교술이 국가의 위기를 구출하였다.

동맹(alliance)과 조약(treaty)은 대체로 가능성 있는 위협을 방지하기 위하여 만들어진 것이다. 이런 동맹이나 조약은 평화를 유지하기 위하여 체결되는 것이지만 또 만약 전쟁이 발발하였을 때 승리하는 것을 돕기 위해서도 체결되는 것이다. 동맹과 조약의 주요 차이는 외교용어에 있어서, 동맹은 공통적 목적을 위한 여러 국가 상호간의 밀접한 유대를 의미하지만, 조약은 둘 혹은 그 이상의 여러 국가 상호간의 공식적 협정으로서 그 협정내용은 그들의 국가이익에 합당하여 협정할 필요가 있다고 생각되는 모든 것에 관계되는 것이다.

동맹이나 조약을 체결함에 있어서 보통 기본적으로 재정상의 고려나 여러 이익을 저울질하게 된다. 동맹국을 선택함에 있어서 보통 상대국의 국력, 전쟁에 있어서의 이해利害, 그리고 지리적 위치를 고려하게 되는데 이것은 군사전략에 있어서 대단히 중요하다. 한 국가라 할지라도 동맹국을 만들지 못한다면 적어도 중립을 지키도록 만드는 것은 외교의 할 일이며, 이것은 또 군사전략에 있어서도 대단히 중요하다. 예컨대 프로이센의 외교는 1870~1871년의 보불전쟁에 앞서서 러시아를 중립으로 만드는데 성공하였다. 그것이 프로이센에게 준 이익은 첫째, 동시에 양면작전兩面作戰을 피하게 하였고, 둘째는 후방의 수도방위를 위해 다만 1개 사단만 남겨두고 전 병력을 전투에 투입할 수 있었다.

소련 외교가 제2차 세계대전에 있어서 일본의 중립을 확보하는데 세심한 노력을 기울였다는 것은 알려진 사실이다. 일본의 중립은 소련군으로 하여금 극동에서 그 병력의 일부를 유럽전선으로 이동케 하여, 독소獨蘇전선에 투입할 수 있게 만들어 주었다. 이처럼 외교에 의한 동맹이나 조약 등은 전전戰前이나 또는 전쟁수행 과정에 있어서 중대한 역할을 담당하고 있기는 하지만 그것은 불확실한 것이며, 결코 국가의 운명을 거기에 기반을 두어서는 안 된다.

예컨대 조선은 미국과 1882년 5월 조미朝美 수호조약을 체결했으며, 제1조에 "조선국과 미국 간에는 영구한 평화와 우호관계를 유지할 것이다. 한편 제3국으로부터 불공경멸不恭輕侮을 당하여 이를 통지하는 경우에는 타방他方은 조력보호助力保護하고 조정하여 우의를 표시할 것이다"고 되어 있었다. 러일전쟁으로 우리의 국권이 위태롭게 되자 조미 수호조약의 제1조를 믿고 윤병구 및 이승만 두 사람이 미 대통령 루스벨트에게 구원을 청하러 갔다. 그러나 루스벨트 대통령은 그의 주선으로 개최될 포츠머스 회담에 앞서 육군 장관 태프트를 일본에 파견하여 일본 수상 가쓰라 다로(桂太郎)와 더불어 미일 비밀협약을 체결케 했다. 그것이 소위 「태프트·가쓰라」 협약으로 미국의 필리핀의 권익과 일본의 조선의 권익을 상호간 교환조건으로 승인하는 데 동의하였다. 자기의 힘으로 자국의 주권을 지키려는 생각이 없이 남의 힘으로 자기의 주권을 유지하려는 생각처럼 어리석고 위험한 생각은 국제사회에서는 없는 것이다.

1939년 9월 1일 새벽 독일군은 신예 폭격기와 많은 기계화 부대의 소위 전격전을 전개하여 1주일 만에 폴란드군의 주력부대를 격멸했으며, 2주일 만에는 제2선 병력을 포함하여 200만의 폴란드군은 이미 조직화된 전력戰力으로서 존재하지 않았다. 그러면 어째서 폴란드군은 무기력하게 참패를 당하였는가? 그들의 치명적인 오산은 독일군의 기계화 부대와 공군의 주력을 폴란드 작전에 집중적으로 투입할 것으로는 예상치 않았던 데 있었다. 왜냐하면, 만약 독일군이 폴란드에 침입해 온다면, 영·불군은 반드시 서부전선에서 견제행동으로 나올 것이며, 따라서 독일군의 기계화 부대 및 공군의 많은 병력은 서부전선에 남지 않을 수 없을 것으로 판단했다.

그러나 독일군은 폴란드의 예상을 뒤엎고 거의 모든 주력부대를 투입했던 것이다. 물론 폴란드로서는 그렇게 판단할 만한 충분한 근거가 있었다. 독일군이 침입하는 1주일 전 8월 25일에 조인한 폴란드와의 동맹조약 가운데는 영·불은 "폴란드가 공격을 받으면 모든 수단에 의해 폴란드에 대해 군사원조를 부여한다"고 약속했으며, 또 3개월 전 파리에서 열렸던 프랑스·폴란드의 양군 수뇌에 의한 작전회의에서도 "개전 첫날 프랑스 공군은 즉시 독일을 폭격한다. 3일째는 지상병력에 의한 소규모의 공격을 가한다. 15일째는 대규모의 공격을 개시한다"고 약속했던 것이다.

폴란드로서는 영·불군이 서부전선에서 어느 정도의 견제행동으로 나올 것으로 기대한 것은 당연하였다. 그러나 영·불은 조금도 움직이려 하지 않았다. 독일 공군의 맹폭격을 당하고 있었던 폴란드로부터 "독일의 비행장을 폭격하여 조금이라도 폴란드의 공습을 둔하게 해 달라"고 호소했지만, 영·불은 응답을 하지 않았다. 이것은 분명히 동맹의무의 위반이었다. 뿐만 아니라, 더욱 놀라운 사실은 독일군의 폴란드 침입 2개월 반 전에 파리에서 영·불 전략회의가 열렸다. 그때 폴란드에 대한 원조에 관해서 다음과 같은 결정이 내려져 있었다. "폴란드의 운명을 결정하는 것은 전쟁이 끝난 후의 일이며, 전쟁의 초기에 있어서 폴란드가 받는 군사적 압력을 덜어준다는 것은 그것과 관계가 없는 것이다"고 했다.

1954년 11월 18일에 발효하게 된 『대한민국과 미합중국 간의 상호방위조약』의 제2조를 보면 "당사국 중 어느 나라의 정치적 독립 또는 안전이 외부로부터의 무력 공격에 의하여 위협을 받고 있다고 어느 당사국이든지 인정할 때에는 언제든지 당사국은 서로 협의한다.…"고 되어 있는데, 우리는 역사적 교훈을 통하여 결코 우리의 국토방위를 외국과의 조약문에만 매달리게 해서는 안 된다는 것을 알아야 하다.

외국정부를 승인한다든가 혹은 불승인한다는 것도 국제관계에 있어서 효과적 수단의 한 가지이다. 강대국이 다른 국가를 승인하지 않으면, 압력을 가하는 효과적 수단의 역할을 한다. 예컨대 독립된 약소국, 즉 리비아를 미국이 승인하지 않는다고 하면, 어떤 결과를 가져올 것인가를 생각해 보면 좋을 것이다. 먼저 가장 큰 영향은 아마도 리비아가 국제적 계약을 하는 법적 기초가 없다는 것이다. 왜냐하면, 미국은 리비아에 정부가 없다고 주장하기 때문이다. 불승인을 당하면 그 국가는 틀림없이 외국으로부터 차관을 획득하기 어려울 것이다. 한걸음 더 나아가서 그 국가의 화폐는 국제적 환금이 인정되지 않을 것이며, 외교사절이 없기 때문에 다른 국가 간의 불화와 분쟁을 조정하는 것이 더욱 어렵게 될 것이다.

소련의 경제발전이 비교적 지연되었고, 1930년대 말까지 세계 열강국에 끼지 못한 것은 미국이 1933년까지 17년간 소련정권을 승인하지 않았던 데 많은 원인이 있었다고 하는 것은 정치학자나 경제학자들이 일반적으로 시인하는 견해이다. 즉 소련정권의 불승인이 소련의 경제발전에 커다란 장애요소로 작용했다는 것이다. 이와 같은 불승인은 외교의 소극적 수단이기는 하지만, 국가정책의 영역 및 외교정책의 영역에 있어서 적극적인 효과를 가지고 있다.

끝으로 모략이라는 수단이 있다. 모략이란 허위사실로써 진실을 기만하고 일부 적대 개인 또는 집단을 규탄 처벌하여 제거하려는 계략이라는 뜻이다. 이것은 때때로 국가의 존망을 좌우하는 효과를 가지기도 한다. 예컨대 러일전쟁이 발발하기 전부터 일본군의 아카시 모토지로우(明石元二郞) 대령은 페테르부르크의 주駐러시아 공사관부무관公使館付武官으로 있었으며, 개전과 더불어 스웨덴의 스톡홀름에 근거를 옮겨 유럽 각지를 돌아다니면서 대對러시아 모략공작에 심혈을 기울였다.

원래 러시아라는 나라는 침략을 당해도 패하지 않는 나라이다. 히틀러도 내륙 깊숙이 침입하였고 또 나폴레옹은 모스크바까지 점령했지만 항복하지 않았고 강화講和도 맺지 않았다. 그런데 러일전쟁에서는 강화조약을 맺지 않을 수 없었다. 일본 육군은 봉천회전奉天會戰에서 대승大勝했다고 하지만, 러시아로서는 점령하고 있었던 중국의 영토에서 조금 후퇴하고 있었을 뿐이고, 대마도 해전에서 러시아의 발틱함대가 전멸당하기는 했지만, 그렇다고 일본 해군이 발트 해까지 침입하여 러시아의 수도를 위협할 힘도 없었다. 따라서 러시아는 일본과의 화평교섭에 조금도 응할 필요가 없었던 것이다. 그러나 화평교섭에 응한 이유는 만주와 대마도 연안에서의 육해군의 패전이 커다란 원인이 되고 있었지만, 그것보다 더 커다란 직접적 원인은 국내 혁명이 일어날 가능성이 있었기 때문이었다. 러시아에 대한 모략책임자 아카시(明石) 대령은 참모총장의 지령을 받고 유럽에 가서 러시아 공산당에 공작하여 농민 노동자의 폭동, 수병水兵의 반란, 재향군인의 소집 거부운동 등을 선동함과 동시에 러시아 정부의 극동에서의 군사정책의 실패를 트집 잡아 정부의 전복을 꾀하였다. 이 아카시 대령의 공작에 감탄한 것은 당시 독일의 황제 빌헬름 2세이며, "아카시(明石)는 혼자서 만주군(만주에 파견된 일본군의 뜻) 20만에 비길만한 전과戰果를 올렸다"고 말하였으며, 제1차 세계대전에 있어서 독일은 이 수법으로 마침내 제정 러시아를 붕괴시켰다.

제1차 대전 후의 1922년~32년까지 독일과 소련 양국兩國은 정치, 군사 그리고 경제면에서 깊은 유대를 가지고 있었다. 당시 군사면에서 소련을 대표하여 독일과 교섭하고 있었던 젊은 장성급에 투하체프스키, 야키르, 에데만 등이 있었다. 투하체프스키는 군사적 천재로 알려졌으며, 그의 전략 전술론은 전 세계의 병학계兵學界를 떠들썩하게 만들었다.

용병술의 특징은 전차를 군의 주병主兵으로 삼았다는 것이다. 제1차 대전 말기 영국에서 최초로 사용한 전차는 보병의 보조병종補助兵種으로 운용되었지만, 그는 전차의 장래성을 빨리 통찰하여 이것을 대량으로 만들어 육상함대를 편성하여 병력, 기동력 그리고 장갑을 겸비한 새로운 주병을 가지고 러시아의 대평원을 종횡으로 달리려는 획기적인 구상이었다. 투하체프스키와 접촉하고 있었던 독일 군부는 "야단났다!"는 두려움을 가지게 되었다. 왜냐하면, 러시아와 국경을 접하고 있는 것은 독일이며, 또 나폴레옹과 같은 사나이가 나타나서 프로이센을 석권한 것처럼 다시는 그런 일이 없도록 미연에 방지하기 위해 마침내 투하체프스키 일파를 제거하기로 했다.

독일에는 그들과 독일군 군부간의 교환문서가 많이 있었다. 나치 비밀기관은 이것을 교묘히 이용하여 그들이 독일과 내통하여 손을 잡고 스탈린을 추방하고, 정권을 탈취하려 한다고 위조문서를 만들어 1937년 5월 200만 루블로 소련측 첩보기관에 팔았다. 스탈린은 당시 자기의 신변보호에 급급했고, 반란과 혁명에 대해 병적인 공포심에 사로잡혀 있었기 때문에 참모총장인 투하체프스키 원수를 위시한 고급지휘관에 대한 대규모의 숙청을 단행했다. 당시 소련군에는 7만 5천명의 장교가 있었는데, 스탈린은 대령급 이상의 고급장교 6천명을 포함하여 1만 2천명의 장교를 숙청하려고 했다. 그래서 먼저 투하체프스키와 이에고로프, 두 원수를 비롯한 7명의 고급장성을 1937년 6월 12일 총살형에 처했고, 1938년 10월까지 많은 장군을 포함한 육·해·공군의 고급장교가 총살되었으며, 또 4천여 명이 옥중에서 신음하고 있었다. 히틀러의 바바롯사 작전은 1941년 6월 22일 독·소 국경 전면에 걸쳐 전격적으로 개시되어, 최초의 3주간에 소련은 40여만의 포로를 독일군에게 주고 패배 당했다. 히틀러는 자신만만하게 동장군이 오기 이전에 소련에 대한 작전을 종결시키겠다고 언명하기도 했는데, 이처럼 소련군의 허약함을 노출케 한 원인 가운데 하나는 고급지휘관의 숙청으로 그 수가 부족했기 때문이었다.

나. 경제전략[8]

경제전략은 국가목적을 달성하기 위한 경제정책에 바탕을 둔 계획된 전반적인 경제방책이다. 그런데 국가정책의 경제전략을 고찰하기 전에 경제적 도구의 사용에 수반하는 몇 개의 조건이 이해되어야 한다.

첫째 : 한 국가는 그들의 국가목적을 추구함에 있어서 자유와 통제의 두 개 정책을 채택해야 한다. 그런데 민주주의 국가와 공산주의 국가는 국내와 다른 국가와의 경제활동에 있어서 그들이 가하는 통제의 정도가 다르다는 것이다. 전자의 국가에서는 많은 자유가 일반적으로 허용되고 있으나, 후자의 국가에서는 통제가 거의 완전무결한 것이다.

둘째 : 이 전략은 경제적 역할보다는 오히려 정치적 역할을 수행하는 것이며, 환언하면 원료를 획득하거나 혹은 타국의 시장을 확보하기 위한 것

8) 全炳元, 『國防經濟論』(서울 : 박영사, 1966), pp. 344~357을 참고로 하였다.

이라기보다는 오히려 국력을 신장하기 위해 사용될 수도 있는 것이다.

셋째 : 경제전략은 일반적으로 정부에 의해 운용되기도 하지만, 약간의 전략은 실제로 정부의 참여 없이 개인이나 회사에 의해 운용되기도 한다.

넷째 : 경제전략은 때때로 상호관련된 것으로 결국 한 전략의 사용은 다른 전략의 연관적 사용으로 인도하게 된다. 정부는 자국 내에 외국상품의 침투를 방지하기 위하여 보호관세 조치를 감행할 수 있으며, 또 후에는 불매동맹을 감행할 수도 있을 것이다. 어떤 전략은 전쟁에서 불필요해지기도 하고 또 다른 전략은 더욱 중요해지기도 한다. 예컨대 보호관세정책은 효과적인 해군의 해상봉쇄 기간 중에 한하여 불필요해지는 것이지만, 선취적先取的 구매나 혹은 적성자산敵性資産의 약탈은 전시나 혹은 전쟁 전의 위기사태에서 일반적으로 사용된다. 이러한 통론通論을 유의하여 간단한 경제전략의 수단을 살펴보려고 한다.

1) 관세

관세는 주로 외국과의 경쟁으로부터 국내 생산업자를 보호하는 데 쓰이는 수단으로 상당한 전략적 가치를 지니고 있다. 예컨대, 영국과 미국은 1920년대에 있어서 국내의 화학공업 및 염료공업을 육성하는데 관심을 가졌다. 미국은 수입되는 화학약품과 염료에 높은 보호관세를 붙였기 때문에 처음으로 이 분야의 오랫동안 1위였던 독일의 생산을 능가하게 되었다. 그리고 영국은 그들의 염료공업을 육성하기 위하여 심한 조치, 즉 영국은 당분간 염료와 콜타르 염액의 수입을 전면적으로 제한하였다. 그리고 이것은 특정의 외국으로부터 오는 상품을 사는 것을 완전히 거절하는 것과 비슷하다. 거절하는 것은 법에 의해서도 시행되고 또 국민의 자발적인 반발에 의해서도 할 수 있는 것이다. 이 수단은 2차 대전 후 그 실효성이 적어졌다고 하여 자유교역의 실리성實利性을 들어 반대하는 의견도 있다.

2) 수출금지 혹은 통제

보이콧의 반대가 외국에 대해 상품을 파는 것을 거절하는 수출금지이다. 수출금지는 주로 국제간의 평화를 유지하기 위하여 자주 실시되고 있다. 예컨대 미국의 1937년의 중립법은 어떤 교전국에 대하여도 무기 또는 군수품을 수출하는 것을 금지시켰다. 회고해 본다면, 이 까다로운 수출금지는 오히려 미국에 대해 불리하였다. 이 수출금지로 미국은 히틀러가 정복하려는 국가에 대하여, 중립법에 의해 무기 및 군수품의 원조를 하지 않는다는 것을 명백히 했기 때문에 히틀러는 자기의 침략계획에 더 용기를 얻었던 것이다. 그리고 또 한편으로는 미국의 군수공업, 특히 항공기공업의 발전을 지연시켰다. 1939년 제2차 세계대전이 발발하자 미국은 세계 민주진영의 병기창兵器廠의 구실을 하게 됨에 따라 막대한 군수품 생산을 하지 않을 수 없었다. 그래서 그들은 자원의 부족을 통감하게 되어 1940년 7월 대통령에게 수출 통제권을 부여하여, 전략자원의 국외유출을 방지케 했다. 전시 또는 냉전기에 있어서 국가가 수출 통제를 실시하는 목적은 다음과 같다.

① 중요 전략물자가 중립국을 통하여 적성국가로 흘러가는 것을 방지한다.
② 국내 자원 공급의 결핍을 방지한다.
③ 우방 여러 나라의 경제력을 강화한다.
④ 국제교섭의 지원 등이다.

예컨대 2차 대전 후 미국은 소련이 적성국으로 변함에 따라, 1948년 1·4분기에 2,100만 달러에 해당하는 대소對蘇수출 삭감을 단행했으며, 6·25전쟁 후에는 중공업기계, 화학공업용 기계, 전기시설 등 600종에 달하는 전략물자에 대하여 철저한 수출 통제를 가하였다.

3) 원조 및 차관

각국은 자기 나라에 대하여 호의적인 정책을 가지거나 또는 동맹국에 대해 원조 및 차관을 제공하게 된다. 1948년 이탈리아 선거에 있어서, 데 가스페리(De Gasperi) 정부가 공산당에 대해 우세를 유지할 수 있을까 하고서 상당히 의심스러웠다. 미국은 이탈리아에 대하여 통고하기를 만일 공산당이 선거에서 승리하는 경우에는 이탈리아는 미국의 「유럽 부흥계획」에 참여하지 못하게 될 것이라고 했다. 선거 결과에는 다른 요소도 원인이 되었지만, 이 협박의 효과가 있었다는 것은 명백한 사실이다. 또한 사우디아라비아에 대한 아이젠하워 정부의 크레디트 제공의 약속은 중동지구에서 공산세력의 침투를 막는 훌륭한 경제적 수단의 역할을 했다.

4) 무역협정

이것은 전쟁 초기에 있어서 주로 중립국과의 관계를 맺는 것으로 만약 그들이 자유로운 무역의 결과로 적국에 중요한 전략물자가 흘러가서 적의 전력 증강에 도움이 되는 것을 방지하자는 것이다. 예컨대 제1차 대전에 있어서 미국은 노르웨이와 독일과의 무역을 두려워했다. 왜냐하면 당시 노르웨이는 220만 톤의 상선대商船隊를 가지고 발트 해를 통하여 자유로이 독일과 통상을 할 수 있었기 때문이다. 그래서 1917년 윌슨 대통령은 노르웨이와 교섭을 해서 독일에 어유魚油, 군수물자 등을 공급하는 것을 금지하는 무역협정을 맺었다. 2차 대전 중 미국은 중립국인 스페인, 스웨덴, 터키와 무역협정을 맺었으며 또한 남미 여러 국가와도 협정을 맺었지만, 특히 아르헨티나 등은 친독적親獨的인 경향을 보이면서 좀처럼 독일에 대해 수출을 중지하지 않았다. 1941년의 9개월간에 독일과 이탈리아는 아르헨티나에서 전쟁기간에 사용한 중석重石 54%, 브라질에서는 석영 30% 등을 구입할 수 있었다.

5) 예방 구매

예방구매라는 것은 전전戰前 혹은 개전 초기에 중립국이 보유한 전략물자 및 일반재화 등을 적측에 유입되는 것을 사전에 막기 위해 매점買占하는 행위를 말한다. 예컨대 2차 대전 중 영국이 스웨덴으로부터 볼 베어링(Ball Bearing)을 다량 매점을 했으나, 효과를 얻지 못했다. 그 이유는 스웨덴이 영국의 매점행위에 자극을 받아 생산시설을 확장하고 독일에 대해 대량 판매할 것을 기도했기 때문이다. 영국은 또 루마니아 석유의 예방구매를 기도하고 1939년 9월 12일에 정부는 전체 루마니아 석유의 재고를 구입키로 결정하였다. 그리고 스페인과 포르투갈이 연합·추축 양 진영에 판 중석의 가격은 1940년에는 1톤당 1천 달러였는데, 1942년에는 2만 5천 달러로 앙등했으니, 예방구매는 막대한 금액을 지불해야 한다는 결함을 가지고 있다.

6) 무기대여

무기대여란 적과 싸우는 우방에 대해 무기, 장비 및 식량과 의류 등을 공급해 주는 것인데, 2차 대전 중 주로 미국에 의하여 실시되었다. 1941년 3월에 실시된 미국 대여법의 주요 조목은 다음과 같다.

① 미국은 앞으로 적당하다고 인정된 외국정부에 대하여 군수물자를 제공할 수 있도록 해당 물자에 대한 구매 또는 생산 확장을 개시한다.

② 그것은 실정에 따라서 필요한 외국에 대여 혹은 판매한다.

③ 제공한 대여품에 대해서 시험, 검사, 발전, 수리 등을 부담한다.

④ 해당 외국정부에 대해서 정보를 제공한다.

제2차 대전에서 나치 독일군을 격멸하는데 주동적 역할을 한 것은 소련군임에는 이론異論이 없으리라. 그러나 대독전對獨戰의 전면적 승리가 미국의 막대한 무기대여와 미 전략폭격에 의해 이루어졌다는 것도 주지의 사실이다. 전쟁 중 미국의 무기 대여법 총액은 약 500억 달러인데 소련에 111억4천만 달러가 제공되었다. 그 내용을 살피면 다음 도표와 같다.

미국 대여법에 의한 대소對蘇 물자제공 내역표

품 목	수 량	품 목	수 량
1. 무 기		2. 수송기관(차량)	
항공기	14,834기	트 럭	383,000량
화 약	312,000톤	지 프	53,086량
대포(각종)	6,598문	경전차	1,683량
		중전차	5,475량
		기타 전투차량	7,292량
		트랙터	8,999량
3. 철도장비		4. 통신	
기관차	1,500량	전화선	1,050,000마일
화물차량	14,380량	야전전화	416,351마일
철 로	540,000톤		
차량 기타	116,000톤		
5. 금 속		6. 기 타	
강 철	1,419,000톤	함 선	500척
		석유생산물	2,670,000톤
		의 류	190,000,000야드
		군화류	15,417,000족
		오토바이	29,000대
		라디오세트	16,000조

한편 연합제국이 반대급부로 미국에 제공한 것은 점령군용의 비행장 및 건물차용, 병원시설의 이용, 식료품 등 약 70억 달러에 해당하는 것이었다. 미국이 이상의 여러 가지 편의를 받은 이유를 보면 선박절약과 물자용달의 신속성 및 호혜적인 원조의 실천을 도모하고 연합국 상호간의 도의적 유대감을 공고히 한다는 점에 있었다. 이러한 반대급부의 구성 비례를 본다면 영연방이 86%, 소련이 0.3%를 차지한 것을 보면, 소련이 그들의 전쟁수행에 있어서 미국의 무기대여에 얼마나 많은 혜택을 입었으며, 반대로 얼마나 자기 것에 대해서는 아꼈던가를 말해 주고 있다. 그리고 미국의 무기 대여

법은 2차 대전 후 냉전기에 들어가서 「군사원조계획」(MDAP)으로 변경되었으며, 특히 한국이 6·25전쟁 이후 이 혜택을 많이 받았다는 것은 주지의 사실이다.

7) 경제원조

제2차 대전 후, 냉전기에 접어들면서부터 경제원조가 경제전략의 중요한 수단으로 등장하게 되었다. 왜냐하면 한 국가의 경제적 자립이 없이는 정치적 독립도 확보하기 어렵다는 것을 저개발 신생국 및 약소 중립국 등이 알게 되었기 때문이다. 그래서 미국은 이러한 국가에 대한 경제원조의 목표를 ;

① 공산주의 팽창의 방지(1945~1949년까지)

② 자유진영 집단 방위력의 강화(1950년 이후)

③ 소련 경제전經濟戰에 대한 결정적인 대항(1960년 이후) 조치에 중점을 두고 전개하였다.

예컨대, 2차 대전이 끝난 2년 후인 1947년에 이르러서도 유럽의 여러 나라는 전전戰前의 경제 상태로 회복하지 못하고, 낮은 생활수준을 유지하는 데도 힘겨운 상태였다. 거기다가 해마다 계속되는 흉년은 식량생산에 악영향을 주어 부흥건설은 위축되고 사회불안은 높아져서 이러한 현실은 공산주의 세력의 확장을 한층 더 조장할 뿐이었다. 그래서 이러한 사태를 감안하여 1947년 6월 5일 미 국무장관 마셜은 하버드 대학교에서의 강연을 통하여 소위 「마셜계획」을 제창했는데, 이것은 유럽의 각 나라로부터 대환영을 받게 되었다. 이 「마셜계획」(후에 유럽 부흥계획(The European Recovery Program)이라고 명명되었다)은 ;

① 원조계획 가맹국간의 최대의 통상관계를 촉진한다.

② 활발한 대외무역을 전개할 수 있는 전전戰前수준에로 각국 생산수준

을 향상시킨다.

③ 더 이상 미국의 경제원조에 의존하지 않아도 자립할 수 있도록 유럽 각국 경제를 조속히 재건할 것을 목적으로 한다.

이러한 목적을 구체적으로 실현하기 위해서 미국은 향후 4년간 유럽 각국에 대하여 총 170억 달러에 해당하는 원조를 제공할 계획이었다. 이 경제원조는 대부분의 경우 상환의 의무가 없이 각국에 제공되었으며 또 적절한 운용으로 유럽 각국의 경제재건은 급속도로 진척되었고, 따라서 각국 내의 공산주의 협력은 현저하게 약화되어 갔다. 소련은 미국의 유럽 원조가 상환을 요구하지 않는 것이므로 종전처럼 '제국주의적帝國主義的 행위'라고 악선전할 수도 없었고, 그렇다고 해서 미국에 대항하여 경제전經濟戰을 전개할 가망도 없는 난처한 입장에 놓였었다.

다. 심리전략

심리전략은 국가목적을 달성하기 위한 심리정책에 바탕을 둔 계획된 전반적인 심리방책이다. 따라서 심리전략의 목표는 국가목적을 달성하는 데 자국민이나 적 국민 그리고 제3국민으로 하여금 태도와 행동에 있어서 적극적인 지지를 획득하고 반대를 막는 데 있다. 그리고 이러한 심리전략의 수단을 적용함에 있어서 영향을 미치는 요소로는 근본적 가치관, 신조 그리고 국민의 특수성을 형성하는 태도 등을 포함하는 국력의 정신적 요소를 고려해야 한다. 그리고 또 영향을 주고자 하는 국민의 사회적, 인종적 및 문화적 배경도 고려해야 하는 것이다. 좀 더 구체적으로 열거한다면 국민의 사회적, 종교적, 문화적, 인종적 배경, 태도, 편견과 취호감趣好感, 민족주의, 언어 등이 여기에 포함된다.

심리전략의 주요 수단은 선전(Propaganda)이며, 그것의 도구로는 공개토론, 담화문, 기자회견, 뉴스 발표, 서적, 잡지, 텔레비전, 라디오 방송, 포스터 팸플릿 등이 있다. 이러한 수단의 적용범위는 국내적 적용과 국외적 적용의 두 가지가 있다. 그리고 선전에는 세 가지가 있는데 다음과 같다.

(1) 백색선전 : 공공연한 발기인 또는 공인된 기관에 의하여 실시되는 선전이다. 따라서 선전자의 공식적 대변으로서 책임성과 권위성은 가지고 있으나, 선전내용에 있어서 많은 제약을 받는다.

(2) 흑색선전 : 암암리에 출처를 위장하여 실시하는 선전이다. 따라서 공공연한 선전과의 협조가 어려우나, 적 지역 내에서 활동할 수 있고 또 선전내용을 임의로 만들 수 있으며, 여기에 대한 적의 역선전逆宣傳의 효과는 감소된다.

(3) 회색선전 : 암암리에 출처를 밝히지 않고 실시하는 선전이다. 선전 당국의 위신에 관계없이 센세이셔널 한 주제를 채택할 수 있고 또 잘 운용함으로써 적 선전이라는 선입감을 주지 않으므로 효과를 얻을 수 있다.

이러한 심리적 수단을 사용하여 국민의 여론·감정·태도 및 행동에 영향을 미쳐서 그들이 바라는 바의 목표를 달성하려고 한 계획적인 노력의 발자취는 아득한 옛날부터 대단히 많지만, 몇 가지만 골라서 설명하려고 한다.

아시아와 유럽을 정복한 칭기즈칸은 정보를 획득하기 위한 훌륭한 정보망과 첩자를 가지고 있었을 뿐만 아니라, 그들을 활용하여 훌륭한 심리전도 수행하였다. 즉 그들 첩자들을 적지에 침투시켜 항복하면 아무 해害도 받지 않지만, 저항하면 멸망시켜 버린다는 여론을 전파시켜 적 국민의 사기士氣와 전의戰意를 말살하여 쉽사리 정복을 할 수 있었다.

제1차 세계대전에서 패한 독일군의 총참모장 루덴도르프 장군은 "독일군은 전쟁에는 승리했으나, 일반 시민들이 연합국의 선전에 현혹되어 전의를 상실했기 때문에 전쟁을 중지하지 않을 수 없었다"고 몇 번이고 공언公言

하였다. 다만 선전 이상의 효과를 발휘한 이 '위력 있는 무기'에 대해 스스로 반성한 독일의 사회학자와 군의 심리학자들은 전후戰後 그 중대성을 인식하여, 선전의 군사적 가능성에 대하여 연구를 개시했다. 일찍이 1921년 스탄 루바트는 『정치도구로서의 선전』이라는 저서를 내어 선전의 여러 요강을 발표했다. 또 국방성에 중앙심리학연구소를 설치하여 이 분야의 활동은 대단히 활발했다. 당시 공산주의자의 파괴적 선전활동에 의해서 달성된 러시아 혁명의 성공 가운데 대중심리의 중요성을 인식하고, 어떻게 해야 할 것인가를 골똘하게 생각한 사람이 있었는데, 그가 바로 히틀러(1889~1945)였다. 그가 옥중에서 집필한 『나의 투쟁』 속에는 그가 얼마나 선전을 중시하고 있는가를 엿볼 수 있는데, 추려보면 다음과 같다.

> 내가 정치활동에 전념하고 있을 당시, 가장 나의 흥미를 돋운 것은 선전의 일이었다. 거기서 나는 하나의 무기를 발견했다.… 사회주의자, 공산주의자의 조직은 이 무기에 의하여 교묘히 넓게 통제되어 훌륭하게 이용되고 있다. 선전의 바른 운용은 사용할 만한 전술이라는 것을 나는 곧 깨달았다.…
>
> 선전에 의하여 천국을 지옥이라고도 생각하고, 그와 반대로 가장 불행한 생활도 천국이라고 생각하도록 속일 수 있다.…
>
> 만약 선전이라는 것의 성질을 진실로 알고 있는 사람의 손에 잡히면, 선전은 실로 무서운 무기이다.…
>
> 선전은 누구에 대해서 해야 하는 것일까? 지식계급인가? 그렇지 않다면 교육을 받지 못한 대중에 대해서 해야 하는 것일까? 이것은 대단히 중요한 문제이다. 지식계급에 대해서는 과학적인 지령을 가지고 있다. 선전은 영원히 대중에 대해서만 해야 한다. 선전의 임무는 개인을 과학적으로 훈련시키는 것이 아니고, 대중의 주의를 어느 일정한 사실, 사건, 필요 등에 집중시키는 것이다. 말하자면 이러한 사물을 중요한 것처럼 보이게 하는 것이다.…
>
> 대중의 대부분은 대단히 여성적인 성질과 견해를 가지는 것이다. 그들의 사상과 행동은 이성적인 고찰에 의하기보다는 훨씬 감정과 정서에 의

> 하여 지배되는 것이 상례常例이다. 그리고 이 원인은 결코 복잡한 것이 아니고, 대단히 단순하고 또 도리에 어긋나지도 않는 것이다.…
>
> 대중의 감수성의 범위는 좁고 이해력은 얕고, 잊어버리기 쉬운 것이다.… 유효한 선전을 하기 위해서는 극히 요점으로 압축한 구호口號의 형식으로 만들어 한 사람도 그 뜻을 모르는 사람이 없도록 반복 사용해야 한다.

이러한 선전관宣傳觀과 대중관大衆觀을 가졌던 히틀러는 스스로 단상에서서 웅변을 토하면서 나치당을 이끌고 가는 동시에 대중을 열광과 심한 자극적인 암시에 의해 자기의 목적하는 바의 방향으로 이끌고 갔다. 1933년 1월 조각組閣명령을 받고 계속 선거에서 승리하자, 히틀러는 3월 17일 곧 훈령을 내려 "정부의 정책 및 독일 조국의 재건에 대한 국민의 계몽 및 선전의 목적을 위한"「국민계몽 선전성國民啓蒙宣傳省」을 만들었다. 이러한 조직체를 통하여 그들은 최초의 목표지역의 민심을 교란하여 차츰 지상조직을 확대하면서 공고히 만든다. 기반을 공고히 하고 나면 공세로 옮겨 상대국의 책임자를 규탄하고 요구에 응하지 않을 때는 행동에 호소할 수도 있다고 협박하고, 그것을 국경에 집결시킨 전차나 부대의 배치로서 시위했는데, 오스트리아와 체코슬로바키아의 무혈병합無血併合 내지 영토 할양割讓이 가능했던 이면에는 이러한 나치의 독특한 선전공작이 숨어 있었다.

1939년 9월 독일군이 대거 폴란드에 침입했었을 때, 독일은 서부전선의 프랑스 병사들에 대하여 맹렬한 선전공세를 취하고 있었다. 즉

"프랑스는 무엇 때문에 싸우려는가?"

"단치히 때문에 죽을 정도로 너희들은 바보가 아닐 것이다."

"단치히를 위해 죽는 것과 프랑스를 위해 사는 것과 너희들은 어느 길을 택할 것인가?"

폴란드 전쟁이 끝난 후, 그들의 주력부대를 서부전선으로 배치하는 동안에는,

"폴란드 전쟁은 이미 끝났다. 독일 병사들은 프랑스 병사들과 싸울 생각은 없다."

"총포를 쏘려는 생각은 그만 두게. 우리들도 총포는 쏘지 않겠다."

고 하는 방식으로 확성기를 통하여 달콤한 노래를 섞어가면서 전선 일대에 방송하였다. 그리고 밤이 되면, "전쟁은 이미 끝났다. 돌아갈 준비나 하자꾸나, 프랑스의 친구들이여!" 하고 호소하였다. 그래서 어언간 최전선의 병사들 사이에는 서로 만나서 담배와 사탕을 서로 교환하면서 얘기하는 기묘한 광경도 엿보였다. 전선의 긴장감이란 조금도 맛볼 수 없는 상태였고, 이것이 8개월간 계속되었는데, 이것을 가리켜 '기묘한 전쟁'이라고 부른다. 전쟁과는 아주 동떨어진 무사태평의 무드는 바로 전격전의 미끼가 되는 프랑스의 비극을 상징하는 것이었다. 『드골 회고록』 속에는 다음과 같은 어려운 표현으로 기술되었다. 즉 "프랑스는 희생자로서 등장하는 차례를 기다리고 있었던 것이다."고.

공산주의자들의 선전관과 실천을 살펴보면 다음과 같다.9]

- 서적, 소책자, 선전문 등을 신속하게 또한 정확하게 배포하는 조직망을 육성하면, 다가올 시위나 봉기의 준비작업의 절반은 이미 성취된 것과 마찬가지다.… 하룻밤 사이에 동원할 수 있도록 이 기구를 완전한 것으로 만들어 두어야 한다.(레닌)
- 정치지도政治指導 하는 것은… 대중에게 당의 정책은 바른 것이라는 생각을 가지도록 만드는 능력이다.(스탈린)
- 프롤레타리아 독재가 성공한 것은 강제强制와 설득을 결부시키는 방식을 잘 알고 있었기 때문이었다.(레닌)
- 프롤레타리아의 전위前衛를 공산주의자 측으로 끌어당기는 것이 문제인 경우에는… 선전이 가장 중요하다.(레닌)

9] 岩島久夫, 『心理戰爭』(東京 : 講談社, 1968), pp. 172~198을 인용함.

• 어떠한 세포, 어떠한 당 활동가의 위원회도 대중들 사이에서의 선동, 선전, 조직화 활동의 기초가 되어야 한다. 대중이 바라는 곳에는 어디까지나 따라가야 하는 동시에, 대중의 의식을 사회주의에로 향하도록 모든 단계에서 노력을 해야 한다.(레닌)

• 선전과 선동은 교육에 서고 있다.… 선전·선동·교육은 레닌주의 교육관에 의하여 실시되어야 하는 하나의 통일체이다.(지노비에프)

1950년 6월 한국에 공산군이 침입했을 때의 공산측 심리전을 분석한 미 공군대학 인적자원연구소의 보고에 의하면, 그것은 공산국가의 전형적典型的 심리전을 잘 설명하고 있다고 했다.

첫째, 공산활동과 정책의 각부各部가 심리전적 지원을 조직적으로 받고 있었다. '마음'을 지배하려는 공산주의자의 집념은 서방측의 세계에서는 도저히 생각할 수 없을 정도로 강력하였고, 그것은 나치당 이상으로 강력하였다. 이것은 "공직자는 누구나 선전자宣傳者이다"고 하는 구호에서도 나타나 있는 바와 같이, 군사·비군사의 모든 단계에서 선전활동과 훈련을 대단히 중시했다는 것을 보아도 알 수 있다. 조직적으로 한국에 침입하여 최초로 만든 기관이 선전을 담당하는 내무성이며 또 북한군에는 중대 단위에 이르기까지 선전대의 모습을 보였다는 사실로도 짐작해서 알 수 있다. 일시적이기는 하였지만, 한 한국의 대학교수가 "나는 소련인이 소련 이외의 사람들보다 다른 국민에 대해 한층 더 성실하며 우호적이라고 단언한다. 그들은 민족적 우월성을 전혀 가지고 있지 않은 것으로 생각되었다. 한편 민주주의 나라의 국민은 어느 국민도 편견을 가지고 있다"고 믿을 정도가 되었다는 것은 성공이라 할 수 있다. 이것은 선전의 방식뿐만 아니라, 점령군의 기강, 선전 종사자의 태도에서 받는 좋은 인상도 영향을 미치는 것이다.

심리전의 대상은 지극히 넓고 광범하게 모든 계층의 사람들 그리고 모든 생활에 까지 미쳤다. 사살해 버릴 정도로 적대적이 아닌 인간은 가능한 한 세뇌를 시키는 방침이었다. 군사훈련은 시키지 않았어도 이데올로기 교육만은 시켜서 전선에 보냈을 정도로 철저하였다. 활동은 공사公私 모든 시간에 걸쳐서 자유로운 시간도 완전히 박탈당하는 정도였다.

둘째, 선전의 목표는 장기적 정책의 목표와 합치되어야 하며, 결코 일시적인 환심을 사는 목표에 의하여 장기목표를 손상치 않도록 노력하였다. 그들의 초점은 남한인의 태도, 사상을 공산주의 전략의 장기목표와 합치시키는 일이며, 목전目前의 것은 그 자체가 결코 목적이 아니었다. 가령 인기가 있는 내용이라 할지라도 기본이 되는 장기목표 달성의 수단이 아니라고 생각되는 경우, 주저 없이 포기되었다. 공산주의자에 있어서 장기목표에 쓸모가 없는 능력은 무가치한 것이었다. 능력은 약간 없어도 공산주의의 목표에 헌신적인 사람들이야말로 가치가 있는 것으로 판정되었고, 여기에 지위의 역전을 가져올 가능성이 열려, 공산주의에 봉사케 하는 강제력과 자극력을 같이 가지는 효력이 있었다.

이 두 가지는 곧 유엔군의 반격으로 북한군이 도망칠 때 무참히도 파괴되었다. 왜냐하면, 그들은 철퇴와 더불어 많은 문화적 유산과 생산재·기술자 기타 유용하다고 생각되는 것은 모두 가지고 갔으며, 그때까지의 신사적 태도는 간데도 없이 치사스러운 폭행의 자취를 남겨두고 도망쳤다.

그러면 북한측이 어떠한 수법으로 남한 사람의 '마음의 침식'을 도모했는가를 살펴보려고 한다. 그들은 남침 수개월 전부터 면밀한 계획을 세웠다. 당과 내무성(경찰과 선전을 포함)의 조직화와 활동에 대하여 특히 힘을 기울였다. 서울지역을 중점으로 공산주의 동조자, 비협력자, 반이정권자反李政權者, 이정권李政權 지지자 등의 명단을 만들어 침입 후 신속하게 조치를 강구하였다. 한편 서울 방송국을 점거하여 '반동주의자' 이외는 적으로 간주하지 않는다는 취지의 방송을 개시했다.

정책의 중점은 '부인의 해방', '자본가의 착취로부터의 해방', '청년에게 기회를', '농지의 재분배' 등의 매혹적인 구호 하에 '사회복지' 계획에 두었으며, 여러 사람들의 공명을 불러일으켰다. 그리고 소련을 조국으로 생각토록 만들며, '조선인을 위한 조선', '조선의 통일'을 내세워 국민적 협력을 얻는데 노력했다. 그들은 모든 매스컴, 즉 신문, 라디오, 영화 등을 이용하여 같은 제목에 대해 집중적으로 그리고 반복시켰고 또 개인과 단체에 의한 압력과 구두에 의한 선전을 조직적으로 사용하여 그 효과를 높인다는 것은 공산주의자의 상투수단이었다. 그리고 모든 기회와 장소가 여기에 충당되었다.

이리하여 침입의 초기단계에서 효과적인 심리전을 실시한 공산군에게 파경은 의외로 빨리 왔다. 먼저 인천에 유엔군이 상륙하여 정세가 역전되었을 때, 그들은 스스로 마각馬脚을 드러내고 말았다. 그때까지의 신사적 가면을 벗어던지고, 폭행약탈을 감행했을 뿐만 아니라, 모든 가치 있는 것은 집어 가버려 민중의 신용을 잃고 말았다. 그들이 '약속'한 구호가 '사실'로서의 실현성이 없다는 것을 점차 민중들이 알게 되었다. 특히 젊은이들 가운데는 이러한 공산주의의 현실에 환멸을 느끼는 자가 많아져서 치명적인 것이 되었다. 이러한 환멸은 북한으로부터의 도망자에 의하여 더욱 확실하게 되었다.

마오쩌둥(毛沢東)의 대일對日 전투강령에 대해 살펴보면 1938년 11월, 공산당 중앙위원회에 있어서 마오쩌둥은 전쟁의 중압이 중국뿐만 아니라, 일본, 한국, 대만의 민중에게도 다 같이 억누르고 있다는 것을 강조하고, 이러한 지역의 전 민중의 '공동전선'을 제창했다. 여기에 바탕을 두고 대적對敵 공작국은 일본군에 대해 공작을 시작했으나, 조금도 반응이 없었다. 그래서 일본군 포로를 사용해서 조사해 본 결과 중국군의 포로가 되었을 경우 받으리라고 생각되는 학대를 일본군 병사들이 퍽 두려워하고 있다는 것을 알고, 다음과 같은 내용의 「전투강령」을 군 총사령관 주더(朱德)와 부사령관 펑더화이(彭德懷)가 연서連署하여 전군에 지령하였다. 즉,

> 일본 병사들은 근로대중의 아들들이며 형제이다. 그들은 일본의 호전주의자好戰主義者와 자본가 귀족들에게 속아 우리들과 싸우도록 강요당하고 있다. 따라서
>
> ① 일본인 포로를 상하게 하거나 모욕하는 것을 엄금한다. 그들의 소유물의 몰수 및 파괴를 금한다. 이 명령에 위반하는 자는 엄벌한다.
> ② 부상 또는 병석에 있는 일본인 포로에게 적절한 치료를 해 줄 것.
> ③ 만약 일본인 포로가 귀국이나 원대 복귀를 원한다면 목적지에 안전하게 도착할 수 있도록 가능한 한 모든 편의를 제공해 준다.
> ④ 중국 잔류와 중국군 참가를 희망하는 일본인 포로에게 적당한 일을 준다. 공부를 희망하는 자에게는 적합한 학교에 입교를 원조한다.
> ⑤ 가족·친구들에게 편지하기를 희망하는 포로에게는 편의를 제공한다.
> ⑥ 전장에서 쓰러진 일본군 병사는 정중히 묻어주며, 적당한 묘석墓石을 세운다.

이러한 명령 가운데는 '인간'을 기초로 하는 마오쩌둥의 인민전쟁 수행의 이념이 이미 이때부터 싹트기 시작했으며, 또 전략·전술의 유연성을 여실히 보여주고 있다. 1945년 일본이 패망하고 국공합병國共合併이 실패하여 국부군國府軍과 중공군이 또다시 전투를 벌이자, 중공군의 심리전은 국부군 장병들의 마음을 사로잡아 결국 현대식 미국 무장을 갖춘 국부군이 싸우려고 하지 않았을 뿐만 아니라, 모든 장비를 가지고 투항하는 현상이 속출하여 마침내 국부군은 대만으로 추방당하고 말았다.

6·25전쟁 당시 유엔군 총사령관 클라크 장군은 어떤 수단을 사용해서라도 완전한 소련제 미그전투기를 입수하려고 생각한 끝에 한 방안을 생각해냈다. 즉 북한의 조종사가 미그기를 조종하여 유엔군에 투항해 온다면 10만 달러의 상금을 준다는 선전을 모든 매스컴을 동원하여 3개월간 실시했

다. 그런데 아이러니컬하게도 투항해 온 허금석 대위는 상금 10만 달러는 알지 못하고 왔지만, 그 효과는 다른 곳에 지대한 영향을 미쳤으니, 즉 북한 공군 전투력의 저하였다. 상금 10만 달러의 선전이 유엔군에서 시작되자, 북한 공군은 8일간의 비행 정지를 포고하고, 모든 조종사의 사상·신상조사를 실시하여 확고한 공산주의의 신봉자와 북한에 인질로 남을 가족이 있는 자에 한해서 비행을 허락하고 또 도망을 두려워하여 연료의 제한을 실시했다. 사상과 전투기술과는 비례하는 것이 아니기 때문에 그 후의 조종사의 기술은 현저히 저하되었다. 수학상으로 본다면, 선전개시 전의 60일간에 있어서 유엔군이 격추한 미그기 수는 53대였으나, 선전개시 후의 60일간의 격추 수는 107대로 증가했고, 반면 유엔군 항공기의 피해는 반비례로 격감하였다.

심리전략의 효과적인 수행을 위한 중요한 요소를 열거하면 다음과 같다.

① 먼저 진실해야 할 것.

② 이념의 힘을 중시할 것.

③ 여론의 배경을 잊지 말 것.

④ 언어만이 아니라, 행동의 뒷받침이 있어야 할 것.

⑤ 강력한 창조적 통솔력.

⑥ 효율성이 있는 통일된 조직.

⑦ 국가정책의 일관성.

⑧ 국가정책의 목적과 심리전략의 목표와의 일치.

⑨ 우수한 심리전 전문가의 육성.

⑩ 관계기관과의 협조.

⑪ 심리전 기구와 의사결정자와의 직결.

⑫ 전략적 심리전과 전술적 심리전의 연관성.

⑬ 심리전 기관과 활동가의 지위 향상.

⑭ 정확·신속 그리고 풍부한 정보의 획득.

⑮ 면밀한 목표분석과 효과의 평가.

여기에 열거한 요소는 국가정책의 도구로서의 심리전에 관한 것이지만, 이 가운데 '국가'라는 단어 대신으로 적당한 '군사', '기업'이라는 단어로 치환置換하여도 충분히 활용될 수 있는 요소이다.

우리들은 여러 가지 사례를 통하여 하나의 중요한 결론을 얻을 수 있다. 즉 총검이나 대포를 가지고 상대편의 신념과 의지를 굴복시킬 수는 없지만, 적절한 시기와 방법으로 표현된 선전의 아이디어는 총검과 대포를 침묵케 할 수 있다는 것이다. 그리고 심리전략의 수단으로서의 선전은 앞으로도 더욱 더 활용될 것이며, 또 연구가 필요하다. 마지막으로 웨드마이어 장군의 견해로 결론을 맺으려고 한다. 즉

> 국가전략의 하나의 수단으로서 사람들은 선전의 중요성을 곧 인식하게 될 것이다. 만약 선전을 먼저 얘기한 정치적, 경제적 방책에 가하여 각부의 조정된 현명한 방법을 병합해서 사용한다면, 제4의 수단인 무력에 호소하지 않고도 국가목적을 달성할 수 있을 것이다. 이렇게 되면 국가 간의 여러 문제는 파괴적인 전쟁 대신으로 건설적이고 평화적인 대화와 협정으로 해결되리라. 이것이 문명사회의 모든 사람들이 바라는 목표일 것이다.[10]

라. 군사전략[11]

군사전략은 국가목적을 달성하기 위한 군사정책에 바탕을 둔 계획된 전반적인 군사방책이다. 환언하면, 이러한 국가정책의 군사적 수단은 한 국가의 전체적 군사능력, 즉 군사력뿐만 아니라, 그것의 공업적 및 산업기술적 능력도 포함하는 것이다. 이런 군사적 수단은 국가목적과 국가정책의

10] Albert C. Wedemeyer, *Wedemeyer Reports!* (New York : The Devin-Adair Company, 1958), p. 85.

11] 군사전략에 대한 구체적 내용은 이 책의 VI의 「군사전략」에서 상론키로 한다.

범위와 기간에 기초를 두고 조직되며, 병원兵員이 보충되고, 무장을 갖추게 되며 또 국가목적의 근본적인 목적을 지원하기 위해서 존재하는 것이다. 그리고 한 국가의 전체적인 군사능력의 한 부분인 군사력은 국가 안전보장의 정책, 군사교리 그리고 전략에 의하여 발전되는 것이다. 군사력과 국가자원을 분배함에 있어서 가장 중점을 두어야 하는 것은 국가의 생존유지에 대한 위협에 대항하기 위해 최선의 수단을 제공해야 한다는 것이다.

국가정책의 한 분야인 군사정책은 군사력의 임무를 더욱 더 정치목적(군사목표)에 적합토록 구체화하고 군사운용의 방침을 지시하며 군사전략의 요구에 바탕을 두고 군사력 정비(각 군종의 병력 수, 무기 및 장비 등의 소요량 결정)의 요령을 구체적으로 정한다. 미 공군 기본교리(United States Air force Basic Doctrine)는 국제문제에 있어서 군사적 도구의 기능에 대하여 다음과 같이 기술했다.

군사정책 및 군사전략의 관계

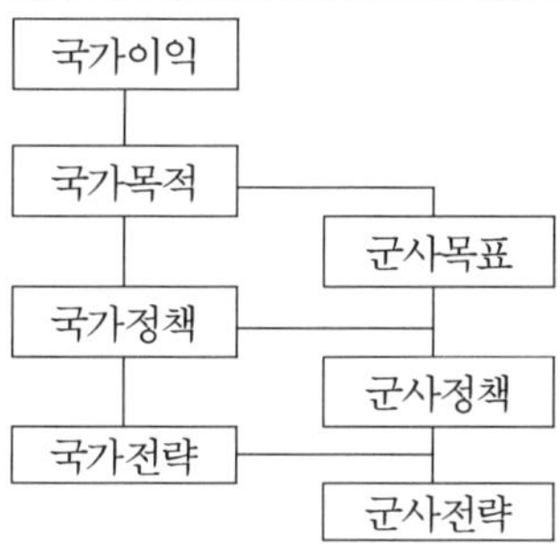

> 미국의 군사력은 국제적 문제에 있어서 미국이 강제적인 선제권을 행사할 수 있는 환경을 제공함으로써 어떠한 형태의 국제적 충돌에 있어서도 최대의 또한 가장 경제적 업무를 수행할 수 있다. 선제권을 획득하고 있을 때, 그 기회는 적절한 평화의 유지에 공헌함으로써 또 수락될 수 있는 조건하에서 위협의 전쟁을 저지함으써, 혹은 만약 필요하다면 전쟁에 있어서 결정적 승리를 함으로써 안전보장의 획득과 유지에 가장 좋은 위치에 놓이게 된다.[12]

어떠한 형태의 충돌에 있어서 군사적 도구(수단)를 운용하는 주요한 목적은 바람직한 상태를 달성하는 데 있다. 승리는 그 자체가 목적이 아니라, 목

12] 美空軍大學編, *National Power and International Relation*, p. 37.

적을 달성하기 위한 수단이다. 궁극적 목적은 전승戰勝 그 자체를 언제나 초월하는 것이며, 전승에서 결실되는 바람직한 상태(조건)를 획득하는 데 있다. 따라서 군사적 도구(수단)의 성공은 순서로 국가목적의 달성을 승인한 특별한 군사목표의 획득에 의해서만 측정되는 것이다. 군사적 수단은 국가정책의 다른 수단, 즉 정치적, 경제적, 심리적 수단과 통합시켜 국제적 충돌에 사용된다. 국제적 충돌에 있어서 한 국가의 군사력은 다양성 있는 여섯 가지의 형태로 타국에 대해 효과를 미칠 수 있다. 즉 저지(deterrence), 설득(persuasion), 무력화無力化(neutralization), 거부(denial), 파괴(destruction), 그리고 포획(capture) 등이다.[13] 이 여섯 가지의 효과 가운데 어떤 한 가지나 혹은 여섯 가지의 효과를 실현하는 작전의 성공은 전적으로 침략국이나 그들 국민에 가해지는 파괴의 정도에 의존하는 것이 아니라, 그 작전이 국가목표에 공헌하는 그 정도에 의하여 좌우되는 것이다.

마. 국가전략의 운용

국가전략은 정치, 경제, 심리, 군사 등에 관한 정보 그리고 산업기술에 관한 고찰을 가장 긴밀하게 통합함으로써만이 책정할 수 있다. 그리고 국가전략은 이것을 실행할 능력이 있는 정부의 각 부서와 기관의 가장 좋은 생각이 서로 일치되어야 한다. 국가정책을 수행하기 위해서는 적용해야 할 국가적 노력에 대하여 현명한 명령을 내리기 위해 달성하려는 목적을 분명하게 성명聲明해야 할 권리와 의무가 있는 한 책임의 주체가 있어야 한다. 따라서 대통령은 국가의 원수요, 국군의 총사령관이기 때문에 국가목적을 달성하기 위한 국가전략의 안출과 결정의 총책임자이다.

그는 군사적 배경을 가지고 비군사적 수단을 교묘히 사용함으로써 국가

13] 상게서, p. 37.

목적을 달성하는 데 노력해야 한다. 그러나 국가이익의 안위가 최후 수단인 전쟁에 의해 수행되지 않을 수 없는 경우, 화전和戰을 결정하는 권리와 의무는 대통령에게 있다. 그런데 전쟁은 국가목적을 달성하기 위한 하나의 수단이기는 하지만 너무나 엄청난 비용과 자원을 소비하는 수단이기 때문에 함부로 호소해서는 안 되는 동시에 다른 방법, 즉 어느 정도의 양보를 함으로써 분쟁과 의견의 차이를 없애도록 노력해야 한다. 그러나 마지막 양보 선에서도 타협이 불가능하면 군사적 수단을 단호하게 사용해야 한다.

그런데 위정자는 보통 전쟁문제나 전쟁에 대한 준비 그리고 전쟁을 어떻게 구사할 것인가 하는 문제는 모두 회피하고, 이러한 문제를 생각하는 군인을 비난하는 경향이 있기는 하지만, 개전의 시기를 택하고 어떠한 종류의 전쟁을 할 것인가에 대해 그 방향을 제시하는 것은 바로 위정자의 임무이다. 따라서 그가 개전을 결심하기에 앞서서 성공의 여부와 손익損益의 건전한 판단에 의거한다는 것은 물론이지만, 전쟁이 국가와 민족에 대해 앞으로 어떠한 영향을 가져올 것인가를 신중히 고려하지 않으면 안 된다. 그런데 위정자가 자기는 군사문제에 관해서는 무지無知하다고 하여 이에 대한 책임을 장수에게 전가할 수는 없다. 평시에 어느 정도의 어떠한 군사력을 갖추고 있는 것이 외교적 노력에 가장 유효하게 지원되는 것인가를 판단하는 것도 위정자의 임무이다. 군대를 창설하고 이것을 준비하며 또 사용에 관해서 위정자는 장수와 마찬가지로 관심을 가지고 있어야 한다. 그리고 위정자는 군사적 수단의 능력을 파악함으로써 군대에 대해 그 능력 이상의 과중한 임무를 부여하지 않도록 노력해야 한다.

그러면 2차 대전을 통하여 국가전략이 어떻게 운용되었나를 살펴보려고 한다. 연합국, 특히 미국과 영국은 물론이요, 나중에는 소련 및 중국까지도 그들의 수뇌들이 모여 추축국樞軸國, 즉 독일, 일본, 이탈리아의 타도를 위해 국가전략을 수립코자 회담을 계속 열었다. 중요한 회의를 살펴보면, 아젠티어만灣 회담(1941. 8. 9.~8. 14)에서 루스벨트 대통령, 처칠 수상 그리고 영·미군 수뇌들이 회합하여 전쟁목적에 대한 영·미의 일치와 대서양 헌장에 대한 결정을 보았다.

다음에 워싱턴 회담(1941. 12. 22.~1942. 1. 14.)에서 ① 독일 타도 제1주의(태평양 방면은 수세), ② 연합 참모본부의 설치, ③ 반反추축 연합국선언(26개국) 등을 결정했다.

카사블랑카 회담(1943. 1. 12.~1. 23.)에서 ① 루스벨트의 무조건 항복 선언, ② 도버해협 횡단작전의 준비, ③ 지중해 공세, ④ 버마 탈환작전, ⑤ 해상 병참선의 확보 등을 의논·결정했다.

카이로 회담(1943. 11. 22.~11. 26.)에는 루스벨트 대통령, 처칠 수상, 중국의 장개석 총통 그리고 연합 참모본부의 수뇌들이 모여 ① 극동전략(중국군에 의한 지상공세와 버마작전), ② 극동의 전후戰後 체제기구 등을 논의·결정했다.

얄타 회담(1945. 2. 4.~2. 11.)에는 루스벨트, 처칠, 스탈린, 각국 외교수뇌 및 연합 참모본부 수뇌들이 모여 ① 독일 패배 후의 처리정책, ② 해방 후의 유럽 정책선언, ③ 폴란드 문제, ④ 안전보장회의의 투표형식, ⑤ 소련은 독일 격파 후 3개월 내에 대일참전對日參戰(참전 조건은 비밀협정), ⑥ 일본 본토 진공進攻계획 ⑦ 얄타 선언 등을 의논·결정했다.

그 후에도 샌프란시스코 회담(1945. 4. 25.~6. 26.), 포츠담 회담(1945. 7. 17. ~8. 2.) 등을 통하여 그들 연합국의 국가전략을 수립·결정했다.

이와 반대로 추축국, 즉 독일, 일본, 이탈리아는 그들의 수뇌들이 한 자리에 모여 연합국 타도를 위한 국제회의를 한 번도 가져보지 못했으니, 여기서 이미 자원의 운용과 전략수립에 차질을 가져왔던 것이다.

지금까지는 국제간의 국가전략에 대해 논의했지만, 한 국가, 즉 일본 내에서 국가전략이 어떻게 운용되었는가를 다음과 같이 기록하고 있다.

무릇 한 국가가 존재하는 데는 반드시 국방이 따라야 하며, 또 국방에는 계획이 불가결하다는 것은 식자識者의 상식이다. 그래서 오늘날의 계획은 정치, 경제, 군사 등에 걸쳐 정전양략政戰兩略을 종합한 것이어야 한다. 그것은 원래 국가정책에 바탕을 두는 것이기 때문에 군부만의 문제가 아니고 국가의 문제이며, 또 평·전시를 통한 문제이다. 그런데 일본에 있어서는 그 국가의 구조에 기인하는 습관도 있어서 그러한 종합적인 국방계획은 존재하지 않았다. 다만 육해군 통수부에 한하여 국방방침, 용병강령, 연도 작전계획이라는 것이 존재하였다.…일본에 있어서의 전쟁지도戰爭指導는 육군, 해군 및 정부의 삼정립三鼎立의 회의 타협에 의하여 이루어지는 것이 그 실상이며, 자칫하면 사상의 통일과 시책施策의 결단 및 일관성을 잃고 있었다.[14]

이것은 국가목적에 바탕을 둔 일관성 있는 국가정책이 없었고, 또 국가전략, 즉 군사전략, 경제전략, 정치전략 등의 협조가 없었으며, 심지어 군사전략 가운데, 육·해군의 전략도 협조가 이루어지지 않았다는 것이다.

이 점에 대해 육군 참모본부의 이시와라 간지(石原莞爾) 작전부장은 다케다노미야 츠네요시(竹田宮恒德, 일본 황족)에게 자기의 소신을 밝혔다. 즉

본인의 생각을 솔직히 말씀드리면, 육군대학에서는 지휘관으로서 전술교육의 방면은 잘 연구되었지만, 지구전쟁지도持久戰爭指導의 기초지식이 결핍되었으니, 즉 결전전쟁은 수행할 수 있어도 지구전쟁은 지도할 수 없다는 것입니다. 이번의 전쟁(중일전쟁)에서도 일본의 전쟁능력과 중국의 항전抗戰능력, 소련·미·영국의 극동에 가하는 군사적·정치적 위력과 그것을 견제할 수 있는 독일과 이탈리아의 위력 등을 종합적으로 머릿속에서 그려서 통할하여, 일본이 중국작전에 대해 어느 정도의 병력을 투입할 수 있는가를 판정하고 전쟁지도 방책을 결정해야 하는 데, 이에 대한 판정능력이 있는 사람은 참모본부에 한 사람도 없는 것으로 압니다. 또한 지구전쟁은 참모본부만으로 결정할 수 없는 것이며, 상세한 것은 통수부·정치부 각 당국이 협력하여 방침을 결정하고, 만약 의견의 일치를 보지 못할 경우

14] 服部卓四郎, 『大東亞戰爭全史』(東京 : 原書房, 1965), p. 143. p. 140.

> 에 있어서는 천황의 결단을 받도록 해야 합니다. 그런데 이러한 전쟁지도도 하지 못하고, 통수부·정치부의 각 관계부서가 자기 마음 내키는 대로 하고 이것을 종합할 사람이 한 사람도 없었다는 것은 육군대학의 교육이 나빴기 때문이며, 대강령大綱領에 따라 참다운 판단을 하는 사람이 한 사람도 없었기 때문입니다. 즉 종합적인 판단을 할 수 있는 지식을 우리들은 가지고 있지 않습니다.[15]

국가의 존망과 국민의 생사를 좌우하는 전쟁의 수행에 있어서 국가전략의 계획과 운용을 할 만한 사람이 없었으며 또 이러한 문제에 대한 교육을 시키지 않았던 것이 당시 일본의 실정이었다.

니시우라 스스무(西浦進)는 이 문제에 대해 "대동아전쟁(태평양전쟁)에 있어서 우리 군은 여러 가지 결함을 폭로했지만, 가장 중대한 것은 훌륭한 고급지휘관과 고등참모가 없었다는 것이다.…육군대학에서는 사단의 운용, 군 혹은 방면군의 전략을 배웠다. 그 후의 교육훈련의 기회는 없었다. 그러한 사람들이 전시에 최고통수부에 들어가서 전쟁지도에 임했다. 전쟁지도란 군이나 방면군의 운용과 다른 것이다. 거기에는 특수한 연구와 공부가 필요하다. 그것을 미리 연구 훈련하는 곳이 필요함에도 불구하고 그러한 곳이 없었던 것이다."[16]

이것은 당시 일본의 상급 교육기관에 대한 통렬한 비판이다. 육·해군 대학에서는 육군 및 해군의 전략·전술에 대해 교육은 했어도 국군(육·해군)의 전략에 대해서는 교육을 하지 않았기 때문에 전쟁지도라는 문제와는 거리가 멀었다. 허둥지둥 이 문제의 중요성을 알고 「총력전연구소總力戰硏究所」가 창설되었으나, 시기를 잃고 있었다. 전쟁지도의 문제는 장수(고급지휘관), 고급 행정기관의 요원 및 정치가들이 다함께 배워야 한다. 군사전략적 실

15] 防衛庁防衛研修所戦史室, 『戦史叢書』, 大本営陸軍部(1)(東京 : 朝日新聞社, 1969), p. 461.

16] 原田稔, 『未来国防論』(東京 : 原書房, 1971), p. 158에서 再引用.

패를 전술적 성공으로 보완할 수 없는 것과 마찬가지로 전쟁지도의 실패를 군사전략적 성공으로 보완할 수 없는 것이다.

오늘날 중국으로 하여금 세계의 열강국의 하나로 만들게 한 마오쩌둥이 열세한 입장에서 강력한 일본군과 어떻게 싸웠는가를 국가전략의 운용 측면에서 고찰한다는 것은 우리들에게 좋은 참고가 되리라 생각하여 소개한다.

첫째 : 전쟁의 정치목적을 군대와 인민에게 가르쳐야 한다. 병사와 인민 한 사람 한 사람에게 왜 싸워야 하는가, 전쟁은 그들과 어떤 관계가 있는가 하는 것을 꼭 알려야 한다. 항일전쟁의 정치목적은 「일본 제국주의를 구축하고 자유평등의 신중국新中國을 수립한다」는 것이다. 이 목적을 모든 군인과 인민에게 가르치지 않으면, 수억의 인민의 마음을 하나로 만들어 전쟁에 모든 것을 바치도록, 항일抗日의 파도를 높이 쌓을 수 없다.

둘째 : 다만 목적을 설명하는 것만으로는 아직 불충분하다. 더 나아가서 목적을 달성하기 위한 단계적 정책에 대한 설명, 즉 정치강령政治綱領이 필요하다. 지금 이미 「항일구국십대강령抗日救國十大綱領」이 있고, 더욱이 「항전건국강령抗戰建國綱領」이 있지만, 이러한 것을 군대와 인민에 보급하고, 더욱 그것을 실행에 옮기도록 모든 군대와 인민을 동원해야 한다. 명확하고 구체적인 정치강령이 없으면, 항일을 수행하는 모든 군대, 모든 인민을 동원할 수 없다.

셋째 : 어떻게 동원할 것인가. 구두口頭, 삐라와 포고, 신문과 서적, 연극과 영화, 학교, 민중단체, 간부를 통하여 동원하는 것이다.

넷째 : 항일전쟁을 위한 정치적 동원은 항구적恒久的인 것이며, 한 회만으로 충분한 것이 아니다. 정치강령을 암송하여 민중에게 들려주는 것이 아니며, 그러한 암송은 아무도 듣지 않는다. 전쟁발전의 상황과 결부시켜, 병사와 민중의 생활에 결부시켜 전쟁을 위한 정치적 동원을 항구적인 운동으로 만들어야 한다. 이것은 대단히 중요한 것이며, 전쟁의 승리는 무엇보다도 먼저 이것에 달려 있다.[17]

끝으로 국가전략은 다음의 원칙에 의해 수행되어야 한다.

"적국을 온전하게 해 두고 항복시키는 것이 상책上策이고, 적국을 격파하여 굴복시키는 것은 차선책이다. 적군을 온전하게 해 두고 항복시키는 것이 상책이고, 적군을 격파하여 굴복시키는 것은 차선책이다.…

따라서 백번 싸워 백번 이기는 것이 가장 훌륭한 방책이 아니라, 싸우지 않고 적군을 굴복시키는 것이 가장 훌륭한 방책이다. 그러므로 최상책은 적이 전쟁을 하려는 의도를 없애 버리는 것이고, 그 다음은 적을 외교적으로 고립시키는 것이고, 그 다음은 적군과 전투를 하는 것이고, 가장 서툰 방책은 적의 요새를 공격하는 것이다."[18] ♣

17] 『毛沢東軍事論文選』(北京 : 外文出版社, 1969), pp. 317~318.

18] 『孫子兵法』, 謀攻, 第三.

VI

군사전략

• 전쟁은 속전속결로 이겼다는 것은 들어도, 지구전持久戰으로 이겼다는 얘기는 듣지 못했다. 원래 전쟁이 장기화長期化해서 국가에 이익이 있었던 예例는 없다.

－손자－

• 군사전략은 가장 먼저 미래전쟁이 어떻게 해서 일어나는가의 연구 및 군대의 전략전개의 특수한 모습과 최초의 일격을 가해 초기의 여러 작전을 수행하는 수단, 그리고 각 군종의 전략적 운용의 상세한 연구에 관심을 기울인다.

－본문에서－

1. 군사전략의 정의

전략의 뜻은 각 시대, 장소 및 사람에 따라 각인각색의 정의定義를 내렸기 때문에, 모든 사람이 동의하고 승인하는 전략의 정의는 아직 존재하지 않는다.[1] 그래서 여러 전략가들의 전략에 대한 정의를 살펴보면 다음과 같다.

1) 전략은 작전구상의 술術이며, 전술은 실시의 술이다. −로오란−
2) 전략은 전쟁목적을 달성하기 위한 전투운용에 관한 기술이며, 전술은 전투에서의 전투력 사용에 관한 기술이다. −클라우제비츠−
3) 전략은 평·전시를 불문하고 군대를 창설유지하고, 전쟁을 준비하고, 군대를 사용하는 술術이다. −마한−
4) 전략은 군이 전쟁을 위한 준비를 취급하고 전쟁으로 결정될 목표를 달성하기 위하여 작전을 조합하는 기술이다. −스베친−
5) 전략은 정책의 여러 목적을 달성하기 위하여 군사적 여러 수단을 분배 적용하는 기술이며, 전술은 직접 전투행위를 위하여 병력을 배치하고 지휘하는 기술이다. −리델 하트−
6) 군사전략은 국가목표를 달성하기 위하여 군사력을 건설하고 운용하는 술과 과학이다. −한국 합동참모본부−

---

[1] '군사전략'에 관해서는 미국 육군전쟁대학원의 교재를 참고하여 편집한 이종학 편저, 『군사전략론』(충남대학교 출판부, 2009)을 참고할 것.

7) 무력 또는 무력 위협을 적용하여 국가 정책상의 목표를 달성하기 위하여 한 국가의 군사력을 사용하는 기술 및 과학이다. −미국−

8) 전쟁의 발생을 억제·저지하기 위해 또 일단 전쟁이 개시된 경우에는 그 전쟁목적을 달성하기 위해 국가의 군사력과 기타 여러 가지 역량을 준비, 계획, 운용하는 방책을 말한다. −일본−

9) 군사전략은 군사목표를 달성하기 위한 최고 지휘관의 계획된 전반적인 군사계획이다. −이종학−

2. 군사전략의 임무

전쟁수행에 있어서 전역戰役뿐만 아니라, 군사작전을 지도하는 군사전략의 주요하고도 긴요한 여러 임무를 살펴보면 다음과 같다.

미국의 저명한 군사전문가 가도프(Raymond L. Garthoff)는 그의 저서 『핵시대의 소련전략』에서 전략의 임무를 다음과 같이 논의했다.

(1) 구체적인 역사적 시기의 객관적 법칙에 기초를 두고, 미래전쟁의 기본적 수단과 방법 및 가상적 여러 형태를 결정하는 것.
(2) 적 전체와 전투작전에 임하고 있는 적의 각 야전부대의 전략적 역량을 연구하는 것.
(3) 가상적 적국과의 무력투쟁의 구체적 방법 및 수단을 결정하는 것.
(4) 가상적 전쟁의 성격과 목적에 적응하는 군사력의 건설을 지도하는 것.
(5) 미래전쟁과 그 전역戰役을 위한 물질적 준비에 필요한 여러 조건을

규정하는 것.

(6) 작전지역에서의 군사작전을 준비하는 것.

(7) 전체로서의 전쟁과 각 전역戰役에 있어서 경주해야 할 주요 노력의 방향을 결정하는 것.

(8) 병력과 수단을 작전전구별作戰戰區別 및 전략방향(지역)별로 배려하는 것.

(9) 필요한 예비 병력을 준비하고 조직하는 것.

(10) 적의 사기와 경제력을 파괴하기 위하여 적의 후방에 있는 여러 목적을 군사적 수단으로써 공격하는 것.

(11) 비군사적인 전투방법 및 수단에 의하여 달성된 여러 성과를 군사작전을 위하여 계산하고 이용하는 것.

(12) 전체로서의 전쟁과 각 전역戰役에 있어서의 군사작전을 조직하고 지도指導하는 것.

이러한 모든 임무는 전략적 지도에 따라서 수립된 전쟁계획에서 볼 수 있는 것이다.[2]

소련의 소콜로프스키(V. D. Sokolovskii) 원수 외 15명이 저술한 『소련의 군사전략』에서 전략의 임무와 내용에 대해 다음과 같이 논술하고 있다.

전략의 주요 임무의 하나는 미래전쟁의 상황과 성격을 연구하는 것, 그것의 수행방법과 형식을 개발시키는 일이다. 따라서 전략은 주어진 목적의 달성을 위해 필요한 모든 힘과 수단의 조직, 즉 군대와 그 전쟁준비의 전반적 개발을 결정해야 한다. 전략의 다른 문제는 무력전과 군대의 지도指導를 위한 물질적 및 기술적 기초의 개발의 문제이다. 군사전략은 잠재적인 적의 입장과 능력을 고려하면서, 이러한 문제를 모두 연구해야 한다. 이처럼 적의 전략적 여러 견해를 연구하는 것도 또한 전략의 역할이다.

이상의 과제를 고려한다면, 군사전략 이론의 영역은 다음과 같은 것을 포함한다.

① 무력전을 지배하는 일반적 여러 방책

2] Raymond L. Garthoff, *Soviet Strategy in the Nuclear Age* (New York : Frederick A. Praeger, 1958), p. 9.

② 미래전쟁의 상황과 성격

③ 국가 및 국군의 전쟁준비의 이론적 원칙과 전쟁계획의 여러 원칙

④ 국군의 각 군종軍種과 그 전략적 운용의 기초

⑤ 무력전 수행의 여러 방책

⑥ 무력전에 대한 물질적 및 산업기술적 기초

⑦ 국군의 지도指導 및 일반전쟁지도의 여러 원칙

⑧ 잠재적 적국의 전략적 여러 견해

무력전을 지배하는 일반적 여러 법칙의 지식은 지휘관이 미래전쟁에 있어서 군사적 사건의 성격을 예견豫見하고, 군사 제작전諸作戰의 현명한 지도에 있어서 이러한 여러 원칙을 적용하여 성공하는 것을 가능케 하는 것이다. 이것이 객관적 여러 법칙을 적용하는 경우의 주관적 방면이다.

군사전략의 내용에 있어서 다음 중요한 요소는 미래전쟁의 성격에 관한 문제이다. 여기서 전략은 주어진 역사적 시점에 있어서 미래전쟁의 성격, 군사적 및 정치적 여러 세력의 배치, 여러 무기의 질과 양, 군사적 및 경제적 잠재력, 대항하는 연합제국聯合諸國의 당연히 예상되는 편성과 강도强度, 그리고 그들의 지리적 분포를 주어진 역사적 시점에 있어서 결정하는 여러 조건과 여러 요소의 연구를 포함한다.

전쟁 그 자체의 성격과 관련하여 전략적 분석은 전쟁의 수행, 계속기간, 긴장 그리고 지리적 범위의 기본적 의의를 중시한다.

군사전략은 미래전쟁의 성격에 대하여 군대에 전쟁준비를 시키는 양식 및 수단을 연구한다. 이 경우, 첫째로 유의해야 할 문제는 다음과 같은 것이 있다. 즉 정치적 여러 요구, 경제적 잠재력, 그리고 과학적 및 산업기술적 성장을 고려해 넣어, 전쟁준비의 과학적 계획, 전략적 정보부의 조직, 전략적 여러 문제를 해결하기 위해 필요한 군사의 편성, 전략예비의 편성 및 준비, 물질적 자료의 저장, 그리고 군사 제작전장諸作戰場으로서의 국토의 준비.

국군의 각 군종에 관해서 군사전략은 그 구성과 상호관계, 정치적 및 전략적 전쟁목적의 변화, 그리고 그 밑에서 수행되는 여러 상황을 고려하여 각 군종에 과해진 여러 요구, 미래전쟁에 있어서 그 목적과 여러 임무, 그리고 그 장래의 개발의 여러 원칙과 장기목표를 결정하는 여러 요소를 연구하는 것이다.

군사전략은 가장 먼저 미래전쟁이 어떻게 해서 일어나는가의 연구 및

군대의 전략전개의 특수한 모습과 최초의 일격을 가해 초기의 여러 작전을 수행하는 수단, 그리고 각 군종의 전략적 운용의 상세한 연구에 관심을 기울인다.

무력전의 물질적 요구는 전쟁 전반 및 전략적 여러 작전의 서로 다른 형식의 여러 요소와 관련하여 연구된다. 이 경우, 전략적 후방조직을 고려하게 되지만, 그 가운데는 국군의 후방 여러 기관의 배치를 포함하며, 무력전의 물질적 및 산업기술적 후방지원에 관한 작전계획 및 실시상의 완전한 수단의 원칙이 연구의 대상이다.

국군의 지도원칙을 검토함에 있어서, 군사전략은 무엇보다도 전쟁지도 전반全般과의 관계를 생각해야 한다. 그것은 생각할 수 있는 전략적 지도 기관, 그 조직기구와 기능 및 각국의 군사 연합국의 군대를 지도하는 원칙 및 방법을 결정해야 한다.

군사전략은 잠재적국의 전략상의 여러 견해를 연구함에 있어서, 미래전쟁에서 그 군사적 및 정치적 목표가 무엇인가 또 그와 같은 전쟁을 위한 적측의 경제적, 군사적 및 정신적 능력은 어떠한 것인가에 주의를 집중한다. 더욱이 다음 사항에 대한 적의 견해에 관심을 기울여야 한다. 즉 종사하는 전쟁의 성격과 기술 면, 군대의 편성 및 전쟁을 위한 경제, 인적 자원 및 국토의 준비이다.[3]

지금까지 여러 군사학자들의 견해를 소개했는데, 저자는 그 내용을 다음 다섯 가지로 요약해서 그것을 설명함으로써 군사전략의 임무를 부연해 보고자 한다.[4]

1) 가상적 미래전쟁에 있어서 가장 효과적으로 승리를 쟁취하고 특정한 전쟁 목적이 성취될 수 있게 하여주는 군사력의 사용을 지도하는 전략개념을 결정하기 위하여 미래전쟁의 가상적 형태와 수단 및 방법을 연구·검토해야 한다는 것이다. 이것은 우리 국군이 갖추어야 하는 무기체계와 장비의 연

[3] V. D. Sokolovskii, *Soviet Military Strategy*, trans. Herbert. S. Dinerstein(Englowood Cliffs, New Jersey : Prentice-Hall, Inc., 1963), pp. 89~90.

[4] Raymond L. Garthoff(1958), 전게서, pp. 9~10 참조.

구·개발, 군의 편성과 지휘계통의 정비, 군사훈련의 지침 등의 기반을 이루는 요소이다. 따라서 한 국가의 국방을 다루는 장수가 가장 먼저 생각해야 하고 또 지침과 방향을 제시해야 할 것은 바로 미래전쟁의 가상적 형태이다.

예컨대, 독일군 참모총장 슐리펜 장군은 1909년 발표하기를 "다가오는 전쟁은 전쟁이 시작되면 단 1회의 전투에서 종말이 날 것이다. 그 이유는 오늘날의 군의 병력은 대단히 방대한 관계로 국가 경제생활이 일시 중지될 것이고, 또 각국의 금융관계로 미루어보아도 도저히 전비戰費를 장기간 낼 수 없다. 또 일반적으로 민중의 평화적 경향과 전쟁이 국민적으로 된 관계에서 정부는 민심의 추세로 보아서도 장기간 전쟁을 할 수 없을 것이다. 따라서 전쟁은 이 한 번의 전투에 있어서 모든 전력戰力을 기울여 속전속결速戰速決로 지도해야 한다"고 했다. 또한 세계 일류의 경제학자나 재계인財界人들도 전쟁은 6개월 이상 계속할 수 없을 것으로 예상하였다. 그러나 이러한 예상은 보기 좋게 배반당하고 말았다.

2) 승리를 얻기 위한 전략개념의 여러 요구를 실현하기 위하여 군사력에 관한 이론, 기구機構, 편성, 규모 및 배치 등을 연구해야 한다. 예컨대, 비엔나(Vienna) 평화(1815) 이후 반세기 동안 프로이센은 유럽의 전쟁에는 적극적인 참여를 하지 않았다. 프로이센 군대가 유럽에서 가장 강력한 군대로 등장하던 1860년대까지는 거의 50년 내지 60년 동안 한 번도 실전의 경험을 갖지 못했으나, 두 차례의 대전, 즉 보오전쟁(1866)과 보불전쟁(1870~1871)에서 대승大勝할 수 있었던 원인을 살펴보면, 그것은 오직 그들의 편제, 평시훈련 그리고 이론적 전쟁연구 때문이었다. 1940년 5월 개전 3주 만에 프랑스는 110개 사단을 동원했고, 영국은 5개 사단으로 된 원정군을 동원했으나, 이런 대병력도 불과 23개 사단의 독일군에 눌려 패배했는데 그것은 독일군이 활용한 전격전電擊戰 이론의 효력 때문이었다.

3) 가상 적국에 대한 미래의 수세 및 공세적 전쟁에서 야기될지 모르는 온갖 우발적 사태에 대처하기 위하여 여러 대안代案의 전쟁계획을 준비해야 한다. 물론 이러한 여러 대안의 전쟁계획이 실제의 전쟁에 있어서 그 양상이 달라진다 할지라도 그 수정이 쉽고 또 당황하지 않게 되는 것이다.
4) 점령이나 혹은 파괴에 의해서 무력화無力化시켜야 할 적의 주력부대와 기타 전쟁계획에 특히 명시되어 있는 전략목표를 포함하는 주요 목표의 위치에 의해서 결정되는 지역전략의 우선순위에 따라 전투부대와 예비부대를 전개하는 것.
5) 가상 적국의 정책, 전쟁준비, 전략개념, 군의 훈련과 준비, 특히 연습과 기동의 실시에 대하여 신중히 연구를 해야 한다.

이러한 다섯 가지의 군사전략의 임무는 가상 적국이 만약 전쟁을 개시했을 때 취하는 가능한 방책을 예견하고, 적시에 절박한 위협에 대하여 국민과 군대에 대하여 경구警句를 발하고 예상치 않은 일에 당면하지 않도록 하는 데 있는 것이다.

3. 군사전략의 목표

국가목적을 비군사적 수단으로 달성할 수 없을 때, 최후의 수단으로서 군사력에 의한 전쟁을 통하여 국가목적을 달성하려고 한다. 클라우제비츠가 주장하듯, "전략에 있어서 승리, 즉 전술적 성과는 원래 하나의 수단에 지나지 않는다. 따라서 전략에서의 궁극적 목적은 결국 강화講和로 직접 연결되는 사항이 된다."(『전쟁론』 II-2). 다시 말하면, 군사적 수단을 통하여 국가목적을 달성할 수 있도록 유리한 상황을 조성하여 적으로 하여금 우리의 조건에 따라 강화를 맺도록 하는 데 있다.

이렇게 만들기 위해서 우리들은 먼저 적이 이기지 못하도록 만반의 군사적 태세와 준비를 갖추어 두고서, 다만 적에게 승리할 수 있는 시기만을 노리는 단계와 태세에 있어야 한다. 그러면 전략가들의 전략의 목표에 대한 견해를 살펴보면 다음과 같다.

1) 군사전략의 목표는 정치가 설정한 목적을 달성할 수 있는 그러한 정세를 군사적 방법에 의하여 조성하는 데 있다.[5]
2) 전략의 목표는 말 대신으로 힘에 의하여 정치적 논쟁을 매듭짓자는 데 있다. 이것은 통례적으로 전투에 의하여 달성된다. 그러나 전투의 참된 목표는 물리적 파괴가 아니라, 적측의 정신적 굴복인 것이다. 적을 격멸해야 한다는 생각은 그것이 유익한 평화 상태를 초래케 함으로써만이 합리적이 될 수 있다. 따라서 만약 적이 미개한 야만인이라면 적을 제거하는 짓은 간혹 어떤 경우에 있어서 인류에 대하여 유익한 일이 될 수 있다. 그러나 적이 문화민족에 속하여 있다면, 즉 적이 세계에 대해 유용하다면, 그들을 도살한다는 것은 어쩔 수 없는 경우라 할지라도 불행한 일이라 생각되며, 만약 피할 수 있는 경우에 그렇게 했다면 범죄가 된다.

이것을 이해한다는 것은 중요한 일이다. 왜냐하면 전투 목표로서의 파괴는 오늘날의 공통적인 교리이며, 그리고 지난 제1차 세계대전에서의 파괴는 독일과 그 동맹국의 패배를 가져왔을 뿐만 아니라, 전쟁목적의 패배 그 자체를 초래케 했고, 그 전쟁을 통하여 마음속에 새겨진 파괴는 여러 나라를 정신적으로 도의적으로 너무나 어지럽혔기 때문에 이러한 신

[5] R. L. Garthoff(1958), 전게서, p. 6.

경중 위에 건설된 평화 그 자체도 적지 않게 파괴적임을 증명하였다. 이 숙명적인 교리에 대한 이유는 보다 더 완전한 평화(a more perfect peace)를 수립한다는 진정한 전쟁목적에 대한 무지無知 때문이다.[6]

3) 전략의 첫째 목표는 전술적 전투를 불필요한 것으로 만드는 데 있다. 따라서 전략의 성공을 말하는 척도는 전투의 불필요성의 정도 여하에 따라 측정된다. 전략의 둘째 목표는 만약 전투가 야기된다 하더라도 승리할 수 있도록 자국의 여러 자원을 적절하게 배치하여 두는 데 있다.… 성공적인 전략은 물리적 전투를 불필요한 것으로 만드는 데 있다는 사상은 그렇게 새로운 것이 아니다. 풀러(J. F. C. Fuller, 1878~1966)는 다음과 같이 지적했다. 즉, 수천 년이란 긴 역사를 가진 동로마 제국의 유구한 존속은 그 군사기구에 기인하며 또 제왕은 "전략과 전술"이라는 교범을 통하여 그들의 군대에 서구西歐가 전연 모르고 있었던 견고성을 부여하였다. 그는 전쟁을 영웅적인 심리의 견지에서가 아니라 실제적인 견지에서 보았다. 전투는 추구되기 보다는 오히려 될 수 있는 대로 피하려고 하였으며, 꾀로써 획득할 수 있는 것을 만용으로서 생명을 희생하면서까지 달성한다는 따위의 것은 최악의 용병법用兵法이라 간주하였다. 이와 같은 전략의 형식도 지나치게 강조된 나머지 동로마 제국이 멸망한 후부터 전쟁은 점점 지리적 형태에 의한 군사력의 행사로 되돌아가 버렸다. 이와 같은 전략의 목표는 자국自國의 군대를 적의 전투대상으로서 가치가 없는 것으로 보여주는 기동에 있었다. 그 목표한 바는 칭찬할만한 것이라 할 수 있으나, 이 전략에 대한 계속적인 맹목적 숭배로 군대는 효과적인 전투수행 능력을 상실한 악화된 상태에 빠지게 되었다. 17 및 18세기에 있어서 용병술은 질적으로 개선되었으며, 나폴레옹은 개인적 통솔력과 또 용

6] J. F. C. Fuller, *Armored Warfare* (Pennsylvania Harrisburg : The Military Service Publishing Company, 1943), p. 44.

감성이 전투에 있어서 용병의 사전 기동에 못지않게 중요하다는 것을 실지로 보여주었다.[7]

4) 비록 결정적인 전투가 목적지라 할지라도 전략의 목표는 가장 유리한 환경 하에서 그 전투를 이끌어 나가는 것이어야 하는 까닭이다. 더 유리한 환경일수록 비교적 더 적은 전투를 하게 되는 것이다. 따라서 완전한 전략은 위험한 전투를 하지 아니하고도 결정을 내리는 것이다.… 최근의 가장 충격적이고 또 비극적인 실례實例는 1940년 독일군이 벨기에에서 연합군의 좌익을 차단하여 함정에 몰아넣고, 후속하던 구데리안이 세당의 중심부를 기습 돌파하여 이로 인해 유럽대륙에서 연합군이 전면적으로 붕괴되고 말았다. 적의 항복에 의한 무장해제를 통하여 적의 군사력을 파괴하는데 경제적으로 성취시킨 좋은 실례이기는 하지만, 이러한 파괴는 전쟁목적을 결정하거나 달성하는데 본질적 요소가 아니니다. 정복을 기획하지 않고 안전보장을 추구하는 경우에 있어서, 위험이 제거되고 적에게 그 목적(정복기획)을 포기케 함으로써 그 목적은 달성되는 것이다.…

가령 여기에서 전략가는 군사적 결정을 추구할 권한이 있다고 생각해 보자. 그런 경우 그의 책임은 가장 유리한 결과를 가져오기 위하여 가장 유리한 환경 하에서 이 군사적 결정을 하려고 할 것이다. 여기서 이 전략의 진실한 목표는 되도록 전투를 하려 하지 않고 부득이하다 할지라도 유리한 전략적 상황을 추구하며, 만일 그렇게 좋은 결과에 도달하지 못할 경우에는 전투를 계속하면서라도 이것을 성취하고자 하는 것은 사실이다. 말을 바꾸어서 한다면 전략의 목표는 위치를 혼란케 하는 데 있다. 그 결과는 적군을 분열시키거나 또는 전투에 있어서 좀 더 쉽게 적을 와

7] James M. Gavin, *War and Peace in the Space Age* (New York : Harper and Brothers, Publishers, 1958), pp. 230~232.

해시키게 될 것이다.[8]

위의 리델 하트의 견해는 해양국가의 입장에서 군사전략의 목표를 어떻게 설정할 것인가의 견해이고, 대륙국가의 입장인 클라우제비츠의 견해는 아래와 같다.

5) 아군이 공격 목표로 하는 적의 중심이 어떠한 것이든, 적의 전투력을 파괴하는 것이야말로 승리의 가장 확실한 단서이며 또 어떠한 경우에도 가장 중요한 일이며, 적을 타도하기 위한 조건은 아래와 같다.
   ① 주로 적의 군대가 중심重心을 이루는 경우에는 군대를 격파한다.
   ② 적국의 수도首都가 국가권력의 중심지일 뿐만 아니라, 정치단체 및 당파의 소재지인 경우에는 수도를 침공한다.
   ③ 적의 가장 중요한 동맹자가 적보다도 유력한 경우에는 그 동맹자에게 강력한 공격을 가한다.
   ④ 국민 총봉기의 경우에는 중심은 주로 지도자 개인과 여론에 있다.(Ⅷ-4)

클라우제비츠의 견해는 항공력(air power)이 등장하기 이전의 군사목표의 우선순위이고, 미국의 걸프전(1991) 당시 미 공군의 워든 3세(Warden III) 대령은 아래와 같이 군사목표의 우선순위를 정했다.[9]

① 지휘구조(C^4I)
② 주요 생산시설
③ 수송체제
④ 인구 및 식량원
⑤ 야전군

---

8) B. H. Liddell Hart, *Strategy*(New York : Frederick A. Praeger, 1954), pp. 338~339.

9) 이종학 편저(2009), 전게서, pp. 393~394.

군사전략의 목표는 적 의지를 굴복시켜 우리들이 바라는 조건에 의한 강화를 맺게 하고, 이 목표를 달성하기 위해 전투의 수단을 사용해서 적 전투력의 파괴 그리고 나아가서 적 영토의 점령도 실시하게 될 것이다. 결국 군사전략의 목표는 전쟁의 정치적 목적을 달성하는 데 이바지해야 한다.

4. 군사전략의 수단

전쟁의 목적은 시대와 사람에 따라 그것의 표현에 약간의 뉘앙스는 다르지만 대체로 변하지 않고 내려왔는데, 전략의 수단은 시대에 따라 변해왔다. 그것을 크게 나누면 군사적 수단(전투)과 비군사적 수단(외교, 경제, 선전전宣傳戰 등)으로 구성되어 있다.

이 문제에 대한 클라우제비츠의 견해는 다음과 같다. 즉,

- 그러고 보면 전쟁에 있어서 목표에 도달하는 길은 여러 가지가 있는데, 모든 전쟁이 반드시 적의 타도에 있지 않으며, 적 전투력의 파괴, 적 영토의 정복, 다만 점유나 침략, 양편의 각각 정치적 관계에 직접 영향을 미치는 여러 기도企圖, 적의 공격을 수동적으로 받아들이는 등은 모두 적의 의지를 굴복시키기 위해 사용할 수 있는 수단이라는 것을 알 수 있다. 요컨대 상황의 특성에 따라 이러한 수단의 어느 것이 선택되는 것이다.(Ⅰ-2)
- 전쟁을 수행하는 유일한 수단은 전투에 지나지 않는다.… 전투는 전쟁에 있어서 유일하고 유효한 수단이다. 그리고 전투에 있어서 지금 우리 편과 대치하고 있는 적 전투력의 파괴야말로 목적을 달성하기 위한 수단이다.(Ⅰ-2)

전쟁의 목적인 적의 의지의 굴복을 달성하기 위한 수단이 무력전武力戰 위주에서 비무력전 위주로 옮겨가는 경향으로 흘러내려 왔다. 그러나 여기서 우리들이 유의해야 할 것은 군사력의 행사에는 억제력과 신중성이 수반되어야 하지만, 일단 군사력을 행사하는 경우에는 신속하게, 대량으로 그리고 결정적으로 이것을 구사하여 우리들의 목표를 달성토록 해야 하는 것이다. 손자도 "전쟁은 속전속결을 한다는 것은 들어도 지구전으로 이겼다는 얘기는 듣지 못했다. 원래 전쟁이 장기화해서 국가에 이익이 있었던 예例는 없다."(兵聞拙速 未睹巧之久也 夫兵久而國利者, 未之有也－作戰篇－)고 했다. 미국이 베트남전쟁에서 실패한 주요 원인의 하나가 여기에 있는 것이다. 그리고 1941년 12월 7일 일본 해군의 진주만 기습작전을 검토해 보고자 한다. 즉, 그들이 1차 공격을 끝내고 공격대의 수용이 끝나자, 참모들의 건의를 묵살하고 재공격을 하지 않고 귀환 길에 바빴다. 그동안 무선정보에 의하면 항모航母 엔터프라이스 호도 근해近海에 있었고, 기타 적함敵艦도 근처에 있다는 것을 알았지만, 나구모 주이치(南雲忠一) 제독은 돌아오기 바빴다. 일본군의 손해가 무상無傷에 가까웠으니 계속 제2회의 공격을 속행하여 진주만에 남은 함정, 항공기 및 석유저장고(450만 배럴의 중유가 있었고, 이것이 없으면 미 함대는 수 개월간 작전 불능) 등을 파괴하고 또 항모 2척도 수색하여 격침시켰다면, 미 해군은 더욱 절망적이었을 것이다.

아무튼 대량 살상무기가 등장한 핵시대에 있어서 전쟁은 너무나 중대한 문제이기 때문에 장군들에게만 맡겨둘 수는 없는 것이다. 그러나 미국이 6·25전쟁이나 베트남전쟁에서 보여준 것처럼 그것을 다만 정치가나 전자계산기에만 맡겨둘 수도 없다는 것을 보여주고 있다.

그리고 전략의 목표를 달성함에 있어서 가능하면 피를 흘리지 않고 또 유리한 조건하에서 이루는 것이 바람직하다. 그러나 이 문제는 정치가(국가원

수)나 장수들이 언제나 염두에 두고 생각해야 할 문제이지, 전장戰場에 나온 하급지휘관 및 병사들이 염두에 둘 문제는 아니다. 물론 유혈만이 문제를 해결하는 가장 훌륭한 방법은 아니지만, 전쟁 그 자체가 유혈을 전제로 한 것이고 또 적과 대치하고 있는 장병들은 전투를 두려워하지 않고 용감히 그리고 지혜롭게 수행해야 한다.

5. 군사전략의 요소

전략의 요소라는 것은 전쟁에 있어서 전략의 목표를 달성할 수 있도록 하는 물리적·정신적 힘의 구성인자를 뜻하는 것이다. 환언하면, 전장에서 한 쪽은 승리하고 다른 쪽은 패배하는 데 그 요인이 바로 전략의 요소에서 기인하는 것이라고 본다. 따라서 이 문제에 대해 많은 전략가들 사이에는 대동소이大同小異한 견해의 차이가 있는데, 그것을 소개하면 다음과 같다.

손자는 다음과 같이 열거했다.[10]

① 정치가의 능력

② 지휘관의 지휘·통솔력

③ 시간·지리의 이점利點

④ 조직 및 병참

⑤ 군대의 질

⑥ 장병의 훈련도

10] 『孫子』, 始計 第一.

⑦ 군율 및 사기

클라우제비츠는 그의 『전쟁론』에서 다음과 같이 열거했다.

① 정신적 요소 : 정신적 특성 및 정신적 효과에 의하여 생기는 모든 것.

② 물리적 요소 : 전투력의 양, 그 편성, 여러 병종 사이의 비율.

③ 수학적 요소 : 작전선의 각도, 외부에서 내부로 향하는 구심적 기동 및 내부에서 외부로 향하는 원심기동遠心機動의 기하학적 방향.

④ 지리적 요소 : 지세地勢의 영향, 즉 제고지점制高地點, 산지, 하천, 삼림지 및 도로 등.

⑤ 통계적 요소 : 군대를 유지키 위한 모든 보급수단.(III－2)

미국의 버언 중령은 그의 저서 『육상 전쟁술』에서 다음과 같이 열거했다.[11]

① 지휘관의 자질과 능력

② 군대의 질과 능력

③ 사기

④ 자원

미국의 전략사상가 그레이(Colin S. Gray, 1943~)는 클라우제비츠의 '전략의 요소'(Elements of Strategy)를 더 넓게 발전시켜 '전략의 범위'(Dimensions of Strategy)라 하여 아래와 같이 밝혔다.[12]

1) 인간과 정치
① 인간 ② 사회 ③ 문화 ④ 정치 ⑤ 윤리

11] Alfred H. Burne, *The Art of War on Land*(Harrisburg : The Military Service Publishing Company, 1947), p. 4.

12] Colin S. Gray, *Modern Strategy*(New York : Oxford University Press, 1999), pp. 23~44.

2) 전쟁준비

① 경제학과 병참(Logistics)

② 조직

③ 군사행정

④ 첩보와 정보(Information and Intelligence)

⑤ 전략이론과 교리

⑥ 기술(Technology)

3) 전쟁 자체(war proper)

① 군사작전 ② 지휘 ③ 지리학

④ 마찰·기회 및 불확실성 ⑤ 시간(Time)

이제 저자는 이러한 선인들의 이론과 견해를 바탕으로 하여 이 문제에 대해 좀 더 이해할 수 있는 방향으로 부연해 보고자 한다.

가. 지휘관의 자질과 능력

1) 지휘관의 중요성

옛날부터 "군대는 100년 동안 한 번도 사용하지 아니할 수 있으나, 단 하루라 할지라도 갖추지 않으면 안 된다."(兵可 百年不用 不可一日不備)라고 하였거니와 더욱이 그 군대를 움직이는 지휘관의 중요성은 재론할 필요도 없을 것이다. 그런데 이 지휘관의 획득이란 하루아침에 이루어지는 것이 아니다. 최소한도로 한 장성將星을 육성하려면 20년 이상의 시간이 소용되는 것이다.

손자는 지휘관의 중요성에 대해 말하기를, "국가가 망하면 다시 존속할 수 없고, 죽은 자는 다시 살아날 수 없다. 그러기 때문에 훌륭한 군주는 전쟁을 신중히 생각하고, 훌륭한 장수는 전쟁을 경계하는 것이다. 이것이 국가를 안정하게 하고 또 군대를 보존케 하는 길이다.… 용병술을 잘 아는 장수는 국민의 생명을 맡은 사람이요, 국가의 안위를 좌우하는 사람이다."[13]고

했다. 이것은 지휘관이 얼마나 무거운 직책을 가지고 있는가를 단적으로 표현한 것이다. 군대에 있어서 지휘의 중심이 되고 또 원동력이 되는 것은 실로 지휘관이며, 옛날부터 조건이 비슷한 환경 속에서의 전투의 승패는 지휘관의 우열에 의하여 좌우되는 것이다.

그래서 프랑스의 포슈 장군은 "전투의 승패는 지휘관에 의해서 결정되는 것이지, 병사에 의해서 결정되는 것은 아니다.… 전쟁의 큰 성과는 지휘관에 의해서 달성되는 것이다. 그러므로 역사는 정당히 지휘관으로 하여금 승리에 대한 책임을 지게 하여 그 때에는 영광을 누리게 되고, 또 패전에 대해서도 책임을 지게 하여 그 때에는 굴욕을 당하게 되는 것이다. 지휘관 없이는 전쟁도 있을 수 없고 승리도 있을 수 없다."[14]고 했다. 이것은 1870년 보불전쟁에서 프랑스군의 대패와 또 그들의 고위 지휘관들의 과오를 바로잡으려는 결의에 의한 교훈의 결론이었다.

지휘관을 육성하고 또 선발하여 사용하고 또 그들의 생명을 보호케 하는 책임은 군의 최고통수권을 가진 대통령이나 수상이다. 예컨대 제2차 세계대전 초기 처칠 수상은 됭케르크 철수시(1940. 5. 28.~6. 2.) 영국 원정군사령관 고트 장군을 구출하기 위하여 철수병력이 1개 군단 규모로 줄어들었을 때 한 사람의 군단지휘관에게 지휘권을 위임하고, 즉시 본국으로 귀국하라고 명령하였다. 처칠은 고트 장군의 희생적 기질을 잘 알고 있었기 때문에 동년 5월 30일 직접 자필自筆로 다음과 같은 명령을 발송하였다.

> 우리들은 귀관의 지휘가 한 군단장에게 인계할 때까지 축소되었다고 확인되었을 때, 귀관이 선택한 장교와 더불어 귀국할 것을 귀관에게 명령한다.… 만약 통신이 두절되면 귀관의 유효한 전투 병력이 3개 사단을 넘지 않을 때, 귀관은 지휘를 인계하고 귀국해야 한다. 이것은 정당한 군사적 절

13] 『孫子』, 火攻 第十二 및 作戰 第二.

14] Edward M. Earle, ed., *Makers of Modern Strategy* (Princeton University Press, 1943), p. 228.

차를 밟은 것으로 본건에 관하여 개인적 견해는 귀하에게 허용되지 않는다. 소수의 병력만이 귀하의 수중에 있는데, 적이 귀관을 사로잡는다면 정치적으로 보아서 불필요한 개가凱歌를 적에게 주게 된다. 귀관에 의하여 선택된 군단 지휘관은… 무익한 살육을 피하기 위해 상급 프랑스군 지휘관과 상의하여 독일군에 항복할 권한을 가진다.

이러한 명령은 다른 또 한 사람의 용감한 지휘관의 운명에 커다란 영향을 미치는 계기가 되었다. 그것은 태평양전쟁에 있어서 1941년 12월 처칠 수상이 미국의 백악관에 갔을 때, 맥아더 장군과 필리핀의 코레히돌 요새의 미군 수비대의 닥쳐올 운명을 들었다. 처칠 수상은 됭케르크에서의 그의 조치를 얘기했고 또 전보내용을 알려주었다. 그 영향으로 루스벨트 대통령은 맥아더 장군에게 지휘를 부하의 장군에게 이양할 것을 명령하여, 이 위대한 지휘관으로 하여금 그 후 혁혁한 전공을 세우는 기회를 마련해 주었다. 만약 그때 그가 일본군의 포로가 되었다면, 그 후의 전황戰況은 어떻게 되었을까? 지휘관의 바른 판단이 부하의 생명을 구출하듯이 위정자의 현명한 판단에 의한 조치는 유능한 지휘관으로 하여금 더 훌륭한 전공戰功을 세울 기회를 제공해 준다. 중국 병서 육도六韜에 "군주의 생명이 엄중하다 하여 반드시 죽음을 각오하지 말라"(勿以受命爲重而必死－立將 第二十一)고 출전하는 장수에게 주의를 환기시키는 것도 바로 그러한 의도에서 나온 것이라 생각한다.

그러면 지휘관의 임무란 무엇인가? 지휘권을 부여받은 지휘관은 전장에 있어서 주어진 전략목표를 효과적으로 달성하는 데 있다. 만약 그 지휘가 적절하면 공적을 인정받아 명예를 획득할 수 있지만, 지휘가 적절하지 못하면 그와 그의 부하, 그리고 국민의 생명과 국가의 파멸도 감수해야 할 경우도 발생하는 것이다. 6·25전쟁 초기작전에 있어서 채병덕 육군 참모총장의 작전지휘의 졸렬은 산 본보기라 하겠다. 패배의 원인을 살펴보면 평상시 적과 우리 편의 국력 및 군사력을 정확히 평가·분석하여 이에 대처하는 전쟁 및 작전계획을 수립하고, 주어진 장비의 효과적 사용과 장병의 훈련이 되어 있어야 했는데, 사실은 그렇지가 못했다. 적의 기습을 받고는 당황한 나머지 병력 및 장비가 월등하게 우세한 적에게 열세한 아군의 주력을 축차적으로 투입하였고, 또 아군의 주력부대를 한강 이북의 미아리 선에 두고 한강교를 조기에 폭파함으로써 아군의 주력은 와해되고 대부분의 중장비는 적에게 넘겨주는 결과가 되었다.

지휘관이란 적과의 전쟁에 있어서 승리할 수 있는 승산이 없고서는 함부로 홀가분하게 싸운다고 말해서 안 되는 것이다. 그리고 전장에 있어서 어떠한 상황에도 이를 지배해서 승리를 획득하는 데 있다. 따라서 지휘관은 그의 해야 할 바를 알고 또 책임감과 승리에 대한 확고한 신념을 가져야 한다.

2) 지휘관의 자질

일찍이 나폴레옹은 "고울을 정복한 것은 로마의 군대가 아니라, 카이사르였다. 로마를 전율케 한 것은 카르타고의 군대가 아니라, 한니발이었다. 멀리 인도에 도착한 것은 마케도니아의 군대가 아니라, 알렉산더였다"고 말한 적이 있다. 임진왜란 당시 이순신과 원균의 양 지휘관이 거느린 수군은 똑같은 우리의 수군이었지만, 그 결과는 천지의 차이였다. 1757년 11월 롯스바하 전투에서 프리드리히 대왕의 군대에 참패를 당했던 프랑스의 군대도 나폴레옹에 의해 지휘·통솔되었을 때, 유럽에서 적이 없는 강력한 군대가 되었다. 이런 혁혁한 공을 세운 지휘관들은 과연 어떤 자질을 갖추고 있었고, 또 갖추어야 할 것인가?

손자는 "지휘관이란 지혜, 신의, 인애仁愛, 용기 및 위엄의 덕성을 갖추어야 한다."[15]고 했다.

15] 『孫子』, 始計 第一.

오자는 다음과 같이 주장했다.[16]

문과 무를 겸비하면 장수가 될 수 있고, 강剛과 유柔를 겸비하면 능히 전쟁을 맡길 수 있다. 세상 사람들은 양장良將을 논함에 있어서 항상 용기의 유무를 주로 관찰하지만, 용기 이외도 필요한 요소는 많으므로 용기는 그 가운데 일부에 지나지 않는다. 그저 용기만 있는 자는 반드시 경솔하게 적과 접전接戰하기만 좋아 한다. 그러나 이렇게 경솔히 싸우기만 해서는 이롭지 못한 것이다. 따라서 장수가 해야 할 일이 다섯 가지가 있다. 즉

첫째, 지휘·통솔에 능통해야 한다.

둘째, 작전준비에 완벽을 기해야 한다.

셋째, 과감한 용단력이 있어야 한다.

넷째, 적을 경시하지 말고 경계를 철저히 할 것.

다섯째, 군령 등은 간명簡明해야 한다.

나폴레옹 밑에서 활약한 바가 있는 스위스 출신의 전략가 조미니(1779~1869) 장군은 장수의 기본 자질을 다음과 같이 주장했다.

첫째, 대결단을 내릴 수 있는 높은 정신적 용기.

둘째, 위험을 두려워하지 않는 육체적 용기이다.

그의 과학적 혹은 군사적 박학博學은 부차적인 문제이다. 장수는 박식인博識人이 될 필요는 없지만, 그의 지식은 제한되어 있어도 좋으나 정통精通해 있어야 하며, 그는 전쟁술(art of war)에 바탕을 둔 전쟁의 원칙을 완전히 터득하고 있어야 한다. 다음은 장수의 인간적 인격의 자질이다. 타인을 질시하는 대신 용감하고, 바르며, 확고하고 강직하며 또 다른 사람의 장점을 평가할 수 있는 사람, 그리고 이러한 장점을 자신의 영광에다 결부시킬 수 있는 능력을 가진 사람은 언제나 훌륭한 장수일 뿐만 아니라, 위대한 인간으로도 통용될 것이다.[17]

16] 『吳子』, 論將 4.

17] A. H. Jomini, *Jomini's Art of War* (Harrisburg, PA : Stackpole Books, 1965), pp. 61~62.

클라우제비츠는 그의 『전쟁론』에서 다음과 같이 주장하였다.

> 적의 정세에 관한 정확한 판단, 잠시나마 적은 열세한 병력만으로 적과 대치하려는 용기, 강행군을 하는 기력, 신속한 기습을 감행하는 대담성, 위기에 직면하여 더욱 활발성을 지닌 활동—이것이야말로 빛나는 승리의 원인이다.… 병력의 상대적 우세를 가능케 하는 근거는 장수가 그러한 결정적 지점을 정확하게 판단하는 것, 그것에 의하여 주어진 군대에 적절한 방향을 준다는 것, 눈앞의 현상에 현혹될 것이 아니라, 취사선택을 한다는 것, 바꾸어 말하면 그가 지휘하는 병력을 집결시켜 언제나 우세를 확보하기 위해 필요한 결단 등이다. 특히 프리드리히 대왕과 나폴레옹은 이 점에서 뛰어난 장수였다.(III-8)

구일본군의 육군대학에서 발간한 『통수참고統帥參考』에는 다음과 같이 장수의 구비해야 할 자질을 주장하고 있다.

> 한 가지로서 충분하지 않으며, 견확강렬堅確强烈한 의지 및 그 실행력을 첫째로 하며, 지성고매至誠高邁한 품성, 모든 책임을 담당하는 용기, 숙려熟慮하는 대담, 실견통찰失見洞察의 기안機眼, 사람을 보는 명식明識, 타인보다 우월하다는 자신自信, 비범한 전략적 식견, 탁월한 창조력 및 적절한 종합력은 실로 장수에게 필수의 자질인 것이다.[18]

지금까지 여러 장수 및 군사학도들의 지휘관이 갖추어야 할 자질에 대한 견해를 살펴보았다. 그런데 지휘관의 자질은 그가 국민의 생사와 국가의 존망을 좌우하는 위치에 있느니만큼 인간으로서 갖추어야 할 가장 훌륭한 자질을 갖추고 있어야 한다는 결론에 도달한다. 그러나 우리의 당면한 여건 하에서 지휘관에게 강조하고 싶은 자질을 몇 가지 논의해 보고자 한다.

18] 『統帥綱領·統帥參考』(東京 : 偕行社, 1962), pp. 48~49.

• 첫째, 통솔력(Leadership)이다

통솔력이란 여러 사람들에게 복종, 신뢰, 존경 그리고 성실한 협조심을 불러일으킴으로써 주어진 목표를 달성하는 술이라 할 수 있다. 물론 지휘관에게는 법적 권한에 의한 직위에서 나오는 지휘권(command)이 부여되어 있지만 그것만으로는 부족하며, 그의 인격에서 우러나오는 통솔력과 조화 있게 결합함으로써 소기의 목표를 달성할 수 있다. 예컨대 나폴레옹이 내선작전內線作戰에 의하여 1796년의 전쟁에서 승리를 획득했다고 배운다면, 그 가치와 성과는 너무나 적다고 하지 않을 수 있다. 오히려 26세의 이름도 알려져 있지 않은 젊은 사령관이 어떻게 하여 헐벗고 굶주림에 허덕이고 있는 군대를 분발케 하여 전투를 하도록 만들었는가. 또 어떻게 하여 자기보다도 더 나이가 많고 경험이 많은 장군들을 지배·통솔할 수 있었던가 하는 원인을 찾아야 한다. 나폴레옹의 비결은 전략·전술보다는 오히려 전장에서의 인간성에 대한 깊은 지식과 관심에 있었던 것이다. 그는 누구보다도 장병들의 마음을 잘 파악하고 있었고 또 그들의 마음을 사로잡아 그들의 능력을 충분히 발휘케 했던 것이다.

지휘관은 부하들에게 명확한 임무와 방향을 제시하고, 그들로 하여금 전력을 기울여 임무수행을 할 수 있는 여건과 환경을 만들어 주어야 한다. 그리고 임무달성을 위한 방책은 참모들이 작성하지만 그것의 결심과 책임은 지휘관이 져야 한다.

이순신의 전공戰功을 시기하는 원균 일파와 일본의 이간책離間策으로 1597년(선조 29년) 2월 서울에 압송, 고문 끝에 사형을 받게 된 것을 정탁鄭琢의 반대로 사형이 면제되어 4월 1일 권율權慄의 휘하에서 백의종군하게 되었다. 이순신을 대신하여 통제사가 된 원균은 안일과 방탕한 생활로 군비軍備를 소홀히 하여 정유재란이 일어나자 칠천량해전(1597. 7. 15)에서 일본군에 대패大敗당하고 우리의 수군을 전멸상태에 빠뜨리고 말았다. 사태의 긴급함을 느낀 선조왕은 그에게 교서를 내렸다. 즉 "이제 특히 그대를 상복을 입은 그대로 기용하는 것이며 또한 그대를 백의白衣에서 뽑아내어 다시금 옛날같이 전라좌수사 겸 충청, 전라, 경상 3도 수군통제사로 임명하노라." 그에게 사령관의 임명장은 주었으나, 병선은 겨우 13척 뿐이고 병사들의 사기는 완전히 저락되어 있을 뿐만 아니라, 도망쳐 얼마 남지 않았다. 정부에서는 이 병력으로는 도저히 대항키 어렵다 하여 수군을 없애라는 명령을 내렸으나, 그는 아직도 13척의 배가 남아 있으며 내가 죽지 않는 한 적이 감히 우리의 수군을 허수히 보지 못할 것이라는 비장한 결의를 표하고 다가오는 전투에 대비했다. 그는 먼저 사기가 떨어진 병사들을 어루만지며 그들을 격려하여 마침내 9월 16일 적의 수군을 명량에서 대패시켜 다시 제해권을 장악하여 왜군으로 하여금 철수치 않을 수 없게 만들었다.

1941년 12월 7일 일본 해군의 진주만 기습으로 패배의 책임을 지고 미 태평양 함대사령관 킴멜 제독이 그 직위에서 물러나자 니미츠(Chester W. Nimitz, 1885~1966) 제독이 그 후임자로 선정되었다. 그러나 니미츠 제독은 태평양 함대의 지휘는 선배이고 또 지금 킴멜 제독의 서리인 파이 제독이 후임자가 되어야 한다고 시사하고 취임을 사양했으나, 루스벨트 대통령 및 해군장관은 그의 제안을 수락하지 않았다. 당시 진주만에는 만족할만한 군함이라고는 잠수함 외는 거의 없었고, 있는 것이라고는 혼란과 극도로 침체된 사기뿐이었다. 니미츠 제독은 다만 한 명의 부관을 동반하고 진주만 사령부에 부임하여, 모든 참모들에 대해 신뢰의 뜻을 표명하고 또 일체의 보직변경을 하지 않는다고 언명함으로써 그들에게 활력소를 불어넣어 주었고, 또 파이 제독에게는 비공식 조언자로 유임할 것을 권하였다. 불운한 기습으로 박살이 난 장병들의 떨어진 사기와 어두운 마음속에 따뜻한 햇볕이 들어와서 함대의 장병들에게는 곧 필승의 신념이 솟아나기 시작했다.

니미츠 제독은 인간 심리의 이해에 투철하였고, 따뜻한 정을 나누며 또

겸손이 넘치는 성격의 소유자였다. 그는 전쟁의 역경시대를 참고 호기好機를 기다리는 인내심을 가지고 있었다. 그는 자신의 일과 임무의 수행에 대해서 비범한 능력을 가지고 있었을 뿐만 아니라, 부하에 최선의 능력을 발휘케 하는 통솔력도 지니고 있었다. 그의 정확한 인물 평가력과 큰일에 직면하여 신속 과감한 판단력은 천재에 가까운 것이었다. 맹장猛將 할제를 신복信服케 하여 충분히 그의 능력과 실력을 발휘케 했고, 또 이름이 알려지지 않았던 스프루언스 제독을 발탁하여 미드웨이 해전 이후 그의 훌륭한 역량을 충분히 발휘케 한 것은 니미츠 제독의 장수로서의 위대한 자질이다. 그는 태평양 전역全域의 총지휘관으로서 능력과 수완, 지모와 판단력 그리고 통솔력을 겸비한 명장이었다.

러일전쟁의 초기, 일본 해군이 자랑하던 전함인 하츠세(初瀨)와 야지마(八島) 2척이 러시아 해군이 부설敷設한 기뢰에 부딪혀 차례로 침몰하는 사건이 일어났다. 일본 연합함대의 모든 장병들의 사기는 땅에 떨어졌다. 지략이 넘치고 또 일본의 근대 해군병학近代海軍兵學의 건설자인 아키야마 사네유키(秋山眞之) 참모도 침통한 마음을 감출 수가 없었다. 각 전대戰隊 사령관, 각함 함장들이 줄을 이어 기함旗艦 미가사(三笠)에 모였다. 그때 연합함대 사령장관 도고 헤이하치로(東鄕平八郞) 대장은 미가사의 후갑판을 평시와 마찬가지로 천천히 산보하고 있었다. 이 장관의 유유한 모습과 태도를 보고 모든 장병들은 다시 마음을 가다듬을 수 있었다고 했는데, 이처럼 최고지휘관의 태도는 장병의 심리에 중대한 영향을 미친다. 그 후 그는 1905년 5월 27일 대마도 해전에서 러시아의 발틱함대를 섬멸시켜 러일전쟁의 승리는 당연히 일본의 국운國運을 바로잡게 했다. 이 해전의 대승리로 그는 일본 국민의 모든 찬사와 명예를 한 몸에 지녔다. 그런데 그 후 그의 칠순잔치에서 다음과 같이 얘기했다고 한다. 즉, "나를 사회자가 영국의 넬슨 제독에 비기는 것은 몰라도 조선의 이순신에 비교하는 것은 너무 과분하다"고.

그런데 최고지휘관(장수)과 일선 지휘관의 상호관계를 좀더 부연해 보고자 한다. 일반적으로 최고지휘관은 자기의 의도를 명백히 표명하고, 동시에 각 부대에는 그 임무를 명확히 지시하는 것으로 끝나야 한다. 왜냐하면 전투수행 중 상세한 사항에까지 일일이 최고지휘관이 지령을 내리는 것은 불가능하며, 또 전투의 경과에 따라 당초 예상하지 않았던 사태가 발생하는 경우가 있으며, 시시각각으로 변하는 전장의 상황에 따라 그때마다 적절한 명령을 내린다는 것은 불가능하기 때문이다. 이러한 경우, 일선 지휘관이 그의 행동의 기준으로 삼아야 할 것은 최고지휘관의 의도에 부합토록 한다는 것이 중요하며, 그 조건 내에서 자기에게 주어진 임무를 수행한다는 것이다. 따라서 극단적으로 상황이 변하는 경우, 자기에게 주어진 임무 이외의 일도 해야만 하고 또 때로는 임무를 스스로 변경해야 하는 일도 있을 것이다.

상황의 변화에도 불구하고 다만 주어진 명령만 수행하고, 반면 독단활용의 능력이 없는 지휘관은 지휘관으로서의 자격이 없다고 해도 과언이 아니다. 그러나 독단활용을 행하는 경우, 가령 그것이 바람직한 결과를 가져왔다 할지라도 자기는 군법에 의해 처벌을 받을 각오를 해야 한다. 이때 지휘관의 마음가짐은 나아가서 명예를 구하지도 않으며, 물러서서 죄를 피하지도 않으며, 오로지 최고지휘관의 의도와 나아가 국가목적의 달성에만 이바지하겠다는 각오로 담담해야 한다. 이러한 마음가짐이 없는 사람은 군 지휘관으로 적격자라 말할 수 없을 것이다.

• 둘째는 정보에 대한 관심이다

정보의 중요성에 대하여 손자는 다음과 같이 주장했다.

> • 서로 수 년 간을 두고 전쟁의 준비와 적의 침입을 방어하는 등 모든 준비를 함으로써 결국 하루의 승리를 위해서 군대가 존재함에도 불구

하고, 다만 간첩에게 주는 벼슬과 상금을 아껴서 적의 정세를 알지 못하여 드디어 승리를 쟁취하지 못하고 도리어 패전의 운명을 스스로 가져오는 사람은 어질지 못할 뿐만 아니라, 지휘관의 자격이 없으며, 군주를 보좌할 역량도 없다.[19]

• 그러므로 적의 의도와 능력을 알고 나를 알면 백번 싸워도 위태롭지 않으며, 적의 의도와 능력을 알지 못하고 나를 알면 승패가 반반이어서 일정치 않으며, 적의 의도와 능력을 모르고 나도 모르면 싸움마다 반드시 패한다.[20]

전·평시를 통하여 정보의 중요성은 아무리 강조해도 지나치는 법이 없을 것이다. 첩보(information)란 정보생산을 위하여 관측, 보고, 풍문, 사진 및 기타 출처로부터 나온 모든 평가되지 않은 기록 자료를 뜻하며, 정보(intelligence)란 가용한 모든 첩보자료를 수집 및 처리, 분석 및 평가과정을 거쳐 획득된 지식을 뜻한다. 그리고 요즘 우리나라의 논문·저서에는 첩보와 정보를 구별하지 않는 경향이 있으나, 이것은 반드시 구별해서 사용해야 한다.

• 첩보(Information)란, 정보작성에 기초가 되는 모든 사상事象에 관한 지식이고, 평가·해석되지 않은 보고·문서·도표 및 개인 관찰 등이며, 입수된 지식으로서 정보의 원천이다.
• 정보(Intelligence)란 수집된 첩보를 평가, 분석, 종합 및 해석한 결과로써 얻어진 지식이다.

정보에는 두 가지 종류가 있으며, 하나는 전략정보(Strategic Intelligence)요, 다른 것은 전투정보(Combat Intelligence)이다. 전략정보는 평시 군사정책의 수립과 전시 군사작전을 수행할 책임을 가진 군사정책가 또는 군 최고지휘관이 사용할 정보로서 한 국가의 군사능력, 취약성, 가능한 행동방책의 판단

19] 『孫子』, 用間 第十二.

20] 『孫子』, 謀攻 第三.

이 포함된다. 전투정보는 전술적인 임무를 가진 일선 지휘관이 부여된 지역 내에서 전술작전의 계획과 그 실시에 사용되는 정면正面의 적, 지형 및 기상에 관한 지식이다. 여기서는 적의 능력, 취약성 그리고 가능한 행동방책에 관한 판단이 포함된다.

전략정보와 전투정보의 근본적 차이점은 범위 및 관점에 있다. 그리고 전략적 목적을 위하여 수집된 첩보 및 작성된 정보는 전술적 작전을 실시함에 있어서도 종종 유용하다. 따라서 일선 지휘관은 초기 작전에 있어서 전략정보를 사용하기도 한다. 반면에 전투부대가 전투정보를 위해 수집된 첩보가 전략정보를 작성하는 기초자료를 제공하기도 한다. 그리고 전투정보에서 다루어야 할 내용은 적군의 능력과 의도, 적 지휘관의 능력과 성격, 적군사력의 질과 양, 적군의 배치와 사기, 지형 그리고 기상 등이 포함된다.

예컨대, 1941년 8월 만주 봉천에서 일본 관동군 참모부, 기획원, 만철滿鐵 조사부 등의 요인들이 모여 회의를 개최했다. 이것은 「전시戰時경제조사」의 중간보고서의 명목이었지만 실제로는 "북진인가? 남진인가?" 하는 중대한 국가의 진로를 최종적으로 결정하는 회의였다. 이 회의에 도쿄(東京)로부터 고노에(近衛) 수상의 측근인 내각촉탁內閣囑託 오사키 호즈미(尾崎秀實) 등 많은 비밀공산주의자들이 참석하여 모든 힘을 다해 일본의 북진을 저지하기 위해 논진論陣을 폈다. 이 때 오자키 호즈미는 다음과 같이 역설했다. 즉 "시베리아에 북진해도 풍부한 자원이 곧 손에 들어오는 것이 아니다. 오히려 시베리아 작전으로 국력을 소모했을 때, 배후에서 미국이 쳐들어올 가능성이 있다. 이에 비한다면 남방에는 일본이 전쟁을 완수하는 데 필요한 자원(고무, 주석, 석유 등)이 풍부하게 있다. 따라서 우리들은 지금 단호히 영·미국을 쳐서 남방으로 나아가야 한다. 거기에다 독일이 소련을 타도할 것이 명백하기 때문에 그 때 수고하지 않고도 시베리아는 우리들의 손아귀에 굴러들어 온다. 따라서 지금 조급하게 시베리아로 진공할 필요가 없다.…"

이리하여 마침내 북진으로 기울어져 있었던 관동군 참모부의 생각을 돌려, 그들의 계획한 바대로 남진으로 확정짓는 데 성공했다. 1941년 9월 6일, 어전회의에서 일본의 '남진책南進策'과 '대미개전對美開戰'의 결정이 이루어졌다. 그 다음날부터 만주국경에 배치되어 있었던 소련군이 일제히 유럽의 독소獨蘇전선으로 이동을 개시하였다. 놀란 독일은 일본 정부에 질문을 했다. 즉 "만주국경의 소련 적군赤軍이 일제히 유럽 전선으로 이동하기 시작한 것은 무슨 이유인가? 일본은 소련에 대해 어떤 보장을 준 것이 아닌가?" 어전회의의 결정은 그날로 독일의 신문기자로 도쿄에 와 있었던 소련의 간첩 솔게와 그의 하수인 오사키 호즈미 등에 의해 소련 및 중국에 통고되었던 것이다. 이들은 10월에 체포되어 사형을 당했지만 모든 일은 끝난 뒤였으며, 또 소련이 전후戰後 1964년 9월 4일 프라우다 지에서 솔게를 예찬하는 기사를 대대적으로 게재한 것을 보아도 그의 공적이 얼마나 지대하였던가를 말해 주고 있다.

제1차 대전 초기, 독일군이 동부전선에서 현대의 칸내 섬멸전으로 알려진 타넨베르크 전투에서 러시아군 4개 반 이상의 군단(포로 9만 명을 포함한 병력 손실 125,000명)을 거의 전멸시키는 놀라운 대승리를 획득했는데, 그 원인 가운데 하나는 정보에 있었다. 전쟁에 있어서 자군自軍의 행동은 일체 깊은 안개 속에 감추어두듯 적이 알지 못하도록 하는 것이 전승의 첫째 요결인데, 삼소노프군의 통신참모인 우야로프 대령은 무선전신으로, 그것도 평문으로 타전하여 그들의 상황과 기도企圖를 독일군에게 알려준 결과가 되어 대참패를 당했다.

1944년 봄, 영국 본토에 집결한 영·미군 사이에 대륙진공大陸進攻의 움직임이 활발히 진행되었다. 상륙용 주정의 집결이 눈에 띄었고, 주력함을 비롯한 해군 함선의 수도 갑자기 증가되었다. 동시에 프랑스의 대서양 해안에 구축된 독일의 포대에 대해 끊임없이 폭격이 계속되었다. 독일군 측에서도 이에 대비하여 서부방위군을 강화하기 시작했다. 룬드슈테트 원수의 휘하에 60개 사단(그 가운데 10개 사단은 전차부대)을 배치하여 대서양 해안 전선全線에 걸쳐 방어태세를 취하였다. 그 가운데 주력군 42개 사단은 영국 본토 정면지역, 즉 북쪽은 네덜란드 해안에서 노르망디를 거쳐 남서로 뻗어 볼다뉴 반도에 이르는 전선前線을 담당했다. 약 800㎞의 이 전선 가운데 가장 중요한 지역은 영·불해협 부근에서 노르망디 반도까지의 약 400㎞로 보였으며, 여기에는 로멜 원수가 지휘하는 제15군 19개 사단, 제7군의 10개 사단을 합해 29개 사단이 배치되었다. 그런데 독일군에 있어서 가장 중요한 것은 적이 언제, 어디로 상륙해 올 것인가를 바르게 판단하는 문제였다.

이제 와서 완전히 방어작전에 전념하게 된 독일군에 있어서 상륙 제일보第一步, 즉 해안선에서 적을 격파하여 상륙작전을 실패케 하는 것이 지상명령으로 되어 있었다. 룬드슈테트 사령관은 여러 가지로 검토한 결과, 영국 본토에서 가장 가까운 거리에 있는 카레, 브로뉴 방면으로 상륙해 올 가능성이 가장 많다고 판단하여 이 지역에 유력한 제15군을 배치하고, 노르망디에는 비교적 열세한 제7군을 배치케 했다. 영·불해협의 거리는 약 50㎞, 이에 비하여 노르망디까지는 180㎞가 되기 때문에 영미군은 먼저 최단거리를 통하여 공격해 올 것으로 판단한 것은 당연한 것이었다.

그런데 6월 6일 영·미군이 선택한 상륙지점은 영·불 해협방면이 아니고 노르망디였던 것이다. 이것은 독일군의 최초의 오산이었다. 거기에다 독일측의 또 하나의 중대한 오산은 그들의 정보에 의하여 영국 본토에 집결한 병력 및 상륙 주정의 수를 과대평가했다는 것이다. 그러기 때문에 독일군 측은 최초 노르망디에 상륙한 것은 주력부대가 아니고 양동군陽動軍으로 간주하여 곧 노르망디에 지원군을 투입하여 해안선에서 상륙을 저지케 한다는 작전을 계속 주저하게 되었다. 그리고 제2의 상륙에 대비할 필요가 있다고 생각하게 만들었다. 이리하여 신속한 증원군을 투입하여 상륙을 저지케 하는 기회를 상실하고 말았다. 만약 독일의 정보가 언제, 어디서 그리고 얼마의 능력을 가지고 상륙할 것인가를 정확하게 제공되었다면, 노르망디의 상륙작전은 어떤 양상을 띠었을까?

1943년 4월 14일 오전 8시, 진주만의 해군 정보장교 에드윈 레이턴 중령은 태평양지구 사령관 니미츠 제독에게 통신정보부가 해독한 일본군의 비밀문서를 제출했다. 4월 18일은 일요일이요, 앞으로 4일 밖에 시일은 남지 않았다. 일본 해군의 열쇠를 쥐고 있는 연합함대 사령관 야마모토 이소로쿠(山本五十六) 제독의 상세한 행동이 판명이 되었다는 것은 천만다행한 기회였다. 만약 야마모토 제독이 예정대로 행동을 한다면, 그를 없애버리는 것은 쉽다. 문제는 어떻게 습격하느냐 하는 것이었다. 니미츠 제독은 가벼운 미소를 띠우면서 레이턴 중령에게,

"어떤가, 해보겠는가?"

그리고 그는 벽에 걸어둔 남태평양 지도를 응시하였다. 레이턴 중령은 대답하였다.

"야마모토를 도중에서 포착할 수 있다면, 제일 먼저 생각할 것은 그를 없앰으로써 얻을 수 있는 효과입니다. 그는 일본 국민에 있어서 특이한 존재입니다. 젊은 장교나 병사들은 그를 우상시하고 있습니다. 천황을 제외한다면, 그만큼 일본인의 사기에 있어서 중요한 인물은 없을 것입니다. 그러기 때문에 그가 탄 비행기를 격추한다면 일본군은 심리적으로 타도할 수 있습니다."

니미츠 제독은 동의하면서 반문하였다.

"다만 한 가지 더 생각할 점은 더 유능한 지휘관이 기용되지 않을까 하는 점이다."

그래서 레이턴 중령은 그가 지금까지 알고 있는 일본 해군의 대장급의 인

물 몇 사람을 들어 그들의 능력, 경력, 성격, 외모 등을 설명했다.

"아시다시피 야마모토는 그 가운데서도 가장 뛰어나 있습니다."

"그렇구먼, 그 외는?"

"없습니다. 적의 심장을 쏜다는 것은 교리적인 표현입니다만, 아무튼 기회라는 것이 있습니다. 이것이야말로 클라우제비츠의 군사학에 해당하는 것입니다."

"그러나 그를 타도한다 해도, 일본군은 복수해 오지 않을까?"

"적은 하루하루 그 한계에 달하고 있습니다. 전투기 조종사와 항공 병력은 고갈되고 있습니다. 오히려 반격의 기회를 주어, 나타났을 때 두들겨 주어야 합니다."

니미츠는 다시 생각하고 말을 했다.

"이 암호 해독에 위험이 숨겨져 있지 않는가. 후에 나쁜 영향을 받지나 않을까?"

"그대로 방치해 둘 수는 없습니다. 이 일에 관련된 모든 직원에게 위장된 소문을 전파한다면 어떻습니까? 라바울 부근의 호주인 연안 감시원으로부터 얻은 전보電報라고 합니다."

니미츠는 종이를 내어 할제 제독 앞으로 야마모토의 일본 해군기지 부겐빌 순시에 관한 내용을 상세히 적고 마지막에 이렇게 맺었다.

"만약 귀하의 부대가 야마모토와 그의 참모가 탑승한 항공기를 포착하여 격추시킬 능력이 있다면, 지금부터 귀하는 작전수립에 관한 일체의 권한을 가진다."

그리고 니미츠는 레이턴 중령에게 말하기를,

"상세한 것은 할제에게 맡기자. 이 작전을 준비하는 데 아직 4일이나 있다. 4일은 필요할 것이다."

4일 후 야마모토 제독이 탑승한 항공기는 미 해군기의 복병에 의하여 격추당하고 말았다.

미 해군이 가지고 있었던 암호해독기의 위력은 대단하였다. 1942년 6월 5일, 미드웨이 해전에서 일본 해군의 해상세력에 큰 타격을 주어 태평양에서의 세력균형을 미국측에 유리하게 하고, 또 태평양전쟁의 전환점이 되게 한 것도 바로 암호해독기였다. 즉 미 해군은 암호해독기에 의하여 일본군의 명령을 해독하고, 적의 공격의도를 선제공격으로 저지하고 승리로 이끌었던 것이다. 미 해군의 무서운 비밀무기인 암호해독기의 발명자는 아나폴리스 해군사관학교 출신의 토마스 다이야 소령이었다.

• 셋째는 전쟁의 원칙 및 건전한 전략에 의한 계획능력이 요구된다

조미니의 견해로는 총사령관의 임무는 주로 지적(intellectual)인 것임이 확실하다. 그는 "위대한 지휘관이 되려면 현명한 이론과 위대한 인격이 겸비되어야 한다"고 말하였다. 전쟁에 대한 천부天賦와 재간才幹, 병사들을 분발시킬 수 있는 능력, 이런 것들이 또한 중요하다. 그러나 지휘관이 만약 성공을 바란다면 무엇보다도 전쟁의 기본원칙을 습득하지 않으면 안 된다.[21]

전쟁사를 개관하여 보건대 전쟁에 있어서의 승인을 크게 나누면 두 가지가 있다. 즉,

① 자원의 풍부

② 전략이론의 건전성

여기서 말하는 전략이론이란 목적을 달성하기 위해 모든 자원(병력, 장비, 물자 등)을 최선으로 활용하려는 행동계획의 이론을 뜻하는 것이다. 예컨대, 1940년 5월 독일군은 그들의 전략이론, 즉 전격전법電擊戰法이 우수하였기 때문에 장비

서부전선의 양군의 전력비교

1940년 5월

	영·불군	독일군
병 력	156개 사단	136개 사단
전 차	2,698대	2,439대
항공기	2,000대	3,700대

21] Edward M. Earle(ed.)(1943), 전게서, p. 87.

에 있어서는 거의 영·불군과 동등하였고 수에 있어서는 열세하였으나, 시대에 뒤떨어진 전략이론, 즉 요새에 의한 전수방어專守防禦에만 집착하여 진취성을 잃어버린 영·불군을 패배시킬 수 있었다.

제1차 세계대전 후, 영국의 풀러 장군은 전차가 미래전의 전장을 지배할 것이라고 예언하고, 특히 전차에 의한 기갑부대의 운용에 관한 이론 개발의 저서를 발간했다. 그러나 이 저서가 영국에서는 500부가 발간되었지만, 독일에서는 번역판이 3만부가 발간되었고, 또 소련에서도 이 책은 널리 보급되었다. 전차에 의한 기갑부대의 운용에 관한 이론은 앞에서 얘기한 바와 같이 영국에서 개발되었으나, 실제로 활용한 것은 적국인 독일이었고 독일 기갑부대의 창설자 구데리안 장군에 의해 달성되었다. 당시 독일군의 고위 장성들은 반신반의半信半疑로 이 새로운 전법을 관망했으나, 1940년 5월 서부전선에서 영·불군을 격파하여 됭케르크까지 압박한 경이적 전과戰果, 즉 제1차 대전에 있어서 루덴도르프(당시의 독일군 참모총장)가 4년간이라는 긴 세월에 걸쳐 모든 힘을 기울여 싸워서 성공하지 못한 '서부전선 돌파'와 '프랑스군 주력의 섬멸'이라는 목표를 대단히 경미한 손실로 불과 5주 만에 달성했다. 처칠 수상은 그의 제2차 대전 회고록에서 "우리들이 발명한 전차가 도리어 우리들의 패배의 원인이 되었다"고 술회했으나, 실은 이 전차 제작을 창안한 것은 1차 대전 때 해군장관인 바로 처칠이었다는 것을 상기한다면 역사의 아이러니컬한 일면을 보여주고 있다.

아무튼 전사戰史는 전략이론의 우월성이 자원의 우세와 거의 마찬가지로 승리의 원인이 되었으며 또 이것은 서로 상반된 개념으로 파악할 것이 아니라, 서로 보완하는 개념으로 파악해야 한다. 그리고 현대전의 규모와 복잡성은 한 지휘관의 전략적 천재만으로 성취될 수 없다는 것이다. 여기에 각국은 독자적 전쟁술(art of war) 사상의 통일을 포함한 군사학 교육이 필요한 것이다. 군사학 교육은 즉각적인 전시효과展示效果는 없지만, 전승을 위한 기초 작업을 담당하는 것이다. 제1차 세계대전 말기 연합군 총사령관으로 임명된 포슈 장군의 권한은 최고지휘관으로서의 권한이 부여된 것이 아니라, 연합군 지휘관들의 조정역調整役의 권한이 부여되었을 뿐이었다. 그러나 시간의 흐름에 따라 그는 명실공히 연합군의 최고지휘관으로서 활약하며 연합군을 승리로 인도했다. 그는 그에게 주어진 권한 이상의 권한으로 연합군을 지휘할 수 있었던 여러 요인 가운데 첫째는 그가 훌륭한 전략이론가요 또 실천가인데 기인한다. 그는 프랑스 육군대학의 군사학 교수로 5년간의 교육과 연구 끝에 두 권의 저서, 『전쟁의 원칙』(1903), 『전쟁지휘법』(1904)을 저술하는 실력가였고, 또 그의 군사학 사상에 의해 가르친 학생들이 그의 부하 지휘관 및 참모로서 수족과 같이 움직여 주었다는 것도 묵과할 수 없는 요인이다.

덩케르크에 버린 연합군의 장비

자동차 및 트럭	82,000대
화 포	2,300문
경기관총	8,000정
소 총	9,000정
대전차포	400문
탄 약	7,000톤

철수병력

영국군	224,000명
프랑스군	114,000명
합 계	338,000명

전쟁술 사상의 통일은 군의 계획과 운용 그리고 편성과 전법戰法에도 이점을 가져다준다. 계획과 운용은 보통 분리되어 있다. 만약 계획하는 참모와 그것을 운용하는 일선 지휘관의 전쟁술 사상이 서로 다르다면 작전수행은 불가능하며, 또 타인의 자유로운 계획을 운용하는 사람이 불만을 가지고 수행하고자 한다면 거기에도 역시 난점이 있을 것이다. 그러나 만약 계획자가 스스로 그 계획을 실행한다고 한다면, 계획수립도 신중을 기하고 또 실시에 있어서도 계획의 기본 구상과 배경을 충분히 알고 있는 관계상 실행이 쉽고 또 불만이 있다고 해도 자기가 만든 계획이니 화풀이와 성과에 대한 책임의 전가轉嫁도 있을 수 없으니 현실적 방법이다.

이러한 방법으로 작전을 실시한 것이 태평양전쟁에 있어서 미 태평양 함대였다. 함대 사령관은 니미츠 대장이었으나, 그의 휘하에는 두 개의 기동부대 사령부가 있었으니, 그것은 할제 사령부와 스프루안스 사령부였다. 기동부대에는 사령부가 두 개 있었지만, 부대는 하나만 있었다. 할제 사령부가 마셜 공략작전에 종사하고 있는 동안, 스프루안스 사령부는 마리아나 공략의 작전계획을 하와이에서 구상하면서 수립하고 있었다. 마셜작전이 끝나고 마리아나 공략작전이 개시되었을 때, 스프루안스 사령부가 기동부대의 지휘를 하였고, 할제 사령부는 하와이에 돌아와서 다음의 필리핀 공략작전의 계획을 세우는 것이니, 양자가 수개월마다 교대하여 지휘를 한 결과가 되었다.

수개월 동안 천천히 그리고 신중히 만든 작전계획을 자기가 실시하는 데 반하여, 일본은 한 연합함대 사령부에서 계획과 실천을 담당하고 있었으니, 양군에는 이미 병력에도 차이가 있는 데다 또 작전계획의 타당성에 있어서도 차이가 생겼다. 이래서는 아무리 일본 해군의 장병이 용전분투를 한다 해도 승리할 수가 없는 것이다. 이처럼 두 개의 사령부를 차례로 교대하는 방법에 의한 계획과 실행의 분리는 전반적인 군사사상의 통일이 전제조건이 된다. 사령부가 교체될 때마다 편제와 전법이 크게 변화한다면, 기동부대는 적응하는 데 많은 시간이 소요되고 또 한동안 어리둥절하게 될 것이다. 물론 이러한 문제에 대한 조정은 상급부대인 니미츠 사령관이 해야 할 과제이다.

그리고 군사사상의 통일과 훈련은 작전의 진행을 신속하고 적절하게 하며 또 명령이 정확하게 이해와 해석되게 하는 수단이다. 따라서 그것이 충분하면 할수록 하급자는 어떻게 하면 그 임무를 수행할 것인가에 대해 지시를 적게 받아도 좋을 것이며, 또 명령도 간략하게 될 것이요, 더욱이 지휘관으로서는 그들이 지휘관의 명령을 잘 이해하고, 현명하게 그의 독단활용을 행사할 것으로 생각하여 이에 신뢰를 더욱 더 두게 될 것이다. 공통의 방법에 의해 인식하고, 사색하고 또 행동시키는 데 적절한 방법은 훈련 및 군사 사상의 통일, 양자兩者이며, 무기의 사용, 전쟁의 실습 또는 관습상의 실지의 경험 등은 훈련 속에 포함될 것이다. 용병술 사상의 통일이란 첫째 공통의 과정에 의하여 객관적으로 문제에 접근하는 것, 둘째는 목표를 달성하려는 수단을 주저 없이 채용하여 공통의 과정에 의하여 이 문제를 다루는 것이다.

이제 우리들 스스로의 문제로 돌아와서 우리에게 어떤 독특한 통일된 용병술 사상이 있는가? 저자의 과문한 탓인 줄은 몰라도 아직 뚜렷하게 나타난 이론이 없는 것 같다. 그러면 일본 해군의 용병술이 어떻게 형성되었나 하는 것을 살펴봄으로써 우리의 연구에 참고로 삼고자 한다.[22]

> 일본의 근대 해군 용병술近代海軍用兵術은 특히 청일전쟁을 기점으로 하여 본격적인 건설의 길로 들어섰다. 이 사업을 뒷받침한 것은 그 전쟁이 국민들 사이에 환기한 해상문제와 해군의 역할에 대한 재인식이며, 특히 삼국 간섭이 야기시킨 심각한 국민감정이었다. 삼국 간섭의 충격은 국민으로부터 전승의 취기를 없애고 그것은 곧 해군 사상의 앙양으로 표면화되었다. 국민감정으로는 일본의 해상세력이 동아수역東亞水域에 절대적 우월성을 보유하고 있었다면, 삼국 간섭은 피할 수 있었다고 자연히 납득했던 것이다.
>
> 이리하여 전후戰後 코롬(Philip Howard Colomb, 1831~1899)이나 마한, 기타 외국저서가 계속 번역되었고, 또 세계의 해군정세를 설명한 계몽서가 계속 출판되었다. 특히 해군 군령부장의 발의로 해군사상을 국민들에게 고취하고, 그것에 의해 거국일치의 성과를 얻으려는 목적으로 일본 해상세력의 역사적 회고의 저서가 비로소 편찬 간행되었다. 구미제국에서는 이미 제국주의적 단계에의 과도기에 들어가서, 그것을 배경으로 근대 해군사상이 일어난데 비하여, 일본에서는 오히려 반식민지 상태에서 단번에 탈피하려는 내셔널리즘이 추진력이 되어 이것이 홍기興起되어 왔었다.

22] 小山弘健, 『軍事思想の研究』(東京 : 新泉社, 1970), pp. 249~260.

이러한 국민적인 해군사상에의 각성과 더불어 해군 자체에 있어서도, 청일전쟁은 새로운 사상적 전진에의 계기를 만들었다. 해군에서는 이에 앞서 1888년 8월에 해군 고등교육기관으로서 해군대학교를 창설하고 있었으나, 물론 아직 전문적인 해군전략·전술의 강의를 할 수가 없었다. 당시는 연구자료 등, 기타 부족한 것이 대단히 많았다. 해군대학교의 교육내용을 쇄신하고, 미래의 전략가들에게 확고한 해군 용병술의 이론적 체계를 주입하고, 그 실전 지휘의 능력을 한층 더 높일 필요가 있었다. 그래서 1897년 9월 해군대학교 교칙이 개정되어 … 다음 해 5월에는 그 교육과정에 군정학軍政學과 역사의 교과세목敎科細目이 먼저 결정을 보고 강의가 시작되었다. 기구상의 준비가 순조로이 진행되고 있을 때, 시대의 요구를 한 몸에 지닌 한 귀재鬼才가 해군에 출현했다. 이 인물이야말로 종래까지 뒤숭숭하고 시끄러웠던 해군전략·전술의 이론을 정연한 조직적인 한 과학으로 체계화했으며, 더욱이 곧 발발한 러일전쟁의 시련을 받고, 그것을 독자獨自의 국민적 용병술의 뿌리 잡힌 터전으로 만들었다. 일본의 근대 해군 용병술의 건설이라는 일을 성취한 이 인물이야말로 아키야마 사네유키(秋山眞之) 그 사람이었다.

그의 날카로운 두뇌에 의하여 일찍부터 인정받아 온 젊은 아키야마 대위가 해군제도 시찰을 위해 미국 유학의 명을 받은 것은 1897년 6월이었다. 그의 최초의 의도였던 해군대학의 입교가 허용되지 않았기 때문에, "마한 대령 등의 조언"에 따라 그 후로는 주로 자유로운 입장에서 연구를 진행시켰다. 그는 그곳에서 마한 등과 접촉함으로써 당시 최고의 수준을 자랑하고 있었던 해군 용병술의 사상체계를 충분히 비판적으로 섭취할 수 있었다. 즉 그는 마한으로부터 친히 용병술상의 지식을 받았을 뿐만 아니라, 그의 저술도 함께 독파하고 검토함으로써, 그 속에서 무한한 시사와 교시를 얻는 데 성공했다.…

이리하여 아키야마는 마한이나 구드릿지 등의 사상을 연구하였는데, 거기다 우연히 발발한 미국·스페인전쟁을 관전하고, 삼슨 제독 이하 미 해군 수뇌부의 지휘하는 모습을 직접 검토할 수 있었던 것은 그에게 커다란 행운이었다. 그는 전쟁 중 미 군함에 승선하여 해륙전투의 실황을 시찰했다. 또 다음해, 1899년 북대서양 함대 기함을 타고 각지를 순항하면서 많은 수확을 얻을 수 있었다. 후에 체계화하는 데 이르른 용병술 사상은 이렇게 체미滯美 중 서서히 형성되었다.

아키야마가 귀국한 1900년경부터 일본의 해군 용병술계는 새로운 단계에 들어갔다. 이 해 12월 오가사와라 나가나리(小笠原長生)가 해군대학교 교관으로 임명되어, 『제국해상세력사帝國海上勢力史』의 강연을 명받게 되었다. 다음 1902년 일찍부터 국방문제의 역사적 체계적 연구로 알려지고, 영·미에 파견되어 연구한 후 귀국, 아키야마와 병칭竝稱되어 온 사토 테츠다로(佐藤鐵太郎)는 그의 『제국국방사론帝國國防史論』의 대저大著를 완성했다. 이것은 코롬이나 마한처럼 해상세력의 국방적 의의를 일반적으로 논한 것이 아니라, 일본 독자獨自의 국가적 전통과 국민적 입장에서 그것을 구명究明하려는 것이었다. 이 저서의 출현에 의하여, 청일전쟁까지 일본의 각계에 있어서 지배적이었던 '육주해종'적陸主海從的 경향이 이론적으로 극복되었다는 것이다. 그리고 이 해 7월 해군대학교에 비로소 순수한 전술강좌가 생겨 아키야마가 그 교관에 임명되었다.

그때까지 아무런 체계와 조직을 가지지 않았던 일본의 해군 용병술은 그를 통하여 비로소 통합 정리되어 조직적인 한 과학으로 확립되어, 그 후의 발전의 기초를 확고히 했다. 과거의 훌륭한 여러 가지의 용병술 사상을 교묘히 이용·총합하면서 아키야마는 그 속에서 독자獨自의 신체계新體系를 창출했다.…

지휘관은 건전한 전략사상에 바탕을 둔 작전수행의 능력을 가지고 있어야 한다. 즉 상황의 변화에 따라 그 상황에 가장 적합한 작전수행 방책을 알고 또 실행할 수 있어야 한다. 1941년 2월 12일 먼지가 자욱한 북아프리카의 트리폴리 비행장에 착륙한 수송기에서 한 젊은 장성이 내렸는데, 그는 그 후 '사막의 여우'라고 알려진 세계적으로 그 용명을 떨친 로멜[23] 장군이었다. 그가 신설된 독일·아프리카 군단장으로 북 아프리카 전선에 올 때까

23) 로멜(Erwin Johannes Eugen Rommel, 1891. 11.~1944. 10.), 독일의 야전군 지휘관. 2차 대전 초기 전차사단장으로 서부전선에서 프랑스군을 격파(1940)했으며, 아프리카 방면 사령관(1940)으로 임명되어 북아프리카 전선에서 영국군을 격파하고 야전군 지휘관으로 용명을 날렸으며 '사막의 여우'라는 별명이 붙기도 했고, 원수(1942)까지 승진했다. 북프랑스 방면군 사령관(1943)으로 활약했고, 히틀러의 암살계획에 참가하여(1943. 4) 그 해 10월 14일, 나치스에 의해 음독자살했다. 저서 : 『보병공격』(1937)

지 그 곳은 이탈리아군에 의해 수행되고 있었는데, 10여만의 병력을 가졌던 그라치아니 원수는 영국의 웨벨 장군이 지휘하는 약 2만에 의해 도주를 거듭하고 있었다. 그래서 일찍이 터키와 북아프리카의 두 방향을 통하여 수에즈 운하, 이라크, 이란의 대유전지대大油田地帶까지 진출하려던 꿈을 가졌던 히틀러는 비장의 2개의 기갑사단을 파견했다. 로멜은 그가 대불對佛작전에서 성공을 거두었던 기동전으로 웨벨 장군이 50일간 걸려서 얻은 승리를 불과 12일 만에 탈환하는 지휘능력을 보였다.

북아프리카의 전장戰場, 그 곳은 물이 없는 뜨거운 사막의 직사광선 아래에 황량한 암석의 머리가 끝없이 전개되는 모래밭에 솟아 있는 곳이다. 사람이 살기에는 가장 나쁜 곳이지만, 넓은 모래의 평원과 물결모양의 구릉지대는 수백 대의 전차가 싸우기에는 안성맞춤의 장소였다. 사막의 전차전은 로멜이 기록한 것처럼 "작전의 속도와 지휘관의 신속한 정세판단"에 의해 승패가 결정된다지만, 그는 바로 이러한 조건을 충분히 갖춘 명지휘관이었다. 전투가 시작되면 로멜은 스스로 지휘전차에 탑승하여 제일선에 진출해서 교묘히 가장 좋은 전기戰機를 포착해서 적의 약한 지점을 돌파해서는 적에게 재편성의 기회를 주지 않고 또 승리를 굳히기 위하여 철저한 추격전을 감행하는 것이 보통이었다.

로멜 장군은 불과 340대의 전차를 가지고 800대의 영국군을 패배시킴으로써 그의 훌륭한 전차전술가戰車戰術家로서의 능력은 증명하였지만, 무엇보다도 1941년 6월 토브룩 요새를 전격적으로 함락시킴으로써 더욱 더 명성을 높였다. 반년 가까이 독일군의 포위 하에 있었던 토브룩 요새는 이탈리아의 발보 원수가 건설한 근대 요새이며, 주요 시설은 전부 지하에 있었고, 그 밖으로는 대전차포좌나 기관총좌, 전차호, 철조망이 2중 3중으로 가설되어 있었으며, 거기에다 수많은 지뢰를 부설하고 35,000명이 수비를 하고 있었다. 이에 대해 로멜이 세운 전략은 요새의 남서쪽에서 양동작전을 실시하여 영국군의 관심을 끌게 하고서, 주력은 동방에 진격하여 전년과 마찬가지로 요새를 포위 봉쇄하는 듯한 인상을 주면서 갑자기 요새의 남동측으로 진로를 바꾸어 날이 밝아지는 것과 동시에 급강하 폭격기와 포병의 맹격을 가한 뒤 돌격을 가하여 당황하는 영국군을 단번에 격멸한다는 것이었다.

공격 개시에 앞서 로멜은 "이 요새는 영국군 항전정신抗戰精神의 상징이며, 지금이야말로 이것을 함락시키지 않으면 안 된다"고 포고하여 장병의 전의戰意를 고무하였다. 6월 20일 새벽, 예정대로 공격을 개시한 독일군은 수백의 항공기와 중포의 맹격을 가한 후, 공병대가 지뢰원地雷原을 치우고, 전차호에 가교架橋를 한 후, 대기하고 있었던 전차군戰車群이 돌입하여 저녁때까지 요새를 함락했다. 요새사령관 구로파 장군 외에 1만여의 포로가 독일군의 수중에 들어갔고, 1천 대 이상의 전차, 장갑차, 400문의 화포가 파괴 혹은 노획당하고 말았다. 무엇보다도 독일군을 기쁘게 한 것은 1만 평방미터 이상의 전차용 유류와 전군全軍의 3개월분 식료와 탄약을 획득했다는 것이었다. 이러한 노획품이 없었다면 로멜도 곧 추격전을 감행하지 못했다. 그는 곧 22일부터 패주하는 영국군을 이집트 국경까지 단숨에 추격을 가했는데, 독일군의 선두에는 많은 구영국군 전차가 포함되어 있어서 우군으로 잘못 알고 모여든 패잔병이 뜻하지 않은 포로가 되는 우스운 광경을 보여주기도 했다. 아무튼 토브룩 요새를 하루 만에 함락시켰다는 것은 히틀러를 크게 기쁘게 했다. 그래서 그 전공으로 로멜은 많은 선배를 뛰어넘고 원수로 승진했다.

끝으로 한 나라의 군대를 지휘하는 장수는 언제나 연구와 훈련을 통하여 한층 더 유리하게 전쟁의 불안에 대해 그 위험을 감소하고, 그러므로 해서 적을 압도하여 그들로 하여금 함부로 전쟁도발의 생각을 가지지 못하게 하여 정세를 우리들에게 유리하게 만들어야 한다. 그리고 장수는 언제나 국가와 국민의 이해관계利害關係를 연구해 두며, 일단 국민이 위정자에게 요구하는 경우 그 임무수행에 적합한 무기와 장비를 갖추고 전쟁을 피할 수 있도록 군대를 적합하게 배치해 두며, 만약 전쟁을 피할 수 없는 경우라면 초기에 있어서 적을 격멸 또는 항복케 만들도록 해야 한다. 특히 개전에 앞서 위정자는 전쟁의 최종 결과를 생각하지 않고 전쟁을 시작하지 말아야 하며, 또 장수는 전쟁을 통하여 얻을 수 있는 이득 및 그것으로 잃게 될 예상되는 손해는 병력 및 장비, 자원 등의 가치에 의하여 얻는 성과와 수십 년 혹은 수세기 동안 민족과 국가에 미치는 여러 가지 영향에 의해 측정되어야 한다. 따라서 전쟁에 관하여 잘 아는 장수는 국민의 생사와 국가의 안위를 좌우하는 주인공이라는 이유도 거기에 있는 것이다.

나. 군대의 질과 양

장병들의 기술적 효율성, 즉 육체적 적합성, 무기를 다루는 노련한 기술, 그리고 능숙한 전술적 기동 등이 군대의 질에 포함된다.

먼저 장병들의 전투를 위한 육체적 적합성이란 그들에게 주어진 임무를 달성할 수 있도록 육체적 단련이 되어있어야 한다는 것이다. 예컨대, 제2차 세계대전 후 미국의 많은 군사전문가들은 원자폭탄과 같은 대량 파괴무기의 출현으로 앞으로 닥쳐올 어떠한 전쟁에 있어서도 육군은 필요하지 않을 것이며, 또 전쟁양상은 단추 누리기 전쟁(Push-button warfare)으로만 생각했다. 1950년 여름 미 지상군이 6·25전쟁에 개입한 후, 그들이 진지를 점령하기 위하여 또는 북한군에게 쫓겨 험준한 산악을 넘어야 할 때, 병사들은 마치 비소를 마신 파리처럼 비틀거렸다고 미국의 한 전사가戰史家는 논평했다. 그들은 지프차를 타고 다니는 것만 알았고, 한국과 같은 산악지대의 전장을 예상치 못하였을 뿐만 아니라, 그릇된 미래전未來戰의 오판으로 보병으로서의 기본적인 육체적 단련을 소홀히 했기 때문에 많은 손실과 패배를 당하였다.

오늘날의 무기체계는 더욱더 복잡해지고 또 그것을 다루는 기술도 전문화되어 가는 경향이다. 옛날처럼 활과 칼에서부터 소총을 다루는 시대와는 달라졌다. 아무리 훌륭한 무기를 연구 개발하여 보유하고 있다 하여도 그것을 다루는 병사들의 기술이 나쁘면, 그 무기는 제대로 충분한 성능을 발휘하지 못하는 것이다. 1967년 6월 중동전쟁에 있어서 아랍군은 다량의 최신무기와 장비를 소련으로부터 원조 받아 갖추고 있었지만 제대로 그 무기를 사용하지 못한 것도 패인이 되었던 것이다.

한 국가의 군사력의 기본적 요소의 하나는 병력의 수와 질이다. 그리고 인간이 전쟁에 있어서 주체主體라는 것도 전사戰史는 가르쳐주고 있다. 전쟁에 있어서 인간의 심리적 문제, 더 나아가서 인간의 문제를 깊이 연구한 바 있는 프랑스의 드 피크의 주요개념은 오늘날에 있어서도 건전하며, 그 내용은 다음과 같다. 즉

> 진실로 인간의 마음이 전쟁의 기반이며, 전투 및 위험의 긴장 하에서는 이 마음이 공포에 지배된다. 전쟁에 있어서 질은 양보다 앞선다는 것도 또한 옳은 말이다. 끝으로 현대의 무섭게 강력한 무기라 할지라도 그 무기는 적에게 토하는 단순한 철의 무게만으로 효과적일 수 없다는 것도 사실이다. 왜냐하면, 마음이 약한 군인의 손에 쥐어진 신무기는 수가 아무리 많다 할지라도 무가치하기 때문이다.[24]

병력의 질과 수의 문제에 대해서는 좀 더 검토를 해야 할 문제이다. 옛날로 거슬러 올라가면, 대체로 수보다 질을 강조해야 할 문제이다. 즉 삭세(Maurice de Saxe, 1696~1750) 원수는 "보수가 많고 또 잘 훈련된 소수의 군대를 보유하는 것이 그렇지 않은 군대를 보유하는 것보다 더 좋다. 전투에서의 승리는 병력의 규모에 있지 않고, 질에 있는 것이다"[25]고 했다. 옛날의 장수

24] Edward M. Earle(ed.)(1943), 전게서, p. 217.

들이 병력의 수보다 질을 중요시하는 이유는 첫째, 전쟁규모가 적었고, 둘째, 대부대 지휘를 위한 통신 및 수송수단이 빈약했으며, 셋째, 재정의 압력 때문이었다. 그러나 클라우제비츠는 "병수兵數의 우세는 전술이나 전략에 있어서도 승리의 가장 일반적 원리이다."(III-8)고 주장한 데는 그만한 이유가 있었다. 왜냐하면, 당시 유럽 각국의 군대는 무장, 편성 그리고 훈련이 비슷하였고, 서로 다른 것이라고는 장수의 능력과 군의 무덕武德 정도였기 때문이었다. 그래서 그는 병력의 수와 질의 관계를 다음과 같이 설명하였다.

> 프리드리히 대왕은 로이텐의 전투에서 약 3만의 병력을 가지고 8만의 오스트리아군을 격파하고 또 롯스바하의 전투에서는 25,000의 병력을 가지고 5만여의 동맹군을 격파했다. 그러나 2배 혹은 그것 이상의 적군에 대해 승리를 획득한 전례戰例는 이 정도이다.… 나폴레옹은 드레스덴의 전투에서 12만의 병력을 가지고 22만의 동맹군에 이겼으나, 2배의 병력에는 미달하였다. 프리드리히 대왕은 코린(Kolin)의 전투에서 3만의 병력을 가지고 5만의 오스트리아군과 싸워 끝내 승리를 얻지 못했다. 또 나폴레옹은 라이프치히의 전투에서 16만의 병력을 가지고 28만의 동맹군과 싸워 패배로 끝났다. 이처럼 프리드리히와 나폴레옹의 경우는 상대편의 병수兵數의 우세는 2배보다 훨씬 아래였다. 위에 말한 내용으로 뚜렷한 것처럼, 현대의 유럽에서는 아무리 재능이 있는 장수라 할지라도 2배의 병력을 가진 적과 대항해서 승리를 얻기란 퍽 어렵다는 것이다.(III-8)

한 국가의 병력 수를 결정하는 요인은 가상적假想敵의 병력 수, 인구, 특히 소집 가능한 장정의 수, 국가의 경제능력, 국제 긴장상태 등에 의하여 결정된다. 그리고 정치가들은 소수 정예주의를 주장하는 경향이 많지만, 이에 반하여 장수들은 다수 정예주의를 주장하는 것도 이해가 갈 것이다. 예컨대, 소련에서 방어에 임하는 경우 「대적 동수주의對敵同數主義」를 취하고 있

25] Thomas R. Phillips, (ed.), *Roots of Strategy* (Pennsylvania Harrisburg : The Military Service Publishing Company, 1950), p. 200.

다. 그래서 국경배치의 병력은 상대국의 병력과 동수 혹은 그 이상으로 되어 있고, 공격을 할 때는 많은 경우에 있어서 「삼배주의三倍主義」가 통설로 되어 있다. 소련이 대일참전對日參戰에 있어서 극동에 집결시킨 병력은 일본의 관동군 병력 약 50만의 3배인 150만이었고 또 체코에 침입했을 때도 체코군 20만의 3배에 해당하는 60만의 병력을 투입하였다.

양차 세계대전을 개관하여 보건대, 미국의 참전은 산업기술의 발달로 인한 다량의 최신무기, 풍부한 병력과 물자의 압도적인 우세로 병력의 질적 문제를 다루기에는 약간 쑥스러운 감이 없지 않다. 그러나 우리의 현실적 여건과 당면과제 그리고 앞으로의 국방을 위해 적은 비용으로 효율적 군대를 육성하자면 질적 문제가 언제나 대두하는 것이며, 우리들은 이 문제에 대해 언제나 연구를 해야 할 것이다.

이러한 관점에서 1870년의 보불전쟁을 살펴보려고 한다. 프랑스의 선전포고는 7월 19일이었지만, 각의에서 개전이 결정된 것은 14일의 저녁이었고, 다음 날 아침 프랑스의 모든 군대에 동원령이 내려졌다. 같은 날 저녁 때 프로이센 왕도 동원령을 내렸다. 이처럼 전쟁은 프랑스가 먼저 시작한 것처럼 보이지만, 그 내용은 반대였다. 즉 동원의 속도, 그리고 동원된 군대의 양과 질에 있어서 양자에는 커다란 차이가 있었다. 프랑스는 원래 징병제도의 원조국元祖國이었지만, 장정 가운데 소수만이 병역에 복무하고, 경제적으로 유복한 자는 돈을 지불하고 대리인을 보낼 수 있었다. 그리고 복무기간은 7년간으로 장기長期였고, 군대는 일반 국민에서 동떨어진 것이었다. 그들의 계획에 의하면 수일간에 30만의 군대를 동원하는 것으로 되어 있었으나, 실제로는 20만에 지나지 않았고 또 곧 전투에 참가할 수 있었던 병력은 그 일부였다. 그리고 수송력의 빈약과 병참선의 불비不備는 치명적인 결함이었다.

이에 반하여, 프로이센의 전쟁준비는 1866년 보오전쟁의 경험과 몰트케 장군의 프랑스에 대한 작전계획은 1867년에 완성되어 있었다. 프로이센군 참모본부의 주도면밀한 계획과 준비로 38만의 병력을 18일 만에 전선에 수송할 수 있었다. 그리고 프로이센의 참모장교들은 실전의 경험이 있었으며, 또 일선배속의 장교도 모두 한 두 번의 참모본부에서 근무한 경험을 가지고 있었다. 그러기 때문에 전선의 하급장교라 할지라도 전체의 작전을 알고 있었고, 또 참모장교는 참모장교로 실전의 어려움을 잘 알고 있었기 때문에 어렵거나 무리한 작전을 요구하지 않았다.

이와 대조적으로 프랑스군 사령관과 군단장의 대립, 또한 참모장교는 실전의 경험이 없을 뿐만 아니라, 실전을 경멸하고 있었다. 부대배속의 장교들은 작전의 대요大要를 알지 못하기 때문에 작은 전투에서 승리하여도 그것을 어떻게 발전시켜야 할 것인가는 알지 못했다. 그리고 프랑스는 기관총이라는 비밀무기를 가지고 있었는데, 그 장치의 비밀을 유지하기 위해 소수의 장병에게 그 조작법을 가르쳐 두었는데, 이런 훈련을 받은 장병은 다른 부서로 가고, 신무기를 보지도 못한 장병에게 그것을 맡겨 대전對戰케 했으니 승패는 자명한 것이라 하겠다. 나폴레옹 3세는 9월 1일 세당에서 포위되어 82,000의 장병과 함께 프로이센군에 항복하여 포로가 되었다.

제2차 세계대전 초기의 서부전선에서 영·불 연합군이 참패하여 그들은 간신히 됭케르크에서 철수를 했다. 그 후 영국군이 어떻게 하여 가장 우수한 군대를 만들었는가에 대해 고찰해 보려고 한다. 영국군이 됭케르크에서 철수했을 때, 군의 고위층은 모든 것을 처음부터 다시 해야 할 처지에 놓였다. 그들은 그들의 전임자들이 20년이나 걸려서 만들어 낸 전쟁이론이나 전기戰技도 새로운 용병술에 의하여 무참히도 부인되고 분쇄되는 광경을 실지로 체험을 했다. 1941년부터 영국의 참모총장이 된 앨런 브룩 장군과 버나드 파짓드 장군 지휘하의 신병훈련소에서는 나치 독일군을 격파하기 위한 정예군대를 만들기 위하여 두 가지 지도원칙이 규정되었다. 즉 첫째, 모든 훈련은 엄밀히 실전적實戰的이어야 한다. 말을 바꾸어서 한다면, 훈련은 아무리 사소한 문제라 할지라도 독일군과 대전했을 때 놓일 것으로 생각되는 실제와 같은 상황 하에서 그들을 격파하는 데 적합토록 한다.

둘째, 모든 병사 즉, 최하위 계급에 이르기까지 작전의 전모全貌를 납득시킨다. 바꾸어 말한다면, 모든 병사들에게 그들이 하려는 작전의 내용과 이유를 허용하는 최대한도로 견문見聞케 하고 또 이해시키는 것은 허가하는 것이다.

1940년 계속되는 패전의 여러 사건은 복잡하게 기계화된 현대의 군대가 전격전에 의하여 배치전환配置轉換을 실시하는 경우, 사기의 저하를 피할 수 있게 하는 것은 각 병사들이 그들이 해야 하는 임무를 처음부터 알고 있었던 부대만이라는 것을 알았기 때문이다. 이러한 훈련원칙의 규정은 대단히 현명한 방책이라는 것이 그 결과로 보아 증명되었다. 그것은 이 규정이 보통의 시민병, 즉 당시 계속되는 비보悲報와 환멸을 느끼고 또 불만을 가졌던 그들이 알려고 했던, 행하기를 바랐던 것을 깊이 통찰하여 그것에 바탕을 두고 만들었기 때문이다. 이 시민병들은 나치 독일군을 어떻게 타도하는 것이 가장 좋은가, 하는 것을 알려고 했던 것이다.

다. 사기

승리하려는 의지, 필승의 신념, 괴로움을 참는 의지와 희생정신, 모든 어려움을 극복하는 인내심 등은 장병의 정신적 요인의 중요한 위치를 차지한다. 나폴레옹은 전쟁에 있어서 정신력과 물질의 비율을 3대1이라고 했는데, 이러한 비율이 반드시 타당한가를 묻기 전에 전쟁에 있어서 사기의 중요성을 대단히 높이 평가한 말이라 하겠다. 사기와 전쟁술(art of war)의 관계에 대하여 클라우제비츠는 "병력의 현격한 차이가 있음에도 전투를 해야 하는 군대에 있어서 병력의 부족이 많을수록, 따라서 그 위험에 대항하는 장병의 정신적 긴장, 즉 군의 사기는 더욱더 왕성해야 한다. 만약 이와 반대라고 한다면 이 어려움을 타개하려는 필사적인 영웅적 용기보다는 오히려 의기소침한 절망상태가 생겨, 이미 어떠한 용병이라 할지라도 쓸모가 없는 것이다."(V-3)고 했다. 그리고 드 피크(1831~1870)도 "전투의 성공은 사기문제이다"고 갈파하였다.

그러면 이 문제에 대해 시야를 약간 넓혀서 생각해 본다면, 전쟁에 있어서 국민의 사기의 문제는 분명히 기본적으로 중요한 것이다. 왜냐하면, 전쟁은 외견상 물질적 힘의 싸움이지만, 궁극에 가서 의지의 싸움이기 때문이다. 따라서 국민적 규율을 강요하는 모든 요소, 즉 국민 각자가 일시적인 좌절에서 오는 영향(불편과 어려움)을 견디게 하고, 그 다음에 최후의 승리를 확신하는 마음가짐을 준비시킨다는 것은 승리에 적극적이고 또 명백히 공헌하는 것이다. 300여년 전 프란시스 베이컨(Francis Bacon, 1561~1626)은 국가방위의 능력은 자원의 소유보다는 국민의 사기에 의해서 좌우된다고 지적하였다. 그리고 아담 스미스(Adam Smith, 1723~1790)도 모든 사회의 안전은 반드시 국민이라는 커다란 단체의 사기에 달려 있으며, 또 사기가 있다 할지라도 잘 훈련된 군대가 이를 지원하지 않는다면, 아마도 사회의 방위와 안전보장에 충분치 못할 것이다. 그러나 모든 시민이 군인정신을 가지고 있는 경우에는 보다 적은 상비군을 필요로 할 것은 틀림없다고 한다. 그리고 계속하여 국민의 사기가 사회방위에 소용이 없다고 하지만, 그래도 비겁한 생각을 포함하는 정신적 불구, 결함 및 불행이 국민이라는 커다란 단체에 유포되지 않도록 방지한다는 것은 역시 정부가 신중히 유의해야 할 점이다. 이는 생명에 관계가 없고, 위험성이 없기는 하지만, 나병癩病이나 기타 불쾌한 질병이 전염되지 않도록 유의해야 하며, 정부의 지도하에 군사훈련을 실시함으로써 사기를 효과적으로 유지할 수 있을 것이라 했다. 이 견해는 봉건주의 사회에 있어서 전쟁의 규모가 작을 뿐만 아니라, 그것이 일반시민의 생활에 별로 영향을 미치지 않았을 때의 얘기이다. 그러나 특히 제1차 세계대전 이후부터는 국민의 사기가 전쟁수행에 지대한 영향을 미쳐 왔다는 것을 잊어서는 안 된다.

그러면 사기와 군인정신이 충실한 군인이란 어떤 뜻을 지니고 있는 것일까? 그것은 어떠한 파괴적 포화 속에서도 평상시와 다름이 없는 질서를 유지하고 가공적인 공포에 놀라지 않으며, 현실의 공포에 대해 착실히 극복하는 군대, 전승에는 의기양양해서 승리를 자랑하지만, 패전의 혼란 속에서도 복종심과 지휘관에 대한 존경심과 신뢰심을 잃지 않는 군대, 괴로움과 궁핍에 의해서 단련된 체력은 마치 경기장에서 단련된 투사의 근육처럼 굳건한 군대, 이러한 노고를 승리에의 수단으로 간주하며, 자군의 군기軍旗를 저주하려고 생각하지 않는 군대, 이러한 모든 의무와 덕을 군인의 명예라고 확신하는 군대야말로 참다운 사기와 군인정신에 가득 찬 군대라 말할 수 있을 것이다.

그렇다면 이러한 사기의 구성요소에는 어떤 것이 있는가? 그것은 사회의 안전 및 질서관계, 개인적 통솔력, 물질적인 이익, 이념의 고취, 정의, 전쟁목적의 타당성 등일 것이다.

옛날부터 지휘관은 전장에서 장병의 사기에 지대한 관심을 가졌고, 또 여러 가지 방책을 고안해 내기도 했다. 예컨대, 『육도삼략』에는 다음과 같이 기록하고 있다.

① 아랫사람이 자리에 앉기 전에 윗사람은 앉지 말라.
② 아랫사람이 식사를 하기 전에 윗사람은 식사를 하지 말라.
③ 샘을 다 파기 전에 윗사람은 아랫사람 앞에서 목이 마르다고 말하지 말라.
④ 막사가 다 완성되기 전에 윗사람은 피로하다고 말하지 말라.
⑤ 식사가 다 되기 전에 윗사람은 배고프다고 말하지 말라.

⑥ 아랫사람의 막사에 불이 켜지기 전에 윗사람은 자기 방에 불을 먼저 켜지 말라.

⑦ 윗사람은 아랫사람이 입지 않는 이상 겨울에 외투를 입지 말며, 여름에 부채를 쓰지 말며, 비 올 때 우의를 입지 말라.

⑧ 윗사람은 반드시 오락과 한서寒暑를 아랫사람과 같이 해야 한다.

이렇게 된다면, 아래 장병은 전력을 다해서 윗 지휘관에게 충성을 바치게 될 것이다. 제1차 세계대전 때 프랑스의 클레망소 수상은 자주 전선을 시찰하고 작전의 준비상태와 특히 장병의 사기를 높이는 데 세심한 관심을 기울였다. 그리하여 전선에서 장군과 얘기를 나누고, 병사들과도 얘기를 나누면서, 특히 그들에게 조국애를 강조했다. 80세에 가까운 늙은 수상이 노구老軀를 무릅쓰고 행한 전선의 시찰은 참호에서 인기가 있었고 또 장병들의 사기를 진작시켰을 뿐만 아니라, 난국에 처해 수상을 더욱 더 신뢰케 만들었다. 또 순시 중 영국군에도 들려 그들 장병들과도 친히 얘기를 나누고 그들의 수고를 치하하고, 특히 고급 지휘관에게는 영·불군의 협동을 강조했다. 당시 영국의 청년장교가 "영국에도 클레망소가 있다면!" 하고 탄식했다는 일화도 있다.

그의 전선시찰의 한 예를 간단히 소개하면, 프랑스군 제163 사단이 고전 중이라는 얘기를 듣자 곧 동 사단의 전선시찰에 나섰다. 전선에 가까이 온 수상은 도중에서 병사에게 사단장의 위치를 물으면 언제나 똑같이 전선 전방을 가리키면서 훨씬 전방이라고 했다. 점점 더 포격을 받기 때문에 자동차를 버리고 도보로 전진하여 겨우 사단장의 위치에 도착하고 보면 사단장은 마지막의 얼마 되지 않는 예비대의 병사들을 지휘하고 전투 중이었다. 병사들은 침착하고 냉정하게 그리고 용감하게 싸우고 있었다. 병사들이 늙은 수상의 모습을 보자, 적보다도 수상을 보고 환호성을 올렸다. 독일군은 수상의 일행을 발견한 것처럼 집중포격을 가했다. 사단장은 수상에게 피할 것을 권하지만 이 늙은 수상은 그 말을 들으려 하지 않았고, 마침내 한 포탄이 수상의 가까운 곳에 떨어져 사단장은 이제 더 묵시할 수 없어서 완력으로 수상을 제방의 안전한 곳으로 밀어 넣었다. 200m 전방의 독일군 보병의 기관총은 계속 사격을 가하고 있으며, 수상의 승용차는 적탄에 의해 대파되고 말았다. 겨우 적의 포격이 멈추는 것을 기다렸다가 수상이 도보로 돌아가게 되면 장병들은 일제히 환호를 지르면서 수상을 전송했다.

1950년 12월 31일 중공군의 공세가 재개되자 유엔군 총사령관 리지웨이(1895~1993) 장군은 서울을 다시 포기하고 한강 이남으로 후퇴하지 않을 수 없었다. 이때의 광경을 그는 그의 저서 『한국전쟁』(1967)에서 이렇게 묘사하였다.

> 후퇴하고 있는 미군이 공세를 재개하려면, 사기를 회복하는 것이 급선무였다. 그래서 나는 직접 내 눈으로 전선을 골고루 돌아보며 이를 점검해 보려고 했다. 나는 사령관에 취임한지 48시간 내에 멀리 동해안에 있는 한국군 수도사단을 제외하고는 각 군단장과 모든 사단장을 만나 보았다. 이들 지휘관들은 이구동성異口同聲으로 현재 유엔군이 공세를 재개하면 실패할 뿐만 아니라, 큰 타격을 받을 것이라고 말했다. 내 눈에도 유엔군이 내가 바라는 전투를 감당해 낼 것 같지 않았다. 전방에서 길을 지키는 미군 헌병을 첫눈에 보고 2차 대전 때, 유럽전선에서 보던 헌병과는 사뭇 다르다는 것을 직감했다. 한마디로 정신상태가 덜 됐다는 것을 알 수 있었다. 장교나 사병이나 할 것 없이 자신을 잃고 자기가 할 일이 무엇인가를 모르고 그저 귀국일자만 기다리는 눈치였다. 이래서 나는 몹시 실망했지만, 즉시 공세를 재개하려면 희망을 버릴 수가 없었다.
>
> 이제는 오히려 신년新年에 반드시 전개될 것으로 보이는 중공군 공세를 어떻게 막느냐에 골몰할 수밖에 없게 되었다. 중공군은 수적으로 우리보다 훨씬 우세하지만, 아군은 화력과 공군력에 있어서 적을 압도하고 있었다. 그래서 나는 지휘관들에게 부대를 적당한 고지高地에 포진시켜 밤에 적의 침투를 유인해 놓았다가, 낮에 우세한 화력과 공군지원으로 이를 섬

멸, 출혈을 강요하라고 강조하였다. 그러나 우리는 적 공세에 밀려 부산까지 후퇴할 경우도 생각하지 않을 수 없었다. 나는 아직 적정을 완전히 파악하지 못했지만, 이즈음 베이징(北京)이나 평양방송은 매일같이 꼭 미군을 바다 속으로 몰아넣겠다고 뽐내고 있었다. 내가 예기豫期한대로 중공군은 12월 31일 저녁에 맹렬한 준비포격을 가한 후에 나팔을 불며 공세를 재개했다. 밤새 동안에 들어오는 전황보고를 보니까 적은 대공세로 나왔으며, 아군은 이를 저지하지 못할지도 모른다는 생각이 들었다. 그러나 우리는 그동안 서울지역에 제2 방어선을 구축해 놓았기 때문에 나는 이때까지만 해도 아군의 반격으로 적에게 큰 타격을 줄 수도 있다는 희망을 걸고 있었다.… 나는 1월 3일 저녁 늦게까지 교량 북단에 머무르며 한강 이남으로 철수하는 장사진의 유엔군 대열을 바라다보았다. 8인치 곡사포와 영국군의 센츄리온 중전차가 다가왔을 때는 가슴이 철렁 내려앉고 손에 땀을 쥐었다. 부교浮橋가 전차나 곡사포의 무게를 지탱할 수 있을까 해서였다. 그러나 아슬아슬하게 중장비도 모두 무사히 한강을 건넜다. 나는 저녁 8시쯤에 지프차로 부교를 건너 영등포의 임시 지휘소로 향했다. 이렇게 해서 미8군과 한국군으로 한강 이남에 강력한 방어선을 쳤다. 그리고 1월 20일경부터는 오산·제천·영월·삼척 선에서 태세를 재정비한 유엔군이 반격으로 나아가게 되었다.

리지웨이 장군의 탁월한 지휘·통솔력과 전략·전술로 침체했던 장병들의 사기를 높였고 또 적에게 출혈을 강요함으로써 재진격을 가능케 했다. 무릇 지휘관은 장병들의 사기를 높여 그들로 하여금 일종의 집단적 정열과 종교적 열광, 국가적 자부심 그리고 영광의 예찬을 가짐으로써 전투의 위태로움 속에서도 결코 잊어버릴 수 없는 든든하고 의식적이며 친밀한 신뢰감을 갖게 되며 이것이 또한 진실한 전투인의 자질일 것이다.

드 피크는 "승패를 결정하는 것은 결투의 총 횟수가 아니라, 사실 전투의 성공은 사기문제이다"[26]고 했으며, 포슈(1851~1929) 장군도 "'패전이란 무엇인가?' 하는 질문에 대해 '자기 자신이 패하였다고 생각하는 전투가 곧 패전

26] Edward M. Earle(ed.)(1943), 전게서, p. 210.

이다. 왜냐하면, 물질적으로 패전이란 있을 수 없기 때문이다. 그러니까 패전이란 사기 상으로만 있을 수 있다. 그런데 승전한다는 것은 사기 상으로만 존재하는 것이다. 그러므로 우리는 이 격언을 더욱 연장해서 승전이란 자기 자신이 패전하였다고 고백하지 않는 전투라고 말할 수 있다'고 하였다. '승리=의지' 이 공식은 포슈의 정신적 요소를 표현한 것이다. '전쟁=사기의 영역', '승리=승리자의 사기의 우세, 패전자의 사기 침체', '전투=두 의지 간의 투쟁', '정복하려는 의지, 이것이 승리의 첫 요건이며 따라서 군인의 첫 의무이다. 그리고 나아가서는 이것이 필요에 따라서 지휘관이 병사의 정신에 주입해야 하는 최상의 결의가 되는 것이다"[27]고 했다. 물론 사기만 있으면 전투에서 승리할 수 있다고 주장하는 것도 유치하지만, 반면에 산업과학기술의 놀라운 발달로 물질적 우세만으로 전투에서 승리할 수 있다고 고집하는 사람이 존재하는 한, 포슈의 주장은 아직도 상당한 교훈과 의의를 가진다고 하겠다. 1967년 중동전쟁에 있어서 아랍군이 패배한 큰 원인 중의 하나는 그들이 우수한 소련제 무기를 가지고 있었지만 싸우려는 의지와 사기가 없었던 것이다.

라. 군수軍需

군수란 주로 전투원에게 무기와 장비를 제공하는 일과 또 전투원에게 식량과 기타 필수품을 보급하는 일을 과제로 다루어왔다. 그래서 군수(Logistics)를 정의하여 "전쟁수행을 지원하기 위하여 인원, 물자, 병력을 준비하고 제공하는 과학이다"[28]고 했다. 전쟁에 있어서 군수의 중요성에 대해서 전쟁의 규모가 크지 않았고 또 무기체계가 복잡하지 않았던 옛날의 손자도 다음

27] 상게서, p. 228.

28] R. E. Dupuy and T. N. Dupuy, *Military Heritage of America*(New York : McGraw-Hill Book Co., 1956), p. 423에서 재인용.

과 같이 주장하였다.

> 전쟁을 하자면 전차(치차馳車) 1,000대, 수송차輸送車 1,000대, 무장병 10만 명을 요하며, 또 천리 길이나 되는 먼 곳에 식량을 실어 보내야 하고, 국내외에서 사용하는 비용과 외교사절의 접대, 군수물자, 개인 장구個人裝具 등의 보충에 하루 천금이라는 막대한 전비戰費가 요구되니, 그런 후에야 비로소 10만의 병사가 행동할 수 있다.… 그러므로 전쟁은 주저하지 않고 빨리 결말을 지어 이겼다는 얘기는 들었지만, 아무리 교묘하여도 오래 끌어서 이겼다는 것은 보지 못하였다.… 따라서 전쟁은 속전속승速戰速勝하는 것을 귀중하게 여기고, 장기전長期戰에서의 승리를 귀중하게 여기지 않는다.[29]

고대 희랍의 철학자 소크라테스가 훌륭한 지휘관의 자질을 말하여, "장수는 그의 부하들로 하여금 어떻게 식량을 얻도록 할 것이며, 전쟁에 필요한 다른 모든 물자를 어떻게 얻도록 할 것인가를 알지 않으면 안 된다"[30]고 지적한 것으로 미루어 보아 고대전쟁에 있어서도 군수가 중요하였다는 것을 말해 주고 있다.

그러나 옛날의 전투장비는 단순하였다. 칼, 창, 활 등은 한 번 생산되면 오래 사용할 수 있었으며, 이것을 유지하는 데는 거의 노력이 들지 않았고, 또 비교적 쉽게 대체할 수도 있었다. 이와 마찬가지로 당시 후방전선의 문제도 비교적 단순하였다. 야전군은 주로 작전기지에서 현지급양現地給養을 하였으며, 후방전선에 대하여 기대하는 바가 대단히 적었다. 이러한 현상은 주로 본국과 전선 사이에 충분한 통신 및 수송수단이 없었기 때문에 야기되었던 것이다. 후방전선의 문제가 가장 심각하게 대두된 것은 아마도 인원의 부족 때문이었을 것이다. 농사에 종사할 인원의 확보가 필요하게 되

29] 『孫子兵法』, 作戰 第二.

30] R. E. Dupuy and T. N. Dupuy(1956), 전게서, p. 420.

자 전투원의 동원에는 제한을 받게 되고, 군사활동의 지구력, 전투개시가 가능한 계절 등에도 제한을 하게 되었다. 이처럼 후방전선과 전투지역과의 상호 연관성은 오랜 역사를 통하여 우리 인류생활에 여러 가지 모양으로 흥미있는 영향을 미쳐 왔다. 무기가 점차로 복잡해지고, 그것의 생산을 위한 비용이 점점 더 많이 필요하게 되자, 후방전선의 중요성도 증대해 갔다.

나폴레옹시대에 이르러서 비로소 진정한 의미의 무장국가(국가의 모든 인력을 직접 군대에 이용하거나 또는 간접으로 군대를 지원하는 일에 이용하는 것)가 출현하였으며, 또한 전쟁에 있어서 후방전선이 점유하는 지위가 뚜렷이 윤곽을 드러내었다. 그리고 병참이 전쟁수행에 있어서 불가결한 요인이 되었다.

산업혁명은 다른 모든 비군사적 경제 상태에 근본적인 변혁을 가져왔던 것과 마찬가지로, 전쟁의 성격에도 변화를 가져왔다. 이제 후방전선은 정밀하고 복잡화된 전쟁 준비를 위해서 뿐만 아니라, 전쟁 기간 중 막대한 군대를 계속 지원하는 일을 위해서 본질적이며 없어서는 안 되는 기반이 되었다. 수송수단의 발달은 대규모의 군대를 먼 거리에까지 수송이 가능하게 되었다. 새로운 발명과 산업기술을 군수품 생산에 적응시킴으로써 인간은 더욱더 능숙한 살인자가 되었다. 그리고 이 살인자는 그의 무기를 처음 생산했을 때와 마찬가지로 만들어진 무기를 유지하기 위해서는 완전히 후방전선에 의존해야만 되었다. 소총, 대포, 특수한 전투함정 등은 전투행위와 경제와의 상호 의존도를 현저히 높였다. 그리고 이러한 새로운 무기는 군대를 편성하는 데 있어서 막대한 시간을 소요케 했다. 이제 전면적인 공격 혹은 방어에 필요한 무기를 생산하려면 수개월간 또는 수년간의 시간이 요구되었다. 뿐만 아니라, 복잡한 무기를 다루기 위해서는 오랜 훈련기간이 필요하게 되었다. 이제 방어하는 것도 단순히 나팔소리를 들은 연후에 달려가서 무기를 들던 때와는 전혀 다른 것이 되어 버렸다.

현대전의 무서운 파괴력은 미국의 남북전쟁에서 처음 나타났다. 이 전쟁은 국력의 모든 요소, 즉 군사적, 정치적, 정신적 및 경제적 요소 등을 동원하였다. 북군이 남군에 대하여 최후의 승리를 획득한 주요 원인은 주로 북군이 남군에 비하여 훨씬 우월한 공업기지를 가지고 있었다는 데 기인했던 것이다.

19세기가 끝날 무렵에 있어서 모든 국가의 지도자들은 20세기의 소모전에 있어서 공업산업이 전쟁에 얼마나 큰 영향을 미칠 것인가에 대해 예견하지 못했다. 제1차 세계대전에 있어서 독일은 그들의 우수한 전쟁준비를 이용함으로써, 적은 손실로 신속한 승리를 획득하려고 계획하였다. 그러나 독일은 계산에 착오를 범하였다. 전격전 대신에 소모전이 전개되었다. 후방전선의 능력과 효력은 전쟁수행에 있어서 전투부대 못지않게 중요한 요인이 되었다. 전쟁이 난국難局에 이르게 되자 동맹국들은 서로 경제적 지원을 하지 않을 수 없게 되었다. 예컨대, 영·불은 미국에 무기를 지원하고, 미국은 식량과 선박을 다른 연합국에 지원하였으며, 중국은 프랑스 항구에 노동력을 지원한 것 등과 같다. 공업 및 경제면에서의 연합군 사이의 상호의존도는 이렇게 하여 강력히 시범되었다.

후방전선의 총력적인 생산활동이 전쟁수행을 최대한으로 지원할 수 있게 하기 위해서는 국내산업 전반을 대폭적으로 조정할 필요가 있었다. 이제 필연적으로 가용 인력과 기본적인 생활필수품(식량, 의복, 연료, 대피소 등)을 후방전선과 야전군에 구분하여 배정하는 일이 생겨났다. 식량의 부족, 산업시설 및 원료의 부족 등은 위급한 문제로 등장하였다. 업무할당, 생산, 분배 등에는 신중하고도 치밀한 계획이 필요하다는 것이 입증되었다. 외국의 원료와 자재에 대한 의존, 특히 이전에 알지 못했던 중립국 및 식민지 영토에 대한 의존으로 세계 각국은 상부상조의 중요성을 인식하게 되었다. 그러므로 경제동원과 경제적 준비는 군사력과 군사적 안전보장의 관점에서 볼 때, 개전 당일에 군대를 동원하고 수송하는 일에 못지않게 중요성을 가지게 되었다.

예컨대, 제1차 대전의 경우, 전쟁이 절정에 도달했을 무렵, 1일간의 포탄 사용량은 보불전쟁(1870~1871)의 전 기간에 소모한 총량보다 더 많은 것으로 추정되었으며, 또 1918년 미국이 실시한 단 1회의 공격에서 발사한 총알의 무게는 4년에 걸친 미국의 남북전쟁 시에 북군이 소비한 총알의 무게보다 더 많았다. 제1차 대전에서 얻은 교훈은 장기전에 있어서는 병참의 지원 능력이 승패의 결정적 요인이 되었다는 것이다. 미국은 전쟁지원을 위해서는 자유기업경영을 조정하는데 전력을 기울이지 않으면 안 된다는 것을 전쟁을 통하여 알게 되었다. 총력전을 수행함에 있어서 모든 자원을 적소適所에 분배하기 위해서는 자연적인 이윤 동기利潤動機와 가격기구價格機構에 의존해서는 안 된다는 것이 명백해졌다. 정부가 획득하기 어려운 물자를 시장에서 입찰하는 방법을 가지고서는 군수품을 확보할 수 없을 뿐만 아니라, 군대에 병력을 공급하기 위하여 노동시장에서 인력을 입찰한다면 인플레를 초래하여 정부 스스로가 애써 보존하려고 하는 바로 그 체제를 파괴해버리는 결과가 된다는 것을 알게 되었다. 이러한 사실은 경제생활의 역설逆說이라 하겠다. 총력전에 있어서는 자기 보존을 위하여 자유기업경제는 잠정적으로 통제경제체제로 전환하지 않으면 안 되는 것이었다. 제1차 대전을 통하여 미국의 국방경제학이 배운 교훈은 이러한 것이었다.

미국은 1919년 제1차 대전의 경험을 통하여 다음과 같은 몇 가지의 국가안전보장의 경제원칙을 도출하였다.[31]

> ① 현대전現代戰은 관여하는 모든 나라로부터의 경제적 노력을 전부 요구한다.
> ② 현대전을 효과적으로 수행하기 위해서는 막대한 양의 복잡한 군수품이 필요하며, 이것을 생산하기 위해서는 오랜 시일과 막대한 경제

[31] 상게서, p. 422 재인용.

적 준비가 필요하고, 또한 효과적 방어 및 공격을 위해서는 전쟁개시 이전에 준비가 완료되어 있어야 한다. 군수품 생산을 위해 소요되는 준비기간은 국가존망을 위해 결정적인 시기이다.

③ 오늘날의 침략자에 대항하기 위한 적절한 방비를 갖추려면, 침략이 있기 전에 복잡한 현대무기를 미리 만들어서 비축해 두어야 하고, 그 현대무기를 사용할 수 있는 훈련을 끝마친 군대를 확보해 두어야 하며, 신속한 전세戰勢의 확대에 보조를 맞출 수 있도록 군수품 생산기구가 준비되어 있어야 한다. 이와 같은 준비를 위해서는 막대한 경제적 노력이 끊임없이 수반되어야 한다.

④ 전쟁을 지원할 수 있도록 총력적 경제활동을 조성하기 위해서 정부의 고차적인 통제가 필요하다.

⑤ 신중한 분배와 조정을 필요로 하는 것 가운데 가장 기본적인 것은 인력과 산업시설과 원료(식량을 포함한다), 이 세 가지이다. 어떤 지역에서 이 세 가지 중 어느 한 가지가 아주 부족할 경우에, 비록 그 부족이 숫자상으로는 대단히 적은 것이라 할지라도, 전쟁 전체를 그르칠 가능성이 있다. 예컨대, 현대전에 있어서 군수품 생산의 본질적 요소가 되는 망강이나 철강 등은 좋은 본보기이다.

⑥ 연합국 사이의 경제적 상호의존은 불가피한 것이며, 이를 위해서는 국제적인 대규모의 경제적 조정이 요구된다.

이러한 경제적 원칙은 자주국방을 위한 군수품 생산에 관련된 중요 과제를 우리들에게 가르쳐 주고 있다. 그리고 일반적으로 군수는 세 가지 요소로서 구성되어 있다고 생각되고 있다. 즉 요구와 조달과 분배이다. 군수가 후방전선의 경제활동과 중복되는 것은 이 세 가지 요소 가운데서 요구와 조달에서이다. 정부가 인력과 물자를 동원함에 있어서 그 규모와 정도는 군부軍部가 병력의 규모를 한정하고 앞으로 필요하게 될 각종 무기, 장비, 기타 보급품을 요구하는 양과 정도에 의하여 결정되어진다. 일단 요구량이 결정되면 인력과 물자는 각종 자원으로부터 조달에 의하여 군대에 집중하게 된다. 산업조달을 예로 든다면, 이것은 산업제품으로부터 각종 보급품,

무기 및 장비를 획득하는 것을 말한다. 위의 요구와 조달의 과정에서 시간 요소는 대단히 중요하다. 제2차 대전 중의 어떤 군수품목, 예컨대 항공기와 전차 등은 일단 요구량이 결정된 연후 그것을 생산하는 데는 2년이라는 시일이 소요되었다. 따라서 현대전에 있어서 앞으로 필요한 요구량은 작전이 시작되기 훨씬 이전에 추산되어 있어야 한다는 것을 알게 된다.

분배는 군수 가운데서도 우리 군인들이 가장 많이 관여하는 요소이다. 분배란 적절한 물품을 적절한 양만큼 바른 장소와 시기에 효과적으로 사용될 수 있는 조건하에서 획득하는 과정이다. 이것은 군수 담당자로 하여금 다른 어느 문제보다도 더 머리를 앓게 하는 문제이다. 또 여기에 선박, 화차貨車, 트럭 등의 숫자, 시간표, 용량 및 이에 관련되는 거의 수많은 문제들이 포괄된다. 제2차 대전에서 보는 바와 같이 미군의 가동선박可動船舶의 제한은 모든 작전에 영향을 미치는 것이며, 이것은 곧 분배군수分配軍需의 중요성을 말해 주는 사실이다.

제2차 대전에 있어서 상상조차 할 수 없을 정도로 미국의 군대 행정기구가 확장된 것은 주로 그들의 분배군수가 복잡하게 된 데 원인이 있었다. 예컨대, 미군의 9할이 군수 및 기타 행정업무에 종사하였고 실전에 참여한 군인은 1할에 불과하였다. 오늘날 현대화된 1개 사단의 하루 평균 보급량은 460~550톤(미군 1사단의 전시戰時 1일의 평균 보급량 600~800톤)이다. 그러니 3톤의 적재량을 가진 트럭이 매일 160여대가 가동되어야 한다는 계산이다. 예컨대 1945년 오키나와(沖繩) 공략에 참가한 미 해군의 전투함정은 318척, 보조함정 1,139척, 그리고 수많은 상륙용 주정을 합하여 인원 약 548,000명의 대병력이 본국에서 5,300 해리를 떠나 작전을 했다.

이러한 대작전을 지원하기 위해서 개전 당시는 불과 진주만, 괌 그리고 마닐라 등 몇 개의 기지만 보유하고 있었지만, 그 후 점령한 섬에는 계속 군수기지를 창설했고, 이런 전진기지에서 항공모함에서부터 상륙용 주정에 이르기까지 수리가 가능했으며, 본국에 있는 해군 공창工廠설비의 2배 이상의 부두, 도로 그리고 공장시설을 했다고 한다. 1945년 7월 한 달에 태평양에 선적된 미군용 연료는 약 345만 톤이며, 괌 기지가 지급한 항공 휘발유가 1일 평균 107,000톤에 이르렀다고 하니, 2차 대전이 얼마나 물량전物量戰이었던가를 짐작할 수 있다. 마셜 원수(제2차 대전 중의 미 육군 참모총장)의 전투 보고에는 다음과 같은 내용이 강조되었다. 즉

> 후방 보조부대는 과거 2년간 놀라운 임무를 완수하였다. 식량, 피복, 군수품, 1,537척의 함대의 작전을 포함하는 수송의 공급, 224억 달러의 봉급·수당의 처리, 계약고 약 750억 달러의 수속, 미국에 있는 3,700의 주둔지 또는 병영설비의 경영,… 대大군수기지 항만기구의 운용에 737만 명의 인원과 10,175만 톤의 화물의 처리,… 육군관리의 처리와 마지막으로 재전개와 복원의 막대한 임무를 수행하였다.

영국의 웨벨(A. P. Wavell) 원수도 "장수의 육체적·도덕적 자격 외에 그 지능에 관해서 말한다면, 사물의 가능성 여부를 변별辨別하는 상식이 가장 중요하다. 그리고 지금까지 많은 사람들은 전략·전술이 근본이라고 생각했지만, 실지로는 지형학과 군사적 이동과 보급의 지식을 바탕으로 한 전쟁의 매커니즘을 알아야 한다"고 했다. 지금까지 일반적으로 전쟁이라고 한다면 전략과 전술이 모든 것을 결정하는 근본이라고 생각하여, 전쟁술(Art of War)이란 전략과 전술로만 생각했으나, 오늘날에 와서는 거기에 군수가 첨가된 이유도 이러한 데 그 원인이 있다. 2차 대전 중 북아프리카 전투에서 '사막의 여우'라고 불리던 독일군의 로멜 장군은 그의 체험을 통하여 군수의 중요성에 대하여 말하기를, "어려운 전투를 수행할 수 있게 하기 위해서 군대에 첫째 필요한 것은 적절한 무기와 유류 그리고 탄약의 저장량이다. 실제로 전투는 교전이 시작되기 전에 군수장교에 의하여 이루어지고 또 결정되어 버린다. 가장 용감한 군대도 총포 없이는 아무 것도 하지 못하며, 총

포라 할지라도 풍부한 탄약 없이는 아무 소용이 없다. 기동전에 있어서 아무리 많은 총포나 탄약이 있어도 그것을 운반할 수 있는 기동력이 없으면 소용이 없다. 군수에 관한 한, 그것의 지속성도 또한 적의 그것에 못지않게 양과 질에 있어서 비등하여야 한다."고 했다.

군수의 내용은 대체로 다음과 같은 내용이다.[32]

- 수 : 병력 및 무기의 수
- 무장 : 무기의 질
- 보급 : 식량, 무기, 탄약 및 장비
- 수송 : 차량의 수와 질, 연료, 도로, 철도 및 항공 수송시설 등이다.

이제 좀 더 구체적으로 들어가서 작전계획의 수립단계에서의 군수의 역할에 대하여 고찰해 보려고 한다. 만약 군수가 작전계획을 실현하는 데 지원할 능력이 없다고 한다면, 아무리 훌륭한 작전계획이라 할지라도 전혀 효력을 나타낼 수 없을 것이다. 필연적인 결론으로서 아무리 훌륭한 병참 지원능력을 갖추고 있다 하더라도, 만약 그것이 건전한 작전계획과 유능한 지휘관에 의하여 사용되지 못할 경우에는 아무런 가치도 발휘하지 못한다. 따라서 군수와 작전계획은 시간적으로 순조롭게 합치되고 조화되어야 한다. 참모 판단의 과정을 거쳐 지휘관 결심에 의하여 최선의 행동방책이 결정되면, 이의 실천계획인 작전계획 혹은 명령서가 작성된다. 이 때 군수참모는 채택된 행동방책을 실현하는 데 필요한 제반 군수지원을 면밀히 검토해야 한다. 작전계획은 작전목적의 설정에서부터 시작하여 이 목적 달성을 위해서 필요한 지원계획의 완성으로 끝나는 일련의 논리적인 행동계획이며 아래의 각 결정 요소를 명확하게 규정하여야 한다. 이 규정의 과정에 있어서 작전참모가 주도적 역할을 할 것이지만, 군수참모의 계속적인 협조를

32] Alfred H. Burne(1947), 전게서, pp. 4~5.

받아야 한다.

(1) 목표 : 적의 규모, 배치, 취약점, 공격 시기 및 적에게 가해야 할 타격의 정도 등이 포함되며, 다음의 요소를 결정하기 위한 전제가 된다.

(2) 무기 : 사용할 파괴수단과 운반수단을 포함하는 무기체계를 결정할 때는 조작인원의 훈련에서부터 실지 사용에 이르기까지의 모든 과정이 고려사항에 포함되어야 한다. 무기의 선정은 이를 운용할 전투부대의 규모 결정의 기초가 된다.

(3) 전투부대 : 전투부대의 규모와 편성은 작전에 허용되는 시간에 반비례하게 된다. 즉 작전에 허용되는 시간이 단축되면 일정한 무기체계를 사용해서 기대하는 효과를 거두기 위한 전투부대의 규모는 커져야 한다. 전투부대 규모는 결정하기가 가장 힘 드는 요소이며, 규모와 시간요소 이외에 병력의 배치까지도 고려사항에 포함시켜야 한다.

(4) 기지 : 전투부대의 규모, 배치가 결정되면 이의 작전, 훈련 및 지원을 위한 기지 요소가 결정되어야 한다. 여기에는 건물, 정비, 보급, 수송, 의료, 행정용 시설, 기타 시설이 포함되며, 이와 관련하여 항만시설, 유류 보급시설, 교통, 그리고 통신망이 고려되어야 한다.

(5) 생산 : 각종 장비의 획득, 시설, 건축물의 신설, 인원의 훈련과 지원이 여기에 포함된다. 또한 전투력을 유지하기 위한 정비 수리도 포함된다.

(6) 분배 : 여기에는 생산 공급원으로부터 각지의 소비, 사용처로 전달되는 물자의 통제가 포함된다. 이 요소의 결정을 위해서는 복잡

다단하고 전문적인 지식, 경험을 요하는 군수 각 분야의 유기적인 협동이 필요하다.

(7) 수송 : 무엇을 언제, 어디서, 어디까지, 얼마만큼, 무엇으로, 어떻게 운반해야 한다는 수송요소는 위의 각 결정요소들에 의해서 좌우됨으로 수송은 위의 모든 사항을 고려하여 결정되어야 한다.

그러면 태평양전쟁을 통하여 일본군의 패전을 그들의 군수의 관점에서 살펴보려고 한다. 1939년 5월에서 9월에 걸쳐 소련과 만주의 국경지대인 노몬한에서 일본·만주군과 소련·몽골군 사이에 전투가 발발하여 결국 일본군의 대참패로 끝을 맺었다. 일·만군의 병력에 대해 소·몽군의 그것은 보병에서 1.5배, 기관총 1.7배, 화포에서 2배, 전차 4배, 항공기에서 1.6배의 우세를 유지했다. 그런데 보급기지에서 전장까지의 거리를 본다면 일본군의 경우는 180㎞ 미만인데 반하여, 소련군은 철도의 종점에서 600㎞나 동떨어져 있었다. 그런데도 소련군이 동원한 군사력은 병력 75,000명, 화포 500문 이상, 전차 182대, 항공기 300~350대 등의 화력과 기동력을 가졌으며, 또 거기에다 교묘한 전술로 일본군을 포위·차단하여 섬멸시켰다. 일·만군의 전사戰死 18,868명, 부상 25,900명 등으로 모든 전투기간을 통한 손실은 52,000에서 55,000에 올랐으나, 일본군은 이 사실을 패전할 때까지 국민들에게 알리지 않았다.

이 사건은 당시 일본 육군의 전법, 훈련, 편성 및 장비 그리고 작전계획에 대한 훌륭한 반성자료였으나, 그들은 러일전쟁 이후부터 뿌리 깊게 박힌 정신력을 가지고 물적 전력을 대신할 수 있다는 사고방식을 버리지 못했다. 물론 태평양전쟁 그 자체가 일본의 국력과 전력을 무시한 전쟁이었지만, 실제의 전투에 있어서도 마찬가지였다. 예컨대 1945년 3월 하순의 오키나와 본도本島의 병력은 육군 86,400명이며, 이에 대한 보병탄약은 0.6전역분戰役分, 포병탄약 0.8전역분이었다. 보병탄약의 1전역분은 권총 40발, 소총 300발, 경기관총 8,000발, 중기관총 23,000발이다. 따라서 0.6전역분이라면 경기輕機에 대해서 4,800발, 중기重機에 대해서 13,800발이 된다. 1분간 500발의 발사속도면 경기는 10분간, 중기는 28분간의 사격으로 탄약은 없어진다. 이러한 적은 탄약의 수량을 가지고는 당초부터 백병전白兵戰과 야습전법夜襲戰法이 대본영大本營의 의도였으리라고 말하지 않을 수 없다. 전쟁에 있어서 탄약의 결핍은 언제나 전투를 비참하게 만들고 만다.

보급은 나폴레옹에 있어서는 위장胃腸으로 비유되었으나, 일본군의 참모는 위장을 경시하고 두뇌를 중시했다. 과달카날 섬의 책임자인 제17군 사령관 햐쿠다케 하루요시(百武晴吉) 중장이 부하의 3분의 2를 죽이고도 목적을 달성하지 못했다. 그는 말하기를, "이러한 전투는 우리의 역사상에도 없는 일입니다. 생존자의 운명을 끝까지 돌보기 위해 자결을 하지 않고 있습니다"고 비통한 심정을 말한 데 대해 이마무라 히토시(今村均) 대장은 다음과 같이 위로의 말을 해 주었다.

"과달카날 섬에서 전사한 그리고 굶어죽은 15,000의 영령英靈을 위해 어떻게 해서 그렇게 되었는가의 사유를 상세히 기술하여 후세의 반성에 도움이 되도록 한다는 것은 당신의 의무입니다. 당신은 지금 곧 자결로써 사죄를 하겠다고 했으나, 당신이 병사들을 굶주리게 했습니까.… 이미 제공권을 잃기 시작한 시기에 보급에 관한 것을 허술하게 생각하고 3만의 병력을 거기에 투입한 사람의 책임이 아닙니까. 두 번 다시 그런 무모한 과실을 반복치 않기 위해서도 100일간의 실제를 기록으로 남겨 두어야 합니다."

군수문제를 소홀히 생각하는 일본군 수뇌들에게는 과달카날의 비극의 교훈도 전혀 고려가 되지 않았다. 그리하여 무모한 과오는 그 후에도 계속되어 알류산 열도의 아츠 섬에서, 임파르 작전에서, 레이테 해전에서 그리고 많은 고도孤島에서 희생자를 속출케 했다.

현대전의 모든 작전에 있어서 경제적 군수적 요인은 불가분의 관계를 가지고 있다는 것을 알아야 한다. 그리고 우리들은 전투부대의 눈부신 활동에 관한 기록을 읽을 때, 그 전투에 직접 참가하지 않은 많은 군사 행정기구, 그리고 후방전선에서 전투부대의 몇 배나 되는 사람들이 그들에게 필요한 군수지원을 위해 활동하고 있다는 것을 알아야 한다.

마. 가변적 요소

모든 군사작전에는 시간, 기상 그리고 지리에 대한 조정과 일치가 이루어져야 효과적인 목표 수행이 가능하다. 이 세 가지는 다른 것에 비하여 변하는 정도가 심하기 때문에 별도로 묶어서 논의키로 한다.

1) 시간時間

손자병법은 "싸울 때와 싸우지 않을 때를 아는 자는 승리한다."[33], "그러므로 싸울 곳과 날짜를 아는 장수는 천리의 먼 길을 가서도 전투를 할 수 있으나, 싸울 곳과 날짜를 모르는 장수는 우측을 공격받으면 좌측으로 구하지 못하며, 좌측을 공격받으면 우측으로 구하지 못하여, 앞·뒤도 이와 마찬가지다"[34]고 하였다. 현대 군사사상가로서 시간과 공간의 상관성과 중요성을 강조한 것은 풀러이며, 그는 "차량화 부대와 기계화 부대의 이점은 시간을 절약함으로써 공면空面을 좁히는 데 있다. 바꾸어 말하면, 더 빨리 기동하면 할수록 우리들이 방어하는 지역의 넓이를 좁힐 수 있다. 전략적으로 시간과 공간은 상대적이다. 전사戰史가 여러 번 입증하여 준 것처럼 확실한 시간과 확실한 지점의 소수의 병력은 같은 장소에 24시간 후에 10배의 병력보다 더 강력한 전쟁의 수단이 되는 경우가 때때로 있다"[35]고 하였다. 예

33] 『孫子兵法』, 謀攻 第三.

34] 『孫子兵法』, 虛實 第六.

컨대, 1950년 6월 28일 북한군이 서울을 점령한 연후에 전승의 들뜬 기분과 전쟁이 끝난 것으로 착각하여 3~4일간의 귀중한 시간을 허송하지 않고 그대로 신속하게 집중적으로 남하하였다면, 과연 낙동강 주변에서 북한군의 공세를 저지할 수 있었을까 하는 생각이 든다. 낙동강 주변까지의 철수작전은 공간을 좁혀가면서 증원부대가 올 수 있도록 시간을 획득하자는 것이었다. 이것은 다행히 성공한 한 전례戰例에 속한다.

1939년 9월 히틀러는 단기결전을 위해 모든 전력을 폴란드에 투입할 것을 명령하였다. 그러나 군 수뇌들은 서부방위를 위해 전투 주력의 상당한 부분을 서부전선에 남겨두지 않는다면 위험하다고 했다. 그러나 히틀러는 영·불군이 서부전선에서 공세로 나올 가능성은 거의 없으며, 문제는 폴란드 작전을 조금이라도 빨리 끝내야 한다는 것이었다. 따라서 모든 전력을 투입하여 속전속결을 해야 한다고 주장하여 그대로 밀고 나갔다. 히틀러의 예상은 들어맞았으며, 독일군은 방위가 허술한 서부전선을 걱정할 필요도 없이 폴란드 작전에 전력을 기울일 수 있었고, 또 개전 1개월 만에 승리를 획득했다. 그리고 10월 상순부터 독일군 주력은 서부전선으로 이동을 개시하여, 5주일 후에는 거의 끝났다. 독일군이 프랑스군의 공격을 두려워하지 않게 된 것은 11월 중순부터였다. 프랑스군에 있어서 독일에 대한 공격의 기회(시간)는 이리하여 사라지고 말았다. 만약 9월 하순, 프랑스군이 전투배치를 완료하고, 독일군 주력의 반 정도가 동부로 이동이 끝난 10월 하순까지 약 1개월 동안, 특히 그 전반前半에 있어서 프랑스군이 독일에 대한 공세로 나왔다고 한다면 어떻게 되었을까? 전쟁 후 뉘른베르크 재판에서 요들 대장(독일 국방군 총사령부 작전부장)은 "1939년 독일이 붕괴를 면할 수 있었던 것은 영·불군이 서부전선에서 가만히 있어 주었기 때문이다"고 진술했다.

그리고 전쟁 후 서독 군사전문가의 일치된 의견도 "만약 9월 하순, 프랑

35] J. F. C. Fuller(1943), 전게서, p. 36.

스군이 공격을 개시했다면, 루르 중공업지대와 자르 탄전炭田 등은 1주 만에 점령되었을 것이고, 2주째부터 프랑스군은 어느 방향으로 진격할 것인가의 선택은 자유로웠을 것이다"고. 독일군의 주력군이 폴란드 작전에 투입되었을 당시, 서부전선의 전력은 프랑스가 3대1로 압도적으로 우세했던 것이다. 약 1개월 동안 독일을 공격할 수 있었던 절호의 기회는 놓치고 말았는데, 당시 프랑스 참모본부에서도 이 호기好機를 잡아 공격을 해야 한다고 주장한 젊은 장교의 의견은 채택되지 않았다. 그 가운데 한 사람인 리비에 대령이 다음과 같이 술회했다는 것은 흥미롭다.

> 1939년 9월 하순부터 10월 중순까지 프랑스 군이 대규모의 공세로 나갔다면, 독일의 서부전선에 큰 구멍을 뚫었을 것이다. 그 후의 전국戰局이 어떻게 발전할 것인가에 대해서는 확신할 수는 없지만, 다음 두 가지에 대해서는 확실히 말할 수 있다. 즉 첫째 프랑스는 폴란드에 대한 동맹의무를 수행하는 동시에 프랑스의 명예를 지킬 수 있었다. 그리고 또 폴란드 전쟁이 그렇게 쉽사리 끝나지 않았을 것이리라. 둘째, 프랑스군은 서전緖戰에 있어서 독일군을 격파함으로써 크게 사기를 높일 수 있었을 것이다. 이것은 독일군에 대한 프랑스군이 가지고 있었던 콤플렉스를 없애는데 효과가 있었을 것이며, 그 후의 전투에 어느 정도 자신을 가지고 진행시킬 수 있었을 것이다. 또 독일 영토 내에 전진기지를 가지고 있는 프랑스군은 8개월 후의 그 전격전을 멈추게 할 수 있었을 것이며, 적어도 그처럼 비참하게 패배당하는 것은 피할 수 있었을 것이다.

"싸울 때와 싸우지 않을 때를 아는 자는 승리한다"는 손자의 진리는 새삼스럽게 그 빛을 더하게 됨을 알 수 있다.

1944년 6월 5일 연합군이 노르망디에 상륙하는 당일, 로멜 원수는 그의 부인의 생일을 축하하기 위해 전투사령부에 있지 않았다. 로멜의 유능한 참모장 한스 슈파이델 장군은 로멜에게 연합군의 침공을 알리려고 했으나 성공하지 못했고, 히틀러의 사령부에도 보고를 했으나 히틀러는 수면 중에는 깨우지 말라는 엄명을 내려 두었기 때문에 아무도 히틀러를 깨우려 하지 않았다. 히틀러의 주요 군사 조언자인 요들 장군도 연합군의 상륙을 오전 9시에 알았지만 히틀러를 깨우지 못했다. 그 후 요들이 카이텔 장군에게 그것을 알린 것은 한 시간 후였다. 이 두 사람도 역시 히틀러를 깨우는 것을 주저하였다. 따라서 히틀러가 연합군의 노르망디 상륙의 보고를 받은 것은 정오경에 열렸던 정기 참모회의 석상에서였다. 그 시각에는 이미 연합군은 해안지대에 거점 설치를 거의 완성할 단계에 있었고, 영·미군의 몇 개 사단은 맹렬히 전투를 계속하면서 내륙을 향해 진격하고 있었으며, 또 부대의 배후에서 양륙揚陸 중이던 대량의 보급품은 급속도로 전선에 수송되고 있었다.

이처럼 히틀러에게 알리는 보고가 늦어졌기 때문에 노르망디 해안에 최초로 상륙한 연합군에 대해 일각의 여유도 주지 않고 즉시 효과적인 반격이 가능했을지 모르는 독일 기갑군단은 자동적으로 그 기능을 무용화시킨 결과가 되어 버렸다. 히틀러는 이 군단에 대해 총통의 특별한 명령이 없는 한 사용해서는 안 된다는 명령을 내리고 있었다. 따라서 그의 취침 때문에 기갑군단 사용의 허가를 얻을 수 없었던 것이니 존재하지 않는 것과 마찬가지였다. 히틀러가 불리한 전황에 대한 보고를 받을 때까지 연합군은 독일의 보병부대와 기갑부대의 어떠한 반격에도 대응할 수 있는 직접 지원용의 중화기 양륙을 끝냈으며, 연합군의 해안거점에 대해 히틀러의 기갑군단이 투입되었을 때는 이미 시기를 놓친 후였다.

러일전쟁, 즉 1905년 5월 27일 14시 5분, 러시아의 발틱함대와 일본 연합함대는 서로 정면에서 엇갈리며 전진하고 있었는데, 갑자기 일본함대가 8,000m 전면에서 방향전환을 했다. 이때는 통상 사격을 할 수 없는데 러시아 함대는 호기가 왔다고 일제히 사격을 개시했으나, 유효사거리 외였다. 14시 10분 러시아 함대의 진로를 T자형으로 막은 일본 함대는 모든 화력을 러시아의 선두 함에 집중했다. 곤경에 빠진 그들은 서로 피하려고 진로를 바꾸었기 때문에 더욱 더 사격이 어려워져 더 곤경에 빠졌다. 14시 40분, 기함 스와로우, 제2 전대기함戰隊旗艦 오스라비아가 대화재를 일으켰다. 15시, 러시아함대의 전열은 혼란에 빠져 이미 승패는 결정되었다. 일본 함대는 불리한 방향전환을 강행했는데, 그 결과 꼭 유효사거리 6,000m되는 곳에서 모든 화력을 발휘할 수 있는 T자 태세를 취할 수 있었다. 불리한 방향전환으로 손해가 적었던 것은 거리가 8,000m여서 유효사거리 밖에 있었기 때문이었다. 이 방향전환을 하지 않았다면, 양쪽 함대는 짧은 시간에 서로 엇갈려 사격시간은 적었으며, 일본 함대는 대부분의 러시아 함대를 블라디보스토크로 놓치는 결과가 되었을 것이다. 그렇게 되었다면 만주에 있던 일본의 육군 주력은 병참선의 위협으로 고전苦戰과 나아가서 패배할 가능성도 없지 않았다. 그러고 보면 T자형으로 방향전환을 한 5분간이 전세戰勢를 판가름하는 귀중한 시간이었던 것이다.

1942년 6월 5일, 일본 함대의 미드웨이 작전의 구상은 섬의 육상 기지를 폭격하여 항공기와 시설을 파괴한다는 것이었다. 기지를 공격하면 미 항공모함이 나타날 것이다. 이것을 기다려 격멸하고 미드웨이 섬에 상륙하여 이것을 점령할 계획이었다. 일본의 기동함대가 미드웨이의 북서 380㎞에서 일출日出 40분 전에 기지 공습을 위해 제일파第一波 108기가 출격했다. 제일파가 떠난 후 항모갑판에는 제2파 공격대가 어뢰를 장착하고 있었는데, 그 목표는 미 항공모함이었다. 그런데 예상했던 미 항모는 출현하지 않았다. 지휘관은 약간 의아하게 생각했다. 그대로 대기할 것인가, 아니면 계획을 변경하여 미 항모가 나타나지 않는 사이에 기지를 한 번 더 공격할 것인가? 하고 결정하기 어려운 시점에 서게 되었다. 그런데 정찰기로부터는 "적 항모는 보이지 않는다"고 보고해 오며, 또 제일파 공격대장으로부터는 "육상기지의 공격 불충분, 재공격의 필요가 있다"고 무전으로 알려왔다. 기지를 공격하기 위해서는 폭탄을 장착해야 한다. 지휘관은 약간 주저했으나, 결국 기지의 재공격을 결심하고, 출격명령을 기다리고 있는 항공기에 "어뢰를 내리고 폭탄을 장착하라"고 명령했다.

그래서 무장의 재장착이 거의 끝났고 이미 준비가 끝나는 대로 출격하라는 명령도 내렸기 때문에, 막 첫 번 공격기가 출발하려는 순간 미 함상 폭격기 약 30대가 갑자기 급강하 폭격을 가해 왔다. 함상에 출격준비가 끝난 폭탄에 유발誘發되어 공격효과는 더 가해졌다. 이리하여 일본 해군은 항공모함 4척과 정예 탑재기와 노련한 조종사를 대부분 상실함으로써 태평양의 제해권은 미국 쪽으로 유리하게 기울어졌다. 만약 어뢰에서 폭탄으로 변경한다 하더라도 10분 더 빨리 결단을 내렸더라면 미기美機의 내습來襲 전에 모든 항공기를 출발시킬 수 있었을 것이다. 승패를 결정하는 전장에서의 시간의 중요성은 아무리 강조해도 지나침이 없을 것이다.

2) 기상氣象

전쟁의 개시 및 수행에 있어서 언제나 고려되어야 하는 것은 기상조건이다. 이것은 옛날이나 또 오늘날과 같이 현대과학과 무기가 발달한 지금에 있어서도 마찬가지로 중요하다. 손자도 그의 오사(五事 : 도道·천天·지地·장將·법法) 가운데 두 번째에 천天을 넣었으며, 천이란 기상, 계절 그리고 시기時期를 뜻한다고 했다. 바꾸어 말하면, 기상적 조건을 말한 것이다. 예컨대 1941년 10월 20일 독일군의 전차부대는 소련의 수도 모스크바로부터 불과 65㎞ 지점까지 육박했으며, 소련정부의 각 기관과 외국공관들도 다급하게 철수를 했다. 그러나 독일군의 전진은 여기서 정지되고 말았다. 가을장마가 시작되어 차량이 진흙 속에 묻혀서 움직일 수 없었고, 중포를 운반하기 위해 전차를 불러서 끌게 해야 했으며, 때로는 전차도 움직일 수 없었다.

이 장마 후에는 무서운 동장군이 닥쳐왔다. 구데리안 장군은 10월 6일에 이미 눈이 왔다고 기록했으며, 11월 13일에는 온도계가 영하 22도로 급강하하여 많은 동상환자가 나타났다. 10월 중순까지 모스크바를 점령할 예정으로 있었던 독일군은 겨울에 대비한 장비의 준비가 되어 있지 않았고, 병사들은 엷은 여름옷으로 전투를 계속해야 했다. 급해진 독일 수뇌들은 독일 전국의 가정에서 겨울옷과 모포 등을 공출시켜 전선에 보냈으나 그것이 도착한 것은 모스크바의 승패가 끝난 후였다. 무엇보다도 전투를 할 수 없게 만든 것은 저온低溫으로 인하여 기갑부대의 활동이 불가능했다는 것이다. 영하 30도 내지 40도가 되면 윤활유가 얼어서 기총機銃이 작동하지 못하게 되고 또 전차의 포탑이 회전하지 않았다. 기관을 시동하기 위해 차대 밑에서 10시간 이상이나 불을 피워야 했다. 그리고 동장군冬將軍 때문에 양군이 휴전을 하는 경우도 있었다.

1274년 10월 3일 원元·고려의 연합군이 병력 43,000, 병선 900척으로 대마도를 유린하고 하카다 만(博多灣)에 상륙했으나, 태풍 때문에 패퇴하지 않을 수 없었다. 그 후 1281년 총병력 14만, 병선 4,400척이라는 어마어마한 대병단大兵團이었으나 또 태풍에 의하여 대부분의 병선은 침몰하고 많은 장병들은 익사하였다. 그리고 생환자는 불과 3만을 약간 넘을 정도였다고 한다.

태풍에 의한 함대의 손해는 태평양전쟁에 있어서도 볼 수 있다. 즉 1944년 12월 18일 할제함대는 기상반에서도 찾지 못했던 조그마한 그러나 강력한 태풍 때문에 3척의 구축함이 침몰하고 기타 7척이 대손해를 입었으며, 함재기의 손실도 183대이고 장병의 손실이 800명이었다. 그들의 표현을 빌린다면 "기동부대는 마치 대해전을 치른 것처럼 두들겨 맞았다"고 했다. 그 후도 할제함대는 태풍으로 큰 손실을 입었는데, 일본군에 의한 손실보다 태풍에 의한 손실이 많은 것을 보면 기상에 대한 경계가 대단히 중요하다는 것을 알 수 있다.

사상 최대의 상륙작전이라는 노르망디 상륙작전(1944년 6월 5일)의 성공 여부를 보면 독일군의 파리의 총사령부 기상반이 내린 기상예보가 수일간의 악천후로 인하여 연합군의 상륙작전이 불가능하다고 생각한 데 반하여, 연합군 총사령관 아이젠하워 장군도 여러 가지 작전의 여건으로 보아 부득이 '사상 최대의 결단'을 내려야 했으니, 기상에 대한 우리의 관심을 더욱 깊게 해준다.

3) 지형地形

전투는 한 곳에서 반복하여 실시되는 것이 아니며, 더욱이 적국에 깊숙이 침입해 들어간다면 더욱 더 가변적可變的 성격을 발휘하게 된다. 그러나 대체적으로 자기 나라에서 전투를 하게 된다면 적국에서보다 덜 가변적인 성격을 지니게 된다. 아무튼 옛날부터 지형, 즉 지리적 요소가 전투에 지대한 영향을 미쳐 왔다. 그러나 항공기의 출현, 특히 헬리콥터의 활용 등은 옛날과 같은 정도로 지형이 전투에 크게 영향을 미치지는 못하지만, 그러나 여전히 많은 영향을 미치고 있다.

지형에 대한 여러 군사학자의 견해를 살피면 다음과 같다.

손자는 그의 오사 속에 세 번 째에 "지地란 거리가 먼가 가까운 것인가, 지세가 험난한가 평탄한 것인가, 넓은가 좁은 것인가, 막다른 곳인가 트인 곳인가 등을 말한 것이다"[36]고 하고, 전쟁에는 전장의 지형에 따라 싸움하는 방식이 다르며, 그것을 아홉 가지로 분류하여 설명하였다. 즉,

- 산지散地 : 자기나라 땅에서 전투를 하는 경우이며, 이곳에서는 싸움을 피해야 한다.
- 경지輕地 : 다른 나라에 침입하였으나 아직 깊이 들어가지 않은 곳이며, 여기서는 멈추지 말고 빨리 침공을 해야 한다.
- 쟁지爭地 : 아군이 획득하면 아군에게 유리하고, 적군이 차지하면 적군에게 유리한 곳이며, 서로 점령하기를 다투는 곳이다. 만약 빼앗겼다면 공격하지 말아야 한다.

36] 『孫子兵法』, 始計 第一.

• 교지交地 : 도로가 교차하고 교통이 편리한 곳. 부대 간의 연락에 주의해야 한다.
• 구지衢地 : 여러 나라가 인접해 있어서, 누구나 먼저 와서 이곳을 점령하면 여러 나라로부터 중망衆望을 얻을 수 있는 곳이다. 전투보다 외교교섭에 중점을 두어야 한다.
• 중지重地 : 적 영토에 깊숙이 침입하여 적의 많은 도시에 포위되어 싸우는 경우이며, 멀어서 돌아가기가 어려운 곳이다. 병참의 현지조달에 힘써야 한다.
• 비지圮地 : 산림, 험준한 지형, 소택지 등 행동하기가 어려운 곳이며, 빨리 통과해야 하는 곳이다.
• 위지圍地 : 들어가기에는 길이 좁고 막혔으며, 돌아올 때는 우회해야 할 불편한 곳이며, 적은 소수의 병력으로 아군의 대군을 공격할 수 있는 곳으로 교묘한 기계奇計가 필요하다.
• 사지死地 : 속전속결이 불가피한 곳이며, 싸우는 외는 활로가 없는 곳이다.[37]

"그러므로 적의 의도와 능력을 알고 아군을 알면 승리는 위태롭지 않으며, 그 위에 지리地利와 천시天時까지 안다면 언제든지 승리할 수 있다."[38] (知彼知己 勝乃不殆 知地知天 勝乃可全)

베게티우스(Flavius Vegetius Renatus)는 "지휘관은 첫째 어느 특정된 장소와 거리의 길이, 도로의 성질, 가장 가까운 길, 우회로, 산과 하천 등이 정확하게 삽입되어 있는 전장의 설명도說明圖를 가지고 있어야 한다"[39]고 했다.

프리드리히 대왕도 다음과 같이 기술하였다.

> 지휘관의 지형에 대한 지식을 비유한다면, 그것은 마치 보병의 총기에 대한 지식과 기하학자의 수학공식에 대한 지식과 마찬가지이다. 만약 지휘관이 지형에 대하여 모른다면 커다란 과오를 범하는 외는 아무 것도 하

[37] 상게서, 九地 第十一.
[38] 상게서, 地形 第十.
[39] T. R. Phillips(ed.)(1950), 전게서, p. 133.

지 못할 것이다. 지휘관의 계획이 이러한 지형에 대한 지식이 없이 완성되어 그것이 대단히 훌륭한 것이라 할지라도, 그것은 우스꽝스럽고 또 때때로 비현실적인 것이 될 것이다. 따라서 당신이 행동을 취하려는 곳의 지형을 연구하라! 지리를 효과적으로 이용하기 위해서는 최대한으로 상세하고 정확한 지도를 만들어서 계속적으로 이것을 조사하고 검토하는 것이 바람직하다. 전시戰時가 아니라면, 현지답사를 실시하여 숙영지를 골라두고, 도로의 사정을 알며, 주민과 농부들과도 얘기를 나누어 두어야 한다. 지휘관은 도로, 숲의 상태, 늪과 강의 깊이에 대하여 잘 알고 있어야 한다. 특히 계절의 변화에 따라 늪이나 하천의 조건이 변하는 것도 확실히 알아야 한다. 예컨대, 4월에 군대가 도하渡河할 수 있었다고 해서 반드시 8월에도 그러하리라고는 말할 수 없는 것이다.[40]

아무튼 모든 군인, 특히 지휘관은 예상되는 작전지역에 관한 연구가 대단히 필요하다. 즉 육·해·공군에 의한 병참선, 거리, 기상, 지형, 접근로, 예상되는 방어지점과 작전기지 등이 포함된다. 따라서 병력 및 장비구성과 규모는 이러한 연구에서 얻은 결론에 의하여 정해지는 것이다. 그리고 근거지에 관해서도 어떠한 시설이 군사행동에 도움이 되고 또 필요한 것인가도 이러한 연구에 의해서 얻을 수 있으며, 이런 연구는 비단 군인뿐만 아니라 위정자도 고려해야 할 점이다. 그리고 지형은 작전수행을 하는 데 가치를 가지고 있지만, 그 자체가 전승戰勝을 가져온 예는 없으며, 또 가져올 수도 없다. 다만 그것을 활용하려는 사람에게만 활용된다는 것이다.

예컨대, 러일전쟁 때, 일본군 수뇌들은 러시아군의 여순旅順 요새가 어느 정도로 견고하게 개축改築되었는가를 알지 못하고, 다만 허술한 병비兵備를 갖추고 있을 것이라는 희망적 관측을 가지고 1904년 8월 19일 5만 이상의 총병력을 가지고 공격을 가했으나, 제1회의 총공격은 사상자 15,800여명이라는 커다란 손실과 함께 실패로 끝나버렸다. 러시아군은 천험天險의 지형

40] 상게서, pp. 338~339.

을 교묘히 이용하여 거기에다 시멘트를 대량으로 소비하여 인공축성人工築城을 가미하였다. 그리고는 일본인이라면 모두 간첩으로 간주하고 엄중히 감시와 경계를 실시함으로써 여순 요새에 관한 정보를 지키는 데 성공하였다. 일본군의 수뇌들은 여순이 함락되면 축하연을 열 준비를 갖추고 있었지만, 그러한 기회는 좀처럼 오지 않고 전상자만 속출하였다. 일본군의 돌격대는 철조망과 기관총에 의하여 무더기로 쓰러졌다. 러시아군의 요새 수비군사령관 스테셀 장군은 1905년 1월 1일 항복을 요구할 때까지 일본군으로 하여금 13만의 병력을 투입케 하여 사상자 59,000여명의 대손실을 주었는데, 이것은 모두 군 수뇌들이 개전 전에 예상치도 못했던 일이었다.♣

VII

작전술

• 작전술이란 정지함이 없이 연속적으로 실시하는 전쟁의 행위로서 명확히 구분되는 중간 목표들과 군사작전 지역들을 지배하는 것으로 볼 수 있다. 이 작전은 매우 다양한 행위들의 집합체이다.

-스베친-

• 작전술은 전략과 전술을 연결하는 고리이며, 전략목표를 달성하기 위하여 전역과 대규모 작전을 계획하고 편성하며 준비하고 수행하는 창의적인 군사력 운용 방안이다.

-본문에서-

제1차 세계대전 이전까지만 해도 용병술은 전략과 전술의 두 가지로 구분되어 있었다. 그러나 1차 세계대전 이후 구소련군이 작전술 개념을 처음 적용한 이후 현재는 대부분의 선진국 군대에서 이를 도입하고 있다.

그러면 왜 작전술을 도입하여 적용하게 되었는가? 먼저 현대전쟁은 그 규모와 범위 및 수단이 확대되어서 국력의 여러 요소들이 통합되어 투입되어야 하고, 군사전략만으로는 이 모든 것을 취급하기가 어려워지게 되었다. 또한 과거에는 단 한 차례의 결정적인 전투만으로 전쟁의 승패가 결정되었지만, 이제는 연속적인 전투를 통합한 결과로 전쟁 승패를 결정하기 때문에 광범위한 지역에서 연속적인 전투를 연계시키고 총합하는 작전적 수준의 군사활동이 필요하게 되었던 것이다. 그리고 전쟁이라는 것이 군사력의 우세만이 아닌 교묘한 운용이 필요하게 됨으로써 작전적 수준에서의 군사력 운용이 더욱 요구되게 되었던 것이다. 전쟁 양상이 변화된 것이다.

이와 같이 전쟁 양상의 변화는 용병술에서 전략과 전술이라는 2분법에서 작전술을 도입해 전략, 작전술, 전술이라는 3분법을 도입하게 되었던 것이다.

1. 작전술의 태동과 적용

가. 작전술의 태동

용병술이 전략, 전술이라는 2분법에서 전략, 작전술, 전술이라는 3분법으로 발전한 것은 최근의 일이다. 1920년대에는 소련의 스베친(A. A. Svechin, 1878~1938)에 의해 '작전술'이라는 용어가 처음으로 적용되었고,[1] 1965년 구소련군에서 공식적인 교리로 채택하였다. 반면 핵 과신에 빠져 있던 미군은 월남전 패배를 분석하는 과정에서 작전술의 필요성을 인식하고 1982년 『(FM 100-5) 작전요무령』 교범에 처음으로 공식 적용하였다. 사실 작전술의 태동은 구소련과 미국이 작전술을 용병술의 한 형태로 적용하기 이전인 19세기 나폴레옹전쟁 시대로 거슬러 올라간다.

1) 나폴레옹 전쟁

나폴레옹전쟁 시대는 전쟁의 역사에 많은 변화를 가져온 시기였다. 먼저 나폴레옹전쟁 시대는 프랑스 혁명의 결과 용병傭兵의 군대에서 국민군대로 변화되었고, 국민군대의 등장은 전쟁의 양상을 변화시켰다. 군의 규모가 수만 명에서 수십만 명으로 확대되었고, 국가동원을 통해 지속적인 충원이 가능하게 되었다. 참모조직이 편성되고, 군 조직도 사단, 군단 개념이 등장하였다.

그 다음으로 전술이 변화하였다. 과거 용병시대에는 제한된 군대 규모로 한정된 지역에서 단기간에 전쟁을 수행하였으며, 도망병과 병력 충원이 제

[1] A. A. Svechin, *Strategiia*, 2nd edition (Moscow : Voennyi Vestnik, 1927), p. 14 ; A. A. Svechin, *Strategy*, edited by Kent D. Lee (Minnesota : East View Publication, 1992), p. 68.

한되어 장거리 기동이나 추격전이 제한되었다. 그러나 국민군은 자발적으로 전쟁에 참가하는 혁명의 산물이기 때문에 다양한 전술과 포위기동 그리고 철수하는 적 주력에 대한 추격작전이 가능하게 되었다. 이러한 이유로 확대된 전장은 장기간의 연속적인 전투를 요구하였고, 연속적 전투수행을 위해서는 전술적 수단들을 조직하고 통제하는 노력이 필요하게 되었다. 따라서 전쟁에서의 승리라는 궁극적 목표를 향해 넓은 거리를 두고 수 개의 전선을 상호 연계시키는 새로운 용병술이 필요하게 되었던 것이다.

나폴레옹은 이러한 변화된 전장양상을 가장 잘 활용하여 유럽을 장악하였고, 당시 전쟁의 양상을 바꾸어 놓았다. 이와 같이 변화된 전쟁 양상 하에서 뛰어난 용병술을 보여 주었던 나폴레옹의 전쟁수행은 당시 클라우제비츠, 조미니 등 군사이론가들에게 훌륭한 분석 자료를 제공해 주었다.

클라우제비츠는 "전쟁의 유일한 수단은 전투이며, 전쟁에서의 승리는 대규모 전투에 의해 달성된다. 대규모 전투란 소규모 전투의 집합체이며, 주력 전투와 소규모 전투로 구분된다"고 하여, 대규모 전투의 연속적 전투로 변화된 전쟁 양상을 인식하고 있었으며, "전쟁의 승패를 결정짓는 것은 일련의 연속적 전투에 의한 결과이므로 개별적인 교전 결과를 협조 및 통합하는 제3의 활동이 있어야 한다"고 『전쟁론』(1832)에서 언급함으로써 변화된 전쟁 양상에 따라 새로운 용병술의 영역이 필요함을 주장하였다.

조미니도 "전략은 행동을 취할 장소를 결정하고, 새로운 영역인 대전술은 지형에 따라 전장에 부대를 배치하는 기술로서 그 행동의 집행방법과 부대 운용을 결정한다."라고 그의 저서 『전쟁술 개요』(1838)에서 언급하여, 클라우제비츠와 표현은 다르나 전략과 전술 사이엔 새로운 용병의 영역이 필요함을 인식하였다.

따라서 전쟁 규모와 전장 영역의 확장은 다양한 전구에서의 대규모 작전들을 상호 연계시키고 협조해야 할 필요성을 제기해 주었다. 심지어 단일

전장에서의 대규모 작전들도 상호 협조와 통제가 필요하게 되었다. 이렇게 전쟁 양상이 변화된 나폴레옹전쟁과 그 이후 전쟁들을 통해 전략과 전술을 연결시켜 주는 새로운 용병술이 필요함을 인식하였다.[2] 작전술의 개념이 태동되기 시작한 것이다.

2) 몰트케의 기여

나폴레옹의 시대를 이어 역사상 가장 위대한 작전적 수준의 지휘관이 등장한다. 작전술의 발전과정에서 몰트케가 중요한 인물로 인식되는 것은 몰트케가 전형적인 작전적 수준의 지휘관으로서 전역을 계획하고 지도한 첫 번째 인물이라고 볼 수 있기 때문이다.

독일 통일의 주역인 몰트케(Helmuth Von Moltke)는 1864년 덴마크와의 전쟁, 1866년에는 보오전쟁, 1870~1871년 보불전쟁을 지휘하면서 작전적 수준의 지휘관으로서 처음으로 전역을 계획하고 지도하였다.[3] 몰트케는 소총과 포병의 치명도와 사거리가 증가함에 따라 기본 군사교리가 변화되어야 한다는 것을 인식하였고, 또한 전술적 수준에서 공격이 방어보다 약할 것이라고 믿었다. 그는 철도를 이용하면 전략적 기동 능력을 증가시킬 수 있다고 예견하였으며, 원거리에 있는 대부대를 지휘하기 위해 전신전보電信電報를 사용하였다. 그는 오늘날 우리가 작전술이라고 하는 '작전지도'(operational direction)라는 개념을 처음으로 적용[4]하였다.

19세기 독일군은 전쟁을 3가지 수준으로 어느 정도 인식하였다. 전통적인 전략적 수준과 전술적 수준 그리고 몰트케가 구분한 전략과 전술 사이에

---

[2] Michael R. Matheny, "Origins of Modern American Operational Art", Ph. D. diss., University of Temple, 2007, pp. 8~10.

[3] 육군사관학교, 『보불·로일 전쟁사』(육사, 1966), pp. 11~32.

[4] Michael D. Krause, "Moltke and the Origins of Operational Art", *Military Review* (Sep. 1990), pp. 41~42.

존재하는 작전적 수준(operational level of war)이 그것이다. 전쟁의 작전적 수준의 근원을 확인하는 데는 군사적 교리의 관점에서 차이가 있지만, 몰트케는 이러한 차이점을 인식하고 '작전지도'作戰指導라는 어휘를 최초로 도입하였던 것이다.[5] 당시 몰트케가 인식하고 수행했던 '작전지도'라는 개념이 오늘날 우리가 사용하는 작전술에 해당되는 개념이었다.

그렇다면 몰트케는 나폴레옹도 인식하지 못한 작전술의 영역을 어떻게 인식하고 적용할 수 있었는가? 그것은 전쟁을 수행하는 국가 지휘체제의 차이점에 있다. 나폴레옹 시대까지의 전쟁에서는 전략적 수준의 지휘관과 작전적 수준의 지휘관을 황제 한 사람이 동시에 수행했기 때문에 작전술을 별도로 구분할 필요가 없었다고 할 수 있다. 즉 황제 자신이 전략목표를 제시하고 그 전략목표를 달성하기 위한 작전을 직접 구상 및 계획하고 수행했기 때문에 작전술의 필요성을 직접 느끼지 못했던 것이다. 그러나 당시 독일에서는 국왕과 비스마르크 그리고 국방장관 론이 전쟁에서 전쟁목표와 전략을 결정하고, 참모총장이었던 몰트케는 제시된 전략목표를 달성하기 위해서 전역을 계획하고 수행하는 전형적인 작전적 수준의 지휘관 역할을 수행했던 것이다. 따라서 몰트케가 '작전지도'(operational direction)라는 말을 처음으로 언급했던 것은 당연한 결과인 것이다.

그러나 몰트케가 3분화된 전쟁의 수준을 어느 정도 이해하고 전략과 전술 사이의 새로운 영역을 '작전지도'라는 용어로 표현하면서 작전적 수준의 지휘관으로서 전역을 계획하고 수행했지만, 그러한 개념을 작전술 이론으로 발전시키지는 못하였다. 단지 나폴레옹 시대로부터 인식되기 시작한 전략과 전술의 중간 영역을 몰트케는 직접 적용해 본 인물이 되었던 것이다.[6]

---

[5] Michael D. Krause, 상게논문, p. 44.

[6] Michael D. Krause, 상게논문, p. 44.

나. 소련군 작전술 적용

1920년대 소련이 발전시킨 작전술은 19세기와 20세기에 걸쳐서 수행된 전쟁의 크기와 복잡성의 산물이었다. 나폴레옹과 몰트케 시대를 거치면서 작전술의 영역이 인식되기 시작하였으나, 제1차 세계대전은 진지전陣地戰과 대량 소모전으로 진행되면서 작전술의 개념이 더 이상 발전하지 못했다. 그러나 1920년대에 수행된 소련 내전을 통해 새로운 영역으로서의 작전술이 새롭게 인식되기 시작하였던 것이다. 소련군이 다른 국가에 앞서 작전술을 발전시키게 된 직접적인 계기는 1918~1920년간에 실시된 적군赤軍과 백군白軍간의 내전 경험이었다. 1917년 10월혁명 이후 러시아는 적군과 백군으로 분리되어 2년간 내전을 수행하였다. 이때 쌍방은 100만 명 이상의 병력을 동원하여 치열한 전투를 수행하게 되는데 이 내전에서 소련군은 다양한 경험을 하게 되었다.

1919년에서 1924년까지 적군 지휘관이었던 카메네프(S. S. Kamenev)는 내전 경험을 바탕으로 연속적인 작전수행이야말로 승리의 관건이라고 강조하였다.[7] 당시 적군은 도시를 중심으로 내선상에서 전투를 수행하였고, 백군은 농촌지역으로 밀려나 외선상에서 전투를 수행하였다. 카메네프 외 다른 지휘관들도 내전 경험을 통해 한 두 차례의 결정적 승리가 중요한 것이 아니라 일련의 작전들이 연속적으로 동시에 수행되는 것이 중요하며, 기존의 용병술 체계 속에서 새로운 용병술의 필요성을 인식하였던 것이다. 이러한 생각을 한 대표적인 인물들이 투하체프스키, 스베친, 프룬제, 트리안다필로프 등이었다.

투하체프스키는 1920년 비스툴라(Vistula) 전역에서의 전투와 내전 경험을

7] David M. Glantz, "The Nature of Soviet Operational Art", *Parameters* (Spring 1985). p. 4. 김석순 역, 「소련 작전술의 본질」, 『군사평론』 292호(1991. 1. 30), p. 62.

바탕으로 "넓은 정면에서 이루어지는 현대전에서 적을 단 일격으로 격멸하는 것이 불가능하기 때문에, 일련의 연속 작전을 통해 승리를 추구해야 한다."라고 강조했다. 투하체프스키는 특히 '비스툴라' 전역을 통해 작전술의 필요성을 깊이 인식하였다. 그리고 그는 적에게 최대한의 피해를 주기 위해서는 넓은 정면에서의 공격을 통해 적을 고착시킨 후 약한 지점을 종심 깊이 돌파해 들어가는 종심돌파 작전을 강조했다.[8] 그는 현대적인 무기로 무장한 군이 적을 격멸하고 신속히 전략목표를 달성하는 섬멸전략을 발전시켰으며, 이러한 사고思考를 바탕으로 "끊임없는 추격을 포함한 일련의 연속작전으로 적을 격멸해야 한다"는 종심전투 이론을 주장하였다.

한편 러시아군의 일반 참모장교였으며, 프룬제 사관학교 및 일반 참모학교의 교관으로 근무한 적이 있는 스베친은 1926년 『전략』(*strategy*)이라는 책에서 전략과 전술 사이를 연결하는 새로운 개념으로서 '작전술'(operational art)이라는 용어를 처음으로 사용하였다.[9] 스베친은 이 책에서 "작전술이란 정지함이 없이 연속적으로 실시하는 전쟁의 행위로서 명확히 구분되는 중간 목표들과 군사작전 지역들을 지배하는 것으로 볼 수 있다. 이 작전은 매우 다양한 행위들의 집합체이다. 작전계획의 집합이고, 물자준비에 관한 것이며, 돌격지점에 병력을 집중하는 것이고, 방어태세 선택도 관련되고 행군, 전투의 기도 즉 적을 포위, 돌파, 격퇴하거나 특정 지형지물을 획득하는 것에 관련된 문제이다."라는 '연속공격 개념'을 작전술의 핵심으로 정립시켰다.

이렇게 1920년대에 처음으로 스베친에 의해 '작전술'이라는 용어가 사용되었고, 다른 이론가들에 의해 작전술이 소련군 전쟁술의 하나로 정립이

8] 도응조, 「투하체프스키의 종심전투 사상이 소련군 기동전 교리에 미친 영향과 교훈」, 육대 정규과정 논문(2001), pp. 11~16.

9] A. A. Svechin(1927), 전게서, p. 68.

되었다. 그리고 연속공격 이론이 작전술의 핵심이 되었으며, 이러한 연속공격 이론은 그 후 종심전투 이론에 영향을 주었다.

스베친과 투하체프스키 이외에 소련군 작전술 태동에 기여한 사람은 트리안다필로프(Triandafillov)이다. 그는 제1차 세계대전 동안 제정 러시아군에 복무했으며, 1918년 적군에 가입하여 대대장, 연대장, 여단장으로 내전에 참가했다. 1919년에는 러시아 군사학교에서 4년 동안 전쟁이론과 실제 수행분야를 연구했다. 심프킨은 그의 저서 『소련 기갑부대』(*Red Armor*)에서 트리안다필로프를 소련군 기계화전투 이론의 아버지로, 투하체프스키를 어머니로 비유한 바 있는데, 이 트리안다필로프의 핵심 사상이 '충격군'(Shock Army) 이론이다. 충격군 이론은 제1차 세계대전과 내전 경험을 바탕으로 발전시켜 그의 저서 『현대군 작전의 특성』에서 제시되었다.[10]

투하체프스키의 종심전투 이론과 스베친의 연속공격 이론, 트리안다필로프의 충격군 이론은 소련군 교리 속에 작전술이 태동되는 중요한 계기가 되었다. 그리하여 1936년 투하체프스키가 작성한 소련군 『야전 근무규정』에 작전술이 반영되었고, 초기 작전술이 발전되기 시작하였다. 그러나 1937년 스탈린의 대숙청으로 투하체프스키, 스베친 등 기동전학파가 제거[11]되자 그들이 주장하던 종심전투 이론과 작전술 개념들은 침체되었다.

제2차 세계대전이 발발하고, 초기 전투에서 소련군은 독일군에게 연속적으로 패배하였다. 1942년 말 스탈린그라드 전투 이후 대반격을 실시하는 과정에서, 소련군은 군(Army) 및 전선군(Front) 선두에 기동군(Mobile Group)을 운용하였다. 이러한 기동군 운용 사상은 1930년대 말에 정립된 종심전투 이론에 그 바탕을 두고 있다.

10] V. K. Triandafillov, edited, Jacob W. Kipp, *The Nature of the Operations of Modern Armies* (Fort Leavenworth, Kansas : Frank Cass, 1994), p. 90.

11] David M. Glantz, "The Intellectual Dimension of Soviet(Russian) Operational Art", *The Operational Art : Developments in the Theories of War* (London : Praeger, 1996), p. 129.

소련군은 전차군단을 중심으로 기동군을 편성 운용하였다. 당시 군단은 3개 여단 규모의 200대 전후의 전차를 보유하고 있었다. 이러한 기동군은 군의 선봉에서 신속히 전과를 확대하면서 독일군을 추격, 작전의 속도를 획기적으로 증가시켰다. 그 후 1943년 7월 쿠르스크 공방전을 전환점으로 종심전투 이론이 확고하게 뿌리를 내려 1943년 말에는 전차군(Tank Army)이 편성되어 전선군의 기동군 역할을 하였다. 이러한 기동군 운용은 작전술의 원형으로서 발전되었고, 근대 작전술이 태동되는 계기가 되었으며, 이때의 경험은 후일 작전기동군(OMG : Operational Maneuver Group) 운용으로 발전되었다.

침체되었던 소련군 작전술은 1953년 스탈린의 사망과 정치적 상황변화 이후 발전의 계기를 마련하였다. 흐루시초프에 의해 스탈린 격하운동이 벌어지면서 금지되었던 핵무기 사용을 포함한 군사이론 분야 토론이 활성화되었고, 그 과정에서 다양한 논문들이 제시되었다. 1955년에 츠베코프 중장은 무기체계의 기술적인 변화를 중심으로 한 19세기 이후 작전술의 발달과정을 규명하고자 하였으며, 1956년 바실래프 대령은 작전술이란 전략의 하위 개념으로 전략의 요구사항을 해결하도록 유도해 주고, 동시에 전투를 수행하는 전술을 지도한다고 정의하면서,[12] 전략의 하위 개념과 전술의 상위 개념으로만 단순히 인식되고 있는 작전술의 역할을 새로이 정립하고자 하였다. 그는 작전술의 본질과 역할에 대해 계속적으로 발전시킬 것을 주장했다.

1962년 마리에프스키 대령은 자신의 논문을 통해 1918년부터 1938년까지 러시아 작전술 형성기의 이론 발전에 대한 설명을 시도했다. 그는 1920년대와 1930년대에 발표되었던 작전술 이론에 관한 각종 출판물들과 스베

---

[12] Harold S. Orenstein, *The Evolution of Soviet Operational Art 1927~1991 : The Documentary Basis*, Volume I (London : Frank Cass, 1995), p. 265.

친, 투하체프스키, 트리안다필로프 등, 초기 작전술 발전에 기여한 이론가들에 대해 재조명하고자 했다. 그리고 1963년에는 1932년 당시 총참모장이던 에고로프의 『작전술과 전술』이라는 책이 재출판 되었다. 에고로프의 책이 재출판 되었다는 것은 공식적으로 작전적인 사고思考의 부활을 의미하는 것이었다.

소련군 작전술의 부활에 결정적인 계기는 1965년에 일어났는데, 당시 소련군의 일반 참모총장이던 자하로프(M. V. Zakharov) 원수가 『전략과 작전술의 문제』라는 제목의 책을 발간하였다. 이 책은 1930년대 이후 러시아에서 잃어버렸던 초기 작전술 이론가들의 주장들이 담겨 있는데, 그는 책의 서론에서 초기 작전술 이론가들이 집필한 저서의 중요성을 강조하고, 스베친, 투하체프스키, 트리안다필로프 등과 같은 초기 작전술 이론가들을 공식적으로 복권시켰다. 그리고 1965년 프룬제 군사학교의 교관이자 이론가인 이서슨(G. Isserson)은 1920년대와 1930년대에 작전술이 어떻게 발전했는지에 대해 회고록을 출간하였는데, 그는 이 책에서 작전술 토론과정과 초기 작전술 이론가들의 공헌을 잘 정리하여 제시하였다.

이렇게 내전과 제2차 세계대전을 거치면서 인식된 소련군 작전술은 스탈린 사후 재등장하여 발전하였고, 1965년[13] 『기본 군사술어사전』에 '공식적'으로 반영되었다. 이렇게 1965년 이후 발간된 많은 연구와 서적들은 작전술을 발전시키는 계기가 되었고, 1920년대 이후 이루어진 작전술의 발전과정을 재평가하고, 1970년대에 적용할 작전술의 개념을 재설정할 수 있었다.

그 후 1970년대 초 미·소간의 핵 균형이 형성되자 재래식 전쟁의 중요성이 부각되었다. 그리고 1970년대 말 오가르코프(Ogarkov) 참모총장을 중심

13] 소련군은 1965년 『기본 군사술어 사전(*Dictionary of Basic Military Terms*)』에 작전술의 정의를 명확히 제시하였다. *Dictionary of Basic Military Terms : A Soviet View*, trans. by Secretary of State, Ottawa, Canada (Washington, D.C. ; Government Printing Office, 1982), p. 143.

으로 군사기술혁명(MTR) 이론이 등장하였다. 이것은 재래식 전력으로 핵무기를 대체할 수 있게 되었다는 것으로서 핵전쟁에 대한 집착에서 벗어나 재래식 전쟁에 대비하자는 것이었다. 그것이 바로 전통적인 제대화 전술梯隊化戰術을 작전적으로 확대한 작전기동군 이론이었다. 이에 따라 소련군은 재래식 전력 위주의 전역작전을 구상하고 작전기동군을 결정적 기동부대로 운용하여 3일 이내에 서독의 중심 도시인 본, 그 다음의 암스테르담까지 기습적인 공격을 한다는 전략적 전역 구상을 발전시키기에 이르렀다. 이렇게 핵전쟁을 대체하는 작전기동군 이론이 등장하게 되었던 것이다. 이로써 소련군은 1920년대에 발전시켰던 종심전투 이론을 작전술의 핵심으로 발전시키게 되었다.

다. 미군의 작전술 인식과 수용

1) 미군 작전술의 필요성 인식

1950~60년대에 미국은 소련의 위협을 핵무기로 억제하려고 하였다. 따라서 재래식 수단에 의한 전쟁수행에 대해서는 상대적으로 관심이 부족하였다. 그러나 1970년대에 미·소간에 핵전력이 균형을 이루고 중부 유럽에서 소련군의 재래식 전력 위협이 증대되자 미국의 위기감은 고조되었다. 1973년 미 교육사령부가 창설되면서 교리의 중요성이 강조되고, 지휘참모대학과 전쟁대학원을 중심으로 월남전 패배에 대한 분석이 일어나기 시작하였다.

미국은 1973년 월남에서 철수하였다. 월남에서 실시된 수많은 전투에서 승리하였음에도 불구하고 1973년에 철수할 수 밖에 없었고, 급기야 월남은 1975년에 공산화되고 말았다. 미군은 한 번도 패하지 않았음에도 불구하고 결과적으로 전쟁에서 패배하게 된 것이다.

월남전에 대한 분석이 집중적으로 실시되었고, 많은 교훈을 도출하였다. 미군은 월남전 패배 원인을 전쟁의 한 차원을 망각한 데서 찾았다. 이러한 시각에서 접근한 대표적인 군사 이론가는 루트워크(Edward N. Luttwak)였다. 그는 전쟁에 "망각된 차원"[14]이 있는데 그것이 전쟁의 작전적 차원이라고 하였다. 이러한 견해에 서머스(Harry G. Summers Jr.)도 동조하였다. 그는 많은 사람들이 월남전의 패배 원인을 월남의 환경 탓으로 돌리려는 것을 부정하고, 전략 및 작전적 시각에서 전쟁의 문제점을 분석하였다. 그는 월남전에서 어떻게 싸울 것인가라는 전략의 개념이 망각되었으며, 전쟁을 예산 분석과 자원 할당이라는 측면에 관심을 둔 체계분석가들에 의해 전쟁이 주도됨으로써 문제가 발생하였다는 것이다. 즉 전쟁을 준비하는 자들이 전쟁수행까지 하려고 함으로써 "어떻게"라는 영역이 망각되었다는 것이다.[15] 마치 칼을 만드는 도공刀工이 검객처럼 칼을 쓰려고 함으로써 실패할 수 밖에 없지 않았느냐는 것이다.

월남전의 패배는 크게 두 가지로 요약할 수 있다.

첫째, 1960년대부터 시작된 미군의 체계분석제도(PPBS)는 전쟁준비 면에서는 성과를 거두었으나 전쟁을 수행하는 용병술 면에서는 소홀하였다는 것이다. 체계분석가들은 전쟁을 경제적인 수치에 의해 수행하려고 함으로써 전쟁의 술(術, Art)적인 측면을 놓쳤다는 것이다. 서머스는 이러한 상황을 "당시 미군과 월맹군의 전력을 컴퓨터에 입력하고 전쟁이 언제 끝날지에 대한 분석을 하니, 이미 1964년도에 미국의 승리로 종료된 것으로 나타났다"는 것이다. 체계분석제도에 과도한 의존이 패배의 원인이 되었다는 것이다.

---

[14] Edward N. Luttwak, "The Operational Level of War", *International Security* (winter, 1980~ 81), p. 61.

[15] Harry G. Summers Jr., *On Strategy : The Vietnam War in Conflict* (US Army War College, 1982), p. 3.

둘째, 미군의 월남전 최고사령부가 군사작전 수행에 대한 주도적인 구상과 판단을 하지 못하고, 백악관과 펜타곤에서 수립한 전략에 따라 전투만 수행했다는 것이다. 주적인 월맹을 그대로 둔 채, 월남에 투입된 베트콩을 격멸하는 데 주력함으로써 전략목표 설정이 잘못되었으며, 전력의 통합이 이루어지지 않았고, 전투가 각 군별로 수행되었다. 당시 미군은 전역과 대규모 작전의 우선순위를 정한다거나 전략적 관점의 문제는 모두 백악관과 펜타곤에서 실시하고, 웨스트모어랜드 사령관에게는 전술적 차원의 임무와 권한 밖에 부여하지 않았던 것이다. 웨스트모어랜드 장군은 월남에 투입된 미군을 통합 지휘하여 결정적인 시기와 장소에 가장 효과적인 전력을 투입하여 전략목표를 달성하는 작전적 수준의 지휘관으로서의 역할을 하지 못하였던 것이다. 월맹에 대한 폭격은 대통령이 결정하였으며, 해상작전은 태평양사령관이 수행했다. 결국 수단만 제공해야 할 도공이 검객(현지 사령관)의 역할까지 하였던 것이다. 이러한 반성 하에 잃어버린 차원, 즉 전쟁의 작전적 수준을 재인식하고 작전술의 필요성을 인식하였던 것이다.[16]

다음으로 미군이 작전술을 도입하게 되는 또 하나의 원인은 중부 유럽에서 1970년대 말 양적 우위의 소련군 위협을 대응하는 과정에서 찾을 수 있다. 핵에 대한 과신으로 재래식 전쟁수행에 소홀하였던 미군은 유럽에서 소련군의 재래식 위협에 직면하였다. 미 지상군은 질적으로는 우세하였지만 양적으로는 열세하였다. 따라서 핵 균형 하에서 재래식 전력에 의한 전면전 가능성을 가장 큰 위협으로 가정하였으며, 특히 유럽에서 양적 우위에 있는 소련군의 기계화부대는 심각한 위협이 아닐 수 없었다.[17] 당시 소

16] Richard M. Swain, "Filling the Void : The Operational Art and U.S Army", ed., B. J. C. McKercher and Michael A. Hennessy, *The Operational Art : Developments in the Theories of War* (London : Praeger, 1996), p. 156.

17] Robert A. Doughty, "The Evolution of US Army Tactical Doctrine, 1946~76", *Leavenworth Papers*, No.1 (CGSC, 1979), p. 40.

련군은 5~6만여 대의 전차를 주축으로 200여 개의 기갑 및 기계화사단을 편성하여 서부유럽 전선에 중점 배치한 상태였다. 따라서 미군은 우세한 소련군 제2 제대와 작전기동군을 차단하기 위한 방법을 모색했는데 그것이 공지전투(Air Land Battle)와 작전술(Operational Art)을 적용하는 요인이 되었던 것이다.

소련군 기갑부대의 위협에 대한 대응책을 모색하던 미군에게 1973년 '4차 중동전'은 새로운 해답을 제시해 주었다. 당시 전쟁 결과를 통해 미군은 제병협동과 합동작전이 현대전에 필수적이라는 것을 인식하게 되었다. 최초 바 레프 선(Bar Lev Line)을 돌파하고 시나이반도에 대한 교두보를 확보할 수 있었던 이집트군의 성공요인은 대공무기 운용, 헬기를 이용한 특공부대의 운용, 대전차화기와 대공무기를 기갑 및 기계화 부대와 통합 운용, 세부적인 도하작전 준비 등 제병협동작전을 통하여 이룩했다는 것이다. 그리고 이스라엘이 수행한 반격작전의 성공요인 역시 공군의 적극적인 지상지원, 역도하시 샤론사단의 신속한 기동, 우수한 지휘관 및 리더십 등 제병협동작전과 합동작전이 승리의 중요 요인이었다는 것이다. 이러한 교훈들은 후속제대공격(FOFA : Follow On Forces Attack), 공지전투(ALB) 개념발전에 기여하였다.

이렇게 핵무기의 과신에서 벗어나 월남전 패배를 분석하고, 중동전 교훈의 도출, 그리고 유럽에서 소련군 위협에 대처하려는 노력들이 복합적으로 고려되어 전략과 전술을 연계시키고, 주요 전투들을 연속적, 동시적으로 조직화하려는 작전술의 적용으로 이어졌던 것이다.

2) 미국 작전술의 적용

이렇게 작전술의 필요성을 인식한 미군에서 실제적으로 이를 교리화하는 데 기여한 사람은 초대 교육사령관 드푸이(William E. Depuy) 장군이다. 당시 미 육군 참모총장이던 에이브람스 장군은 육군의 훈련과 교리 발전의 기초를 제공하기 위해 육군 교육사령부를 창설시키고 초대 교육사령관으로 드푸이 장군을 임명하였다. 교육사령관으로 임명된 드푸이는 교리에서의 혁신적인 변화가 필요하다고 보고, 교리 발전에 전 장병의 참여를 요구하면서 새로운 야전교범 작성을 추진했다. 그는 1976년도 판 『(FM 100-5)야전교범』을 직접 감독하여 작성하였으며, 과거와 다른 새로운 형태의 교범을 만들었다.

그리고 1977년 드푸이 장군의 후임으로 스태리(Donn A. Starry) 장군이 임명되었다. 스태리 장군은 유럽 전장戰場을 주로 고려하고, 전술적 수준의 소모전적 교리에 치중된 1976년도 교범의 문제점을 보완하여 1982년 교범에서는 이를 수정하려고 노력하였다. 린드(William R. Lind)를 포함한 다우닝 대령과 와그너 대령 등 많은 기동전 이론가들이 1976년도 교범식의 소모전이론으로는 미래전에서 승리할 수 없으며 기동전에 의해서만이 승리할 수 있다고 주장하였다.

당시 월남전 패배에 대한 논쟁들이 약 10년 동안 활발하게 진행되었고 공지전투는 이러한 논쟁의 산물로 탄생되었다. 월남전 패배에 대한 분석, 교육사령부의 창설과 드푸이 사령관의 임명으로 시작된 교리 논쟁, 그리고 전 장병의 적극적인 참여와 관심, 기동전 교리의 부활 등은 적극방어 교리에서 공지전투로 발전하게 되었으며, 이 과정에서 공지전투를 적용할 수 있는 이론적 바탕으로서 작전술이 재인식되었던 것이다. 이러한 과정에서 소련군의 작전술이 미군에게 전파되고 미군은 작전술의 필요성을 인식하고 1982년 교범에서 적용하였던 것이다.

2. 작전술의 개념

가. 작전술의 개념

작전술(operational art)은 전략과 전술을 연결하는 고리이며, 전략목표를 달성하기 위하여 전역과 대규모 작전을 계획하고 편성하며 준비하고 수행하는 창의적인 군사력 운용 방안이다.

1) 작전술의 의미

작전술이란 무엇인가? 그 의미를 알아보면,

•첫째, 작전술은 전략과 전술의 '중간지대'이다.

20세기 이전에 용병술은 전략(strategy)과 전술(tactic)의 2분법 체계였다. 전략은 전쟁계획을 세우고 군대를 전장으로 기동시키는 역할을 수행하였고, 전술은 전장에서 전략에 따라 실제 전투를 수행하는 것이었다. 그러나 18세기 프랑스혁명 이후 군의 규모가 수만 명에서 수십만 명 이상으로 확대되었고, 1, 2차 세계대전에서는 100만 명 이상으로 확대되었다. 전쟁지역도 국가 간의 전쟁이 수십 개 국가가 개입된 세계대전으로 발전하였다. 산업혁명의 영향으로 과학기술이 급속하게 발달하여 사거리, 무기 치명성, 파괴력이 엄청나게 확대되었다. 따라서 전략, 전술의 2분법을 가지고는 이러한 전쟁 양상의 변화를 수용할 수 없게 되었다.

과거에는 하나의 전투에서의 결정적 승리가 전쟁의 승리로 이어지는 단일전투[18](Single Point) 전략이었다. 그러나 군의 규모와 전장지역이 확대되고

18] James J. Schneider, "Vulcan's Anvil : The American Civil War and the Emergence of Operational Art", *Theoretical Paper*, No. 4(1991. 6. 16), p. 1. 한 판의 전투 결과로 전쟁 승패가 결정나는 전쟁 스타일을 말한다.

전쟁기간이 장기화되자, 단 1회의 결정적 전투 승리로는 전쟁 승리가 어렵게 되었다. 전쟁의 승패가 수많은 전투의 결과를 통합하여 나타나게 되자 전투와 전투를 연결하고, 조직화하며, 각 전투의 결과를 통합시키는 새로운 개념의 용병술이 필요하게 되었는데 그것이 작전술이다.

전략과 전술의 2분법에 '새로운 영역'을 추가하여 전략·작전술·전술이라는 3분법으로 변화하면서 회색지대[19](grey zone)라고 부르기도 하였다. 이 회색지대가 1920년대 소련에서의 내전을 통해 구체화되면서 '작전술'이라고 명명되기 시작하였으며, 그 역할도 '전쟁을 종합적인 시각에서 설계하고 조직화하며, 각 전투들을 연계시키는 역할을 수행하는 것'으로 발전하게 되었던 것이다.

•둘째, 작전술은 승리를 만들어내는 '창조적 영역'이다.

심프킨(E. Simpkin)은 '작전적'(operational)이라는 의미는 기본적으로 '계획수립' 또는 '실제 전장활동'으로 고려될 수 있는데, 그 의미 속에는 아래와 같은 의미들이 포함되어 있다고 하였다.

① 전략목표에서 부여되는 임무

② 속도, 적절한 반응 등의 특성을 가진 역동성, 자동 반응체계 구비

③ 적의 의지에 영향을 주는 물리적, 우연적, 심리적 요인들로 구성

④ 부분의 합보다 더 큰 효과를 내는 시너지(상승적) 효과

⑤ 부여된 임무 내에서 자율성, 등이다.

이처럼 '작전적'이라는 의미 속에는 '작전을 교묘하게 수행, 유리한 상황의 조성, 부분 합 이상의 시너지(상승적)를 형성한다는 의미가 포함되어 있다는 것'이며, 그러한 성격은 곧 리델하트가 말하는 '간접성'(indirectness), 손자병법에서 나타나는 '궤도詭道'[20]와 같은 성격들을 의미한다. 시너지 효과

19] Richard E. Simpkin, *Race to the Swift : Thought on Twenty-First Century Warfare* (London : Brassey's Defense Publishers, 1985). p. 14.

를 갖는다는 것은 작전술의 본질적인 성격을 말하는 것으로서 1+1=2를 추구하는 것이 아니라, 1+1=2+ 이상의 상승효과를 노린다는 것을 말한다. 유리한 여건의 조성은 손자병법의 제승制勝과 같이 작전구상을 통해 보다 더 효과적이고 새로운 방법으로 적 전투력의 균형을 무너뜨려 적으로 하여금 여러 능력을 발휘하지 못하도록 하는 유리한 여건을 조성하여 이길 수밖에 없는 창조적인 수행방안을 만들어 내는 것을 말한다.

그러면 술(術, art)은 무슨 의미인가? 전쟁에는 과학(science)적인 면과 술(art)적인 면이 있다. 과학적인 면이란 전쟁을 수행함에 있어 계산이 가능하고, 반복적이며, 일반화가 가능한 영역을 말한다. 예를 들면, 사단의 편성, 규모, 크기는 규정되어 있고 수치로 설명이 가능한 과학의 영역이다. 병력의 수, 부대의 수, 장비의 수량 등이 일정하고 통일되어 있다. 사단이 한 시간에 기동할 수 있는 거리도 대개 일정하다. 반면에 술적인 면은 '예술'이라고도 표현하는 데, 통상 '정형화하기 힘든', '반복적이 아닌', 독특하고 개별적이며 계산이 곤란한 판단이 요구되는 영역을 말한다.

예를 들면, A, B라는 두 지휘관이 동일한 크기의 두개 사단을 지휘한다고 할 때, 두 사단의 전투 역량은 서로 다르게 나타난다. 그것은 지휘관들의 판단력, 과거 경험, 전술지식, 위기를 극복하는 기회의 창출, 부하들을 다루는 리더십 등등 여러 가지 요인들에 의해 사단 전투 역량이 다르게 나타나기 때문이다. 이렇게 발휘되는 능력은 곧 술적인 면이다. 전쟁은 이처럼 과학적인 면과 술적인 면이 동시에 존재한다. 따라서 작전술은 작전적 수준의 지휘관에게 할당된 수단을 어떻게 효과적으로 활용하여 승리할 것인가를 창출해 내는 창조적 영역이다. 전략을 구체적인 작전계획으로 구상하고 수

---

20) 詭道는 "상대를 속여 상황에 변화를 가져오고 상대의 균형을 허물어뜨린다는 것"이다. 또한 상대를 속이는 기법, 방법, 전략으로도 설명할 수 있다. 노양규, 『365일 손자병법』(서울 : 신한출판사, 2007)

립하는 것은 독특한 창조적 영역이며, 기존계획이 아닌 새로운 창조적 영역이 것이다. 그래서 술術의 개념인 것이다.

•셋째, 작전술은 군사작전을 설계하는 '설계자'이다.

작전술은 전략지시를 받아 전략을 군사작전계획으로 전환시켜야 한다. 즉 전략목표를 달성할 수 있는 작전수행방법, 즉 작전계획을 수립하는 것이 작전술이다. 따라서 작전적 수준의 지휘관은 군사작전을 어떻게 계획하고, 편성하고, 준비하며, 공격하고, 그리고 승리하여, 언제 어떠한 모습으로 종결할 것인지를 결정해야 한다. 이를 작전구상(operational design)이라고 한다. 이러한 작전구상과 작전계획에 따라 전략을 군사작전으로 전환시킨다. 작전계획은 작전술에 의해 설계되고 만들어진다.

•넷째, 작전술은 군사작전의 '총사령관의 영역'이다.

작전술은 군사작전을 구상 및 계획한 후 그것을 실제 전쟁에서 수행하는 전쟁의 실제적 수행의 영역이다. 일찍이 클라우제비츠는 "전쟁은 불확실성의 영역이고 우연성과 개연성이 존재하며, 실제전쟁과 탁상의 전쟁을 구별하는 마찰이 존재한다"[21]고 하였다. 따라서 지휘관은 현장에서 작전수행을 관찰하면서 판단하고 결심하고 조치해야 한다. 이러한 전쟁수행과 관련된 활동을 국가 전략적 수준에서는 전쟁지도, 작전적 수준에서는 작전지도라고 한다. 전략목표를 달성하기 위하여 작전적 수단들을 동시적, 연속적으로 조직하여 운용하는 여러 활동을 말한다.

'군사작전을 수행'하기 위해서 작전적 수준의 지휘관이 해야 할 선결요소는 무엇인가? 먼저 전략목표가 무엇을 요구하는지를 파악해야 한다. 작전술은 전략지시를 받아 작전을 설계해야 하는데, 설계를 위해서는 전략이 요구하는 바를 정확히 알아야 한다. 전략이 요구하는 바를 아는 것이 작전

21] Carl Von Clausewitz, edited by Michael Howard and Peter Paret, *On War*(Princeton : Princeton Uni., press, 1976), p. 119.

을 설계하는 첫 단계가 된다. 다음은 전략목표를 달성하기 위해서 작전계획을 수립해야 한다. 작전을 어떤 형태로 시작하고 이끌어서 승리할 것인가? 가용 자원은 항상 제한되는 데 자원 할당은 어떻게 해야 하는가? 제한된 자원으로 멋진 승리를 만들어 내야 한다. 전쟁을 오래 끌어도 안 된다. 국민들은 전쟁을 오래하는 것을 좋아하지 않는다. 이러한 활동을 작전구상이라고 하는데, 이는 곧 군사작전을 설계하는 것이다. 작전설계는 매우 복잡하고 비밀이 요구되며 한 치의 빈틈도 없어야 한다. 그리고 너무 어려워도 안 되고 복잡해서도 안 된다. 전투부대들이 소화할 수 있어야 하기 때문이다. 작전계획이 완성되면, 이제 실제 작전을 수행하는 단계이다. 계획대로 차질 없이 수행할 수 있도록 작전을 지도하고 통제하는 것이다. 이를 작전지도라고 하며, 전술적 승리를 전략적 승리로 이끌어야 한다.

이렇게 작전술이란 전략으로부터 지시를 받아 작전을 구상하고 계획을 수립해서 실제 전쟁에서 멋진 승리를 이끌어 내는 것을 말한다. 작전술은 전쟁의 가장 중추적인 역할을 수행하는 전쟁의 총연출자인 것이다.

2) 용병술과 작전술의 관계

용병술(military art)이란 군사력 운용에 관한 방법이다. 용병술 체계란 국가목적을 달성하기 위하여 국가 통수기구로부터 전투부대에 이르기까지 군사력을 운용하는 군사전략, 작전술, 전술의 계층적 연관관계를 말한다.[22] 군사용어사전에서는 "국가전략 개념 하에 전쟁을 준비하고 수행하는 활동으로서, 국가목적 달성을 위한 군사전략, 작전술, 전술을 망라한 이론과 실제이다"[23]라고 하였다.

22] 육군본부, 『(야전교범 100-5) 작전요무령』(대전 : 육군본부, 1996), p. 21.

23] 육군본부, 『(야전교범 3-0-1) 군사용어사전』(대전 : 육군본부, 2006), p. 432.

〈표 1〉 용병술 체계와 작전술

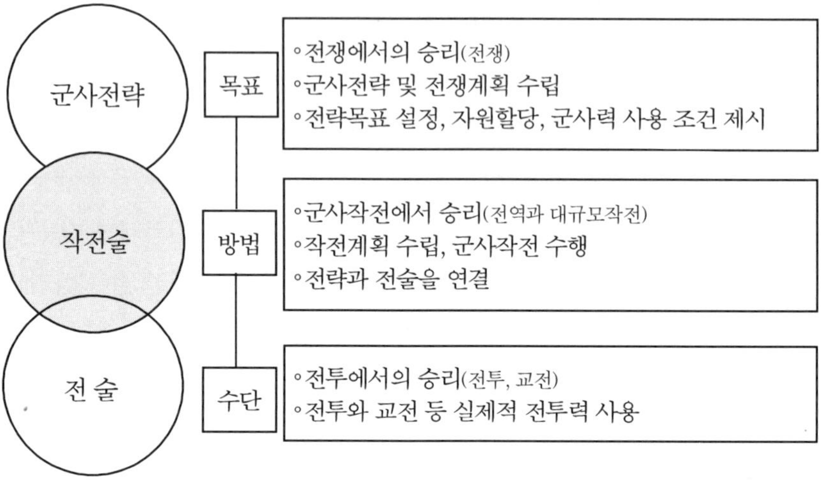

·출처 : MCDP 1, *Warfighting* (Washington : Headquarter of USMC, 1997), p.29를 참고하여 재정리.

군사전략(military strategy)은 국가안보 전략의 하위 개념으로서 국력의 여러 요소 중에서 군사력을 사용하여 전쟁에서 승리를 모색하는 방법이며, 군사전략 수립, 자원할당, 군사력 사용조건 제시, 전쟁계획 발전 등을 수행한다. 전쟁 전반을 다루며, 작전술을 통해 전략목표를 달성한다.

작전술(operational art)은 군사전략의 하위 개념으로서 전략목표를 달성하기 위하여 전역과 대규모 작전을 통해 군사작전계획을 수립하고, 작전계획에 따라 군사작전을 수행한다. 전략과 전술의 중간 영역으로서 어떻게 싸울 것인가를 구상하고 실제 작전을 수행한다. 작전술은 작전구상을 통해 군사작전 수행의 시기, 장소, 목표, 조건과 방법을 결정하며, 전략목표 달성을 위해 부대의 전개, 부대의 투입과 철수, 일련의 성공적인 전술 행동을 통제하는 실질적인 군사력 운용 분야이다.

전술(tactic)은 작전술의 하위 개념으로서 전투와 교전에서 승리하는 술이며, 실제적인 군사활동을 통해 승리를 모색하는 전투의 영역이다. 이러한 군사전략, 작전술, 전술은 상호 밀접하게 연계되어 상호작용을 하며, 그 한계는 명확하게 선을 그을 수 없고 어느 정도 중첩된다. 전략이 전쟁을 창출하는 분야이고, 전술이 전투를 수행하는 것이라면, 작전술은 그 연결고리로서 전략을 군사작전으로 전환하는 실질적인 '작전구상 및 수행' 분야라고 할 수 있다.

군사전략은 목표를 제시함으로써 전쟁수행의 방향을 결정해 준다. 그러면 작전술은 전략이 제시해 준 목표와 방향에 따라 작전계획을 수립한다. 그리고 이러한 작전계획을 전술에 지시함으로써 실제적인 작전을 수행하고 그리고 승리함으로써 전략목표가 달성되게 된다. 결국 작전술은 전략과 전술을 연결시켜주는 고리이면서 방법이고, 작전수행의 설계자, 수행자, 지휘자로서의 역할을 수행한다.

3) 작전술 수행제대遂行梯隊

작전술은 전략과 전술의 중간 영역이라고 하였는데 그러면 작전술을 적용하는 제대梯隊는 어떤 제대에 해당되는가? 어떤 제대의 지휘관이 기본적으로 작전술을 수행하는가?

이러한 작전수행 제대를 확인하는 것은 최초 작전술의 인식과 태동 과정을 살펴보면 확인할 수 있다. 나폴레옹 시대에는 20~30만의 대규모 병력이 장거리 기동과 광범위한 지역에서 포위를 수행하는 등 전장이 확대되고, 장기간의 전투 수행으로 각각의 전투들을 조직적으로 통제하고, 협조하며 연계시킬 필요성이 대두되었다. 사단, 군단 개념이 형성되던 시기이므로 이러한 제대들을 조직화하고 통제하기 위해서는 이들 제대보다 더 큰 상위 조직이 필요하였다. 나폴레옹 시대 이후 몰트케는 작전술 개념이 정립되기 이전에 실질적인 작전적 수준의 지휘관으로서 역할을 수행하였는데, 몰트케는 프로이센의 총참모장으로서 1·2·3군을 지휘하면서 전쟁을 총괄하였다. 따라서 몰트케의 역할을 고려한다면, 작전술의 최고 수행제대는 전략을 실질적으로 전장에서 수행하는 야전 최고사령부가 곧 작전술 제대라고 할 수 있다.

한편 작전술은 1920년대 구소련에서 1차 세계대전의 경험을 바탕으로 내전을 통해 태동되었다고 할 수 있는데, 당시 작전술의 필요성을 인식하고 그 개념을 형성한 것은 적군의 총참모장을 지낸 투하체프스키와 부참모장을 지낸 트리안다필로프 그리고 북부 전선군 참모장을 지낸 스베친 등을 중심으로 한 구소련의 최고사령부 수준에서 검토되고 논의된 것을 고려할 때, 전선군(Front) 또는 방면군(Army) 이상의 제대들이 작전술을 적용하고 수행하는 제대라고 할 수 있다. 또 투하체프스키가 1920년 8월 폴란드와의 비스툴라 전역에서 패배한 후 그 교훈을 분석하고 토의하는 과정에서 제기한 것이 북서부 전선군과 남서부 전선군이 상호 유기적으로 협조하지 못한 것을 패배 요인으로 분석하고, 향후 이러한 문제를 해결하기 위해 보다 상위 차원에서 전역과 대규모 작전을 동시적으로 조직할 용병술의 필요성을 제기한 것으로 볼 때, 작전술 수행제대는 기본적으로 전역과 대규모 작전들을 유기적으로 조직화할 수 있는 수준이어야 함을 알 수가 있다.

한편 미군도 1982년 『(FM 100-5) 작전 요무령』에서, 작전술은 대부대 작전(larger unit operations)에 관한 이론이며 전역(campaign)에 대해 계획을 수립하고 수행하는 것이라고 그 수행제대를 정의하였다.[24] 또한 2008년에 발간한 『(FM 3-0) 작전(operations)』에서도 전쟁의 작전적 수준은 전역과 대규모 작전을 담당한다고 제시하고 있다.[25]

---

[24] U.S.A. Headquarters, *FM 100-5 Operations* (1982), p. 2-3.

[25] U.S.A. Headquarters, *FM 3-0 Operations* (2008), p. 6-2.

〈표 2〉 용병술과 작전술 수행 제대

<table>
<tr><th>용병술</th><th>군사활동</th><th>적용제대</th><th>활동공간</th></tr>
<tr><td>군사전략
(military strategy)</td><td>전쟁(war)</td><td>합동참모본부
(각군 본부)</td><td rowspan="3">전구(戰區, theater)
(야전군 책임지역)</td></tr>
<tr><td rowspan="2">작전술
(operational art)</td><td>전역
(戰役, campaign)</td><td rowspan="2">합참 작전기획본부,
(한미연합사), 지구사, 해구사,
공구사, 야전군사령부,
작전사급 제대</td></tr>
<tr><td>대규모 작전
(major operation)</td></tr>
<tr><td rowspan="2">전술(tactics)</td><td>전투battle</td><td rowspan="2">군단급 이하제대</td><td rowspan="2">전장(battlefield)</td></tr>
<tr><td>교전engagement</td></tr>
</table>

・출처 : 육군본부, 『작전술(Operational Art)』 교육참고 100-1(2000. 8), p. 2~7에서 재정리.

이와 같이 작전술이 수행되는 군사활동은 전역(campaign)과 대규모 작전[26] (major operations)이며 합동작전을 기본으로 한다. 따라서 작전술 수행제대는 전역과 대규모 작전을 계획하고 수행하며, 합동작전을 계획하고 수행할 수 있는 제대여야 한다. 그러한 제대는 합동군사령부, 지상・해상・공군 구성군 사령부를 포함한 작전사령부급 제대들이다. 이러한 제대의 크기와 규모는 고정적이지 않고 작전목표에 따라 상이할 수 있다.

오늘날 미군은 용병술에 따른 수행제대를 명확하게 구분하여 제시하지는 않는다. 전쟁의 양상이 비정규전, 분란전 형태로 변화함으로써 용병술과 제대를 연계시키기에는 제한이 되기 때문이다. 그러나 한국군은 미군과

26] Major Operation(대규모 작전, 주요작전)의 용어에 대해서는 다양한 시각이 존재한다. 미군이 1982년 작전술 개념을 도입할 당시 major operation에 대해서는 '대규모 작전'이라는 표현을 사용하였고, 최초 작전술의 태동 목적도 야전군급 이상 부대들을 지휘통제하기 위한 것이었다. 그러나 오늘날 미군은 탈냉전 이후 소련이 붕괴되고, 세계적 전면전 가능성이 줄어들자 major operation이라는 용어의 의미도 부대 규모보다는 임무와 운용목적에 따라 다양하게 이해하는 경향이 있다. 그러나 한국군은 야전군급 부대가 존재하고 1~2개의 야전군을 운용하는 major operation을 '대부대 작전'이라고 표현하는 것이 바람직하다고 생각한다. major operation에 대한 추가적인 내용은 Milan N. Vego, "Major Joint/Combined Operations", *Joint Force Quarterly*, Jan. 2008. 참조

는 달리 이러한 구분이 의미가 있기 때문에 구분할 필요가 있다.

그러면 이러한 작전술은 공간적으로 어느 곳에 해당하는가? 기본적으로 용병술을 공간으로 구분하는 것은 적절하지 않다. 그러나 작전술이 다루는 군사활동이 전역과 대규모 작전을 다루게 됨으로써 그 공간적 영역은 전구급이 되고, 구소련에서는 이를 군사작전 전구(TVD : Teatr Voennykh Deistviia)라고 하였다. 오늘날 미군은 한반도를 한반도 전구라고 통칭하는데 미군의 전 지구적 차원에서 본다면 한반도 지역은 하나의 전구급으로 구분할 수 있다. 그러나 영토가 작은 국가들은 미군의 전구가 전쟁전구로 구분됨으로 국가마다 공간적인 의미는 서로 다르다고 할 수 있다.

나. 작전술의 역할

작전술의 역할이란 실제 작전술은 어떠한 군사활동을 수행하는가? 작전술의 실제 업무는 무엇인가에 대한 답이다. 작전술은 목표, 방법, 수단의 관계에서 방법에 해당된다. 따라서 전술적 수단들을 잘 연계시켜서 전략목표를 달성하도록 하는 것이 중요하다. 작전적 수준의 지휘관은 전략이 요구하는 것이 무엇인가를 정확하게 이해하고, 이를 군사작전으로 전환하여 전술에게 작전계획을 부여해 주는 것이 작전술의 역할이다. 따라서 작전술이 없으면 전술적 활동들이 전략과 연계되지 못하고, 전술은 목표 없이 단순한 전투만 수행하는 무의미한 전투가 되는 것이다. 작전술의 역할은 크게 군사전략의 수행과 군사작전 지도 등으로 구분할 수 있다.[27]

---

[27] 교육사령부, 교육참고 8-3-18 『작전술』(대전 : 교육사, 2007), p. 2-2.

〈표 3〉 작전술의 역할

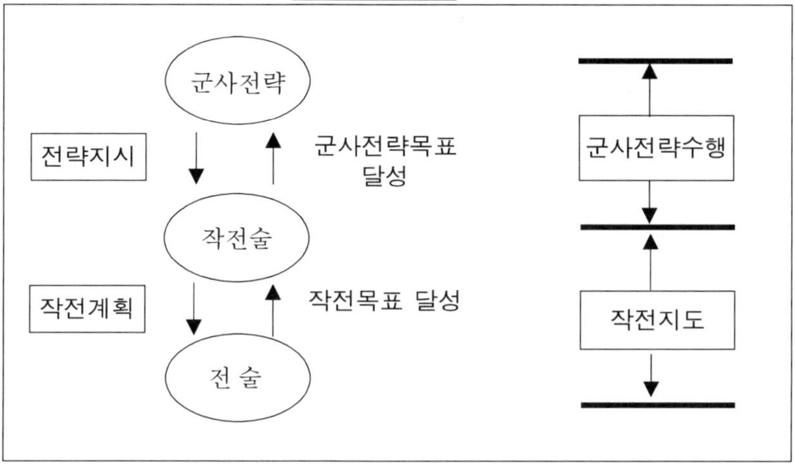

•출처 : 육군대학, 교참 8-3-18『작전술』(육대, 2007), p. 2-2를 참고하여 재정리.

1) 군사전략의 수행

군사전략을 수행한다는 것은 전략지시(strategic direction)[28]를 이해하고, 군사전략을 군사작전으로 전환시키는 것이다. 먼저 전략지시를 이해한다는 것은 합참의장이 구상하고 수행하고자 하는 전략의 내용을 올바르게 이해하고 판단한다는 것이다. 전략지시는 통상 개념적이고 추상적인 형태로 제시되기 때문에 이를 수령한 작전적 수준의 지휘관은 전략지시가 내포한 복잡한 의미를 이해하고 전략이 작전술에 요구하는 정치적, 군사적 의미를 명확하게 파악하여 군사작전의 목표, 즉 최종상태를 구체화하여야 한다.

그 다음, 전략을 군사작전으로 전환한다는 것은 전략이 요구하는 정치적·군사적 의미를 파악하고 군사작전의 최종 상태를 확인하게 되면, 이를 달성하기 위한 작전구상을 한 다음 작전계획을 작성한다는 것이다. 전략을

28] 합참, 합동참고교범 1-2『합동 및 연합작전 군사용어사전』(합참, 2006), p. 356.

작전계획으로 전환하기 위해서 작전적 수준의 지휘관은 작전구상 요소들을 활용하여 작전계획의 밑그림을 그린 후 이를 바탕으로 작전계획을 수립하게 된다. 작전구상을 통해 전체적인 작전을 구상한 작전적 수준의 지휘관은 이를 바탕으로 작전계획을 작성하게 된다. 작전계획을 수립함으로써 결국 군사작전을 수행할 수 있게 되는 것이다.

전략지시는 작전계획을 작성하라는 지시이고 명령이다. 평시에는 합동군사전략능력기획서(JSCP)가 곧 전략지시의 역할을 수행하지만, 전시나 위기가 발생하게 되면 합참에서 구두, 문서, 전문 등을 통해 별도의 전략지시를 하달하게 된다. 전략지시에는 전쟁에서 군사적 수단으로 달성해야 할 전략목표, 가용자원, 군사력 사용조건 그리고 제한사항 등이 포함된다.

2) 군사작전 지도

군사작전을 지도한다는 것은 작전계획에 따라 작전을 올바르게 수행하도록 제반 군사활동들을 통제하고 이끌어 간다는 것이다. 작전계획은 계획일 뿐 실제 작전을 실시하는 면에서 보면 수많은 장애요소와 변수, 마찰요소들이 등장하게 된다. 작전적 수준의 지휘관은 이제 리더십으로 전쟁의 불확실성과 마찰요소를 극복하고 승리를 위해 모든 작전요소들을 통제하고 이끌어 나가야 한다.

이러한 작전지도가 전략과 전술을 연계시키게 되는 것이다. 즉 전술의 상위 개념으로서의 작전술이 전술 제대에게 작전목적과 목표를 부여하고, 여러 전투를 연속적·동시적으로 조직하고 통제하며, 유리한 여건을 조성하고, 전술적 성과를 작전적·전략적 성과로 확대시키는 것을 말한다.

작전계획이 수립되면, 전술부대들에게 과업이 부여되고 자원이 할당됨으로써 전투를 수행할 수 있게 된다. 작전적 수준의 지휘관은 이러한 작전명령을 하달하고 실제작전을 수행하고 지휘함에 있어 제 작전들이 상호 연계되고, 연속적 동시적으로 수행되도록 함으로서 전투의 승리를 달성하며, 유리한 상황을 조성하고 전술적 승리를 작전적·전략적 승리로 확대함으로써 종국에는 전략목표를 달성하게 된다.

6·25전쟁시 미 8군사령관 워커장군이 북한군의 공격을 지연시키고 낙동강 방어작전을 효과적으로 수행함으로써 결국 인천 상륙작전을 지원하고 반격으로 전환할 수 있었던 것이다. 작전사령관의 탁월한 판단과 리더십이 작전의 승패를 좌우하게 되는 것이다. 또한 워커 장군의 후임으로 8군사령관이 된 리지웨이 장군은 중공군의 공세로 북진이 좌절되고 38선으로 총퇴각해야 하는 최악의 상황에서 유엔군의 작전을 지휘하였던 것이다. 그는 무엇보다도 중요한 것은 바닥으로 떨어진 유엔군의 공세의지를 다시 일으켜 세우는 것이라고 판단하였으며, 장병의 사기를 북돋우는 것이 당시 위기를 극복하는 최우선 과제라고 생각했다. 그는 사단급 부대들을 직접 방문하고 현장을 확인하면서 결국 도망가려던 장병의 마음을 적 방향으로 돌려세우는 데 성공하였던 것이다. 작전적 수준의 지휘관이 수행해야 하는 군사작전지도는 작전계획을 효과적으로 수행하여 전술적 승리를 작전적 그리고 전략적 승리로 확대시키는 역할을 수행하는 것이다.

이상과 같이 작전술의 역할은 전략지시를 받아 전역계획을 작성함으로써 군사작전으로 전환시키고, 이러한 계획을 수립하고 시행하는 과정에서 전술을 지도하는 것이다. 따라서 작전술이 올바로 적용되지 않게 되면, 미국이 월남전에서 실패한 것처럼 각개의 전투들이 서로 간에 연계되지 못하고 무의미한 작전으로 수행되며, 하나의 전투를 그 다음의 승리로 이어가기 위한 상위계획이 부재함으로써 전쟁목표 달성이 곤란하게 된다.

3. 작전구상과 작전구상 요소

가. 작전구상(operational design)

작전구상은 지휘관이 작전을 설계하는 사고思考과정으로서, 전역이나 대규모 작전의 계획 및 시행을 뒷받침하는 개념적 틀이다. 작전술을 통해 지휘관은 군사적 수단을 적용하기 위한 폭넓은 개념을 발전시킨다. 작전구상은 전술적 활동을 전략적 최종 상태로 연결시키는 논리적 틀을 제공한다.

미군이 작전구상이 작전을 구상하고 계획을 수립하는 데 필수적인 요소로 제기한 것은 2001년 판 『(FM 3-0) 작전교범』이 처음이라고 할 수 있지만, 작전구상 요소를 교범에 반영하기 시작한 것은 '86년 판 『(FM 100-5) 작전교범』이다.[29] 당시 교범에서는 작전 전구를 책임진 지휘관이 작전계획을 수립하기 위해서는 중심을 식별하고 전역에 영향을 미치는 주요 요소들로서 결정적 지점, 작전 한계점, 작전선 등을 제시하였던 것이다. 이러한 요소들을 식별하고 이해하여야만이 작전계획을 수립하는 기초가 형성되는 것으로 본 것이다.

〈그림〉 작전적 수준의 복잡한 문제와 작전구상

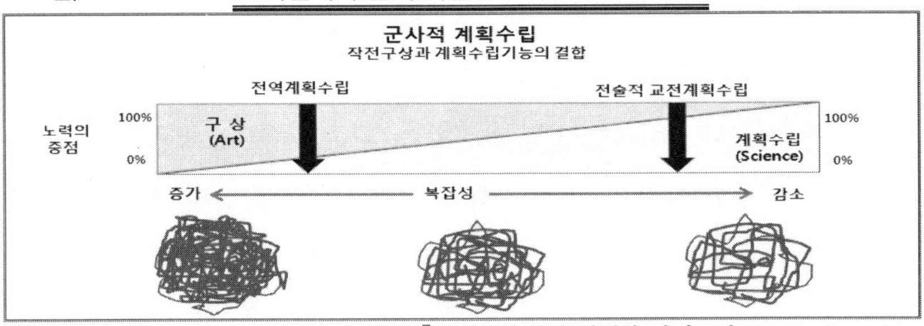

•출처 : TRADOC, Pamphlet 525-5-500, 『지휘관의 상황 이해와 전역구상』(2008. 1), p. 14.

---

29) 작전구상 요소는 1986년 미 『작전교범』에서 3개 요소를 제기하였고, '93년도 교범에서 6개, '98년 교범에서 8개, '01년도 교범에서 9개, '08년도 교범에서 12개를 제시하였다.

작전구상이 필요한 이유는 작전적 수준의 군사활동이 대단히 복잡하고 다루어야 할 영역이 광범위하기 때문에 이를 체계적으로 검토하기 위해서는 핵심 요소들이 있어야 했던 것이다. 따라서 한 두 사람의 생각이나 단기간의 평가만으로는 이러한 광범위하고 복잡한 작전적 수준의 계획을 수립할 수는 없다. 미 팸플릿에서는 구조적으로 복잡한 문제에 대해 다음과 같이 설명하고 있다.30]

구조적으로 복잡한 문제는 문제 자체가 명확하지 않으며, 문제를 해결하기 위해서는 먼저 '문제를 이해하는 것'이 필요하다. 또한 복잡한 문제는 각각 고유의 특성을 가지고 있어 과거의 경험이나 습관을 그대로 적용할 수 없으며, 문제를 해결하기 위한 구체적인 행동을 계획하기 전에 문제 해결 방향을 모색해야만 한다. 이처럼 작전적 수준의 문제는 쉽게 접근하기 어렵기 때문에 작전구상이라는 사고과정을 거쳐야 하고, 이를 위해 가장 핵심적인 작전구상 요소들을 선정하여 분석하고 연구하게 된 것이다.

작전술이 구소련에서 처음 적용되었지만 당시 소련군은 작전구상 개념을 발전시키지는 못했다. 미군도 1982년에 작전술을 처음 적용하면서 작전구상 요소를 발전시키지 못하고, 1986년에 가서야 결정적 지점, 작전 한계점, 작전선 등 3개 요소를 식별하고 중점적으로 검토하기 시작하였다. 그러나 그 당시에도 교범의 본문이 아니라 부록에 기술하는 정도였다. 그러나 걸프전을 경험하고 작전술 개념이 변화하면서 전략을 군사전략으로 전환시키는 과정이 대단히 어렵고 복잡하며 고려해야 할 요소가 많다는 것을 이해하게 된 것이다.

작전구상이란 작전수행을 위한 지적인 사고과정으로서 계획수립 뿐만 아니라 작전준비, 작전실시, 평가 등 작전수행 전 과정에 걸쳐 지속적으로 적용이 되고 판단의 기준으로 고려된다. 작전구상은 목표, 방법, 수단 간에

30] TRADOC, 교육사 역, 팸플릿 525-5-500 『지휘관의 상황이해와 전역구상』(2008. 1), p. 14.

개념적 연결성을 제공한다. 그리고 작전구상 요소는 대규모 작전을 설계함에 있어 도움이 되는 도구들이며, 지휘관이 작전을 가시화하고 자신의 의도를 형성하는 데 도움이 된다.

작전구상 개념은 2000년대 중반 이후 더욱 구체화되었다. 그만큼 작전구상이 작전술의 실체적 핵심 요소로 발전하게 되었던 것이다. 작전구상 단계는 3가지로 구분할 수 있는데 문제의 규정, 구상의 형성 그리고 구상의 발전 등이다.

먼저 문제를 규정한다는 것(Framing the Problem)은 전략목표를 확인하고 그 객관적 조건들을 이해하는 것이며, 전략목표를 달성하기 위해 관련된 작전환경을 체계적인 관점으로 이해하고 분석하는 것을 말한다. 중요한 것은 무엇을 해야 하는가 하는 최종 상태가 명확히 묘사되어야 한다는 것이다.

둘째는 구상을 형성하는 것(formulating the design)이다. 구상을 형성한다는 것은 무엇을 해야 하는가 하는 첫 번째의 규정을 구체적으로 발전시켜 나가는 활동을 말한다. 작전구상 요소들을 하나하나 짚어가면서 실제적으로 구상이 이루어지는 것이며, 이렇게 함으로서 작전구상의 전체적인 뼈대가 형성되게 된다.

셋째는 구상의 발전(refining the design)이다. 이 단계는 지휘관이 작전환경 속에서 작전수행을 구체적으로 확인(마음속으로 결정)해 나가는 과정이다. 작전적 범위와 작전 한계점을 결심하고, 템포를 결정하며, 동시성과 종심을 결정하고, 작전 단계화와 전환시점 그리고 작전 한계와 받아들여야 할 위험들을 고려하게 된다.

이렇게 함으로써 지휘관은 담당해야 할 전역과 대규모 작전을 가시화하게 되고, 이를 토대로 작전계획의 큰 그림을 그릴 수 있게 되며, 작전계획 수립에 대한 지침을 설정할 수 있게 된다.

나. 작전구상 요소

이러한 작전구상을 하기 위해서는 구상 도구가 있어야 하는 데 그것이 구상 요소이다. 이러한 구상 요소는 작전계획을 수립하는 데 반드시 고려하고 검토되어야 할 뼈대들이고, 작전수행의 필수 요소들이다. 여행을 갈 때 언제, 어디로, 누구와, 얼마 동안 등과 같이 반드시 알아야 할 요소들인 것이다. 미군이 작전구상 요소를 처음 언급한 것은 1986년도 교범이며 그 이후 지속적으로 확대 발전되어 오늘날에는 작전구상의 필수 요소가 되었다. 많은 구상요소 중에서도 중점적으로 고려해야 할 구상요소로는 최종 상태 및 조건, 중심, 결정적 지점, 작전선, 템포, 작전한계점, 작전단계화, 주요부대 및 기능, 지렛대효과, 우발 및 후속계획 등이 있다.

1) 최종 상태 및 조건

최종 상태 및 조건은 군사작전을 통하여 궁극적으로 달성해야 할 피·아彼我의 상황으로 임무와 작전목표가 달성되었을 때의 조건과 상태를 말한다. 이는 군사력이 지향되어야 할 방향을 식별하고 작전목표를 설정하는 데 기초를 제공한다. 작전적 수준의 제대에서는 최종 상태를 달성하기 위한 군사적 최종 상태와 조건 구상에 주안을 두지만 비군사적인 조건까지도 고려하여야 한다. 전술제대에서는 전투를 통하여 달성해야 할 마지막 모습 즉 작전목표를 설정한다.

2) 중심(重心)

중심은 피·아의 힘의 원천으로서 어떤 체계가 정신적 또는 물리적인 힘과 행동의 자유, 행동의지를 획득하게 되는 일련의 특성, 능력 및 힘의 중심축이다. 중심이 파괴되면 전체적인 체계가 균형을 잃고 붕괴될 수 있는 물리적 및 정신적 기반이 되는 요소이다. 피·아 중심을 분석하여 식별하는 목적은 힘의 근원이 되는 피·아의 능력, 행동의 자유를 구속하는 지점들을 파악하는 것으로서 중심을 파악함으로써 작전의 지향방향을 구체화시키고 목표설정을 명확히 할 수 있다. 중심은 적 주력, 전쟁지도본부, 전략예비대, 주요 도시 등 물리적인 요소가 될 수도 있지만 군사력의 원천이 되는 형세에 초점을 두고 식별될 수도 있다.

3) 결정적 지점

결정적 지점은 적 중심에 접근하여 적 중심을 무력화 또는 파괴하기 위하여 선정하며 이를 우군이 통제할 경우 적에 대해 현저한 이점을 얻을 수 있고 요망하는 효과를 창출하는데 실질적으로 기여함으로써 작전의 결과에 큰 영향을 미칠 수 있는 지리적 장소, 특정한 주요 사태, 핵심체계 또는 기능을 말한다.

결정적 지점은 중심과는 다르며, 중심을 공격하거나 방호하는데 결정적인 요소이어야 하고 우군의 작전범위를 확장시키거나, 우군 부대 및 능력을 적용하는데 가장 좋은 기회를 제공하는 것이어야 한다. 작전의 주도권을 확보 또는 유지하도록 하는 결정적 지점들은 아주 중요하다. 공격작전간 이러한 결정적 지점들을 통제하는 것은 작전적 기동의 자유 획득, 공격기세 유지, 주도권 확보를 가능하게 하며 방어시에는 공자의 공격 기세와 능력을 약화시키고 공세적인 전력운용을 가능하게 한다.

4) 작전선

작전선이란 작전목표를 달성하기 위하여 아군 부대가 현 작전기지 또는 배치지역으로부터 일련의 목표들을 확보하여 중심에 이르는 지리적인 방향이다.[31] 작전선은 지형적이거나 전투력이 집중되는 목표가 되는 결정적 지점들의 집합을 연결하게 된다. 통상 주요 전투작전은 작전선을 따라 이루어진다. 작전선은 통상 단일 작전선을 택하나, 2개 이상의 작전선을 고려할 수도 있다.

5) 템포(Tempo)

템포는 적에 대한 상대적인 속도이며 리듬이다. 템포를 조절하는 것은 궁극적으로 전투작전간 주도권을 유지하고 피·아의 능력과 상태를 고려한 조직적이고 체계적인 부대운용 개념이다. 공격의 시점과 방향을 고려하고 공격의 강도와 집중의 정도를 결정하는 중요한 요소이다. 적보다 빠른 템포는 적의 대응능력을 무력화할 수 있으며 위기상황에서도 상황을 안정화시킬 수 있고 융통성과 유연성을 증대시킨다. 지휘관은 효과적인 템포를 적용하기 위해 동시적이고 연속적인 작전들을 통합하고 불필요한 교전을 회피하며 전체적인 공세와 수세의 주도권을 장악하여야 한다. 템포는 질풍처럼 신속하게 몰아쳐 가야 할 경우도 있지만 때로는 태산처럼 버티고 서서 적을 조바심 나게 만들어야 할 경우도 있다. 템포는 유연하고 탄력적인 부대 운용을 가능하게 해 준다.

6) 작전 한계점

작전 한계점이란 부대가 더 이상 공격 또는 방어와 같은 군사 작전을 수행할 수 없는 상황과 시점을 말하며, 지휘관은 작전 한계점을 고려하여 작전을 구상하여야 한다. 공격시 작전 한계점은 공격측의 전투력이 더 이상 방어측의 전투력을 초과하지 못하는 시간과 공간상의 지점이다. 이 지점에서 공격측은 방어측의 역습 등에 대단히 취약하며 큰 모험이 없이는 계속

31] 최근 미군은 '개념적 작전선'이라는 용어를 사용하기도 한다. 전·후방 구분이 없는 저강도 분쟁이 일반화되면서 지리적인 작전선 이외에 과업의 순서, 방법, 목표의 논리적인 배열 등을 강조하는 개념으로 적용하고 있으며 '노력선'이라고도 한다.

공격할 수 없다. 방어시 작전 한계점은 방어측이 더 이상 역습 등의 공세행동을 실시할 수 없거나 또는 방어를 성공적으로 수행할 능력이 없을 때 도달하게 된다. 방어를 성공하기 위해서는 공격측이 공격 한계점에 도달하도록 유도한 다음 적이 방어 한계점에 도달하도록 공격해야 한다.

7) 작전 단계화

작전 단계화는 작전의 성격, 전투편성의 변경, 부대의 재편성이 예상되거나 작전의 전 기간을 예측할 수 없을 경우에 적의 능력, 가능한 방책, 아군의 배치, 작전지역의 특징, 전투 근무지원 능력, 시간, 거리 등을 고려하여 결정하게 된다. 작전을 단계화하는 것은 분산되어 진행되는 작전 활동들을 시차별로 조직하기 위한 논리적인 방법이다. 작전 단계화는 각 단계별로 작전 요소들의 활동을 결합시키고 연계시킴으로써 현 단계가 다음 단계에 대한 유리한 여건을 조성하고 궁극적으로는 노력의 통일을 기해 작전 목표를 효과적으로 달성하도록 하는데 목적이 있다.

작전 단계화는 지휘관 및 참모가 전체 작전을 그려보고 판단할 수 있도록 도와주며 임무수행에 필요한 부대, 자원, 시간, 공간 등에 대한 판단을 가능하게 해 준다. 일반적인 작전 단계화는 여건조성, 억제, 주도권 확보, 전장지배, 안정화작전, 정부 통치지원 등 6단계로 제시할 수 있다.

8) 주요부대 및 기능

주요부대 및 기능이란 아군의 부대의 상태, 능력을 파악하고 이들에게 어떤 임무와 기능을 하도록 부여할 것인가? 그리고 작전 배열은 어떻게 할 것인가를 고려하는 것을 말한다. 작전을 구상하는 과정에서 여건조성에는 어느 부대를 사용하고 결정적인 작전을 누구에게 맡길 것인가는 작전 승패를 좌우하는 결정적인 요소이다. 그리고 포위하는 부대, 고착하는 부대, 적 종심으로 밤낮없이 돌파해 들어가는 최종 목표를 달성하는 임무와 기능을 누구에게 맡길 것인가 등을 결정하는 것이다. 부대의 특성이 다르고 또 1단계 작전 이후 피해를 고려하고 전투력 복원을 고려하여 종합적으로 판단하여야 한다. 이를 위해서는 우리 부대와 기능을 적절하게 배합하며 부대의 균형을 유지시키기 위하여 노력의 우선순위를 지정하고 적절한 지휘관계를 설정한다. 부대의 작전과 편성의 조화는 부대의 유연성을 유지시키거나 확장시키는 것이다.

9) 지렛대 효과(Leverage)

지렛대 효과는 긴 막대를 이용하여 큰 돌을 뒤집어엎는 것처럼 작전을 결정적으로 유리하게 만드는 작전을 말한다. 낙동강 방어작전으로 적의 공격을 지연 저지시키고 인천 상륙작전으로 적의 허리를 끊어 한 번에 전세를 역전시키는 것을 말한다. 이러한 지렛대 효과는 작전의 성과를 결정적으로 유리하게 만들며 큰 힘을 들이지 않고 성과를 극대화시키는 효과를 가져 온다. 기만작전, 우회 포위작전, 종심 돌파작전, 주요 견부肩部의 확보, 병참선 차단 등 간접 접근전략의 효과적 적용으로 달성이 가능하다.

적의 약점에 우리의 강점을 투입하는 비대칭적 행동과 적절한 시간과 공간으로 기동함으로써 결정적인 이점을 획득할 수 있다.

10) 우발 및 후속작전계획

우발 및 후속작전계획은 전장의 불확실성으로 인하여 어떠한 작전계획도 완벽할 수는 없으므로 상황변화를 예측하여 필요한 우발 및 후속계획에 대한 소요를 도출하고 대비하는 것이다. 이는 급변하는 상황 속에서 행동의 자유를 보장받기 위한 것으로서 이를 통하여 작전의 융통성이 보장될 수 있다. 우발작전계획은 우발사태에 대한 군사적인 요구와 위기에 대처하는 것으로서 적의 행동, 우군의 능력, 자원의 가용성 그리고 작전의 목적과 형태 변화 등에 따라 융통성 있게 적용할 수 있도록 구상하여야 한다. 후속작전계획은 단계화와 관련된 개념으로서 현행작전 결과를 평가하여 이를 기초로 작전계획을 수정 보완하고 미래의 작전을 구상하여 현 작전단계의 종결을 포함한 다음 단계 작전에 대한 소요를 구상하는 것이다. 후속작전 소요는 현행 작전에 따른 가능성 있는 결과 즉 '승리', '패배' 또는 '교착상태'에 기초를 두고 판단하는 것이다.

이러한 작전구상 요소는 상황에 따라 추가적인 요소들을 고려할 수 있고 몇 개만 고려할 수도 있다. 작전의 수준과 범위 그리고 변화되는 상황에 따라 다양하게 적용할 수 있으며 모든 요소를 반드시 고려하여야 하는 것은 아니다.

4. 작전술의 미래

오늘날 작전환경은 지속적으로 변화하고 있다. 1991년 걸프전을 통해 대규모 군사작전이 수행된 이후와 탈냉전 이후에는 대규모 군사력 운용보다는 저강도 분쟁 위주로 운용됨으로써 작전술의 내용도 변화하고 있다. 그것은 탈냉전 이후 전쟁의 규모가 축소되고 인종 및 종교 분쟁, 테러와의 전쟁, 소규모 단위의 지역 분쟁, 안정화 작전 등이 주로 수행되었기 때문이다. 2001년 아프간전쟁과 2003년의 이라크전쟁도 초기 전쟁 양상은 국가 정규군이 집중 투입되는 기동전 형태로 운용되었으나 결정적인 군사작전이 종료된 이후에는 안정화 작전이 중점적으로 수행되면서 소규모 단위의 군사작전이 중점을 이루게 되었다.

또한 과학기술의 발달로 전 지구적인 지휘통제·통신 능력이 획기적으로 발달하면서 전술적 수준의 군사활동에서도 전략적 수준의 수단들을 운용하는 경우가 발생하는 등 전략, 작전술, 전술의 경계선이 모호해지고 중복되는 경향이 나타나게 되었다. 따라서 1·2차 세계대전, 소련의 내전 등에서와 같이 수십만에서 수백만을 운용하던 대규모 군사작전에서 집단군이나 야전군급 이상 부대들의 협조와 조정 통제, 그리고 수 백km를 주야 연속으로 종심 기동하면서 전략목표를 달성하려는 노력 등이 작전술이라는 새로운 용병술을 형성하였던 것이다. 그런데 탈냉전 이후 대규모 군사력 운용의 기회가 점차 제한되고 수십만이 운용되는 중급 수준의 전쟁으로 축소되었던 것이다. 따라서 이러한 작전환경의 변화에 따라 작전술의 특성과 개념도 상당히 변화되었다.

그러나 군사력이 운용되는 공간적인 측면에서는 과거에 비해 작전술의 영역이 더욱 확대되었다. 초기 작전술이 태동되었던 2차 세계대전이나 소련 내전에서도 그 작전지역은 여러 국가를 넘나드는 수백km 정도였지만, 오늘날 작전술이 적용되는 공간적인 영역은 전지구적인 영역으로 확장되었다. 특히 미군이 원정작전 위주로 군사전략을 변경한 이후 그 현상은 더욱 두드러지게 나타나기 시작하였다. 따라서 전쟁을 준비하고 투입하는 작전술의 군사적 활동은 어느 국지지역만을 담당하는 제한된 수준에서 전 세계지역을 커버(cover)하는 광범위한 영역으로 확대되었던 것이다.

이렇게 군사력의 규모는 축소되고 담당하는 영역은 전 세계적인 수준으로 확장됨으로써 작전술의 역할도 대규모 군사력의 운용보다는 광범위한 지역에서 어떻게 군사력을 차출하여 적시에 투입하고 최단기간에 전투력을 효과적으로 운용하는가 하는 면으로 변화되었다. 작전구상, 작전의 효율적 수행, 군사력의 투입과 운용 등이 작전술의 중심이 된 것이다. 물론 이러한 변화는 세계 최강대국인 미국에 국한되는 것이지만 미군이 군사교리를 선도적으로 발전시키기 때문에 하나의 흐름으로 정착되고 있는 것이다.

따라서 작전술의 미래 모습은 전장에서의 실제 작전도 중요하지만 이러한 전장에 유리한 조건을 형성하기 위한 작전구상과 작전계획의 수립이 더 중요하게 되었다. 즉 전장에서의 전투도 중요하지만 먼저 이길 수 밖에 없는 유리한 조건의 형성을 위한 작전구상과 계획의 수립이 필요하게 될 것이다. 특히 미군은 주요 분쟁지역으로 광범위하게 흩어져 있는 전력을 재편성하여 신속하게 투입하고, 제압하여 종결시키는 능력에 집중할 것이다. 그리고 전투력 운용도 육군이나 해군, 공군, 해병대 등 어느 일개 군의 운용보다는 모든 군이 동시에 운용되고 통합되는 합동군 성격으로 변화되었다. 합동군으로 통합하지 않고는 어떠한 군사작전도 성공하기 어려운 상황으로 변화되었다.

이러한 측면에서 작전술은 새로운 작전환경 변화에 따라 지속적으로 변화 발전될 것이다. 대규모 군사작전을 조정 통제하기 위한 필요에서 태동된 작전술이 이제는 광범위한 지역에서 다양한 부대들을 통합하고 투입하는 종합적인 활동으로 변화되고 있는 것이다. 따라서 대규모 군사력의 운용이라는 초기의 작전술 개념을 벗어나 더 넓고 광범위한 영역에서 군사력 투입과 운용을 기획·계획하고 수행하는 '작전구상과 기획의 작전술'이 더 중요시되게 된 것이다.♣

VIII

●

전 술

• 전투의 성공은 사기士氣 문제이다. 전투에 있어서는 두 개의 물리적 힘이 아니라, 두 정신력이 충돌하는 것이다. 더 강한 자가 정복한다.… 전진할 결의를 가진 자가 승리한다.

-드 피크-

• 나는 지난번 대전大戰 이후에 발달한 쾌속 전차집단의 전격작전에 의한 혁명적 폭위暴威를 이해하지 못하고 있었다.

-처칠 수상-

군사교리와 군사전략은 지휘관들에게 군사력의 운용에 대한 광범위한 원칙을 제공해 준다. 지휘관은 이와 같은 원칙을 지침으로 하여 주어진 임무와 목표를 달성하기 위한 구체적 방법과 절차, 즉 전술을 발전시켜야 한다. 오늘날 우리들 군인에게 주어진 첫째의 지적知的 임무는 케케묵은 구식 편견에서 벗어나서 우리의 최대 역량을 발휘하여 싸우게끔 하는 전술의 개발에 있다. 그리고 전술적 방법은 부단히 변경되어야 하고 또 변경되는 것이다. 일찍이 나폴레옹은 지적하기를 "군대는 그것의 전술을 10년마다 변경하지 않는 한 질적으로 우수한 군대가 못 된다"고 하였다. 그러나 무기체계의 급속한 발달은 이 문제를 더욱 촉진시키고 있다.

모든 군인들은 평화로울 때, 앞으로의 전투에 대비하여 열심히 새로운 전술을 개발함으로써 서전을 장식할 수 있다. 예컨대, 제2차 대전 초기의 독일이 구사한 새로운 전술, 즉 전격전電擊戰은 연합군을 당황케 했고 또 패배시켰던 것이다.

그렇다면 전술의 원천은 무엇이며, 전술개발의 여러 요소는 무엇이고, 왜 전술의 표준화는 필요한가, 그리고 마지막으로 전투란 무엇이고, 그것의 목적과 수단, 전투를 유리케 하는 조건이 무엇인가에 대해 고찰해 보려고 한다. 특히 전술적 승리와 전략적 승리의 관계에 대해 깊이 고찰함으로써 전투는 무엇 때문에 수행해야 하느냐 하는 문제에 깊은 관심을 기울여야 할 것으로 생각한다.

1. 전술의 원천

전술이란 전장에서의 전투의 실행방법을 말하는 것이다. 그래서 보통 군사전략은 전쟁에 관한 것이고, 전술은 전투에 관한 문제를 다룬다고 말하기도 한다. 그런데 전술은 허공 속에서 발전되는 것이 아니고, 거기에는 전술의 필요성을 야기시키는 원인과 동기 그리고 모든 사태가 수시로 존재하며, 또 그와 같은 필요성은 다음 원천으로부터 유래되는 것이다.

가. 임무

새로운 전술의 필요성을 때때로 낳게 하는 하나의 중요한 요인은 성취해야 하는 임무이다.

여러 가지 경우에 있어서 임무는 이전에 개발하고 시험한 전술을 이용함으로써 성공적으로 수행될 수 있다. 이것은 특히 수행하게 될 임무가 성격상으로 재래식이라든지 또 그와 비슷한 임무가 이전에도 수행되었다고 한다면 더욱 당연한 것이다. 그렇지만 전술 수립자는 그 임무에 대한 어떠한 전술도 개발되지 않았고 또 전례前例도 없는 임무에 직면하게 된다. 예컨대, 1942년 미해군에 의한 일본 도쿄(東京)에 대한 공습공격과 같은 것이다.

1941년 12월 일본 해군에 의한 진주만의 기습공격이 있은 후 수개월간 미 해군은 실제적으로 태평양에서의 군사적 기반을 전부 상실하였으며, 이와 같은 상황의 계속은 미 해군 뿐만 아니라, 미국 국민 전체의 사기에도 크게 영향을 주었다. 그리하여 미 해군은 일본으로 하여금 그들의 수도首都도 공격을 받게 된다는 것을 확신케 하고 또 미국 국민들에게는 미 해군도 전쟁의 주도권을 잡을 수 있다는 것을 보여주기 위한 약간의 극적인 작전이 필요하게 되었다. 그런데 공격에 필요한 디딤돌인 기지基地도 없이 어떻게 그와 같은 작전이 달성될 수 있을 것인가? 전략은? 일본 도쿄에 대한 폭격, 전술은? 틀림없이 이와 같은 문제는 전술 수립자로 하여금 고민케 하였다. 그러나 그들은 기본적 착상을 개발하였다. 즉 지상기지地上基地를 사용하는 B-25 중형 폭격기에 전진기지로서 항공모함을 사용한다는 것이다. 이와 같은 작전의 전례戰例가 없기 때문에 새롭고 특수한 전술이 필요하게 되었다.

과연 B-25가 항모에서 발진이 가능한가? 만약 발진이 가능해도 다시 항모에 수용할 수 없는 것만은 확실했다. 그래서 항모에서 발진시켜 도쿄를 폭격한 후, 중국의 비행장에 착륙시킨다는 착상이었다. 당시 미 육군 항공대의 명조종사인 둘리틀 중령은 150m 이내의 활주로 연료·폭탄을 만재滿載하여 3,200㎞의 장거리 비행이 가능하도록 B-25를 개조하였다. 그들은 항모 호넷 호에 실려 출항하여 도쿄까지의 거리 1,040㎞에서 일본의 초계정에 발견되었기 때문에 계획(800㎞에서 출격 예정)을 변경하여 16대의 B-25가 출격했다.

그들은 성공적으로 도쿄를 공습했으며, 그들의 손실은 조종사 80명 중 1명 전사, 2명은 행방불명, 8명은 포로가 되었고, 5명은 소련 영토에 불시착하여 억류되었으나, 64명은 중국을 경유하여 미국으로 귀환하였다. 그들의 폭격 효과는 미미한 것이었으나, 일본군에게 준 효과는 지대하여 마침내 미드웨이 해전을 통하여 미 해군이 전쟁의 주도권을 잡는 계기를 만들었다.

나. 무기와 장비의 변화

새로운 전술에 대한 필요성은 무기 및 장비의 변화에 의하여 이루어진다. 특히 무기의 변화는 전술에 있어서 가장 현저한 변화를 가져오게 하였다. 예컨대, 연발총 및 기관총의 발명은 종전의 밀집전술密集戰術을 산병전술散兵戰術로 변경케 했다. 또 핵무기는 전략공군이 사용하던 전술을 완전히 변경시켰으며, 다음 두 가지 특정임무의 비교는 이것을 잘 설명하여 준다.

1944년 3월 중 어느 양일兩日에 걸친 미 제8 공군은 단 하나의 목표, 즉 독일의 베를린에 대하여 2차에 걸친 1,000대의 항공기를 가지고 공중공격을 수행하였으며, 그 때 사용한 무기는 재래식의 고성능 폭탄이었다. 그러나 그와 같은 대규모의 공격도 한 목표인 베를린을 완전히 파괴하지 못했다. 그러나 1945년 8월 6일 1대의 항공기와 한 개의 원자폭탄은 일본 히로시마(廣島)라는 도시를 거의 완전하게 파괴하고 말았다. 전략적 폭격전술에 있어서 완전한 개혁은 무기의 변화에 의하여 야기되었다. 오늘날 그와 같은 초기의 원자폭탄은 설계에 있어서 조잡하였고 또 그 파괴력도 적었으나, 이제는 거의 이해할 수 없는 파괴력을 가지는 핵무기는 그것의 운용에 대한 전술상의 계속적인 변화를 요구하고 있다.

그와 동시에 방어적 공군작전에서 이용하는 전술이 또한 극적인 변화를 보이고 있다. 즉, 적기敵機의 내습에 대한 레이더, 전자계산기 및 유도탄에 의한 방어작전은 좋은 보기라 하겠다.

다. 관찰

다른 전술의 원천은 타군他軍, 즉 적군이나 우군에 대한 관찰이며, 어떠한 국가나 군대도 착상着想을 독점할 수는 없다. 이러한 전술상의 원천은 군사교리軍事敎理 전략 및 전술에 대한 역사적 연구를 통하여 평가될 수 있다. 예컨대 미국의 군사지도자들은 스페인 혁명전革命戰과 중일전쟁 및 제2차 세계대전 초기에 운용한 전술과 군사교리에 대해 크게 관심을 갖고 있었으며, 미국의 전술가는 그러한 전쟁으로부터 적 전술에서 많은 것을 배울 뿐만 아니라, 그들은 일본 및 독일군이 시도하고 입증한 그들 자신의 이론과 전술적 개념을 알게 되었다. 그리고 이와 같은 타국 군대에 대한 분석은 미국의 공군 전술국장이 기술記述한 다음과 같은 내용이 있다. 즉 "히틀러는 우리의 큰 후원자이다.…독일 공군은 실제적으로 적절한 운용이라는 학술적 개념에 일치하도록 정확하게 운용하였다."

하나의 특정적인 전술적 개념, 즉 저고도 폭격술은 아직도 광범위하게 사용되고 있었으며, 제2차 세계대전 시 분석한 결과 영국은 이러한 전술을 이용하여 미 항공대가 고고도高高度 전술을 이용하여 성취한 것보다 더욱 적은 손실을 내고 정확한 결과를 얻었음을 보여 주었다. 이와 같은 분석의 결과 미군들 자신의 이용을 목적으로 저고도 전술을 개발키로 결정을 하게 되었다. 이 전술은 태평양전쟁에서 미 항공대가 일본의 수송선 공격에 있어서 유효하다는 것이 입증되었고 또 루마니아의 유전지대油田地帶인 플로에시市 공격에도 이용되었다. 특히 월남전쟁에서 지대공 미사일을 피하는 데도 저고도 전술이 유효하고 또 활발하게 사용되었다.

제1차 세계대전 때, 현대판 칸내의 섬멸전으로 불리는 타넨베르크 전투[1]를 살펴보자. 이 전투는 1914년 8월 독일의 제8군(사령관 힌덴부르크,[2] 참모장 루덴도르프,[3] 작전참모 호프만)이 러시아의 제2군(삼소노프)을 동프로이센의 타넨베르크에서 포위하여 삼소노프 대장은 자살하였고, 러시아군의 손실은 포로 9만 명(장군 13명 포함), 전사 및 부상자 35,000명, 포 500문에 비하여 독일군은 10,000명의 경미한 손실로 대전과大戰果를 획득했다. 이 작전계획의 수립자는 바로 작전참모 호프만 중령이었다.

1] 李鍾學 共著, 『綜合世界戰史』(서울 : 박영사, 1968), pp. 189~194 참조

2] 힌덴부르크(Paul von Hindenburg, 1847. 10.~1934. 8.) : 보오전쟁(1866) 및 보불전쟁(1870~1871)에 참가하여 순조로운 군사경력을 마치고 퇴역(1911)했으나, 제1차 세계대전이 발발하자 현역에 복귀(1914)하여 제8군 사령관으로 루덴도르프 참모장을 대동하고 타넨베르크 전투(1914. 8.)에서 러시아군을 포위 섬멸하여 용명을 날렸다. 원수(1914. 11)에 임명되었고, 참모총장(1916)을 역임했다. 패전 후 대통령(1925)에 선출되었고, 다시 대통령에 재선(1932)되어 나치 세력을 누르려 했으나, 실패했다.

3] 루덴도르프(Erich Ludendorff, 1865. 4.~1937. 12.) : 타넨베르크 전투의 戰功으로 최고통수부 제1 참모장으로 戰爭指導를 담당했으나(1916), 서부전선에서의 공세 실패(1918. 여름)로 퇴임(1918. 10)했다. 패전 후 국회의원(1924), 또 나치에 의해 대통령 후보(1925)에 추대되기도 했으나, 군사평론가로 알려짐.(主著 : 『전쟁지도와 정치』(1922), 『총력전쟁』(1935))

그는 대위로 진급하자 곧 관전무관觀戰武官으로 러일전쟁 때, 일본군 측에서 일본군의 작전수행을 관전하였다. 그는 저서 『대전비망록大戰備忘錄』에서 자기가 대위시절에 요양遼陽 및 봉천회전奉天會戰을 직접 목격하여 배운 많은 실전현상實戰現象이 그의 작전계획 및 수행의 피가 되고 살이 되었으며, 특히 러시아군의 삼소노프와 렌넨캄프가 요양회전遼陽會戰에서의 실패로 서로 싸워 그 후 둘 사이의 관계가 나빴다는 것을 알고, 각개격파의 작전결정에 크게 이바지 했다고 하니, 그의 관전은 훌륭하게 열매를 맺었던 것이다.

라. 전투경험

전투는 전술에 대한 실증단계이며, 전투상황은 때때로 새롭거나 또는 개정改正된 전술의 필요성을 형성시킨다. 어떤 경우에는 전술의 완전한 변화가 평화시에 도출되기도 한다.

제2차 세계대전 전前 전략가들은 두헤의 항공 전략사상의 영향을 받아 각국은 일반적으로 그들의 노력과 중점은 폭격기와 폭격전술을 개발하는 방향으로 기울어져 있었다. 그러나 1943년 8월 미 항공대의 독일의 슈와인프르츠 폭격에 있어서 전투기의 엄호 없이 출격했던 폭격기 376대 중 60%가 격추당하고 말았다. 동년 10월 미 8공군의 B-17에 의한 2차 폭격에 있어서 291대 중 독일 영토 내에 침입한 것은 257대이고, 영국으로 귀환한 것은 197대에 지나지 않았다. 이 가운데 142대가 약간의 파손을 당했고 55대만이 완전하였다. 그리하여 미국의 전술 수립자들은 평화시에 개발하였던 전술상의 결점을 인식하게 되었다. 전투상의 경험은 공군 작전을 위해 새로운 전술에 대한 긴급한 필요성을 보였다. 다행히 전투의 속도가 숙고할 수 있는 시간적 여유를 주었다. 즉 군사력을 재정비하고 전술을 개발할 수 있었다.

미 항공대 지휘관들은 그들의 전술상의 문제점을 전술 연구기관인 응용전술應用戰術 육군항공학교에 보내어 그 학교는 가능한 한 정확하게 그 사태가 내포한 실제적 상황을 재연시켰다. 그리고 그 학교는 전술의 결점이나 약점을 발견하고는 그것을 개선하여 새로운 전술을 일선 지휘관에게 알려주었다.

육군대학에서 발간하는 『군사평론』지의 「백지전술」은 전술개발을 위한 좋은 계획이라 하겠다.

마. 독창적 사고

새로운 전술개발을 위한 가장 도전적인 원천은 이들 전술을 적용하기에 훨씬 앞서서 전술과 전술적 개념을 마음속으로 그려 볼 수 있는 사람들이다. 오늘날 많은 항공전술의 개념은 두헤, 시누트, 미첼 등과 같은 사람들의 통찰력과 선견지명에 의해 생장·발전되었다.

예컨대, 공대지 미사일에 대한 개념은 1927년 미국의 미첼 장군에 의해 착상되었던 것이다. 즉 항공기는 수백㎞나 그 이상의 먼 위치에서 자기의 표적에 대해 공중어뢰空中魚雷를 발사할 수 있다고 했다. 그는 그와 같은 무기는 항공 역학적 기반에서 제작되어, 자이로 체제에 의해 조종되는 것이라고 기술記述하였다. 35년이 지난 후에야 미국은 미첼 장군이 예견한 무기와 전술의 개발에 높은 우선권을 부여하였다.

임진왜란 때, 충무공 이순신의 승리는 요행으로 달성된 것이 아니라, 미래전未來戰에 대비하여 그가 독창적으로 만든 거북선에 힘입은 바가 대단히 크다. 정유재란 때 종군從軍한 바가 있는 이분(李芬)은 거북선의 구조와 성능에 대해 다음과 같이 기록했다.

> 크기는 판옥선板屋船과 같고 위에는 판자로 덮었으며, 판상板上에는 십

자형 세로細路가 있어 사람이 통행할 수 있고, 그 외는 모두 칼과 송곳을 꽂아 사방에 발을 붙일 곳이 없도록 하였으며, 앞에는 용두구龍頭口를 만들어 총혈銃穴이 되고 뒤에는 역시 거북꼬리를 만들었는데, 그 꼬리 아래 총혈이 있으며, 좌우에 각각 6개의 총혈을 내었는데, 그 전체의 모양이 대략 거북과 같으므로 이름을 거북선이라 하였다. 적을 만나 싸울 때는 거적으로 송곳과 칼 위를 덮어 추도를 가리고 선봉이 되어 돌진하는 데, 적이 선상에 올라가 덤비려 들다가는 칼날과 송곳 끝에 찔려서 죽으며, 또 에워싸고 우리를 엄습하려 하면 좌우전후에서 일시에 총을 발사하니, 적선이 바다를 덮어 모여 들어도 거북선은 마음대로 그 속을 드나들며 가는 곳마다 쓰러지지 않는 놈이 없기 때문에 여러 전투에서 이것으로 언제나 승리하였다.[4]

2. 전술개발의 여러 요소

전술에 대한 필요성이 여러 가지 사태와 군대에 의하여 요청되면, 전술 수립자들은 거기에 적합한 새로운 전술을 개발해야 한다. 이러한 경우, 전술 수립자들은 어떤 기본적 요소를 가장 먼저 생각해야 하는데, 그것은 아래와 같다.

가. 목표

전술개발에 있어서 가장 중요한 요소는 그 전술이 달성해야 하는 목적 내지 목표이며 또 계획 수립자들은 그들이 달성하게 될 것이 무엇인가를 철저히 이해한다는 것이 가장 중요하다.

4] 『李忠武公全書』 卷9, 「李芬의 行錄」.

전술은 첫째, 임무를 달성하기 위하여 계획되고, 둘째는, 손실을 최소한으로 줄이기 위하여 계획되어야 한다. 장병은 전장戰場에서 죽음을 각오하고 있지만, 상급지휘관은 그들의 안전과 복지에 관심을 두어야 한다. 긴급한 비상사태를 제외한다면, 개인이나 군대는 반드시 죽음의 작전에 참가하도록 요구되지는 않는다.

그러나 2차 대전 막바지에 가서 일본의 가미카제(神風) 부대는 자살전술自殺戰術을 표준절차로 채용하였다. 그러니 필요한 경우는 임무가 우선하고 병사의 생명이 무시당하는 경우도 있지만, 이것은 특수한 경우이다. 이와는 반대로 주로 부대의 최대 안전만을 생각한 전술은 결국 실패를 감수하게 마련이라는 것을 알아야 한다.

6·25전쟁 초기작전에서 육군 참모총장 채병덕 장군은 제7사단이 의정부 방면에서 북한군이 수십 대의 전차를 앞세워 남하하고 있는데 이를 저지할 방법이 없다고 하자, 그는 육탄공격肉彈攻擊으로 막으라고 했다. 채 총장은 개전 전開戰前에 북한의 중전차 보유를 알려주었으나, 그 말을 믿으려 하지 않았고 따라서 전차에 대한 대비책도 강구하지 않았다는 것은 실책失策이라 하지 않을 수 없다.

태평양전쟁 발발과 동시에 일본 해군으로 하여금 미국의 진주만을 기습케 한 야마모토 이소로쿠(山本五十六) 제독은 그의 부하들이 특수 잠항정으로 적의 전함에 접근하여 뇌격雷擊한다는 안을 구상하여 허가를 신청했다. 그는 습격 후 승무원의 생환이 불가능하다 하여 그 안을 물리쳤다. 그 후 그의 부하들은 생환을 위한 수용방법을 개선하여 신청한 것을 검토하고서야 그 안을 승인했다.

나. 적의 능력

다음에 고려해야 하는 점은 적에게 사용하려는 전술에 대해 적이 어느 정도로 방해할 것인가 또는 약화시킬 것인가에 대한 적의 대응 능력이다. 불행히도 적의 의도를 알아낼만한 시간적 여유는 거의 없는 것이 보통이기 때문에, 일반적으로 정보부처에 의해 분석된 정보판단에 의존해야 한다. 물론 그러한 정보판단은 허위로 판명되기도 한다. 그리고 그것은 과도하게 또는 과소하게, 심지어는 부적당하게 분석되기도 한다. 아무튼 성공적인 전술은 언제나 적의 능력에 대한 철저하고도 정확한 분석에 의해 이루어진다.

예컨대, 공군의 전폭기가 적의 방위체제를 뚫고 그들의 목표에 도달하기 위해서는 어떤 침투전술을 사용해야 할 것인가? 이러한 경우 저공전술低空戰術은 적의 레이더의 탐지를 받지 않고 전폭기로 하여금 목표지역에까지 침투시키는 데 효과적인 방법일 것이다. 이러한 방법은 공격부대로 하여금 더욱 더 기습의 효과를 발휘케 할 것이다. 그러나 만약 저공전술이 목표지까지 거리가 멀거나 혹은 공격기의 능력의 한계로 인하여 실시할 수 없다면 공격기는 전진을 위해 먼저 적의 방공체제를 파괴할 경우도 있을 것이다. 이리하여 공격기는 고공전술高空戰術로 침투할 수도 있을 것이다.

다른 침투전술은 적의 레이더를 약화시켜 대항할 수 없게 하기 위해 전파방해 장치를 갖춘 항공기를 이용할 수도 있다.

적의 능력은 방어전술에도 영향을 준다. 보통 요격기邀擊機는 그들이 공격하고자 하는 폭격기에 비해 상당한 속도와 고도상의 이점利點을 갖고 있었으며, 가장 보편적인 전술은 적의 후미後尾로부터 표적에 접근하여 공격하는 것이었다. 그러나 오늘날은 상황이 좀 달라지기도 했다. 예컨대, 미국의 전략폭격기의 B-58은 요격기의 속도와 비슷하기 때문에 이러한 경우에는 어떻게 대응할 것인가? 속도가 느린 요격기가 빠른 속도를 가진 폭격기를 공격하는 방식은 전방접근법(Head-on approach)과 15도 전방접근법(Quarter head-on approach)으로 표적에 접근할 수도 있으며, 또 최신의 초음속 공대공 미사일을 이용하여 공격을 가할 수도 있다.

아무리 훌륭한 무기가 개발되고 또 그것을 갖추었다 해도, 거기에는 역시 적의 능력을 정확히 분석하여 상응한 전술을 구사할 수 있다는 실례實例는 1967년 6월 5일에 있었던 중동전쟁에서의 이스라엘 공군의 기습작전이다. 이스라엘 공군은 전투행위가 시작되는 수십일 전부터 무위無爲하게 지내지 않았다. 즉 그들은 아침 일찍이 시나이 반도를 향해 날다가 국경 바로 앞에서 방향을 꺾었다. 이때마다 아랍 측의 조종사들은 비상소집과 출격명령을 내렸지만 공연한 짓만 되풀이하는 것이었다. 그리고는 아침식사 시간에는 이스라엘 측이 언제나 조용하게 있어서 상대편으로 하여금 새벽에는 조심을 하지만 아침 식사시간에는 조용히 쉬는 습관을 붙여버렸다.

전쟁이 발발한 당일에도 전과 마찬가지로 이스라엘 공군기는 아랍 공군기를 공중으로 유인하고서는 헛수고만 시켜주고 그들이 기지로 돌아가서 조용히 커피와 아침 식사를 시키도록 했다. 그러나 이스라엘 공군기는 면밀한 시간표에 의해 가장 먼 목표가 정해진 곳에서는 이미 이륙하고 있었다. 그들은 보조연료 탱크를 사용하여 아랍군이 가장 방심하는 시간에 저공으로 레이더망을 피하여 지중해를 우회해서 아랍 공군기지를 기습했다.

이스라엘의 초음속기들은 가장 중요한 무기의 특성인 속력을 사용치 않고 50m 이하의 고도를 취하여 마치 착륙하는 자세로 내려와서는 아랍 공군기에 기총機銃을 가했다. 시속 2천km를 낼 수 있는 항공기가 이렇게 저속으로 진입한 이유는 명중률을 높이기 위해서였다. 또 그들은 이스라엘 정찰기로부터 상세한 정보를 얻고 있었다. 조종사들은 그들의 공격목표가 어디 있다는 것을 잘 알고 있었다. 시간, 연료, 탄약의 낭비를 피하기 위해 각기 1회만 공격했다. 그 1회로 임무를 완수해야 했다. 세계 항공전문가들이 후에 그 사진을 보았을 때, 아랍 공군기는 거의 기총에 의해 파괴되었고 활주로는 상하지 않았으며, 또 아랍군이 이스라엘 공군기의 눈을 속이기 위해 만들어 둔 모의 항공기에는 전혀 공격을 가하지 않았다는 것을 보고 놀라워했다.

이리하여 아랍공군은 개전 2시간 50분 만에 300여대의 항공기를 잃고 완전히 제공권을 이스라엘군에 빼앗겼으며 이로 인하여 소련에서 가져온 각종 최신 전차와 장비도 쓸모없이 되어 6일 만에 완패당하고 말았다.

중동전쟁에서의 항공작전 (1967. 6. 5.)

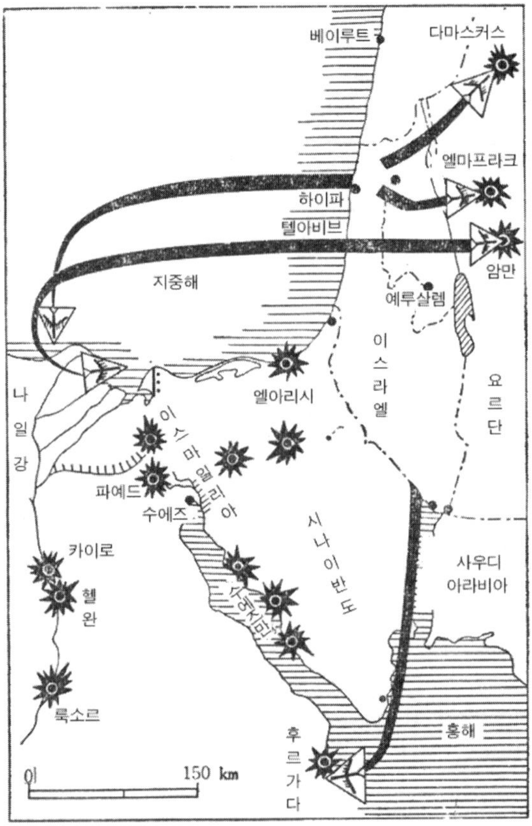

다. 우군의 능력

우리는 적의 능력을 알 뿐만 아니라, 우군이 이용할 수 있는 병력과 장비가 어떠한가에 대해 알아야 한다. 그것이 장비의 경우, 항공기, 미사일, 화력제어계통火力制御系統, 전차, 대포 등의 성능을 먼저 생각한다. 그리고 속도, 발사거리, 항속거리, 기동력 등 기타 특징에 관한 성능을 자세하고 정확하게 분석할 수 있는 예측 가능한 요소가 있다.

그러나 인적 능력은 그렇게 쉽사리 측정되거나 혹은 예견할 수 없다. 개인의 능력은 많은 가변적 요인, 즉 지식, 배경, 경험, 훈련 상태 그리고 전술을 수행하려는 의지에 따라 결정되며, 또 사기士氣, 통솔 및 규율에 의해서도 영향을 입는다. 이러한 이유로 인해서 비슷하게 장비되고 배치되고 훈련된 두 개의 군부대가 서로 유사한 전술을 구사하여도 다른 결과를 가져오는 것이다.

전술 수립자는 이 전체적 요소, 즉 가변적인 것과 불가변적인 것을 전체 속에 동화시켜 힘을 이용해서 자기 자원資源의 약점을 최소한으로 줄이는 전술을 택하려는 문제에 직면하게 된다.

많은 열성은 인력과 장비의 열세를 보완해 줄 수도 있다. 그러나 지나친 조심성은 안전요소를 너무나 강조하기 때문에 전술의 목표가 희미하게 된다. 전술 수립자는 우군의 능력을 고려할 경우, 능숙한 판단과 전체적 요소에 대한 철저한 분석을 이용해야 한다. 만약 그가 어느 쪽이든 과도하게 평가할 경우, 그는 임무수행을 하는데 실패의 가능성에 직면하게 될 것이다.

3. 전술의 표준화

전투가 주로 개인 대 개인일 때, 전술은 개인의 생각과 기술을 반영하고 있었으나, 오늘날 우리는 여러 전술에 있어서 표준화를 더욱 증진시켜야 하는 방향으로 급속도로 움직이고 있다. 이러한 경향은 중앙 집권적인 지휘와 통제가 강화됨으로 인하여 더욱 더 강조하는 경향이 되었다.

나폴레옹은 말하기를, “어떠한 고급지휘관도 전장에서 멀리 떨어져서는 특정한 사태에 대한 정확한 결정을 내리는 데 필요한 사태의 변모를 알 수 없다”고 지적하였다. 그러나 당시의 전쟁 규모로는 상상치도 못할 정도로 전쟁의 규모가 확대되어, 한 분쟁지점으로부터 수만㎞나 떨어져 있는 한 지휘관에 의해 통제되는 군부대가 출현하게 되었다. 예컨대, 미국의 전략공군은 미 본토 깊숙이 위치한 지하 지휘소에서 지구상에 산재하고 있는 전략 공군기에 대해 어떤 표적에 대해서도 공격명령을 내릴 수 있게 되어 있다.

어떤 전술 수립자는 전술의 표준화를 개인주의, 진취의 기상, 그리고 독창력에 대한 위협으로 보고 있다. 이것은 어느 정도 사실이라 하겠다. 그러나 오늘날 대다수의 임무상의 필요성은 어떤 대체적代替的 접근을 허용치 않고 있다.

개인이나 혹은 전체 가운데 한 부대가 한 곳에서 다른 곳으로 이동되는 경우, 그들은 자기의 임무와 이용하게 될 전술에 대한 공통적인 이해를 가져야 하며, 또 어떤 한 부대에서 다른 그와 유사한 부대로 전출된 장병들은 최소한의 재훈련과 교육을 받음으로써 그 부대에 적응할 수 있게 되어야 한다. 이것은 바로 전술의 표준화를 필요로 하는 요소이다.

그리고 오늘날의 지휘관은 자기의 부대에 의하여 사용하게 될 전술에 대해 알고 있어야 한다. 그러나 각 부대가 자체에서 정한 규정과 전술 및 결정에 따라 작전을 수행한다고 하면, 한 지휘관은 다른 부대에 전속轉屬가서는 부대를 지휘 및 통제를 가할 수 없을 것이다. 그러나 그 지휘관은 다른 부대에 가서도 미리 알고 있는 전기戰技와 전투절차에 의거하여 사전에 결정한 계획에 따라 새로운 부대를 운용할 수 있어야 한다. 그렇지 않다면 부대의 지휘는 문란해지고 통제를 하는 데 장시간이 소용되게 될 것이다.

전술의 표준화에 대한 또 다른 요소는 자동화에 있다. 물론 이 문제는 지금 당면한 문제는 아니지만, 무기체계가 복잡해지고 또 대응조치 시간이 짧아지면 반드시 다루어야 할 문제이다.

현대의 전쟁수단의 복잡성으로 인하여 지휘관은 자기가 통제하고 있는 부대 및 무기의 특성과 능력을 완전하게 파악할 수 없다. 그리하여 부대의 능력과 특성을 한 묶음으로 결정케 하는 여러 가지 요소를 분석함에 있어서 전자계산기가 이용된다. 예컨대 항공기의 항속거리, 속도, 고도 상승력, 무기, 탄두의 형型, 반응시간 그리고 고정적인 자료 등과 같은 종류는 수학적 형식으로 바꾸어 그것을 프로그램화 하여 전자계산기에 기억케 한다. 이리하여 어느 사태에 있어서 그 전자계산기는 관련 자료를 전부 서로 관련케 하여 그 주어진 사태에 가장 효과적인 전술을 선정해 준다.

오늘날 모든 지휘관들은 그가 사용하게 될 전술의 작전범위를 염두에 두고 있어야 한다. 그리고 그 규모와 범위가 크면 클수록 임무수행을 위한 전기戰技와 전투수행 절차에 대한 표준화의 필요성은 더욱 더 커지게 된다.

마지막으로 전술은 언제나 진취의 기상, 승리하고자 하는 의지, 그리고 각 개인의 특성을 나타내는 데 역점을 두어야 한다. 그리고 다만 가장 좋은 착상이나 개념만이 표준으로서 또는 채택되는 수법으로 받아들여질 수 있을 것이다. 앞으로 전쟁의 양상은 더욱 더 달라지기 때문에 우리는 보다 더 대담하고 창조적 사고思考가 필요할 것이다.

4. 전투

전투란 본래의 군사적 행동이며, 그것은 적대하는 양편의 힘의 충돌, 즉 양편의 투쟁이요 또 전력戰力을 유혈流血에 의하여 청산하는 투쟁이기도 하다. 그러니 이미 여기에는 박애정신이 개입할 여지가 대단히 좁은, 아니 거의 없는 상황이다. 그리고 전투의 구조는 전술적인 것이며 또 전술의 영역에 속한다. 전투의 목적은 적 군사력의 파괴이며, 이것은 물질적 군사력뿐만 아니라 정신적 군사력도 포함하여 생각해야 한다. 적 군사력의 파괴는 전투를 통한 목표이며 또 이것이 본래의 임무인 경우와 오히려 수단(중요 지역의 점령 또는 유리한 조건의 획득)에 지나지 않는 경우와는 구별할 필요가 있다. 전투는 이러한 목표 가운데 하나만 가지는 경우도 있고 또 둘을 병합해서 가지는 경우도 있다.

예컨대 적 군사력의 파괴를 목표로 삼은 전례戰例는, 제2차 대전 말기 유럽에서 노르망디 상륙작전에 성공한 아이젠하워 장군이 지휘한 영·미 연합군은 독일의 서방국경에 진출했다. 이런 경우 작전목표를 적 군사력(야전군)을 취할 것인가, 혹은 정치·경제의 중심인 적국 수도로 향할 것인가 하는 것이 언제나 문제가 된다. "폐허가 된 베를린은 무가치하다"고 판단한 아이젠하워 장군은 남방 산악지대의 독일 야전군 쪽으로 진격했다. 이에 반하여 소련군은 패잔의 독일 야전군에는 눈을 돌리지 않고 수도 베를린으로 돌진했다. 그리하여 두 개의 베를린을 만드는 비극을 초래하였다. 한편 처칠은 독일 침공에 있어서 베를린 점령을 주장했으나, 아이젠하워는 군사적 가치가 없다고 하여 그 의견을 뿌리쳤다. 만약 독일군이 붕괴 직전에 있지 않고, 또 다른 편에서 소련군의 침공이 없다면, 먼저 적 야전군(주력)을 격파하고 난 후에 수도를 점령하는 것이 정석이다. 그러나 제2차 대전 말기와 같은 상황에서는 정치적 관점에서 작전목표를 선정해야 했었다.

1866년 보오전쟁 때, 몰드케 장군의 프로이센군은 쾨니히그레츠의 전투에서 전세戰勢는 대승으로 기울어졌고, 오스트리아군의 주력은 수도 빈을 향하여 후퇴하기 시작했다. 이때 수상 비스마르크는 조용히 몰트케 장군에게 "여기서 추격을 중지하고, 적을 수도에 도망치게 해 두고 전투를 중지하기를 바라오." 하고 제의했다. 몰트케는 약간의 곡절을 거쳐 전군全軍에 추격 중지의 명령을 내려 붕괴 직전의 적군을 도망치게 해주었다. 비스마르크 수상은 대전승大戰勝을 포기하고, 적을 굴복시키지 않고 화평을 제의했다. 이로 인하여 오스트리아의 왕가는 명예를 보존할 수 있었고, 동시에 오스트리아 육군도 체면을 유지할 수 있게 되어 크게 은혜를 받았다. 이러한 은혜는 크게 결실을 보게 되었는데, 비스마르크 수상의 정책목표는 후년의 보불전쟁(1870~1871)에 있었다. 이 목표를 위해 오스트리아의 원한을 사지 않고 오히려 은혜를 베풀어 이들을 우방으로 이끈 후 프랑스와 대전對戰하자는 것이었다. 그 후 양국은 공수동맹攻守同盟을 맺었으며, 1870년 보불전쟁에서 프로이센은 후방의 두려움 없이 전 병력을 대불작전對佛作戰에 투입하여 프랑스 군을 대패시켰으니, 쾨니히그레츠의 결전 중지는 후에 큰 결실을 가져왔다. 따라서 전투는 반드시 적 군사력의 파괴만을 목표로 삼지 않고 경우에 따라서 오히려 수단적 역할을 하는 경우가 더 많다는 것을 알아야 한다. 왜냐하면 전쟁 그 자체가 정치적 목적을 달성하기 위한 수단이기 때문이다.

그리고 전략적 승리는 전술적 승리를 전제로 하는 것이 보통이지만, 전술적 승리를 획득했다고 해서 반드시 전략적 승리를 기했다고 말할 수 없다. 따라서 전투는 승리 그 자체를 위해서 수행하는 것이 아니라, 전략적 목표를 달성하는 데 기여하는 방향으로 수행되어야 한다. 예컨대 1941년 9월 독일군은 키예프 포위전에서 소련군 포로 665,000명, 포 3,800문, 전차 890대를 획득하는 놀라운 전과를 거두었다. 이것은 전술적 견지에서 보면 놀라운 대승리였지만, 전략적 견지에서 볼 때 키예프 작전의 실시는 독일군으로서는 커다란 실책이었다. 왜냐하면, 독일군이 키예프 작전으로 인하여 약 1개월간 정군停軍하고 있는 동안 소련은 모스크바 정면에 대부대를 집결시킬 수 있었고 대부분의 공업시설을 우랄지방으로 옮겼다. 한편 독일군은 키예프 작전 후 마모된 기갑부대를 정비 보충할 시간도 없이 모스크바 방면으로 재진격 했기 때문에 전투력이 크게 감소되어 모스크바를 점령할 수 있었던 기회를 상실하고 말았다. 뿐만 아니라, 소련군은 비록 막대한 병력 손실을 보았다고는 하지만, 무진장한 인적 자원으로부터 즉시 보충할 수 있었으니, 오히려 소련으로서는 전화위복轉禍爲福이었던 것이다.

만약 히틀러가 구데리안의 주장을 받아들였다면 독·소 전선은 달라졌을는지 모른다. 즉 구데리안은 후속 보병부대로 하여금 키예프 방면의 적 위협을 제거케 하며 기갑부대는 가능한 한 신속하고도 깊숙이 침투함으로써 적으로 하여금 재편성할 시간적 여유를 주지 않고, 소련의 심장부이며 스탈린 권력의 중심지인 모스크바를 점령함으로써 소련군의 저항을 마비시킬 수 있다고 주장했다.

그러면 여기서 전투의 본질적으로 서로 다른 수단에 대해 고찰해 보기로 한다. 즉 하나는 화기의 사용이며, 다른 것은 접전 혹은 각개 전투이다. 그리고 또 후자는 공격과 방어로 구분된다.

첫째, 화기의 사용은 화력의 증강으로 적 군사력을 파괴하자는 것이다. 나폴레옹은 포병의 효과적인 집중으로 전투에서 승리를 획득했는데, 오늘날에 와서 항공세력의 화력운반능력의 증가는 현대전의 수행을 위해 필요불가결한 수단으로 변하였다.

둘째, 각개 전투, 즉 개인 대 개인의 투쟁은 전투 본래의 기초를 이루는 것이다. 이 문제에 대하여 깊이 연구한 프랑스의 드 피크에 의하면 "전투의 성공은 사기士氣문제이다. 전투에 있어서는 두 개의 물리적 힘이 아니라, 두 정신력이 충돌하는 것이다. 더 강한 자가 정복한다. 승리자는 흔히 패배자보다 더 많은 사람을 잃었다. 동등한 혹은 더 열세한 파괴력을 가지고도 전진하려고 결심한 측, 다시 말하면 사기가 보다 왕성한 측이 승리할 수 있다. 사기가 왕성하면 상대편에 공포를 준다. 상대편을 정복하기 위해서 이 공포가 테러로 변해야 한다. 가장 위협적인 행동을 취하는 병사가 승리자인 것이다."[5]

이스라엘 및 아랍군의 전력 비교

1967. 6. 현재

		이스라엘	아랍제국	비 고
병 력	육 군	255,000명	394,000명	1 : 1.6
	해 군	6,000명	16,950명	1 : 2.8
	공 군	14,000명	31,450명	1 : 2.2
	계	275,000명	442,400명	1 : 1.6
	예비군	230,000명		
장 비	항공기	374대	1,517대	1 : 4
	전 차	800대	2,130대	1 : 2.6
	함 정	28정	154정	1 : 6

"전진할 결의를 가진 자가 승리한다."[6]

드 피크의 견해를 너무 편협적으로만 해석할 필요는 없지만, 인간의 의지는 진실로 전투의 기반이며, 전투와 위험의 긴장하에서는 인간의 의지는 공포에 지배를 받게 마련이다. 오늘날처럼 무서운 화력을 가진 최신무기라

5] Edward M. Earle, ed., *Makers of Modern Strategy* (Princeton University Press, 1943), p. 210.
6] 상게서, p. 216.

할지라도 그 무기는 적에게 토하는 단순한 철의 무게만으로 효과를 누릴 수 없다. 왜냐하면 전의戰意를 상실한 군인의 손에 쥐어진 신무기는 그 위력이 무섭고 또 그 수가 많다 할지라도 거의 무가치한 경우도 있기 때문이다. 예컨대, 1967년 6월의 중동전쟁에서 아랍 연합군의 패배는 이것을 잘 예시하고 있다.

그러면 전투를 유리하게 하는 네 가지 조건에 대하여 고찰해 보려고 한다. 군의 정예와 용감 그리고 훈련 기타 특성은 논외로 한다. 이 문제는 전쟁술의 영역 외에 속하기 때문이다. 그리고 병력의 일반적 우세도 제외키로 한다. 병력도 주어지는 것뿐이고, 장수가 자유로이 변경할 수 있는 문제가 아니기 때문이다.

첫째, 공중우세의 획득이다.

현대전의 수행에 있어서 공중우세의 획득이 없이는 도저히 승리에의 기대는 어렵다. 지상작전이든 해상작전이든 공중우세는 원활한 작전수행을 위한 열쇠이다. 그러나 6·25전쟁 및 월남전쟁에서 보는 바와 같이 공중우세가 전투를 수행하는 데 있어서 중요한 요소이기는 하지만, 그것 자체가 곧 승리를 뜻하는 것이 아님을 알아야 한다. 6·25전쟁 이래 한국군은 한미공군의 제공권 하에서 적기敵機의 모습도 보지 못하고 전투만 해왔기 때문에 전투에 있어서 공중우세의 중요성에 대해 소홀한 감이 없지 않으니, 이 점 우려되는 바이다. 일찍이 미국의 레드포드 제독이 갈파하듯 "오늘날 항공세력은 전쟁에 있어서 가장 우위를 차지하는 요소이다. 물론 항공세력만으로 전쟁에서 승리할 수는 없지만, 그러나 그것 없이 커다란 전쟁에서 승리할 수는 없다. 우리들이 아는 한, 항공세력은 공수攻守 양면에서 또 타군을 지원함에 있어서 가장 필요로 하는 것이다"고 했는데, 우리는 항공세력의 긴요성에 대한 재인식이 필요하다.

둘째, 기습이다

이것은 어느 지점에 적이 예기치 않은 시기에 많은 병력을 투입함으로써 그 효력을 발휘한다.

셋째, 토지 및 지형의 유리함이다

이것이 지상전투를 수행함에 있어서 지대한 영향을 미친다. 따라서 전장의 지형에 정통한 자를 활용한다는 것은 대단히 중요하다.

넷째, 여러 방면으로부터의 공격이다.

이것은 모든 전술적 우회를 포함한다. 그리고 이러한 공격의 효과는 화력의 증강과 또 적의 퇴로의 차단에 대한 두려움으로 더욱 더 증대되는 것이다.

요컨대, 전투 수행의 주안점은 끊임없이 주도권을 확보하여 적의 의표로 나아가 예기치 않은 지점과 시기에 있어서 철저한 타격을 가하여 신속하게 전투의 목표를 달성해야 한다. 그리고 마오쩌둥은 첫 전투의 승패는 마지막 전투에까지 그 영향을 미치며, 첫 전투를 실시함에 있어서 다음과 같은 세 가지 원칙은 잊어서는 안 된다고 했다. 즉,

> 첫 전투의 승패는 전국全局에 대단히 큰 영향을 미치며 더욱이 최후의 전투에까지 영향을 미치는 것이다. 따라서 다음과 같은 결론을 얻는다.
>
> 첫째, 반드시 승리해야 한다. 적정敵情, 지형, 인민 등의 조건이 모두 우리에게 유리하고 적에게 불리하며, 반드시 확실성이 있을 때는 손을 내밀어야 한다. 그렇지 않다면 오히려 물러서서 자중하여 기회를 기다려야 한다. 기회라는 것은 반드시 있는 것이니, 섣불리 응전해서는 안 된다.
>
> 둘째, 서전緖戰의 계획은 전 전역계획全戰役計劃의 유기적인 서막이어야 한다. 훌륭한 모든 전역계획戰役計劃이 없다면, 정말 훌륭한 첫 전투라는 것은 결코 있을 수 없다. 즉, 서전에서 승리했다 해도, 이 전투가 전 전역全戰役에 있어서 유리하지 않을 뿐만 아니라, 역逆으로 유해할 경우, 이 전투는 승리했다 해도 패한 것이 된다. 따라서 첫 전투는 시작하기에 앞서서 둘째

전투, 셋째 전투에서 최후의 전투에 이르기까지 대체로 어떻게 전투를 할 것이며, 우리가 다음의 전투에서 승리할 경우의 전국全局에 어떤 변화가 일어날 것인가, 또 패할 경우 어떠한 변화가 일어날 것인가를 전투할 때마다 생각해 두어야 한다. 결과가 모두 예기豫期한대로 된다고 할 수 없으며, 또 되지도 않는다. 그러나 쌍방의 모든 국면에 기반을 두고 그것을 상세히 실제적으로 생각해 두어야 한다. 전국全局이 머릿속에 없다면 훌륭한 선수先手란 있을 수 없다.

셋째, 다음의 전략단계에서의 발전을 생각해 두어야 한다.… 전략지도자는 어떤 한 전략단계에 있을 때, 그 후의 많은 단계에까지 계산해 두어야 하며, 적어도 다음 단계는 계산해 두어야 한다. 예컨대, 그 후의 변화가 추측하기 어렵고, 먼 장래의 일이 되면 될수록 막연해지지만, 대체적인 계산은 가능하며, 먼 장래를 전망해 둘 필요는 있다. 한 걸음 밖에 생각하지 않는 지도방법은 정치나 전투에서 불리하다. 한 걸음 나아가면 그 한 걸음의 구체적 변화에 눈을 돌려 그것에 의하여 자기의 전략·전역계획을 개정하든가 또는 발전시켜야 한다. 그렇지 않으면 저돌맹진猪突猛進의 과오를 범하게 된다. 그러나 모든 전략단계 내지 몇 개의 전략단계를 뚫고 나아가는 그리고 대체로 한 방향으로 나아가는 하나의 장기방침을 반드시 가져야 한다. 그렇지 않다면 주저하게 되고 또 우물쭈물하는 과오를 범하여 실제로 적의 전략적 요구에 빠져 자신을 수동적 지위에 빠뜨리게 된다. 적의 지휘부는 어떤 종류의 전략적 안목을 가지고 있는가를 알아야 한다. 우리는 자신을 적보다 더 높은 곳으로 올려놓지 않는다면 전략적으로 승리할 수 없다.[7]

그러면 전술의 기본원칙, 즉 전투수행에 있어서의 고려사항을 열거하면 다음과 같다.[8]

① 목표의 성취 가능성
② 경제적이고도 적절한 수단

7] 毛沢東, 『毛沢東選集』 第一巻 (北京 : 外文出版社, 1968), pp. 323~326.

8] Fuchs & Kölper, *Militärisches Taschen Lexikon*(Bernard & Graefe Verlag Fur Wuh Wehrwesen, 1961), p. 367.

③ 우군이 가지는 행동의 자유, 따라서 적 의표敵意表의 제한성
④ 위장과 기만
⑤ 경쾌성과 환경의 변화에 따르는 적응 능력
⑥ 집중의 형성—결코 힘을 분산치 말 것
⑦ 여러 요소를 전체적 관점에서 이용하고 배열할 것.
⑧ 하급지휘관을 위한 숙고된 독자적 선제先制

그러면 1940년 5월 서부전선에서 독일군이 어떻게 하여 영·불군을 격파했는가 하는 전례戰例를 살펴보려고 한다. 1940년 1월 10일 히틀러의 서부공격 계획서가 그 서류를 휴대하고 가던 장교가 탑승한 비행기의 불시착으로 인하여 벨기에 측에 입수되었다. 따라서 독일 측에서는 그렇게 되었으리라고 추측한 바대로 영·불에게 알려진 후, 철저히 변경되었다. Fall Gelb(황색작전)라고 호칭되었으며, 이것은 10월 중순에 서부공격을 개시한다는 히틀러의 명령으로 박차를 가하여 육군 총사령부에 의해 1939년 가을에 연구 작성된 것이었다. 이 최초의 안이 지난날의 「슐리펜 계획」의 개정판인지 아닌지에 대해서는 전사가戰史家나 장군들 간에서도 커다란 논의가 있었는데, 할더나 구데리안은 개정판이라고 주장하였다. 그것은 독일군 진격의 중점을 우익에 집중하고, 벨기에, 북프랑스를 통과하여 영·불해협의 여러 항구를 점령하는 것을 목표로 하고 있었다.

이것은 그 구상의 규모에 있어서 저 유명한 「슐리펜 계획」에 비할 바 아니며, 슐리펜 작전은 1914년 최후의 한걸음에서 실패하기는 했으나, 영·불해협의 여러 항구를 탈취하는 것뿐만 아니라, 그 후도 대우회기동을 계속하며 독일군 우익으로서 벨기에, 북프랑스를 통과한 후 센 강을 도하渡河하여, 그곳에서 동방으로 다시 진로를 바꾸어 파리의 남방에 진격함으로써 프랑스군을 포위 분쇄할 것을 규정하고 있었다. 1914년에 있어서의 그 목표는 신속히 프랑스의 무력저항의 숨통을 찔러 독일군 군사력의 대부분을

러시아 전선에 전용轉用할 수 있도록 하는 데 있었다.

그러나 1939~40년에 있어서는 히틀러가 러시아 전선을 근심할 필요는 없었다. 그럼에도 불구하고 그 목표는 한층 더 제한되어 있었다. 어떻든 간에 서부전투의 제1 단계에서 히틀러의 계획은 프랑스군을 궤멸시킬 뿐만 아니라, 이것을 밀고 나가서 영·불해협의 여러 항구를 점령하고, 영국을 동맹국으로부터 이탈케 하는 동시에, 해·공군의 기지를 획득하며 그곳에서 영 본국英本國을 위협하고 봉쇄하는 데 있었다. 이러한 패배를 영·불군에 줌으로써 양국은 강화를 요청할 환경에 이르게 되고 다시 한 번 동방(우크라이나 방면)으로 진출할 자유를 얻게 될 것이라고 히틀러가 생각하고 있었던 것은 당시 장군들을 앞에 놓고 여러 차례 얘기한 것으로 보아 명백하다.

황색작전(Fall Gelb)의 당초의 계획서는 적의 수중에 떨어지기 전부터 이것은 연합군 최고사령부에 의해서 예상되고 있었다. 11월 17일 파리에서 열린 연합국 최고 군사회의는 「D계획」을 채택한 바, 이 계획은 독일군이 벨기에를 통과하여 공격으로 나오는 경우, 프랑스의 제1, 9군과 영국 원정군의 구체적 변화에 눈을 돌려 그것에 의하여 자기의 전략·전역戰役계획을 개정改定한 독일군은 안트와프에서 루반, 나무르, 지베를 거쳐 메제르에 이르는 디루, 뮤즈 양강兩江에 따르는 벨기에의 주요 방어선에 급히 진출할 것을 결정하고 있었다. 파리회의가 열리기 수일 전, 영·불의 참모부는 벨기에 최고사령부와 비밀리에 회담을 거듭하여, 벨기에 측에서 이 방위선을 강화하여 이곳을 중요 저항진지로 할 확약을 맺었다. 그러나 벨기에 측에서는 아직도 중립의 환영幻影에 사로잡혀 전쟁에 휩쓸려 들어가지 않고도 될 수 있다는 희망을 굳게 하여 그 이상은 회담에 적극적으로 협력하지 않았다. 영국 참모부는 독일군이 한 번 공격하기 시작하면 연합군은 전선을 전개할 여유가 없을 것이라고 주장했으나, 가믈랭(Gamelin) 장군의 주장으로 겨우 「D계획」에 찬성하였다.

11월이 다 갈 무렵 연합군측은 네덜란드가 공격당할 경우, 앙리 지로 장군의 제7군을 영불해협 해안에 급행시켜, 안트와프 북방 네덜란드의 저항선을 구원하는 계획을 추가하였다. 이리하여 독일군이 벨기에(그리고 아마도 네덜란드까지도)를 석권하여 마지노선의 측면을 돌파하려는 기도는 전투개시의 시초부터 모든 영국 원정군과 프랑스의 주력군, 그리고 22개 사단의 벨기에군, 10개 사단의 네덜란드군과 대결하게 된다. 이 병력은 독일군의 총병력과 비길만한 병력이었다.

서부전선의 A집단군 참모장 만슈타인 장군이 Fall Gelb작전의 근본적 변경을 제안한 것은 이러한 정면충돌을 피함과 동시에 그토록 깊숙이 진격해 오는 영·불 양군을 함정에 빠뜨리기 위한 것이었다. 만슈타인은 작전에 있어서 천분天分과 풍부한 상상력을 가진 비교적 젊은 참모였으며 겨울 동안 브라우히치 육군 총사령관과 할더 참모장 기타 다수의 장군들의 당초부터의 반대를 무릅쓰고 그 대담한 착상을 히틀러 앞에 제안하는 데 성공하였다. 만슈타인의 제안은 독일군의 공격 개시의 중점을 중앙에 두고 강대한 장갑부대로써 아르덴느를 돌파하여 세당 북방에서 뮤즈 강을 도하하여 평원지방에 진출하고 쾌속도로써 아베빌 부근에서 해협에 도달하는 것이었다.

설사 무모한 짓이라 할지라도 대담한 계획에 항상 이끌리던 히틀러는 이 제안에 커다란 흥미를 느꼈다. 룬트슈테트 장군은 성공을 확신하였을 뿐만 아니라, 자신의 A집단군에 공격의 결정적 역할을 주게 되는 것이므로 강력하게 이 계획을 추천하였다. 할더는 개인적으로 만슈타인을 좋아하지 않았고, 또 상관인 장군들의 일부에 있던 직업적인 질투심 때문에 만슈타인은 1월 말 참모장의 지위를 쫓겨나 보병군단장으로 전출되었다. 그런데 2월 17일, 베를린에서 열린 새로 임명된 많은 군단장들을 위한 만찬회 석상에서 그 비정통파적인 견해를 직접 히틀러에게 설명할 기회를 가졌다. 만슈타인은 아르덴느를 돌파하는 장갑부대의 공격은 연합군의 전연 예기치 못한 허점을 찌르는 것이며, 적군의 장군들도 대부분 독일군 장군들과 마찬가지로 대개는 구릉과 삼림지대에서 전차를 운용한다는 것은 적합하지 않다고 생각할 것이라고 주장하였다. 독일군의 우익에 의한 견제작전은 영·불군을 벨기에에서 죽음에 이르게 할 것이다. 그때 세당에서 프랑스군을 돌파하여 솜므 강의 북안을 따라 해협을 향하여 서방으로 진격하면 독일군은 영·불군의 주력과 마찬가지로 벨기에군을 독안에 쥐 잡듯이 하게 될 것이다.

이 대담한 계획은 국방군 총사령부(O.K.W) 작전부장 요들을 포함해서 수명의 장군들이 강조한 바와 같이 위험을 수반하지 않는 것도 아니었다. 그러나 그때쯤의 히틀러는 스스로를 군사적 천재라고 자부하고 있었으며, 사실은 이것을 자기 자신의 착상이라고 생각하여 이 안에 대한 열의를 올렸다. 처음은 미치광이 짓이라고 배격하였던 할더까지도 지금에 와서는 이 안을 받아들이기 시작하였고, 실제로 부하 참모들의 협력을 얻어 이에 상당한 수정을 가했다. 1940년 2월 24일, 이것은 새로운 독일 국방군 총사령부 지령으로서 정식 채용되었고, 장군들은 3월 7일까지 군의 재전개를 끝내도록 명령을 받았다. 덧붙여 이야기할 것은 이와 비슷한 경위로 네덜란드 정복 계획도 1939년 10월 29일의 수정에서는 Fall Gelb작전에서 삭제되었던 것이 11월 14일 독일군의 강경한 주장으로 다시금 계획에 편입되었다.

5월 초순의 따뜻한 날씨가 돌아오자, 지금까지 세계에서 일찍이 볼 수 없었던 강대한 육군을 포옹하게 된 독일은 서방측에 공격을 가할 태세를 갖추고 대기하였다. 단지 숫자상으로만 보면, 양군은 호각지세互角之勢였다. 독일군의 136개 사단에 대하여 영·불·벨기에·네덜란드의 135개 사단이었다.

방위측으로는 광대한 방위 요새선을 갖는 이점이 있었다. 남방에는 난공불락의 마지노선이 있고, 중앙에는 길게 뻗어있는 벨기에 요새, 북방 네덜란드에는 요새화된 수로선水路線이 있었다. 전차의 대수에 있어서도 양군이 비슷했다. 그러나 그것은 독일군과 같이 집결되어 있지 못하였다. 더욱이 네덜란드와 벨기에가 중립에 미련을 가지는 그릇된 생각 때문에 참모부의 협조가 이루어지지 못하여 방어측은 그 계획과 자원을 유효하게 뭉쳐서 사용할 수 없었다. 반면 독일군측은 통합된 지휘권, 공격 측으로서의 선제권, 침략에 대한 도의적 무관심, 전염성에서 생긴 자신自信, 그 위에 또 대담한 작전계획을 갖고 있었다.

그리고 이미 폴란드에서 전투의 경험을 갖고 있었다. 새로운 전술, 새로운 무기를 실전實戰에서 시험하였다. 급강하 폭격기와 전차의 집단적 사용가치를 알고 있었다. 또한 언제나 히틀러가 지적하고 있었듯이, 프랑스군이 그 자신의 국토방위를 담당하는 이외에, 전도前途에 가로놓인 어마어마한 중책에 염증이 나 있음을 독일 측이 알고 있었다.

히틀러는 카이텔, 요들, 기타 독일 국방군 총사령부의 참모를 대동하고 5월 10일 새벽 먼동이 틀 무렵 펠젠비스트라는 이름이 붙은 사령부에 도착했다. 북해로부터 마지노선에 이르는 280㎞의 전선을 나치군은 네덜란드·벨기에·룩셈부르크, 세 개 중립국의 국경을 잔인무도하게 돌파 진격하였다. 독일군이 네덜란드를 본격적으로 공격하자, 연합군 주력은 「D계획」에 따라 급히 벨기에에 진입하여 안트와프와 메지엘 선까지 진출해서 벨기에군과 합세했다. 안트와프와 나믈 양 요새간의 거리는 약 100㎞였고, 이 전선에 배치된 병력은 프랑스군 제7군, 제1군, 벨기에군, 영국 원정군의 36개 사단이며, 전면前面의 독일군 제6군의 20개 사단보다 훨씬 우세하였다. 독일군은 네덜란드에서와 마찬가지로 공정부대와 공수부대를 사용하여 알베르 운하의 중요한 교량을 확보하고 더욱이 5월 1일 뮤즈 강과 알베르 운하를 제압하는 에반-에말(Eben-Emael) 요새를 기습해서 탈취하고 거기에 장갑사단 2, 기계화사단 1을 앞세워 공격해왔다. 이 부대는 리에주 요새를 우회하여 연합군의 정면을 공격해 왔는데, 최고사령관 가믈랭 장군은 그 맹공을 보고, 독일군의 주공은 예상한대로 우익에 있으며 따라서 연합군의 배치는 착오가 없다고 판단했다. 이리하여 연합군은 독일군의 교묘한 견제작전에 그대로 말려들어가고 말았다.

그리고 네덜란드가 항복할 무렵 프랑스인에게 가장 큰 충격을 준 것은 세당 주변의 상황이었다. 여기서 5월 14일 운명의 날이 왔다. 전날 밤, 독일군의 장갑부대는 디낭에서 세당에 이르는 가파른 둑과 밀림으로 뒤덮인 뮤즈 강을 건너는 4개의 교두보를 확보하고, 1870년 나폴레옹 3세가 몰트케에게 항복하여 제3 제정帝政의 종말을 고한 무대가 된 세당을 점령하여 연합군 전선의 중심부와 영·불군의 정예부대가 서둘러 벨기에로 우회한 요지에 중대한 위협을 주게 되었다. 다음날(5월 15일), 규모, 집중, 기동, 공격력에 있어서 전사戰史에서 전례前例를 보지 못한 전차사단은 5월 10일 독일 국경으로부터 아르덴느 숲을 향해 진격했을 때는 3종대로 라인 후방 아득히 160㎞까지 뻗은 대전차군大戰車群은 프랑스의 제9, 제2군의 전선을 돌파하여 벨기에에 있는 연합군의 배후를 쾌속력으로 달려 해협을 향해 진격하려는 것이었다.

5월 14일 구데리안[9] 장군의 제19 장갑군단(A집단군의 타격병력인 크라이스의 장갑집단은 5개의 전차사단과 3개의 기계화보병사단으로 구성) 소속의 전차사단 2개 사단이 한밤중에 급히 뮤즈 강에 가설된 주교舟橋를 대거 도하하여 서방을 향해 진격을 개시했다. 프랑스의 장갑부대와 영국의 폭격기가 필사적으로 그 다리를 폭격하려 했으나(단 한 번의 공격에서 영국기英國機 70대 가운데 40대가 대부분 대공포화對空砲火에 의해 격추되었고, 70대의 프랑스 전차가 파괴되었다), 그러나 다리를 파괴할 수 없었다. 그날 저녁에는 세당의 독일군 교두보는 폭이 48㎞, 중심이 24㎞에 달하고, 연합군측 전선의 중앙 중추부에 있던 프랑스군은

---

9) 하인츠 빌헬름 구데리안(Heinz Wilhelm Guderian, 1884~1954). 나치 독일군의 장갑부대 지휘관. 제2차 대전 중 폴란드(1930), 프랑스(1940), 소련(1941) 침공시 장갑부대의 총사령관으로 활약했고, 모스크바 공격 후 히틀러와의 전략견해의 차이로 파면되었다가, 후에 복귀하여 참모총장, 원수가 되었다(1945). 主著 : 『조심하라! 전차』(1937), 『한 군인의 체험』(1951).

분쇄되고 말았다. 포위되거나 항복하지 않은 자는 산산이 흩어져 후퇴했다. 북방에 있던 영·불의 주력군은 벨기에의 22개 사단과 함께 후방을 차단당하는 위험에 직면했다.

영국 수상으로서의 새로운 책임에 새로운 열의를 갖고 뛰어든 처칠에게는 뒷날 그의 회고록에 쓴 것처럼, "작전이 잘되지 않는다고 추정할 이유는 아무 것도 없었다." 연합군 최고사령관 가믈랭 장군은 전황에 대해 매우 만족하고 있었다. 그러나 처칠은 5월 15일 아침 7시 반에 파리의 폴 레이노 수상으로부터의 전화로 잠을 깼다. 레이노는 흥분한 목소리로,

"우리는 졌습니다. 우리는 패배했습니다!"

고 알렸다. 처칠은 그것을 믿을 수가 없었다. 프랑스의 대육군이 불과 1주일 만에 굴복 당하다니, 이것은 있을 수 없는 일이다. "나는 지난 번 대전大戰 이후에 발달한 쾌속 전차집단의 전격작전에 의한 혁명적 폭위暴威를 이해하지 못하고 있었다"고 처칠은 후에 이 사실을 회고록에 적어 두었다.♣

IX

●

전쟁과 기술

• 변혁(Transfornation)은 적을 신속하게 공격하여 황폐화시키기 위해 해·공 군력과 함께 신속하게 전개할 수 있는 충분히 통합된 합동군의 발전을 포함하고 있으며, 또한 새로운 사고방식과 새로운 기술을 결합시킨 독일의 전격전 교리만큼이나 새로운 사고방식과 전투방식을 포함하고 있다.

-포슈 장군-

• 가장 좋은 전략·전술은 독일에서 유래된 소위 '감정과 취약점'이라는 방법으로서 적 사이의 취약점을 이용하는 한편, 적의 강점을 회피하는 데 기초를 두는 것이다.

-본문에서-

군사과학기술은 연못에 던진 돌에서 생긴 물결이 퍼져 나가듯이 전쟁에 영향을 미친다. 물결의 동요는 충격 지점에서 가장 강하게 나타난다. –물결이 퍼져 나갈수록 약해지고 마침내 알아볼 수 없을 정도가 되는데, 물결이 멀리 퍼져 나갈수록 자신의 정체성을 잃어버릴 가능성은 커진다. 다른 돌이 만들어 놓은 물결과 섞이게 될 수도 있고 연못 둑에 부딪혀 되돌아오는 물결과 마주칠 수도 있기 때문이다. 마찬가지로 무기는 주로 전투를 하는 중에 그의 위력을 느끼게 한다. 그러나 전쟁은 무기 외에 많은 것들로 구성되어 있는데, 전술을 제외하더라도 작전, 전략, 보급, 정보, C^3(command, control, communication : 지휘, 통제, 통신), 조직 등 수없이 많다. 당연히 이 모든 것이 무기의 영향을 받지만, 절대적인 의미에서 보면 과학기술과 함께 또 다른 종류의 하드웨어에 의하여 영향을 받는다. 그러므로 도로, 자동차, 통신수단, 시계, 지도 등 세상에 나와 있는 모든 것을 포함하여 생각하고, 기술관리, 기술혁신, 개념화 등에 대한 아주 복잡한 문제를 숙고해야 할 것이다.

과학기술이 전쟁을 구상하는데 아주 좋은 출발점이 될 수 있기 때문에 과학기술이 유일한 출발점이 된다거나 최선의 출발점을 나타낸다고 믿는 것은 오해의 소지가 있다. 단지 과학기술이 전쟁에서 매우 중요한 역할을 한다는 이유 때문에 과학기술 하나만으로 전쟁을 좌우한다거나 승리할 수 있다는 것은 성립될 수 없다. 진리를 탐구하는데 있어서, 우리는 항상 우리 노력의 한계를 알려고 노력함으로써 시작해야 한다. 그렇게 하지 않으면 심각한 오해를 초래할 수 있고 사고思考 그 자체가 불가능하게 될 수 있다.

역사학자, 그리고 때때로 군인들조차도 군사기술을 어떻게 보아야 하는가에 관하여 판단을 하지 못 할 때가 있다. 현 시대의 정책을 보면 기술적인 결정의 문제에 대해 항상 논쟁이 이루어지곤 한다. 예를 들어 항공기들을 얼마나 살 것인가, 어떠한 항공기를 살 것인가, 어느 정도의 기간을 두고 살 것인가 등등에 대해서다. 다수의 대중들은 놀랄만한 기술들이 현대의 군사기술 덕분에 생기는 것으로 여기기도 하지만, 이와 반대로 많은 군사 역사학자들과 군인들은 기술의 중요성을 간과하는 듯 보인다. 그들은 조직의 효율성과 숙련도를 중요하게 여기고, 하찮은 기계 조각 따위가 전투의 결과에 영향을 미친다고 보지 않는다. 비록 기술 찬양자들과 기술 회의론자들이 때때로 부분적인 부분에 있어 마찰을 보이지만, 개념적인 수준에서는 거의 논쟁하지 않는다. 이 장에서는 군사기술의 몇 가지 개념을 소개하고 오늘날 주요 경향에 대해 토론하기로 한다.

1. 군사기술 접근

'군사기술은 어디에서 나오는 것인가?' 우리는 기술이 미리 결정된 부분이라고 자주 생각하곤 한다. 이러한 상식적인 관점에서 과학자들은 기술을 보물 상자가 들어있는 잠겨있는 문을 향하여 회랑을 걸어 내려가는 것과 같다고 할 수 있다. 기술 개발의 진행 과정은 복도를 걸어가서 문의 잠긴 자물쇠를 따고, 보물상자를 주워 드는 것으로 볼 수 있다. 기술의 결과는 잠긴

문을 열 열쇠를 지닌 사람과 보물상자를 운반할 능력이 있는 자들만이 가질 수 있다.

사실 기술과 공학관련 역사학자들은 이러한 시각에 반대를 한다. 다양한 부분이 기술의 모양새를 만드는데 몫을 한다. 그리고 그 최종 형태가 미리 결정되는 것은 아니다.[1] 이러한 선상에서 가장 일반적인 관점은 "형태는 기능을 따른다"라는 관점이다. 군사기술은 특정한 군사적 요구와 관련이 있다. 하지만, 다른 가능성 또한 존재한다. 작가 헨리 페트로스키(Henry Petroski)는 '실패를 따라가는 형태'를 말하고 있다. 이것은 그의 교량 건설 역사에 관한 학문적 업적에서 처음 적용되었지만, 군사기술에도 같이 적용될 수 있다.[2] 이 관점에서는, 현재 존재하는 기술의 불편한 점이나 실패한 점에 대한 인식에서 새로운 기술이 개발된다고 보았다. 기술의 개발에 관한 다른 관점은 기술은 관습 혹은 조직편의와 같은 비합리적인 고려나 미학에서 발생한다.[3]

이러한 다양한 이론은 어떻게 혁신이 나타나거나 나타나는데 실패하는지에 관하여 설명을 해 준다. 예를 들어, 베트남전에서 무인항공기를 띄우는데 성공한 미국이 이를 군사적으로 개발하는 데는 왜 30년 이상 걸렸는가에 대한 답변에서 볼 수 있다. 기술이 아직 성숙하지 못하였을 수도 있다(복도와 문 이론) ; UAV를 요구하는 임무가 존재하지 않았을 수도 있다(형태는 기능을 따라 간다 이론) ; 이미 존재하는 기술에서 가시적인 실패 요소가 없었을 수도 있다(형태는 실패를 따라 간다 이론) ; 그리고 마지막으로 그 기술은 조

---

[1] Donald MacKenzie(1990), *Inventing Accuracy : An Historical Sociology of Nuclear Missile Guidance* (Cambridge, MA : MIT University Press)

[2] Henry Petroski(1982), *To Engineer is Human : The Role of Failure in Successful Design* (New York : Random House)

[3] Martin van Creveld(1989), *Technology and War from 2000 B.C. to the Present* (New York : Free Press)

종사가 없는 항공기라는 점에서 조종사들의 반대에 의해 기술이 방해 받았을 수도 있다(비합리성 설명).

이들 중 어떠한 이론도 완벽하게 만족스러울 수는 없을 것이다. 하지만 그들의 영향은 즉시 우리가 왜, 그리고 어떻게 군사기술이 나타나게 되었는지를 살펴보아야 한다는데 있다. 다양한 여러 가지 국가적 스타일이 있다. 예를 들어 군사 기술에서 이스라엘의 메르카바(Merkava) 전차는 미국의 M1 Abrams 전차와 상당히 다른 성능을 가지고 있다. 이러한 다양성은 그 국가들이 어디에서 싸울 것인가를 고려한 각국의 설계철학의 차이를 반영한다(상대적으로 느린 이스라엘의 전차는 골란고원의 바위 지형에서 작전하기 위하여 설계되었고, 훨씬 빠른 Abrams 전차는 사막 전투에서 큰 기동성을 위하여 만들어졌다). 이스라엘인들은 전차병들의 안전에 매우 높은 가치를 두었다. 그들은 엔진을 앞에 두는 설계를 하면서 전차병들의 생존성을 높였지만, 기계적인 효율성을 그 기회비용으로 지불하였다. 전차전에서 많은 타격이 전차의 전면에 집중되고, 포탄이 엔진을 맞힌다면 그 피해를 엔진이 흡수할 수 있을 것이다. 미국인들은 연료가 많이 드는 고성능의 터빈 엔진을 사용하였고, 전 세계 어디에서든지 그들이 전차에 연료를 충분히 공급할 수 있을 것이라는 가정에 두었다.

기술에서 국가적인 스타일은 그 디자인이 결정된 시기의 정치적인 판단을 반영하기도 한다. 예를 들면 2006년에 미국은 단거리 전투 폭격기인 JSF(Joint Strike Fighter)를 대량 도입하려고 하였다. 이러한 결정은 정치적인 판단을 반영한다. 즉 미국이 바로 그 적과 수백 마일 이내의 거리에서 전쟁을 수행할 것이라는 것과 고정기지에 대한 폭넓은 방어에 주력할 것이라는 정치적 가정을 반영한 것이다.

국가의 설계 스타일의 핵심을 아는 방법 중 하나는 판매자가 어떠한 종류의 거래조건(trade-off)을 제공하는가이다. 모든 엔지니어들은 원하는 모양의 하드웨어 중에서 결정을 한다. 모든 군사 기술적 기계들은 이러한 결정을 반영한다. 전차는 세 개의 기본적인 특징을 지니고 있다 ; 장갑, 화력, 기동성이다. 장갑능력을 강화시키면 기동성이 감소되고 ; 작은 반동의 소구경포를 장착하면 화력이 감소하는 동시에 기동성이 늘어나게 된다 ; 마력을 증가시키면 전차의 크기에 있어 기회비용을 지불하게 될 것이다(장갑능력). 그리고 얼마나 전차가 갈 수 있는지도 영향을 미칠 것이다(기동성).

군사기술은 또한 상호작용의 과정을 반영하기도 한다. 60톤이나 나가는 전차의 무게는 대부분 그 엔진과 무장에 기인한다. 전차의 장갑은 한때 동일한 철로만 만들어져 있었다. 하지만 현재 전차 장갑은 매우 다양한 소재로 만들어진다. 즉 열화우라늄(depleted uranium), 금속과 세라믹의 복합물, 금속과 폭발물질의 결합물 등 이색적 금속으로 이루어져 있다. 이러한 변화는 보다 강력한 대전차무기-우라늄 봉(depleted uranium rods)이나 소위 성형폭탄(장갑을 녹이는 뜨거운 금속을 분사하는 폭발물)의 등장을 가져온다. 평화시에도 무기와 그 대응무기는 무기설계자들의 선택권을 지배한다. 이러한 상호작용은 무기만의 '생태학적'(ecological) 영역에서의 진화와 같은 과정을 야기한다. 새와 도마뱀은 그 천적에 대응하여 진화를 하며, 그 천적은 그 희생양을 찾아 먹어 치우기 위하여 또 다양한 적응을 한다. 이는 무기 시스템에도 같이 적용된다. 자연에서와 같이 상호작용은 특이한 결과물을 만들 수도 있다. 한 전장에서 매우 복잡한 적응을 하게 되면서 다른 환경의 전장에서는 매우 걸맞지 않은 성능을 보이는 장비가 개발될 수도 있다는 말이다. 첫 두 세대의 스텔스 항공기는 기하학적인 디자인을 선택하여 레이더의 에너지를 분산시키거나 흡수시키기 위해 만들어졌다. 물론 그 시대의 레이더로는 거의 탐지가 불가능하였다. 하지만 이러한 이상한 설계로 인하여 그들은 속도를 낼 수가 없었고, 기동성이 다른 기체들에 비하여 현저히 떨어졌다. 그리하여 주간의 광학장비의 감시를 피하기 위하여 이들 스텔스 항공기들은 야간에만 운용되었다.

군사기술을 평가할 때 보이지 않는 기술에도 주목할 필요가 있다. 제2차 세계대전 중 독일 전차가 프랑스 전차들에 비해 우세를 점하였던 이유는 뛰어난 장갑, 주포, 엔진이 아니라 외부 감시자에게 가까스로 포착되는 조그마한 기술(무전) 때문이었다.[4] 군대의 시스템에 있어서 가장 중요한 요소는 우연한 관찰자의 눈에 띠지 않는 경우가 많다. 이러한 기술의 고도성은 전투에 있어서 큰 역할을 한다. 2차 대전시 남서태평양에서 활동하였던 미군은 일본군뿐만이 아니라 질병과도 사투를 벌여야 하였다. 살충제 DDT는 어떠한 폭격기나 전함보다 뉴기니 전투를 승리로 이끈 주역이었다고 할 수 있다.

또한 우리는 시스템의 부분으로서가 아니라 전체적인 체계기술의 역할에 관하여서도 언급을 할 필요가 있다. 한 작가는 제2차 세계대전 중의 전함을 다음과 같이 표현하였다.

> 이 배를 표현하고자 하는 방법 중 하나는 바로 하나의 거대한 바다생물이라는 것이다. 함교는 바로 이 생물의 뇌에 해당되었고, 그로부터 나오는 방송은 신경망(전화와 소리통(voice tube))이며, 이것은 뇌의 결정을 시행할 각 부분으로 퍼져 나갔다. 엔진은 근육의 역할을 하며 배의 꼬리(프로펠러)를 움직였다. 그리고 함상의 각종 화기들은 이 동물의 이빨과 발톱이었다. 배의 정상과 함교 주위에서 주변 바다와 하늘을 바라보는 부분은 이 동물의 눈이었다, 이 눈은 적과 희생양을 찾아 모든 곳을 살피었다. 그리고 신호깃발과 무선통신은 이 생물의 목소리였다. 이 목소리로 이 생물은 동료들에게 경고를 하거나 도움을 요청할 수 있었다.[5]

전쟁이 지속되면서 전함의 두뇌는 내부로 사라졌다. 말하자면, 현재의

4] R. H. S. Stolfi(1970), "Equipment for Victory in France in 1940", *History* 55.

5] C. S. Forester(1943), *The Ship* (Boston, MA : Little Brown, pp. 22~23.

전투정보센터와 같은 곳으로 변하였다는 말이다. 하지만 작가 포레스터의 논점은 바로 이 함선의 효율성은 각자의 다른 기술의 기능에 있는 것이 아니라, 전체적인 효율성에 달려 있다는 것이다. '무기체계'라는 용어는 각각의 기술의 완벽성보다 그것을 효율적으로 통합하는 것이 더 중요하다는 점을 함축하고 있다.

우리의 마지막 개념은 바로 기술적 우세이다. 이 부분은 항상 결정적이지는 않지만, 항상 중요한 역할을 하여 왔다. 풀러[6](J. F. C Fuller)는 한때 나폴레옹이 크림반도에서 영국 장군 로드 라글란(Lord Raglan) 경에게 패배한 것은 단지 영국군이 라이플 소총을 지니고 있었던데 반해 프랑스군은 총신이 없는 활강식 머스킷 소총을 가지고 있었기 때문이라고 주장했다. 진보한 군대가 상대방에 대한 결정적인 기술적 우세를 가지고 있기 때문에 전쟁에 나간다는 개념은 최근의 일인 것이다.

기술적인 우세는 또한 일률적일 필요는 없다. 1991년의 걸프전에서 몇몇 이라크의 기갑군 일부(남아프리카 생산 G-5 곡사포)는 서구군대, 예를 들자면 미국의 팔라딘(Paladin) 시스템을 사거리 6km 이상 압도하였다(정확히 말하자면 30km 대 24km이었다). 또한 베트남에서 러시아제의 130mm 포는 미국의 155mm 포보다 훨씬 더 긴 사거리를 가지고 있었다. 상대적으로 빈약한 쪽이 더 강한 쪽을 놀라게 할 여지가 있었던 것이다. 기술적인 우세는 매우 중요할 수도 있고, 매우 미묘할 수도 있다. 즉, 비행 중에 있어서 수초의 차이, 혹은 전차포 사정거리 안의 수백 야드의 차이처럼 말이다. 기술적인 우세는 시간이 지나면 사라지는 심리적인 부분도 있을 것이다. 제2차 세계대전의 독일군 급강하 폭격기들이 이 세상에서 없을 법 한 울부짖는 사이렌 소

6) J. F. C. Fuller(1945), *Armament and History, A Study of the Influence of Armament on History from the Dawn of Classical Warfare to the Second World War*(New York : Charles Scribner's Sons), p. 18.

리를 내며 급강하를 할 때처럼 말이다. 혹은 멀리 떨어진 정글의 하늘에서 갑자기 나타나는 베트남에서의 헬리콥터 수송의 미군 보병처럼 말이다. 혹은 그것은 상업적 기술의 일시적 불균형성을 반영하기도 한다. 예를 들면 걸프 전쟁 중 미국인은 상업용의 GPS 네비게이션 시스템을 구입했지만, 이라크인들은 구입하지 않았던 것이다.

2. 군사기술 체감

군사기술은 계속해서 바뀌기 때문에 그에 대한 이해는 어렵다고 할 수 있다. 사실 19세기 중반부터 군사기술의 변화는 일상적인 것이 되어버렸는데, 크레벨트(Martin van Creveld)가 '발명의 발명'이라고 불렀다. 전통적으로 군인들이 새로운 기술을 거부하고 고전적인 것을 선호한다는 생각은 과장된 평가다. 예를 들어 제1차 세계대전 이전에 유럽의 군대는 기관총과 항공기를 받아들였다. 그들의 어려움은 지금과 같이 바로 신기술이 가져올 큰 규모의 변화를 인지하는 것이었다. 강력한 제도상의 이유로, 군사조직은 새로운 기술을 오래된 지적 틀과 작전체제 속에 집어넣는 경향이 있기 때문이다.

기술적 변화를 판단하는데 있어 중요한 질문의 하나는 바로 그 사람이 양적인 변화를 체감하는지, 질적인 변화를 체감하는지의 문제다. 이 질문은 겉보기 보다 상당히 복잡한 문제이다. 속도, 보호, 기동성, 하중의 증가는 양적인 변화이다. 이것은 누적적인 효과를 가질 수 있긴 하지만, 그것 자체로는 전쟁에 있어서 극단적인 변화를 발생시키기가 어렵다. 예를 들어, 초창기의 소화기小火器들은 잘 만든 장궁보다 치명적이지 못하였다. 석유로 가동되는 선박은 기존의 석탄으로 운용되는 배보다 그다지 큰 속도의 차이를 가져다주지 못하였다. 그리고 초기의 공대공 미사일은 잘 조준된 기총사격보다 그다지 크지 않은 성능의 향상을 보일 뿐이었다.

그러나 이 모든 변화들은 전쟁 행위에 있어 엄청난 변화의 전조가 되었다. 장궁을 숙련시키는 데는 일생이 걸릴지 몰라도, 머스킷 소총의 숙련도는 몇 달의 연습으로 이루어 질 수 있었으며, 그 부수적인 효과들(소음, 연기, 섬광 등)은 적을 더욱 공포에 질리게 했다. 즉 심리적인 효과를 주는 무기였다. 석유 추진 엔진은 선원들의 규모를 감소시켰고, 함선의 속도를 증가시켰으며, 가장 중요하게도 전 세계의 유전지역을 전략적 부동산으로 만들게 되었다. 공대공 미사일은 완성도가 높은 항공기 기총의 능력보다 훨씬 더 높은 성능의 무기로 진화하였고, 보이지 않는 적과의 교전도 가능하게 만들어 주었다.

동시대의 관찰자들은 자주 이러한 점에 있어 판단 착오를 겪을 수 있을 것이다. 군 조직(특히 미 해군)은 1960년대 초기부터 인공위성을 기반으로 하는 항법 시스템을 시험하고 있었다. 그러나 1991년 걸프 전쟁의 경험을 통해 보통수준의 선원, 조종사, 군인들은 GPS 시스템이 항법의 모든 부분, 예술에서부터 과학까지 변모시킬 수 있음을 깨달았다. 반면에 1940년과 50년 후반의 핵무기 개발은 당시 전문가들로 하여금 군대조직들이 이 새로운 무기로 인하여 급격한 구조조정이 필요하다는 판단을 하게 만들었다. 하지만 실질적으로, 일부 선택된 군사적 조직만이 그 전술을 새로운 무기에 맞추기 위해 조정하는 것에 그쳤다.[7]

7] A. J. Bacevich(1986), *The Pentomic Era: The US Army between Korea and Vietnam* (Washington, D.C : National Defense University Press)

군사과학기술의 진보는 여러 가지 면에서 도약하고 있지만, 21세기 들어서서 재래식 전쟁이 일어나고 있는 곳에서 볼 수 있는 과학기술의 충격은 거대한 청사진을 보고 기대하였던 것보다 훨씬 덜 혁명적이다. 세밀한 분야까지 끝없이 발전함에도 불구하고 또는 그러한 발전 때문에 1990년대 초 주요 무기체계의 범주는 근본적으로 1973년, 심지어 1945년과 동일하다. 결과적으로 전술, 작전술 그리고 전략도 거의 바뀌지 않고 있다. 그런 주장에 대해서는 걸프전, 이라크전을 기획하는 몇 주 동안, 전문가들은 여전히 1940~1942년 독일의 전격전을 놓고 이를 표방해야 할 최고의 모델이라고 논의하고 있었던 사실을 주목해 보면 알 수 있다. 더구나 실제로 재래식 전쟁수행에 대한 최근의 토론도 1939년 이전의 줄리오 두헤(Guilio Douhet), 에리히 루덴도르프(Eric Ludendorff), 한스 폰 제크트(Hans Von Seeckt), 존 풀러(John Fuller), 그리고 리델 하트(Liddell Hart) 등의 군사사상가들이 처음 만들었던 용어로 진행되고 있다. 안타깝게도 세계대전 이후에는 이러한 전략가를 계승할 만한 후계자가 없었는데, 이러한 사실은 대규모 재래식 전쟁이 한계점에 도달하고 있다는 징표가 될 수 있다.

군사조직과 교리는 일률적으로 바뀌지 않는다. 군사기술에 있어 어떤 부분은 수십 년간 천천히 진행된다. 항공모함의 갑판에 가보면, 우리는 지난 50년간 항공기의 이륙과정에서 많은 절차들이 거의 바뀌지 않은 사실에 대해 충격을 받을 것이다. 갑판의 곡선에서 항공기를 띄우는 증기 사출기(20세기 중반 공학의 산물)는 2차 세계대전 직후 개발된 것이고, 색깔 별로 자신의 직책을 나타내는 다양한 색깔의 옷을 입은 승무원들은 6·25전쟁에서 그들의 아버지 세대들이 한 일과 다르지 않다. 항공모함 안으로 들어가면, 지휘관과 참모들은 넓은 탁자에서 모형 항공기들을 가지고 항공기 기동을 재현하며, 탁자 바닥의 빛나는 유리격자는 항공기의 총체적 상태를 나타내 준다. 중요한 변화들도 있는데, 더 정밀하고 강력한 폭탄, 더 나은 정보 제공, 더 나은 항공기 등이다. 하지만 그 작동구조는 놀랄만할 정도로 지속적이다. 비행장에 낙하하여 이를 점령할 공수부대에게도 마찬가지이다. C-130 항공기는 1950년대 초기에 개발된 것이고, 1956년에 처음 실전 배치되었다. 그 내부에는 2차 세계대전의 설계를 기본으로 하는 낙하산을 등에 지고 있는 사람들로 꽉 차 있는 것을 볼 수 있을 것이다. 근본적으로 이들의 훈련, 탑승, 작전 배치 과정은 이전과 같다.

몇몇 군사과정은 상당히 크게 변화한다. 예를 들어, 사막에서의 대규모의 기갑전투는 2차 세계대전의 전차전과 비슷한 모습을 보여준다. 대규모의 육중한 괴물의 무리는 넓은 공간에서 기동을 하고 있고, 먼지와 연기로 거대한 구름을 만들고 있으며, 조용한 전진과 더 신속한 사격에서만 그 이점을 찾을 수 있다. 하지만 이에도 많은 부분이 변화하였다. 현대의 전차전은 밤에 열감지기를 가지고 대낮의 맑은 날에 싸우는 것과 같이 전투를 벌일 것이다. 이것은 1973년 욤 키푸르(Yom Kippur) 전쟁으로부터 있었던 일이다. 시리아 전차들은 기본적인 적외선 추진 장치를 가지고 일몰 후 공격을 감행하였다. 현대의 전차에 있어서 낮과 밤의 빛의 차이는 없다. 전차의 크기, 장갑, 화력, 기동력은 2차 세계대전의 그것보다 훨씬 진보하였다. 이러한 것은 중요한 양적인 변화이며, 가장 큰 변화는 그 무기의 정확도이다. 몇 km 밖에서 유능한 승무원이 잘 조정된(레이저 파인더와 탄도 측정 컴퓨터를 사용) 포를 사용하여 첫 발 필중(a first-round hit)이 가능하게 되었는데, 이는 전차전투 방식에서의 큰 변화이다.

때때로 전투방식 자체를 근본적으로 대체시키는 변화도 있다. 예를 들어, 현대 공중작전의 첫 날 밤은 2차 세계대전, 한국, 베트남에서의 공중전과는 다르다. 뛰어난 항공력은 하루에서 이틀 사이에 적의 방어 전투기들과 소모전을 벌이지 않고, 적의 방공망을 마비시킬 수 있다, 정밀무기는 최소한 이론적으로는 첫 공격으로도 적의 마비를 가져올 수 있다. 이것은 과거의 항공력이 흔히 할 수 있었던 능력이 아니다. 그러므로 적절한 정보와 계획으로, 잘 수행된 공중타격은 기존의 대량공격에서는 건드리지 않았던 표적들(송신탑이나 데이터교환센터)을 공격함으로써 한 국가의 통신체계를 무력화할 수 있다.

3. 군 혁신(military innovation) 논쟁

오늘날 혁신하지 않으면 기업경영도 정치도 살아남지 못한다는 강박관념이 열병처럼 번지고 있다. 변화는 인간사회의 자연적이고 불가피한 현상이다. 전통적인 변화개념에 의하면 개인과 집단 그리고 사회전체를 포함한 모든 유기체는 항상 환경변화에 적응하면서 서서히 그리고 점진적으로 변화해 나가고 있다. 그러나 이와 같은 장기간에 걸친 진화과정은 때때로 단속적斷續的이고 급진적인 변화에 의해 큰 혼란을 겪게 되고, 이에 적응하기 위하여 개인과 집단, 그리고 사회전체에 획기적이고 근본적인 변화와 더불어 모든 시스템의 재정돈이 필요하게 된다. 이러한 시스템의 재정돈을 혁신이라고 할 수 있다.

혁신(innovation)의 의미는 사전적으로는 "묵은 풍속, 관습, 조직, 방법 따위를 바꾸어서 새롭게 함"을 뜻한다. 그러나 혁신의 정의는 다양하며 오랜 역사를 가지고 있다. 특히 경제학에서 혁신이론의 창시자인 슘페터(Schumpeter)의 "이윤은 노동착취가 아니라, 혁신에서 나온다"고 주장한 이래 기업경영에서 혁신은 기업의 생존과 관련된 문제가 되어 왔다. 기업경영에서 말하는 조직 혹은 경영혁신이란 "조직의 목적을 달성하기 위하여 새로운 생각(idea)이나 방법(method)으로 기존업무를 다시 계획(plan)하고, 실천(do)하고, 평가(see)하는 것"[8]으로 본다.

윌슨(James Wilson)은 혁신을 새로운 과업의 수행이나 현 과업의 수행방식에서 중대한 변화가 있는 새로운 프로그램이나 기술로 본다.[9] 군사교리 연구가인 포슨(Barry Posen)은 혁신을 조직의 붕괴나 조직에 대한 외부의 압력 등에서 비롯된 대변화로 보고 있다.[10] 따라서 군사에 있어 혁신은 시간을 넘어서서 군사적 효과성(전투력의 효과성과 효율성)을 변화시킬 수 있을 정도로 범위가 크고 역사적으로 매우 뚜렷한 변화를 말한다.

참고 1 **Innovation, Revolution, Transformation**

Innovation, Revolution, Transformation이라는 용어를 번역하면 모두 혁신이라고 하기도 하나, 엄격한 의미로는 Innovation은 혁신, Revolution은 혁명, Transformation은 변혁 또는 변환이라고 해야 할 것이다. Innovation의 사전적 의미로는 지금까지의 기구·구조, 관습, 방법 등 구습을 버리고 새롭게 한다는 뜻으로 지금까지의 과정을 근본적으로 부정하여 잘못된 과거를 청산하고 새로운 방향으로 시작한다는 의미다. 군사적으로 볼 때는 지금까지의 작전개념 또는 방법(교리, 전술, 훈련, 지원 등)을 새롭게 대체하는 것으로 볼 수 있다. 여기서 military innovation은 군혁신으로 번역하여 revolution in military affairs 또는 military revolution의 '군사분야 혁명' 또는 '군사혁신'과는 구별하여 사용하도록 한다.

8] 조동성·신철호(1996), 『14가지 경영혁신 기법의 통합모델』(서울 : 아이비에스컨설팅 그룹), p. 16.

9] James Q. Wilson(1989), *Bureaucracy : What Government Agencies Do and Why They Do It* (New York : Basic Books, Inc.), p. 222.

10] Barry R. Posen(1984), *The Sources of Military Doctrine : France, Britain, and Germany Between the World Wars*(New York : Cornell University Press), p. 47.

이러한 군 혁신은 전쟁양상 자체에 큰 변화를 불러일으키고 있는데, 특히 미래에 전개되어질 전장은 무기체계의 능력이 획기적으로 광역화, 장사정화長射程化, 정밀화, 고위력화高威力化, 고기동화, 네트워크화 될 것이기 때문에 전장의 공간(범위)과 성격(기능)이 근본적으로 변화될 수밖에 없다.[11]

혁신과 관련해서 개선, 개혁, 쇄신, 유신, 혁명, 변혁 등 우리를 혼란스럽게 하는 비슷한 용어들이 많이 사용되고 있다. 여기에서는 우선 군에서 사용하고 있는 혁신관련 개념들을 살펴보기로 한다. 이를 위해 군에서의 혁신관련 포괄적인 개념으로 군 혁신(military innovation)이란 용어를 혁신관련 개념의 중심에 두고 논의를 진행한다.

가. 군혁신의 시작 : 군사기술혁신(MTR)

군 혁신(military innovation)을 연구한다는 것은 군사적 효과의 질적 개선을 통해 상대 군에 비해 상대적 우위를 점하고 있음을 인식하고 기술하는 것이다. 따라서 전략·전술에 대한 크고 작은 도전들에서 시작하여 전쟁에서 싸워 이기기 위해 군사적 능력을 크게 변화시키는 방식들을 통해 조직들이 어떻게 그 도전들을 극복했는지를 논의한다.

결국 군 혁신은 후술할 군사기술혁신(MTR)이나 군사분야 혁명(RMA) 그리고 군사혁신(Military Revolution)의 모든 내용을 포용하는 포괄적 개념이 되는 것이다. 따라서 현대의 군 혁신 진행은 1980년대와 1990년대 초 MTR과 함께 시작되어 1990년대 중·후반기에 RMA로 갔고, 마지막으로는 세기의 전환 시점 특히 럼스펠드가 2001년 초 국방장관이 된 후에 군사변혁으로의 화려한 전환을 하게 되었다고 볼 수 있다. 이와 같이 군 혁신은 군사분야에서의 변화 전체를 관통하는 의미를 가지고 있다고 볼 수 있다. 그러나 모든 경우를 설명하는 어

11] 국방부(2003). 『한국적 군사혁신의 비전과 방책』(서울 : 국방부). pp. 30~67.

떤 단일의 혁신이론을 획득하기는 어렵다.

군사적 능력에 있어서 미국 주도의 혁신에 대한 논의가 1980년대 후반에 갑자기 두드러지게 나타났다. 이러한 변화는 "군사기술혁신"(MTR)이라고 명명되었다. 현대의 군 혁신으로서 언급되는 군사변혁에 대한 기술적 요소들의 많은 부분도 1970년대 후반과 1980년대 미국의 군사기술의 진보에 기원하고 있다.

냉전을 통해 미국과 서구동맹 국가들은 NATO와 비교하여 2~3배 정도로 수적 우위를 가졌던 구소련의 재래식 전력에 대항하여 미국의 전략핵 억제에 의존했다. 이것은 핵의 제1격을 무력화하기 위한 나토와 미국의 거부정책의 기초를 이루었으며 이러한 정책은 1980년대 이후 미국의 재래식 전력의 극적인 변화에도 불구하고 제자리를 지키고 있었다. 변화는 미국 카터 대통령의 국방장관이었던 해롤드 브라운(Harold Brown)의 결심에서 시작되었다. 그에 따르면 나토가 이제는 소련과 같이 많은 군인들로서 전쟁에 나서기를 원하지 않기 때문에 질적이고 기술적인 진보를 통해 소련의 양적인 우위를 상쇄하기 위해 노력해야 한다는 것이다. 따라서 새롭고 더 좋은 탱크와 함정과 항공기를 구입하고 군사력의 규모를 증가시키는 것보다 현 플랫폼과 인원이 새로운 기술의 적용을 통해 소련의 것보다 상당한 경쟁적 우위를 제공할 수 있다는 개념으로 전자공학(microelectronics) 분야와 컴퓨터를 통해 그러한 능력들을 추구할 수 있었다.

미군은 1980년대에 앞선 군사기술을 통해 연구와 개발을 진행했고 실험은 워게임과 시뮬레이션을 통해 이루어졌으며, 실제 전장에 시험된 것은 1991년 걸프전에서였다. 그러한 기술들은 지휘·통제·통신·정보·감시 센서와 정밀공격 무기 및 적의 대공방위 제압 분야에서의 발전을 보여주었으며, 특히 걸프전에서 연합군 승리에 결정적으로 작용했던 것이다.[12] 1991

12] William Perry(1991), "Desert Storm and Deterrence", *Foreign Affairs* 70(4), Fall 1991.

년 걸프전이 보여주었던 결정적인 군사기술 진보는 일반대중과 미국의 동맹국들과 함께 미군들 스스로에게도 거의 기습과 같은 것이었다.

미군의 발전 잠재력을 가장 잘 파악한 나라는 아마도 냉전시 미국의 적국인 구소련이었을 것이다. 1970년대 말에 구소련의 군사이론가들은 재래식 군사력에서 컴퓨터, 우주감시, 장거리 정밀미사일의 응용은 서구가 동구보다 경쟁적일 수 있음을 표현하기 시작했다. 이러한 생각들이 힘을 받으면서 1980년대 초 소련군 총참모총장인 니콜라이 오가르코프(N. V. Ogarkov)는 미국이 군사기술혁신(MTR) 분야의 시작단계에 있음을 확신하게 되었다.[13] 그리하여 그는 소련이 이와 보조를 맞출 수 있도록 소련의 방위예산을 증가시킬 것과 기술적으로 앞선 장비를 구입할 것을 주장했으나 가중되는 경제적 어려움과 이에 따른 소련의 붕괴는 그러한 조치들을 불가능하게 했다.

그러나 MTR이라는 용어가 짧게 생존했는데, 그 주된 이유는 미군의 효과성 변화와 결합된 광범위한 기술적, 교리적, 조직적, 작전적 혁신들(innovations)을 다루기보다는 기술(technology)에 대해 초점을 두었기 때문이다. 미국의 전 합참의장인 오웬스(William Owens) 제독은 1970년대에 기원하는 새로운 기술과 개념들 중 많은 것들이 미국 RMA의 중심이 되었으며, 유럽에서 억제의 신뢰성을 유지하기 위해 핵 및 재래식 무기들 관련 새로운 세대가 나타났다고 했다.[14] 이리하여 MTR은 RMA에게 자리를 내주게 되었으며, 군 혁신이 RMA이라는 발전된 개념을 사용하면서 본격적인 진화를 겪게 된다고 볼 수 있다.

13] Mary C. FitzGerald(1994), *The New Revolution in Russian Military Affairs*, RUSSI Whitehall Paper Series, p. 1.

14] William A. Owens(2002), "The Once and Future Revolution in Military Affairs", *Joint Forces Quarterly*, Summer 2002, p. 56.

나. 군사혁신(RMA)

1993년에 큰 영향력을 가진 워싱턴의 싱크탱크는 "MTR이 기술 외의 군사력의 많은 부분과 관련이 되어 있으며, 혁신적(innovative) 기술, 교리, 군사조직과의 적절한 결합과 함께 전쟁수행 방식을 재조형하는 것(reshaping)"[15]으로 주장했다. 마셜은 이러한 점을 강조하면서 MTR의 용어를 RMA의 용어로 바꾸었다.[16] 그는 RMA를 기술의 혁신적인 응용에 의해 야기된 전쟁 속성의 중대한 변화로 정의했으며, 기술의 혁신적인 응용은 군사교리, 작전 및 조직 개념들의 극적인 변화와 결합하여 군사작전의 특성과 행위를 근본적으로 변경시키고 있다고 했다.[17] 그래서 진행 중인 변화는 MTR로 부르든, RMA로 부르든 관계없이 군사기술 이상을 포괄하고 있음을 강조했다. 한국군에서도 이러한 의미의 개념을 도입하여 군사혁신을 "군사과학기술을 이용하여 새로운 전력시스템을 개발하고 작전운용개념 및 조직편성 혁신을 조화롭게 추구함으로써 전투효과가 극적으로 증폭되는 현상"[18]이라고 소개했다.

RMA에서 중요한 것은 변화의 속도가 아니라 변화의 크기(magnitude)이다. 즉, 군사발전이 과거 연장선상에서 진화적으로(evolutionary) 발전하는 것이 아니라, 혁명적으로(revolutionary) 변화하는 것을 말한다. 진화적 발전이란 기존의 체계 또는 구조에 대한 논리적인 진보를 뜻하며 군사적으로는 전투발전

---

[15] Michael J. Mazarr, Shaffer, Jeffrey, and Ederington, Benjamin(1993), *The Military Technical Revolution* (Washington, D.C : CSIS), March 1993, p. 1.

[16] RMA(Revolution in Military Affairs) : RMA를 직역하면 '군사분야 혁명'으로 표현된다. 그러나 군사혁신이란 용어가 이미 우리사회에서 널리 알려져 있으므로 이 표현을 그대로 사용하지만, 단독으로 표현되는 Revolution 용어는 혁명으로 사용한다.

[17] Richard Szafranski(1996), "Peer Competitors, the RMA, and New Concepts : Some Questions", *Naval War College Review*, 49(2), Spring 1996, p. 118.

[18] 국방부(2007), 『주요 국방정책 용어』(서울 : 국방부), pp. 11~14.

(combat development)을 의미할 수 있으며, 다음에 얘기할 군 현대화(military modernization)의 의미와 유사하다고 볼 수 있다. 하지만 혁명적 발전이란 기존의 체계 및 구조를 근본적으로 파괴하고 다시 창조하는 것을 의미한다.[19] RMA 의미를 언급할 때 아주 자주 결합되어 있는 것으로 기술적, 교리적, 조직적 개념들을 명확히 할 필요가 있다.

1) 기술적 혁신

RMA 군사기술이 군사행동의 첫발을 내디뎠던 것은 1991년 걸프전에서이다. 이어서 이러한 군사적 능력의 범주들이 크게 발전되어, 1999년 코소보전, 2001~2002년의 아프간 전, 2003년 이라크전 동안에 뚜렷해졌다. 이들은 정밀유도무기(PGMs), 정보수집·감시·정찰(ISR), 지휘·통제·통신·컴퓨터·정보처리(C^4I)(후자의 2개 부분은 종종 C^4ISR로 결합된다)에서의 진보를 통해 알 수 있다.

정밀유도무기들은 인공위성 항법장치로부터 레이저나 인공위성 좌표를 이용해서 표적으로 유도되는 것이다. 예로서, 함정이나 항공모함으로부터 멀리 떨어진 내륙의 목표들을 향해 발사될 수 있는 미국의 위성유도 토마호크(Tomahawk) 순항미사일과 전략폭격기에서 낙하될 수 있는 위성유도 합동직격탄(JDAM)을 들 수 있다. 스탠드오프(Standoff) 정밀전력은 정밀유도 포탄처럼 점점 지상전력의 플랫폼에 적용되고 있다. 1991년 걸프전 이후부터 PGMs가 널리 보급되어 정확하게 점점 더 먼 곳에서 발사될 수 있었다. 정밀전력은 전쟁에서 가능한 민간인 사상자들을 줄여주고, 스탠드오프 요소는 전쟁에서 우군의 사상자들을 줄이게 되어 더 큰 차별성을 가지고 사용되었다.

첨단 ISR 능력은 유인항공기, 무인항공기, 위성의 모든 범위를 포함하며,

19] 권태영·노훈(2008), 『21세기 군사혁신과 미래전』(서울 : 법문사), p. 51.

전쟁공간인지 또는 적 위치 파악능력의 확대와 함께 우군 위치를 잘 파악하여 우군을 공격하는 사고를 피할 수 있게 한다. 합동감시표적공격레이더시스템(JSTARS)은 어떤 기후에서도 150마일까지 떨어진 차량들과 지상의 움직임들을 찾아내어 추적할 수 있는 공중에서의 지상감시체제다. 프레데터(Predator)는 JSTARS와 같이 전장에서 새의 눈과 같은 조망을 가지고 임무지역 위로 날 수 있으며, 비행고도와 체류시간 면에서 작전적 수준의 무인항공기다. 반면에 글로벌호크(Global Hawk)는 전략적인 무인항공기로서 더 높이 날면서 체공시간을 최대로 할 수 있다. 또한 수많은 전술 무인항공기들(더 낮은 고도, 더 짧은 체공시간)이 전 세계 다양한 군에 의해 사용되면서 전장을 볼 수 있도록 도와준다. 마지막으로 종종 첩보위성으로 일컫는 위성기반의 군사감시시스템은 전장에서 일어나고 있는 상황에 대해 가장 전략적인 모습을 보여준다. 미래에는 인도주의적 위기에 대한 군사적 대응과 같은 상업적 영상위성들이 점점 더 군사작전에 일정한 역할을 하게 될 것이다.

더 좋은 상세 정보라도 사람이 이러한 정보에 따라 행동하지 않으면 그 유용성이 줄어들게 되는데 이것은 첨단 C^4I와 전쟁공간통제와 관련되는 것이다. 방대한 정보를 아주 빠르게 처리하고 이해하는 기술이 발전되어 왔는데, 이러한 정보는 거의 실시간에 이를 필요로 하는 지휘관이나 플랫폼에 전달된다. 예를 들어 2001년과 2002년의 아프간전 동안에 첨단 지휘통제 기술은 탈레반의 좌표를 정확하게 찍었던 지상의 특수부대로 하여금 수백 마일 떨어진 항공모함에 거의 실시간 정보중계가 가능토록 하였던 것이다. 항공모함은 곧 그러한 위치들에 대해 정밀유도무기(PGMs)를 발사시켰다. 이와 유사하게 아프간에서 운용하고 있는 프레데터 무인항공기의 센서 정보는 스탠드오프 거리에 있는 지휘관들에게 거의 실시간에 전달되었으며, 곧바로 지휘관들은 UAV에게 정밀유도 헬파이어 미사일들의 발사를 결심하였던 것이다. 신속한 정보처리와 전달의 목표는 관찰-인식-판단-행동

(OODA) 고리 내에서 시간을 가능한 한 단축시키는 것이다.[20]

그리하여 지휘관들에게 한순간에서 다른 순간으로 전쟁통제의 능력을 부여해준다. 걸프전과 아프간 분쟁 몇 년간 기술적인 진보는 상당하여 어떤 행동계획에서는 OODA고리가 2~3일에서 30분 이내로 단축될 정도가 되었다.

2) 교리적 혁신

1990년대를 통해 수많은 군사교리들이 RMA의 분야에서 나왔다. 지배적인 주제는 변화의 필요성인데, 제자리에서 싸우려는 군대, 즉 유럽에 머물러 유럽 내에서 싸우려는 대량의 육중한 냉전시기의 군대로부터 유럽과 북아메리카에서 전 세계의 작전전구로 전개할 수 있는 가볍고 좀 더 기동적인 군대로의 변화다. 이러한 필요성은 국제안보환경의 변화 속성에 의해 나타난 것이다. 동맹국들이 유럽에서 큰 위협에 대항하는 것 못지않게 세계의 많은 나라에서 발생되는 일련의 조그마한 위험과 위협에 직면하게 되었다. 1990년대에 이러한 것들은 주로 인도주의적인 위기들이었다. 9·11테러 후기 환경에서 더 큰 우려는 이전에 유효했던 억제와 봉쇄 등의 전략들이 비국가 행위자들의 위협을 다루는 데는 적합하지 않다는 것이었다. 따라서 본토에서 가능한 한 멀리 이격하여 다루면서 그 위협으로 다가 가야했고, 그리하여 신속기동군 또는 원정군이 RMA의 핵심되는 교리가 되어왔다. 이것은 일부 군 플랫폼을 경량화할 수 있는 새로운 기술의 적용을 통해서 손쉽게 이루어질 수 있다. 예를 들면, 미국은 20톤의 무게로서 70톤의 아브라함탱크와 똑같은 방호수준을 가진 장비를 개발하기 위해 새로운 기술의 미

20] 존 보이드의 OODA 순환고리(loop) : 미 공군대령 보이드(John Boyd)는 전투행위는 Observation→Orientation→Decision→Action으로 연결된 하나의 순환고리(loop)를 형성하여 이뤄진다고 보았다. 보이드가 주목한 점은 OODA로 이뤄지는 전투행위 사이클의 순서가 아니라, 이 Loop를 빠르게 순환회전시킴으로써 적의 의사결정을 혼동 및 마비시킬 수 있다는 것이다.

래전투장비 시스템을 발전시키고 있다. 또한 미국과 동맹국들은 방어력도 미흡한 무한궤도차량보다 가벼운 차륜차량, 즉 스트라이커 기동 포시스템과 경장갑차량에 역점을 두기 시작했다. 대포대신에 PGMs의 사용은 그 부하를 줄였으며 효과도 더 커짐에 따라 군사력이 이전처럼 많은 탄약에 의존하지 않게 되었다는 것을 의미한다. 또한 신속 전개력은 전략공수의 도움을 받거나 의존하게 될 것이다.

전장에서의 기동은 RMA의 두 번째 핵심 교리가 되었다. 군사작전은 전선 없는 적 전투원에 직면하여 고공투하전력의 작전들로 특징된다. 군인들은 빠르게 변하는 상황에 대응하기 위해 신속하게 움직일 수 있어야 할 것이다. 전장에서의 기동은 중中 또는 중重공수 헬기와 공격헬기의 사용 등으로 용이해질 것이다. 이는 더 가벼워진 지상군 플랫폼들이 일찍이 주목했던 것으로 냉전시의 전차보다 전장을 더 빠르게 누빌 수 있기 때문이다.

RMA는 또한 정밀전력과 스탠드오프 전력의 투사와 관련된 항공력교리 개념을 가지고 있다. 이는 정밀유도무기, 전략폭격기와 유·무인항공기들의 결합을 통해 수행될 것이다. 군 플랫폼에서 스텔스나 저고도 정찰기술은 또한 스탠드오프 전략투사 달성에 중요하다. 특히 정밀무기와 무인항공기의 결합은 무인전투기관련 새로운 항공력 교리의 출현을 예고했다.

RMA의 가장 중요한 교리 중 하나는 합동성 강화 또는 지·해·공 전력의 합동작전 능력에 대한 강조였다. RMA는 3~4개의 군종이 군사적 목적 달성에 기여하는 매끄러운 전장을 예견했다. 지상전력이 목표를 찍어주고 항공전력인 프레데터 무인항공기에 좌표를 연계시키면 무인항공기는 목표 타격을 위한 항모발진 항공기에 정보를 제공해 준다.

참고 2	네트워크중심전(NCW : Network Centric Warfare)

• 네트워크중심전은 센서와 정책결정자 그리고 전투원들(shooters)을 네트워크로 연결하여 전투력을 증가시키는 개념이다. 네트워크화의 목적은 지식을 공유하고 지휘 속도를 증가하며 작전템포를 빠르게 하고, 살상력과 생존성을 높이며, 자체동시통합(self-synchronization)을 실현하는데 있다.(*U.S. Department of Defense*, 2005)

여기에서 극복해야할 과제는 여러 시스템들이 함께 운용될시 발생되는 기술적 장애물들이다. 1990년대 중반에 미국 해군의 오웬스(Owens) 제독은 미국의 각 군종이 더 정확하고 덜 위험하고 좀 더 효과적인 군사력 사용 능력의 증대를 위해 노력하고 있다고 말했다. 군사기술의 3개의 '연통들(stovepipes)'인 ISR, C^4I, PGMs는 독립적으로는 발전했으나 전장에서 상호 운용적이지 못할 때는 오히려 방해물이 될 수 있다. 따라서 복합시스템(system of systems)의 구성이 요구되는데, 이는 복합시스템을 통해 전장 공간인지, 전장 공간통제, 정밀전력을 위해 제공되는 능력들이 좀 더 조화로운 소프트웨어와 하드웨어를 사용하여 상호운용 능력을 증대시킨다는 것이다.[21]

이 기간 동안에 미 해군은 플랫폼 중심에서 네트워크 중심 전투로 주요 교리적인 변화를 추구하였다. 네트워크중심전의 배경이 되는 원래의 개념은 특수한 플랫폼들의 개별적인 특성보다는 함께 움직이고 의사소통할 수 있는 플랫폼들의 능력에 더 큰 역점을 두었다. 네트워크중심전 개념 하에 해군은 적합한 기술을 사용하여 수많은 여러 종류의 분산된 센서들, 슈터들(shooters), 정책결정자들을 네트워킹하기 위해 노력했다. 9·11 이후 기간에서 네트워크중심전의 개념은 지상과 공군교리의 중심이 되었다.

21] William A. Owens(1995), "The Emerging System of Systems", *Military Review*, May/June, p. 16.

3) 조직혁신

조직은 무기체계 등 군사수단과 더불어 군사교리와 군 운용 개념을 표현하는 형태 중의 하나이다. 군사적인 제반 개념의 변화는 불가피하게 조직의 변화를 수반하지 않을 수 없으며, 조직의 변화 방향 역시 혁신의 관점에서 논의되고 있는 제반 개념들과 밀접한 연관성을 지니고 있다. 일반적인 조직의 발전개념인 '조직 효율화'의 방법이 군사혁신의 개념과 연계될 때, 대략 크게 두 가지 방향으로 형성된다. 즉, 무기체계, 정보화, 자동화 등 군사기술의 혁신에 따르는 인력의 감축 가능성으로부터 전반적인 조직 규모의 축소를 지향하게 된다. 이렇게 축소된 조직에 혁신적인 운용방법을 적용하여 전투 효과성이나 운영 생산성을 높일 수 있는 방안을 창출한다. 규모 대비 생산성의 혁신적인 증폭을 유도하는 방법으로 조직의 효율성 증진을 추구한다.

RMA 조직 변화는 좀 더 질적으로 높고, 잘 훈련되고, 교육이 잘된 병사들, 수병들, 항공인들로 구성된 조그마한 부대들(그렇다고 전체적으로 반드시 축소된 전력 규모는 아닌)의 창설에 초점을 두었다. 전력은 특수임무에 맞게 좀 더 기동성 있고 민첩한 부대로 나뉘어졌다. 병사들은 그들이 다루고 있는 첨단기술 장비에 정통한 자가 되어야 하며, 국가 간의 경계를 넘어서 전개할 수 있어야 한다. 따라서 징집병들로서는 한계가 있기 때문에 RMA와 연합된 중심적인 조직변화는 징집병으로부터 완전 지원병들 또는 직업군인들로의 변화로 볼 수 있다.

다. 군사변혁(Military Transformation)

변혁이라는 용어는 1990년대 방위정책 논의에서 이미 사용되었지만 중요하게 다루어지지는 못하였다. 변혁을 다루는 초기의 가장 유명한 저서로

마틴 크레펠트(Martin V. Creveld)의 「전쟁의 변혁」이 있는데, 이에 따르면 전쟁의 변화 속성과 향후 군사력이 어떻게 발전해야 할 것인가를 암시하고 있다. 크레펠트는 이 책에서 클라우제비츠의 이론들은 더 이상 적용되지 않는다고 하면서, 국가 간의 전쟁을 위해 계획된 냉전식 군대는 테러리즘과 시민전쟁이 등장하는 시대에는 불필요하다는 선견지명이 있는 주장을 펼치고 있다.[22]

1990년대 후반에 이르러 미국 방위계 논자들은 RMA보다는 군사변혁 또는 단순하게 변혁에 대해 더 언급하기 시작했다. 그러나 일찍이 RMA 표현이 새로운 '변혁'이라는 용어로 쓰여지기 시작한 것은 1997년 후반의 의회 보고서로서 이는 「변혁하는 국방 : 21세기 국가안보」라는 제하로 채택된 국가방위를 위한 패널 보고서였다. 또한 1999년 9월에 조지 부시 대통령은 ROTC 학교(The Citadel)에서의 연설에서 전쟁기술의 혁신과 군의 변혁 모두에 대해 언급하였고, 2001년 4년 주기 「국방정책검토서」(QDR)는 진행 중의 RMA와 미군의 변혁이 함께 기술되었다. 2006년의 QDR은 RMA에 대해 언급하고 있지 않고 있으나 변혁에 대해서는 20여 번 이상이나 기술하고 있다.

1) 변혁개념

군사변혁(military transformation)이란 여러 가지 의미로 사용되고 있는데, 어느 정도 공감을 갖고 있는 의미는 다음과 같다. 즉 "과학정보기술을 토대로 군사부문에서 혁신과 개선을 아우르면서 미래에 효과적인 군사력을 만들기 위해 본질적으로 변화를 조성해 나가는 활동"으로 표현되고 있다. 이러한 표현에 의하면 점진적인 개선과 혁신적인 도약의 두 의미를 모두 포함하고 있음을 알 수 있다.[23] 한국군에서는 군사변혁을 "궁극적인 목표달성을

---

[22] Martin Van Creveld(1991), *The Transformation of War* (New York : The Free Press.)

[23] 배달형(2004), 「군사력 변환의 개념과 미군 변환추진전략에 대한 시사점」, 『주간 국방논단』, KIDA, 985호(04-10).

위한 절차로서 유형의 무기체계와 함께 조직, 조직원의 사고와 업무수행, 작전수행 방식 등 무형적인 요소 등을 내포함은 물론 지속적으로 추진하는 과정"으로 정의하고 있는데, 이는 하나의 절차로서 유·무형적인 요소를 포함하는 지속적 추진과정임을 밝히고 있다.[24]

변혁이라는 이름을 사용한 것은 부분적으로 혁신(revolution)이라는 단어에 따라오는 기대와 염려를 완화시키려는 시도를 반영한 것으로 볼 수 있다. 미 국방성의 전력변환실의 퍼다스(T. Pudas)는 2006년에 RMA는 많은 군사전문가들에게는 신속하며 과격하되 통제되지 않은 변화를 의미한다고 주장했다.[25] 변혁이라는 새로운 이름은 현재 진전되고 있는 것들의 성격을 더 정확하게 포착하기 위한 열망을 반영한 것이다.

그러나 혁명적 변화의 개념은 변화가 완성된 어떤 점, 명확한 종말상태를 나타낸다. 이에 반해 군사변혁은 진행 중인 변화의 개념을 포착한다. 2001년의 미국의 4년 주기 「국방정책검토서」(QDR)는 변혁은 최종점이 아니라고 언급하고 있는 첫 공식적인 정책문서로 볼 수 있다. 그 이후로 목적지나 결과보다는 계속되는 과정으로서 변혁개념은 서구의 국방정책관련 사고의 유용한 도구(mantra)가 되었던 것이다. 나토 군사변혁사령부(NATO ACT)의 고위관리가 말하기를 1990년대의 변화관리는 우리를 최종 상태로 인도하고 있었으나, 오늘날 변혁은 최종 상태는 보지 못하고 단지 장래가 더 유망한 일정한 나선형임을 얘기했다.[26]

24] 국방부(2007), pp. 11~14 ; 한편, 최근 한국에서는 국방개혁(Defense Reform)이란 용어를 자주 사용하는데, 이는 "정보과학기술을 토대로 국군조직의 능률성·경제성·미래 지향성을 강화해 나가는 지속적인 과정으로 전반적인 국방운영체제를 개선·발전시켜 나가는 것"으로서 이는 국방부문의 정부개혁의 개념이다.

25] Terry J. Pudas(2006), "Disruptive Challenges and Accelerating Force Transformation", *Joint Forces Quarterly* 42, July 2006, p. 47.

26] U.S. DOD, Office of Force Transformation(2003), *Military Transformation : A Strategic Approach* (Washington, D.C : Department of Defense, Fall 2003), p. 57.

변혁은 또한 현대화 그 이상이다. 현대화는 점진적인 변화의 영역에 있으며 계속적인 향상을 내포하는 개념인데, 이를 통해 조직은 현 업무능력의 개선을 시도하는 것이다. 반면, 변혁은 이전에 RMA와 결합된 군사적 효율성에서 불연속적인 도약의 개념을 포함한다.[27] 현대화가 현 기준 내에서 임무를 수행하기 위한 능력을 개선하는 것임에 반해 군사변혁능력은 그 기준 자체를 세련화시킨다. 따라서 변혁은 똑 같은 일을 더 낫게 하는 것이 아니며, 더 나은 일을 하는 것이다. 좋은 예는 야간에 야시(night-vision) 장비를 사용할 수 있는 미 육군 능력의 변혁이었다. 이것은 다른 군종으로 하여금 야간에도 주간처럼 전투할 수 있는 새로운 성공기준을 충족토록 강제했던 것이다.

럼스펠드 전 국방장관은 변혁이란, 적을 신속하게 공격하여 황폐시키기 위해 해·공군력과 함께 신속하게 전개할 수 있는 충분히 통합된 합동군의 발전을 포함하고 있으며, 또한 새로운 사고방식과 새로운 기술을 결합시킨 독일의 전격전 교리만큼이나 새로운 사고방식과 전투방식을 포함하고 있음을 주장했다.[28] 이러한 모든 아이디어들은 RMA의 개념들과 일치하고 있다. 이와 같이 당시 군사력 변혁실에서는 변혁이 새로운 기술을 포함하고 있으나, 이것 이상으로 새로운 작전개념과 조직구조를 포함하게 된다고 했다. 이는 1990년대에 RMA라고 언급한 것에 대한 정확한 진단이다.

이러한 개념 이해에 따라 군사변혁을 추진한다면, 우선 점진적인 능력 향상을 추구하되 고도의 유연성과 적응력을 구비하게 된다면 신기술, 무기체계, 교리 등을 소화할 수 있는 혁신적인 도약을 추구할 수 있을 것으로 본다.

27] National Defense Panel, *Transforming Defense : National Security in the 21st Century* (Washington, D.C, December 1997), p. 57.

28] Donald H. Rumsfeld(2001), "Transforming the Military", *Foreign Affairs* 81(3), May/June 2002, p. 21, p. 27.

2) 전략·작전 기획

2002년 부시 대통령은 웨스트포인트의 신임 소위들 앞에서 "우리의 안보는 모든 미국인들이 전향적이고 결연해야 함을 요구한다"고 연설했다. 그리고 국가는 필요시 선제행위에 대비하고 국가는 그렇게 행동할 것임을 선언했다.[29] 이것은 강력한 표현이었으며 2001년 9·11 테러공격 9개월 후, 북한, 이란, 이라크를 악의 축으로 분류하여 발표한 후 4개월 만에 있었다. 부시가 생각했던 것은 한 국가가 직접적이고 엄연한 위협이 되기 전에 선제공격한다는 개념인 것이다. 이러한 선언적인 선제전략의 의미는 2002년 「국가안보 전략서」[30](*National Security Strategy*)에서 보강되었다.

이러한 미국의 대외정책 기조는 미국과 동맹국들로 하여금 위협기반으로부터 능력기반의 군사기획으로의 전환을 통해 복잡하고 변화하는 국제안보환경의 속성에 대응토록 했다. 능력기반의 군사기획은 어떤 특별한 위협이나 적이 나타날지 예측하기가 힘들지만, 적이 사용 가능한 형태의 능력을 예상하여 여기에 대비하기 위해 필요한 활동의 범위를 발전시키는 것이 가능하다는 것이다. 따라서 능력기반의 접근은 "적이 누구이며 어디서 전쟁이 일어날 것인가에 대해서보다는 어떻게 적이 싸울 것인가"[31]에 더 초점을 둔다. 비군사적인 수단의 중요성은 효과중심작전(EBO)으로 알려진 군사작전에 대한 새로운 사고방식에서 두드러진다.

이라크전의 교훈에서 가장 부각된 새로운 전쟁수행 개념이 '효과중심작전'이라고 할 수 있다. 효과중심의 접근은 기존의 목표중심접근(object-based approach) 또는 의도중심접근(intent-based approach)보다 진일보한 전쟁수행 개

[29] Fred Barnes(2002), "Bush's Big Speech", *The Weekly Standard*, June 17.

[30] 미 국가안보 전략서(NSS)는 '86년 미 국방부 재조직법에 의거 대통령이 의회에 연례적으로 제출하며, 미국의 대외정책 및 미국 내 정치·경제·군사적 장·단기 운용계획을 포함하고 있다.

[31] Christopher M. Lamb, eds.(2005), *Transforming Defense* (Washington, D.C : National Defense Univ., September 2005), p. 13.

념이다. 이와 같이 EBO 전법이 구체화되면서 전장운영 개념이 크게 바뀌고 있다. 즉, ① 파괴 중심에서 효과 중심으로, ② 영토 점령에서 시스템의 통제로, ③ 군사력의 현시顯示에서 군사적 영향력 과시로, ④ 개별 순차적 공격에서 동시병행 공격으로, ⑤ 군사력 크기에 의한 투입(input) 중심에서 효과를 기초로 파괴하는 산출(output) 중심으로 급속히 전환되고 있다.[32]

3) 제4세대 전투기획과 변형하는 변혁

변혁은 또 다른 이해의 측면에서 살펴볼 수 있다. 이는 이라크와 아프간에서의 진행되었던 분란전의 결과로서 서구군대가 직면하고 있는 도전의 형태를 다루기 위한 다음 단계의 변혁을 말하는 것이다.[33] "어떻게 싸우는가"의 변혁 요소의 변화 인자는 많은 주요 분야들을 포함하고 있다. 하나는 2001~2002의 아프간전쟁에서 성년이 된 특수작전부대(SOFs)에 대한 강조다. 특수부대는 특별히 훈련된 무장조직들로서 일반적으로 비전통적인 수단을 가지고 특수한 군사 또는 정치적 목표 달성을 위한 임무수행을 한다. 한 때 드물게 사용했으나, 2001년 이후부터는 이들은 군사적 임무의 주요 요소가 되었으며 어떤 경우에는 이들은 정규 지상군의 최소지원 또는 아예 지원 없이 임무전체를 수행하게 되었다. 최근 지상군은 종종 특수작전부대로부터 기술상의 상당한 훈련을 받기도 하고 특수작전부대를 지원하기 위한 부대들도 창설되고 있다.

점점 커지고 있는 특수작전부대의 역할은 현대 안보환경에서 서구군대가 직면하고 있는 위협의 형태들에 맞서기 위한 것이다. 현존 적의 전술은 서구군대로 하여금 파괴활동, 게릴라전, 은밀 작전에 훈련된 전투타격부대를 필요로 하고 있다. 따라서 특수작전부대는 주요 분쟁과 아울러 평화시

32] 권태영·노훈(2008), p. 192.

33] Max Boot(2005), "The Struggle to Transform the Military", *Foreign Affairs* 84(2), March/April.

테러리스트 조직의 개개인을 추적·살해하는 일 모두에 결정적인 역할을 하고 있다.

변혁의 변화 인자 중 또 다른 핵심 요소들은 대분란전 능력과 안정화 및 재건작전 수행능력을 포함한다. 오늘날 연도폭탄(roadside bombs)과 자살폭탄 형태의 비대칭위협과 비재래적인 적에 직면하여 아프간과 이라크의 연합군과 함께 변혁은 완전히 새로운 일련의 군사적 도전들을 설명해야 한다는 것이다. 진정한 군사변혁이 비정규전속에서 나타나고 있는데, 이러한 형태의 전쟁은 RMA에서 논의된 고도첨단(hi-tec) 기술에는 잘 맞지 않고 있다. 이는 대분란전 임무, 도시작전, 자살폭탄에 대해 탐지하고 방호할 수 있는 새로운 군사개념의 발전을 요구하고 있다. 이라크와 아프간 작전에서 성공적인 군사전역을 위해서는 지역주민의 지지를 공고히 하기 위한 신속한 민간부문의 재건이 수반되어야 함을 나타내고 있다.

한편, 이러한 특수군과 비재래·비정규 전투는 4세대전투(4GW : Fourth Generation Warfare) 개념에 링크되어 있다. 이러한 개념은 린드(Bill Lind)를 비롯한 동료들의 독창적인 1989년 논문에 그 기원을 가지고 있다. 현대전쟁에 대해 언급한 그의 동료들은 전쟁의 3개 세대(three generations) 모두를 겪었으며, 전장이 점점 더 분산되어 이제는 전장과 민간과 정치적인 영역 사이에 한정된 경계가 없는 제4세대에 진입하고 있다는 것이다(1·2·3세대 전쟁에 대해서는 다음에 얘기할 미래전쟁 부분의 제4 세대전·하이브리드전에서 설명된다). 이는 제4세대 전쟁을 설명하는 햄스(Thomas Hammes)의 역저 『21세기 제4세대 전쟁』에 잘 나타나 있다.[34] 4세대 전쟁은 전장이 적사회의 모두가 되는 현대분란전 형태가 되며, 그 목표는 물리적으로 적을 파괴하기 보다는 적을 내부적으로 붕괴시키는 것이다.

---

[34] Thomas X. Hammes(2004), *The Sling and the Stone : On War in the 21st Century* (St. Paul, MN : Zenith Press), p. x.

그들이 사용하는 폭력적인 전술은 복잡한 저강도 분쟁으로부터 참수와 UN사무실 또는 오일 인프라를 폭탄으로 공격하는 비디오 영상에 이르는 포괄적인 활동범위를 가지고 있다. 반면에 비폭력적인 전술은, 예를 들면 의회의원들에게 호소하여 군사자금 조달의 자금줄을 차단하기 위해 인터넷과 미디어를 활용하는 것들이다. 동시에 미국과 그 동맹국들은 기껏해야 몇 달 혹은 몇 년 동안의 전쟁 일정을 구상하게 되는 반면에 4GW 실천가들은 수십 년 후의 투쟁까지 바라본다. 제4세대 적들은 보이지 않는다. 그들을 격퇴하기 위해서는 모든 정부기관과 민간분야의 요소들을 포함하는 시종일관 끈기 있는 행동들을 통해서이다. 이러한 4세대전쟁에 대해서는 미래전쟁의 한 형태로 다음 장에서 거듭 소개된다.

군사변혁의 측면이 점점 광범위하게 이루어지자, 그 취약성이 점점 감지되기 시작했다. 미국의 적들은 미국의 결점과 취약성을 공격하기 위한 비대칭 수단을 발전시켰다. 미국의 취약성 중 두 가지는 식별되었는데, 열린 본토(open homeland)와 일반인의 생활 및 군사작전을 위해서 점점 우주자산에 의존하는 것이었다. 전 국방장관 럼스펠드는 2001년의 4년 주기 「국방정책 검토서」에서 이러한 관심을 반영시켰다. 그가 식별한 특별한 변혁의 목표는 친숙한 RMA 개념을 포함하는 것이었다. 이는 정보기술을 사용하여 합동으로 싸울 수 있도록 전력을 연계시키고 멀리 떨어진 전장에 전력을 투사하고 지원하는 것 등이다. 그러나 그는 또한 미 본토와 같이 주요 작전기반을 보호할 수 있고, 우주로의 방해받지 않는 접근을 유지할 필요성을 상술했다. 이외에 2001년 보고서는 미군을 변혁하는 것은 재래식 원정군과 탄도미사일 방어와 같이 분쟁을 억제할 수 있는 새로운 방법의 발전을 포함하는 것임을 지적했다.

모든 차원에서 군사변혁을 강조하고 있는 근본적인 특성을 보면 변혁이 그 핵심에서는 융통성과 정교함에 의해 특징지어진다는 개념이며, 이 속에서 전력이 전쟁을 위해 어떻게 조직되고 갖추어져서 작전을 수행하느냐 하는 것이다. 2006년 4년 주기 「국방정책 검토서」의 말미에 등장하고 있는 평가부문에서 합참의장은 "변혁은 기술이나 플랫폼처럼 하나의 사고방식"이라고 주장하고 있다. 미국의 특수작전부대가 PGMs을 요구하는 대신에 말을 타고 수행한 2002년 겨울 아프간 마자리샤프 전투에서의 승리, 적은 규모의 여단 전투팀을 위해 장기 주둔사단을 분해하려는 육군의 결심, 범세계 방위태세검토(GPR)로서 미군 통합사령부계획과 전 세계적 전력배분 변화, 방위와 억제를 위한 새로운 3축체계(New Triad)의 배경 하에 미국의 핵전력태세의 재조형 등을 포함한다. 특히 새로운 3축체계는 미국의 2001년 6월 「핵태세 검토보고서」(NPR)에서 나온 개념으로서, 이에 따르면 냉전시대의 핵 Triad인 ICBM, SLBM, 전략폭격기는 새로운 Triad인 ① 기존 3축체제와 비핵 타격력(재래식 첨단전력)을 결합한 '공격체계 축'과 ② 미사일 및 방공수단(MD)을 포함한 '방어체계 축', ③ 연구개발 및 방산능력을 포함한 잠재능력 개발 '인프라 축'으로서 이를 상호 연계·결합하여 핵보유국의 위협뿐만 아니라, 비핵·테러리스트의 위협(불량국가 및 테러집단)에도 선제적으로 대처한다는 개념이다. 이는 엄청난 변혁으로서 신·구 3축체계는 'Triad' 용어만 같지 실제 내용은 근본적으로 다른 것임을 알 수 있다. 이와 같이 하나의 사고방식으로서의 변혁은 더 융통성 있고 적응력 있는 군 혁신개념이 되기 위해 부단하게 사고思考를 넓혀나가야 할 것이다.

군사기술은 계속해서 발전하여 이제는 지난 세기보다 훨씬 복잡한 전장상황이 전개되었다. 과거에 없었던 전쟁의 지배적인 형태가 오늘날 많이 나타나고 있어 군대에 큰 도전을 던져주고 있는 것이다.

첫째로, 새로운 기술로 인해 점점 더 많은 국가들이 우주에 쉽게 접근하고 있으며, 우주를 통한 의사소통, 항법 그리고 정보수집은 거의 전쟁을 우주로까지 발생시킬 것으로 보인다. 아직까지는 최소한 우주공간의 무기를 통해 상대방의 인공위성이나 지상의 목표물에 대하여 공격을 가할 수 있는 무기를 배치시키거나, 사용한 적은 없다. 또한 국가들은 지상에서 우주를 기반으로 하는 시스템에 대한 영향력을 미칠 수 있는 기술을 실험하기는 했지만 이용을 한 적은 없었다. 그러나 기술은 이것을 가능하게 하고 있는데, 그 형태는 상대 인공위성을 눈멀게 하는 레이저 빔이나, 단순히 우주에서 지구상으로 발사하여 엄청난 양의 운동에너지를 목표에 가할 수 있는 단순한 금속덩어리와 같은 것이다. 우주에서 날아다니는 전쟁이 시작된다면, 1차 세계대전에서 하늘이라는 새로운 전장이 열린 것보다 훨씬 더 큰 변화가 일어날 것이다. 새로운 조직, 새로운 작전상황, 새로운 선제타격에 대한 동기, 새로운 전쟁의 방식들은 밤새도록 꽃필 것이다.

다음으로는, 전쟁은 또한 가상공간으로 이동하는 것 같다. 여태까지는 장난기 많은 10대, 똑똑한 범죄자, 그리고 컴퓨터 시스템으로 혼란을 조성하는 질나쁜 집단들의 이야기들이 들려지고 있지만, 아직은 단지 가상 공간상의 공격만으로 인명피해나 엄청난 재산피해가 난 사례는 없다. 그러나 이론적으로 그 가능성은 열려 있다. 우주시대의 도래와 함께 가상공간에서 조직, 개념, 분쟁방식의 융성隆盛을 이끌어낼 가능성은 열려있다. 다만 재래식 전쟁과 그 양태는 다를 것이다.

변화의 세 번째 부분은 나노기술, 로봇, 인공지능을 이용한 생산일 것이다. 인간이 전장을 완전히 떠나기는 쉽지 않아 보이지만, 더 위험한 일들은 작고 똑똑한 기계들에게 맡겨 질 것이며, 이는 기어 다니거나 날아다니거나, 혹은 가만히 앉아 기다리며, 적을 식별하여 공격할 것이다. 지상에서 스스로 위치를 바꾸는 생명을 가진 초지능적인 지뢰가 재래적 전력의 기동을 매우 어렵게 만들 것이다. 더 중요한 것은 이러한 기계의 생산으로 인간은 실리콘 칩에게 결정 능력을 이양하기 시작했다는 것이다. 몇몇 분야에서는 이미 진행되고 있는 일이다. 예를 들어 현대의 항공기는 본래 매우 불안정하여 인간보다도 자동 시스템이 그것을 조종을 하여야 한다.

이 모든 경우에 가장 흥미롭고 중요한 기술적 변화의 결과는 인간이 전쟁에 대하여 어떻게 생각하는가와 그것을 어떻게 수행할 것인가에 대하여 영향을 미치는 점일 것이다. 그들이 군사적 행위에 대하여 어떻게 받아들이는가, 그들이 어떻게 책임을 부과할 것인가, 그들이 군사적 효과를 어떻게 계산하는가, 그들이 어떻게 수단과 결과를 조화시키는가 말이다.

하지만 변화의 네 번째 부분은 다른 것들보다도 깊은 것으로 아직 크게 주목받지 않고 있는 생명과학 분야이다. 생명과학은 인간 본성 자체를 변화시키는 것을 가능하게 하고 있다.[35] 그리스 학자들이 제시한 흥미로운 이론적인 가능성이 우리 세대에서 과학자들의 도전과제가 되었다. 우리는 아돌프 히틀러(Adolf Hitler) 혹은 사담 후세인이 생명과학을 이용하여 새로운 형태의 인간인 슈퍼군인(죽음을 두려워하지 않고 죽을 때가지 충성심을 바치는)을 만들었을 것이라고 가정할 수 있다. 우리가 공통적으로 이해하고 있는 전쟁은 호메로스와 투키디데스의 시대에서부터 크게 변하지 않은 지극히 인간적인 특성에 의존하고 있다. 이것은 같은 동족, 호모 사피엔스가 계속 전쟁을 일으켰기 때문이다. 만약에 인간이라는 존재가 하위 인간이나 슈퍼맨 같은 다양한 창조물로 대체된다면 어떻게 될까? 이렇게 되면 전쟁 자체가 전통적인 인간 사이의 분쟁과는 다른 활동이 될 것이다.

군사기술의 발전이 전쟁을 변화시키는데 계속 크게 기여할 것이라는 사실은 의심할 바 없지만, 불행하게도 전쟁 자체를 없앨 수 있는 전망은 거의 없다. 현대무기의 위력이 전쟁을 소멸시키더라도 또 다른 전쟁이 나타날 것이다. 이런 새로운 전쟁에 의지하는 사람들, 특히 테러분자들은 현대 군사과학

35] Francis Fukuyama(1999), "Second Thoughts", *The National Interest*, 56 (Summer), pp. 16~33.

기술의 위대한 힘에 의해 방해받기보다는 오히려 도움을 받고 있다는 것이다. 왜냐하면 현대 군사과학기술의 위력이 너무 커서 실제로는 사용할 수 없고 가상의 전쟁(make-believe warfare)에 사용하려고 계획하기 때문이다. 아마 테러분자들은 자신들에게 퍼부어지는 비난에 결코 흔들리지 않을 것이다. 사람들을 죽이고 사지를 절단하는 혼란스럽고 소름끼치는 사건들이 과거에도 있어 왔고 앞으로도 계속 존재할 것이다. 그러므로 군사력을 건설하려는 우리의 최선의 노력은 어떤 종류의 기술에 의해서도 변경되지 않을 것이며, 사회는 지속적으로 첨단 군사력 건설과 절충해야 할 것이다.

그러나 가장 좋은 전략·전술은 독일에서 유래된 소위 '강점과 취약점'이라는 방법으로서 적 사이의 취약점을 이용하는 한편, 적의 강점을 회피하는 데 기초를 두는 것이다. 마찬가지 방법으로 최선의 군사과학기술은 절대적 의미에서 우세한 것이 아니다. 오히려 적의 강점을 견제하거나 무력화하면서 적의 취약점을 이용하는 것이다. 따라서 군사기술과 전쟁이 작용하는 논리는 서로 다를 뿐 아니라 상반되는 경우도 있기 때문에, 어느 한쪽을 다루는데 유용하거나 필수적인 개념의 틀이 다른 쪽을 방해하도록 해서는 안 된다.♣

X

법 · 정치 그리고 무력의 사용

• 국제법은 국제질서의 확립을 용이하도록 구성되었기 때문에 제약성이 있는 제도이다. …국제법의 범위는 정의가 아닌 질서의 문제에 국한된다. 국제법의 가장 중요한 목표는 영토의 불가침과 국내 관할권에 대한 상호 존중에 기반한 평화와 안정이다.

-본문에서-

• 무력 사용을 규율하는 국제법은 근대 국제법 체제의 핵심이다. 전쟁법은 정통적으로 국가의 무력사용 혹은 전쟁 개시를 규율하는 전정법(Jus ad bellum)과 전쟁이 시작된 후 전투의 양태를 규율하는 전투법(Jus in bello)으로 나뉜다.

-본문에서-

국제관계학 전공자들은 국제법이 국제정치에서 중요하지 않다는 가정을 당연하게 수용한다. 국력과 국가이익이 중요하고, 법은 강자의 이익에 부합하거나 적실성이 없는 관심대상으로 치부된다. 널리 퍼져있는 국제법에 대한 회의론은 국가 행동과 상치相馳된다. 국제법이 중요하지 않다면, 왜 국가와 다른 행위자들이 새로운 법질서를 만들려고 협상을 하고 기존 법질서를 강화하려고 할까? 왜 국가 행동의 합법성, 법 적용, 국가의 법적 의무 등이 국제토론에서 주요 의제로 다루어지는가? 심지어 국내 기준으로 보아도 국제규범의 순응도가 왜 그렇게 높은가?

국제법이 국가의 행동에 미약한 영향을 미친다는 시각에 따르면, 국제법은 단순히 외교적 수단으로서 그들의 정치적 행동을 정당화하는데 사용된다고 한다. 켄 매튜(Ken Matthews)는 "일반적으로 볼 때, 국제법은 준수되기 보다는 이행되지 않는 경우가 많고, 쉽게 파기되기 때문에 그것이 존재한다고 말하기는 어렵다. 더군다나 국가가 국제체제에서 국익을 추구하는 것을 국제법이 제한할 만한 근거를 거의 가지고 있지 않다."[1]고 했다.

국제법에 대한 이러한 평가는 국제정치에서 주된 접근법인 현실주의(Realism)가 반영된 것이다. 현실주의는 세계는 단순히 자신들의 이익을 추구하는 국가들에 의해 지배되고 있다고 묘사하는데, 이러한 세계는 무정부적 상태이고, 각국은 주권적인 행위자이며, 그 이상의 상부권위는 존재하

[1] K. Mattews(1996), *The Gulf Conflicts and International Relations*(London : Routledge), p. 126.

지 않는다. 각국은 국익을 추구하고, 국가 간 상호작용은 힘(군사력)의 사용으로 규정되며, 이러한 현실주의적 세계에서 유효한 법적 규율이 존재할 여지는 없다.

세계와 국제법에 대한 이러한 견해에 대해 루이 헨켄(Louis Henkin)과 같은 학자들은 도전장을 낸다. 헨켄은 "아마도 대부분의 모든 국가들은 국제법의 원칙과 의무를 준수할 것이다."[2]라고 말했다. 그렇다면 왜 국제법에 대한 인식이 이러한 견해를 일반적으로 반영하지 못하는가? 여기에는 국내법과 국제법 간의 적절하지 못한 비교에 기인하고 있다.

이러한 비교는 국제법이 진정한 '법'으로서의 지위를 지니지 못한다는 잘못된 결론으로 이어지기도 한다. 국내적으로는 법이 승복할 대상이지만, 국제법 수준에서는 위반의 대상으로 본다. 사실 법은 모두 승복의 대상이지만, 국제법은 국내법보다는 덜 승복해도 된다는 말이다.

국내법과 국제법의 효율성에 대한 비교는 때로 또 다른 오해로 이어지기도 하는데, 오직 국내법만이 입법, 행정능력, 효율적인 사법능력과 같은 '법의 삼위일체'(legal trinity)를 지니고 있다는 것이다. 국제적 수준에서 유엔안전보장이사회, 총회, 국제사법재판소 그리고 국제형사재판소와 같은 제도가 존재하지만, 국내법과 같은 삼위일체는 거의 없는 것이나 마찬가지이며, 국제법이 국가의 행위에 효율적으로 영향을 미칠 수 없다는 것이다.

또한 국내법을 형사법과 동일시하는 경향이 있는데, 이는 체포 및 구속능력 때문이다. 이에 대해 맥커브리(Hilaire McCoubrey)는 다음과 같이 주장한다.

> 구속능력, 특히 형사적 구속은 법과 법적 체계의 기능에 대한 외부적 관찰에서 강조되는 부분이다. 그러나 이 같은 관점은 상당히 잘못된 것이다.[3]

---

[2] L. Henkin(1968), *How Nations Before Law and Foreign Policy*(New York : Columbia University Press), p. 47.

[3] H. McCoubrey(1998), *International Humanitarian Law*, 2nd edn., (Aldershot : Dartmouth), p. 271.

물론, 국내 형사법이 국가에 의해 시행되고 사법상의 제재의 시행이 강제되어 의무로서 지켜야 할 법이라는 것이 사실이다. 그러나 아직 이것은 사회의 모든 구성원에 대해 효과적으로 통제한다고 할 수는 없으며, 역으로 다른 형태의 법적 규제가 그러한 특성 없이도 효과적으로 기능하고 있다는 것이 사실이다. 예를 들어, 계약법은 계약을 선택하는 사람들의 활동에 의존하며, 그것의 강제성은 자조(self-help)에 의지하고, 많은 체제에서 법의 불이행에 대해 형벌적 대응을 하지는 않는다. 이러한 결핍에도 불구하고 계약법은 국내에서의 행위의 중요한 측면을 효과적으로 적절히 규제하고 있으며, 비슷한 측면에서 국제법이 친숙한 형사법의 모델을 따르지 않는다고 해서, 그것의 효율성이 떨어진다고 할 수 없다.

1. 국제법 준수의 동기

저명한 국제법 학자 그로티우스는 국가는 자연법, 하나님의 법과 함께, "비록 준수하기로 약속하지 않았다고 하더라도" 국제법을 준수해야 한다고 언급했다.[4] '절대주의 시대'에는 하나님을 향한 충성이 모든 법적 의무의 연원이었고, 동의는 비록 중요하다고 하더라도 부차적이었다. 이는 동의가 국제법 의무의 주요 원천이라고 여겨지는 최근 상황과 극명하게 다르다.

[4] H. Grotius(1925), *The Law of War and Peace : De Jure Belli ac Paccis Libri Trea* (New York : Bobbs-Merrill, First published 1625), p. 121.

이처럼 오늘날 동의는 국제법 관련 담론에서 필수불가결한 요소이다. 국가 지도자들은 주권적 권리를 나타낼 때 동의 혹은 동의의 부재를 언급한다. 반면 비판자들은 국제법 의무를 준수하지 않는 정부를 비판하기 위하여 국가 동의를 언급한다.

동의는 근대 국제법의 가장 중요한 원천이지만, 두 가지 사항을 고려해야 한다.

첫째, 앞에서 말했듯이, 현실 세계에서 국가는 공식적으로 동의하지 않는 규칙(주로 국제관습법)에 의하여 행동에 제약을 받고 있다. 특정 규범이 국제관습법인지 여부를 판단할 때, 법학자들은 규범과 법적 확신(규범이 법적 구속력을 지녔기 때문에 준수한다는 국가들의 인정)이 일반적으로 잘 준수되고 있는지 여부를 검토한다.[5] 규범과 법적 의견은 암묵적 동의이다. 하지만 자유주의에 대한 비판자들이 오래 전부터 주장하듯이 암묵적 동의는 명시적 동의와 동일하지 않으며, 규범에 부합하는 행위에서 암묵적 동의를 유추하는 일은 어렵다.

둘째, 동의가 근대 국제법의 가장 중요한 원천이라는 생각은 철학적 논쟁의 대상이다.[6] 규칙을 준수하겠다는 약속이 법적 구속력을 가진다고 명시하는 선행규칙이 있어야만 동의가 법적 구속력을 가진다. 유명한 법학자 하트(H. L. A. Hart)가 주장하듯이, 법적 규칙을 준수하겠다는 약속이 구속력을 가지도록 하는 특정 선행 규칙이 있어야만 동의가 준수 의무가 된다. 선행 규칙이 동의에 법적 구속력을 부여하는 것이지, 동의가 선행 규칙의 법적 구속력의 원천일 수가 없기 때문이다.[7]

5] R. Price(2004), "Emerging Customary Norms and Anti-Personnel Landmines", in C. Reus-Smit (ed.), *The Politics of international Law* (Cambridge : Cambridge University Press), p. 107.

6] C. Reus-Smit(2003), "Politics and International Legal Obligation", *European Journal of International Relations*, 9(4).

7] H. L. A. Hart(1994), *The Concept of Law*, 2nd edn, (Oxford : Oxford University Press), p. 225.

그러나 국가들이 동의와는 상관없이 일반적으로 법을 준수한다고 보는 것은 그렇게 놀랄 만한 일이 아니다. 국제법은 국가들이 선택하고 취해야 할 행동을 금지하기 위해 제정된 것이 아니고, 오히려 받아들일 수 있는 행동양태를 성문화하기 위해 제정된 것이다. 훌륭한 법은 금지하기 위해 존재하는 것이 아니고, 행동을 촉진하기 위해 제정된다. 법은 사회적 의무와 가치를 반영하고 강화시키는 것이며, 이것들을 사회구성원들에게 강요하고자 하는 것은 아니다. 법은 그 자체가 목표가 아니며, 목표를 위한 수단으로서 존중되어야 한다. 한 때 이러한 목적은 법으로 명문화되어, 받아들일 수 있는 정치적 행위의 양태를 규정하도록 도와주고 있다.[8]

어떤 사회적 가치와 목적이 법으로 명문화되어야 하는가? 현실주의자들에게 있어서 이러한 가치와 목적은 기득권층의 지위를 보호하고 영속시켜야 한다고 주장한다. 그러나 이것은 규범적인 틀의 발전을 위해서 갖게 되는 복잡성을 너무 단순화시키는 것이다. 가장 힘센 자라고 할지라도 순수하게 자기 마음대로 명령할 수는 없다. 헨켄(Henkin)이 말했듯이, 부자와 권력자가 그들이 원하는 것을 힘으로 억지로 취할 수는 없으며, 상호간 보상의무의 대가를 지불해야 하는 것이다.[9] 대부분의 국가들이 국제질서는 안정되어야 한다는 것을 당연하다고 보고, 이것이 그들의 이익에 유익하다고 인식해야 한다는 것이다.

국가가 자신에게 이익이 되기 때문에 법을 준수하게 된다고 해서, 법이 단순히 정치적 동기의 행동을 정당화하기 위해 사용되는 외교적 수단이라는 현실주의적 입장을 재확인하는 것은 아니다. 이언 허드(Ian Hurd)는 이러한 점을 잘 설명해 주고 있다. 허드는 국가가 강압, 자기이익 그리고 정당성

8] C. Reus-Smit(2004), *The Politics of International Law*(Cambridge : Cambridge University Press)

9] L. Henkin(1968), *How Nations Behave : Law and Foreign Policy*(New York : Columbia University Press)

에 의해 규율을 받아들이고 있음을 설명하고 있다. 강압은 한 행위자가 힘의 행사를 통해 어떤 규율에 따르도록 강제하는 비대칭적인 권력관계를 나타낸다. 승복이 자기이익에서 비롯된다면, 승복함으로써 도움이 되는 결과가 있을 것 같다는 동기에서 나온 자기 절제로 볼 수 있다.

강압이나 자기이익 양쪽 모두에게 승복은 신중한 계산에서 나온다. 어느 쪽이나 규율의 내용이나 그와 결합된 제도들이 가치가 있다거나 타당하다는 것은 아니며, 이 두 가지를 뚜렷하게 구별시켜주는 것은 다음과 같다. 즉, 강압의 경우, 국가는 제재를 피하기 위해 법을 준수하는 것이고, 이와는 대조적으로 자기이익의 경우 승복함으로써 궁극적으로 이익을 가져올 것이라는 것이다.

승복을 얻어내기 위해 강압에 의존하는 체제는 이들을 강압적으로 단속해야 하기 때문에 지탱하기 어렵다. 법의 준수를 위해 자기 이익에 의존하는 체제는 상대적으로 비용이 적게 들지만, 부수적인 비용편익 산출 때문에 예측이 안 되고 불안정할 수 있다. 이러한 이유로 법 준수를 위해 강압이나 자기이익에 의존하는 법체계는 비효과적이고 비교적 생명력이 짧다. 따라서 오래가는 효과적인 법규들은 법 인식을 광범위하게 공유해야 된다. 그러한 경우에 제재의 두려움이나 자기 이익에 의하지 않고, 오히려 어떤 의미에서는 법이 본래적으로 가치가 있다는 신념으로 법에 대한 승복이 이루어진다.

사실, 본래 국제법의 경우, 강압은 가장 중요한 동기가 될 것 같지 않다. 비록, 자기이익과 합법성에 대한 동기(motivation)의 상대적인 중요성을 결정하는 것은 복잡한 과정이지만, 다음의 사항들을 고려하면 더 쉽게 설명을 할 수 있다. 예를 들어 국가들이 법적 의무의 준수를 통해 받게 되는 평판의 이득을 생각해 보라. 국가들은 '법 파괴자' 또는 오늘날 어법으로 '불량국가'로 낙인찍히는 오명을 피하고 싶어 한다. 신뢰의 평판을 가진다는 것은 이득이 된다고 기대한다. 왜냐하면, 미래의 거래에서는 단순히 문제가 될 특수 규율이나 합의에 관련해서가 아니라, 일반적으로 법적인 약속을 통해 그들과 상관하기 때문이다. 그러므로 이는 신중한 계산의 결과라고 볼 수 있다.

즉, 법을 준수하게 되는 첫째 동기는, 그 자체가 이익을 가져온다는 것이다. 자유민주주의 체제의 전통에 오랫동안 빠져있는 정책지도자들은 법 파괴자로 낙인찍히기를 원하지 않는다. 왜냐하면 그들은 중요한 가치를 법의 규율 개념에 두고 있기 때문이다. 그들은 규율 준수가 그 자체에 가치가 있다고 생각하기 때문이다.

법을 지키는 두 번째 이유는, 그것이 실질적인 가치가 있다는 인식이다. 다른 말로 특정한 규칙을 지키는 행동방식은 그럴 만한 가치가 있다는 것이다. 법규는 사회가 집단적 목적을 추구하는 수단이다. 국가들이 이와 같은 인식을 공유하고, 어떤 특정한 규칙이 그 목적 달성에 도움을 주는 정도가 크면 클수록, 국가들이 그 규칙을 더 잘 받아들이고 준수하게 될 것이다.

국가 공무원이 국제법의 의무를 준수하는 세 번째 이유는, 그들이 국제법을 기능적 가치가 있는 것으로 파악하기 때문이다. 어떤 특정한 법적 규제의 중요성이 의심된다 할지라도, 지도자들은 국제법 자체가 국제질서에 기여하는 바를 알고 있다. 국가가 자기가 따를 법만 스스로 선택하게 된다면 법의 권위는 침해될 것이기 때문에, 모든 법은 지켜져야 한다. 예를 들어 '무력 불사용', '영토보존', '국경 불가침'에 부합한 규칙들을 고려해 보자. 이런 것들은 개별 국가적 차원에서 국가를 보호하는데 도움이 되며, 자기이익에서 이들을 지켜나간다는 것을 주장할 수 있다. 그러나 국가들은 법 그 자체가 사회 선(social good)으로서 질서를 가치 있게 하는 좋은 이유를 가지고 있다. 식민지 붕괴 이후 국가들은 정치적으로 독립하여, 외부의 간섭 없이 자신의 미래를 선택할 권리를 가지고 있다는 것에 일반적으로 합의하고 있다.

한편, 비록 국가들이 대개 그들의 법적 책임을 따르기는 하지만, 그들이 항상 법을 지키는 것은 아니다. 국제법을 위반한다는 것은 국제정치에서 국제법의 기능과 위치에 대해 무엇을 말하는가? 국가는 대개 법을 지키기 때문에, 위법은 국제법과 특정한 규칙 모두가 일반적으로 일치한다는 개념을 인정할 수 없을 때 발생할 수 있다. 게다가 법을 어기는 국가가 국제사회로부터 비난을 받게 된다면, 이것이 법규의 효능을 입증하는 것이다.

1990년 이라크의 쿠웨이트 침공은 명백히 국제법의 위반이었으며, 엄청난 비판에 직면하게 되어 국제관계에서 무력사용에 대한 법적인 금지효과가 훼손되기보다 오히려 강화하게 되었다. 법이 애매하다면, 위법에 대한 논의도 논쟁적일 수밖에 없다. 예를 들어 무력 사용에 대한 일반적 금지는 그 금지와 예외 인정의 범위에 있어 수많은 대안적 해석들이 있다.

결국 이러한 경우에 법을 위반할 때면, 공격국은 문제의 법이 일반적으로 수용되고 실천이 가능하다고 인정하는 반면, 예외적인 상황이나 입장을 달리하는 원칙이 존재하기 때문에 위법을 필요로 하고 있다는 것이다. 특히 후자의 경우는 어느 정도의 경고가 필요하다. 역사는 부정직한 주장으로 가득 차 있다. 그러나 분명한 것은 무적의 초강대국에서 가장 의무를 다하지 않는 불량국가에 이르기까지, 국가들이 법을 이행하지 않을 때라도 그들은 자신들의 행동을 법의 이름으로 정당화하려 한다. 이처럼 법의 발동들이 공허하고, 냉소적이고, 그리고 위선적이라고 하더라도, 이들이 이루어졌다는 사실 자체는 유익이 된다는 것이다.

2. 국제법의 진화

국제법은 국제질서의 확립을 용이하도록 구상되었기 때문에 제약성이 있는 제도이다. 국제법의 제약성은 최소 지난 30년 동안 네 가지 측면에서 명확하게 드러났다.

첫째, 국가가 권리와 의무의 주요 주체이며 국제법의 주요 대상이었다. 전통적 관점에 따르면, 국제법은 국가에게만 적용된다. 1933년 국가의 권리와 의무에 관한 몬테비데오 협약은 '국가를 국제법인'으로 확립하였고, 국가를 규정하고 국가의 권리와 의무를 명확히 했다.

둘째, 국가가 국제법의 행위자로 국제법을 입안하고, 법적 구속력을 가지게 하며, 실행할 수 있는 유일한 행위자였다. 따라서 국제법은 인류 공동체의 법이 아니라 국가의 일상적 업무에 따른 산물로 여겨졌다.

셋째, 국제법은 국가 간 관계를 규율한다. 국가 간 상호작용은 국제법의 적용대상이나, 영토 안에서의 국가의 작동 양태는 자결권과 내정 불간섭의 규범에 따라 국제법의 적용대상이 아니다.

넷째, 국제법의 범위는 정의가 아닌 질서의 문제에 국한된다. 국제법의 가장 중요한 목표는 영토의 불가침과 국내 관할권에 대한 상호 존중에 기반한 평화와 안정이다. 분배 정의와 인권보호의 쟁점은 국제법의 주요 목표가 아니었다.

최근 몇 십 년 동안 국가는 단순한 국제질서의 유지에서 벗어나, 모호하지만 야심찬 지구적 통치(global governance)의 목표를 이루려 하기 시작했고, 이에 따라 국제법도 흥미롭게 변하기 시작했다.

첫째, 비록 국가가 "아직도 국제법 체제의 중심에 있지만, 개인단체, 조직도 국제법의 규율대상으로 점차 인정받고 있다. 국제인권법과 국제인권법을 실행하는 기제의 발달로 소수자와 원주민 같은 집단과 개인도 국제법이 규정하는 권리를 부여받았다. 인권법에 대한 형사책임을 개인에게 지우는 추세(르완다와 구유고슬라비아 전쟁범죄 처벌을 위한 법정, 새로운 국제형사재판소의 창설, 비인도적 범죄를 이유로 칠레의 전 독재자 피노체트 체포 등에서 명확하게 드러남)에서 개인도 인권법을 준수해야 한다는 법적 의무가 드러난다.

둘째, 비정부 행위자가 국제법 과정에서 중요하게 대두되고 있다. 비정부 행위자는 직접적으로 국제법을 입법할 수 없고, 비정부 행위자의 일상업무도 국제관습법의 발달에 기여할 수 없다. 하지만 비정부 행위자는 국가가 특정규범을 법제화하는 환경을 형성하는 데 중요한 역할을 담당한다. 비정부 행위자는 정보를 제공하여 국가 이익이 다시 정의되도록 하고, 서로 다른 정책이 수립되도록 한다. 또한 국제조약과 협약에 관한 초안을 직접 만들기도 한다. 국제적십자가 1864년 제네바 협약의 초안을 작성했는데, 이는 비정부기구에 의하여 국제조약과 협약의 초안이 작성된 최초의 사례이다.[10] 최근에는 오타와 대인지뢰금지협약과 국제형사재판소의 발전에 비정부 행위자가 중요한 역할을 담당했다.[11]

셋째, 국제법은 단순한 국제관계의 규율에서 벗어나 점차 지구적 규율과 관련되고 있다. 자결권과 불간섭 원칙에 따라 국제영역과 국내영역의 구분이 확고했지만, 국가의 국내행위를 규율하는 국제법의 발전에 따라 국제영역과 국내 영역의 구분이 약화되고 있다. 국제인권법과 국제환경법의 발전에서 이러한 경향은 두드러지게 되었다. 국내 법원이 국제법을 원용하는 경향에 따라 국제인권법과 국제환경법은 국내 영역으로 침투하고 있다. 국

10] M. Finnemore(1996b), *National Interests in International Society*(N.Y : Cornell university Press), pp. 69~88.

11] R. Price(1998), "Reversing the Gun Sights : Transnational Civil Society Targets Land Mines", *International Organization*, 52(3).

내 법원에 의한 국제법 원용은 오스트레일리아에서는 특히 환경보호와 인권영역에서 자주 이루어지고 있다.

넷째, 국제법의 규칙, 규범, 원칙은 협소하게 정의된 국제질서의 유지에 따라 국한되지 않는다. 국제인권법의 발전은 국제법의 범위가 확대되어 전 지구적 정의문제를 다룬다는 사실을 보여준다. 또한 동티모르와 같은 장소에서 국제개입을 승인한 유엔안전보장이사회의 결정은 주권국가에 의한 인권유린이 국제평화와 안보에 대한 위협요인으로 간주되어, 유엔헌장 7장에 따른 국제사회의 개입을 정당화할 수 있음을 보여준다. 이처럼 유엔안전보장이사회는 국제개입을 승인하여, 최소 수준의 전 지구적 정의가 국제질서의 유지에 필요하다고 암시했다.

이와 같은 최근의 변화에 기반하여, 국제법이 초국가법으로 서서히 진전되고 있다는 주장이 있다. 국가가 국제법의 유일한 행위자가 아니라면, 국제법이 지구적 규율을 담당한다면, 그리고 국제법의 범위가 질서문제는 물론 정의문제까지 포함한다면 국제법의 최초 의도와 관행은 이미 깨졌다고 볼 수 있다. 아무튼 최근 이러한 변화로 인하여 침체되었다고 간주되던 국제법학계는 새로운 활력과 동력을 얻고 있다. 또한 국제정치학계에서는 이전에 이상주의라고 무시되던 세계정치를 형성하는 규범의 역할을 새롭게 보기 시작했다.

3. 전쟁법

무력 사용을 규율하는 국제법은 근대 국제법 체제의 핵심이다. 전쟁법은 전통적으로 국가의 무력 사용 혹은 전쟁 개시를 규율하는 정전법(Jus ad bellum)과 전쟁이 시작된 후 전투의 양태를 규율하는 전투법(Jus in bello)으로 나뉜다[12]. 전쟁법의 두 가지 측면에 관하여 두 가지 점을 주목해야 한다.

첫째, 전쟁법의 발달 초기부터 전쟁법의 두 측면은 항상 서로 연관되어 있었다. 예를 들어, 세 권으로 된 그로티우스의 「전쟁과 평화에 관한 법」에서 한 권은 정전법을, 다른 한 권은 전투법을 설명하고 있다.

둘째, 전쟁법의 내용이 한 때 전쟁법의 핵심이라고 여겨졌던 것들이 완전히 폐기될 정도로 많이 변했다. 따라서 전쟁법은 지난 500년 동안에 국제체제를 변화시켰던 사회적·기술적 변화에 따라 진화한 결과이다.

정전법은 국제관계에서 무력 사용을 막거나 제한하는 것이다. 전투법은 실질적인 교전을 통제하고 완화하려는 것이다. 이 두 가지 영역들은 의의와 목적에 있어 구분된다. 전투법의 적용은 교전 당사자 어느 쪽이 무력 사용을 개시할 때, 그 정당성에 영향을 받지 않는다. 만약에 정전법의 법적 제지에도 불구하고 무력 충돌이 발생하면, 전투법이 작동되어 누가 처음에 법을 위반했는지 상관없이 동등하게 적용될 것이다. 이것들은 실제 전쟁경험에서 뿌리내린 실용적 목표들이다. 그러나 전쟁 수행에 대한 법적 제재가 비록 그 기원은 오래 되었지만, 매우 역설적으로 보인다. 두 가지 뚜렷한 주장이 이러한 명백한 모순을 구성하고 있는데, 각각은 두 개의 영역에 따

12] 전쟁법은 의미상 '전쟁으로의 법'(jus ad bellum)과 '전쟁에 있어서의 법'(jus in bello)으로 나누어지는데, 여기서는 용어비교의 편의상 jus ad bellum을 正戰法으로, jus in bello를 戰鬪法으로 부른다.

라 무력분쟁에 대한 법이 분류되고 있기 때문이다.

정전법은 국가가 국제관계에서 무력을 사용하게 되는 환경을 통제하고자 한다. 그러나 '힘의 정치'의 논리가 가장 강하게 나타날 때, 이러한 요인들은 가장 기능하지 못하는 부분이다. 허시 라우터팩트 경(Sir Hersch Lauterpacht)의 말을 인용하자면, 국제법이 소실점(vanishing point)이라면 전쟁법은 국제법의 훨씬 확실한 소실점이 된다.[13]

국가들은 일상적인 국제관계에서 무력 사용을 항상 실행 가능한 것으로 고려하지 않는 것은 명백하지만, 또한 무력 사용을 최후의 수단으로 간주하고 있다는 사실 또한 명백하다. 이러한 환경에서 국제관계에서의 정상적인 규칙들은 가장 많이 침해된다. 독일 수상 베트만-홀베크(Theobald von Bethmann-Hollweg)가 제1차대전 발발시 그의 악명 높은 라이히슈타크(Reichstag) 연설에서 다음과 같이 지적하였다.

> 우리는 필요 상태에 있으며, 필요는 법과 관계없다. 우리처럼 협박받으면서 가장 높은 성취를 위해서 싸우는 사람만이 그의 앞길을 헤쳐 나갈 수 있을 것이다.[14]

필요성과 법의 관계라는 독일 수상의 궤변을 통해 두 중립 국가를 침공하는 것이 법을 간과해서라기보다는 의도적인 법의 위반이기 때문에 더욱 흉미롭게 들린다. 정책결정 과정에서 행동의 적법성이 심사숙고되고 있으나, 그렇다고 무력사용 문제를 고심하게 될 때 법적 문제가 그 중심이 될 수는 없을 것이다.

정책결정에 있어서 가장 최우선의 문제들은 정책목적이 무력을 사용하여 적절한 대가를 치르고 목표를 달성할 수 있는지에 관련된 것들이다. '적정한'

13] H. Lauterpacht(1952), "The Revision of the Law of War", *British Yearbook of International Law* 29, p. 381.

14] H. W. Wilson(1928), *The War Guilt* (London : Sampson Low), p. 305.

대가의 내용은 물론 목표의 중요성에 좌우될 것이다. 궁극적인 생존에 관련된 싸움에서는 어떠한 대가도 합리적인 것으로 보일 수 있다. 반면에 정치적 확장 같은 싸움에서의 납득 수준은 매우 낮을 것이다. 우리는 아마도 비용의 개념을 여러 방식으로 생각할 것이다. 분쟁의 비용들이 있는데, 즉 생명과 자산은 싸움에서 잃게 되는 직접적인 비용들이다. 현대 무기체계의 파괴능력을 감안하면 이러한 대가는 거의 무한적이다. 이러한 상황에서 법적 고려는 거의 무의미하다.

한편, 무력 사용 정책에 있어서 국내·외적인 반응이 어떨지와 관련된 정치적 비용도 있다. 이것들은 무력 사용으로 인한 결과에 좌우되지만, 승리한다고 하더라도 정치적 지지를 얻는다고 보장할 수는 없다. 그 국가의 행위가 국제법에서 규정하는 규범을 어기는 것으로 여겨지면, 동맹국들조차도 이를 찬성하지 않을 것이다. 직접적으로 효과적인 제재가 불확실함에도 불구하고, 법적 고려가 이 상황에서는 가장 중요하게 여겨지는데, 이는 국가들이 그들의 대응을 공식화하고, 명료하게 하고, 정당화할 수 있는 여지를 국제법이 제공하기 때문이다.

규범적 비용도 반드시 고려되어야 한다. 국제질서에서 무력 사용을 금지하는 기본규칙을 어기는 것은 장기적으로 어떤 효과를 낳을 것인가? 반복되는 위반은 강자와 약자에게 주어진 질서의 이익들을 약화시킨다. 설령 그 규칙이 강대국들의 자기중심적 정책과 배치된다고 할지라도 강대국에게 있어 현재 질서와 규칙을 유지하는 것이 이득이라는 점은 명백하다. 약소국에 있어서도 무력사용을 금지하는 법적체제가 이익이다. 많은 국가들이 군사적으로 자력방위가 힘들고, 따라서 그들의 생존은 보편적인 이러한 규칙들을 준수하는데 달려있다. 잭슨(Robert Jackson)은 다음과 같이 지적한다.

> 오늘날 약한 국가라도 스스로 요청하지 않은 외부적 간섭을 수용하지 않는다.… 이들의 주권은 예전에 일어났었던 전쟁, 정복, 분리, 식민주의

등에 의해 탈취될 수 없다.[15]

상당수 국가들에 있어서 주권은 기본적으로 군사적 보다는 법적으로 보장되는 것이다.

이러한 주장에 따르면, 국제법은 국제질서를 유지하는데 결정적인 역할을 한다. 그러나 무력충돌은 아직도 일어난다. 전쟁이 시작되었을 때 국제법은 어떤 역할을 할 수 있는가?

전투법에 대한 비판적인 견해로서 우선은, 전쟁은 정상적인 국제관계가 결국 붕괴되는 것이기 때문에 무자비한 무력 사용이 횡행하게 될 것이다. 이때 법적제재를 수용한다는 것은 기껏해야 효과적인 행동을 제한하는 방해물로써만 기능할 수 있다는 것이다. 만약 사실상 법규의 목적이 전투력의 효용을 약화시키는 것이라면, 이러한 비판적인 주장은 온전히 정당화될 수 있으며, 그렇게 만들어진 규범은 오래 지속되지 못할 것이다. 그러나 이는 그 목적과 효과도 아니다. 법이 전쟁에 미치는 제한은 클라우제비츠의 『전쟁론』 중 다소 잘못 읽혀지고 있는 부분에서 잘 드러난다.

> 유혈사태에 신경 쓰지 않고 무력을 무자비하게 사용하는 사람은 상대적으로 그렇지 못한 적에 비해서 우월하게 된다. 국가와 국가 간의 사회적 조건을 통해 전쟁은 발생하며, 이를 통해 전쟁은 통제되고 수정된다. 그러나 이러한 것들 자체가 전쟁은 아니며, 그저 전쟁의 조건일 뿐이다. 전쟁철학에 있어 절제의 원칙을 말함은 어리석은(absurdity) 것이다.[16]

전쟁이 독립적인 현상으로 분석된다면, 무한정의 무력 논리가 필요하게 될 것이다. 그러나 클라우제비츠가 지적하였듯이, 전쟁과 무력충돌은 독립

---

[15] R. H. Jackson(1993), *Quasi-States : Sovereignty, International Relaions and the Third World* (Cambridge : Cambridge University Press), pp. 23~24.

[16] Carl von Clausewitz(1976), *On War*, Translated and edited by Michael Howard and Peter Paret (Princeton, N.J : Princeton University Press), p. 102.

적으로 일어나는 것이 아니라 실제 국제관계의 맥락 속에서 일어나며, 이는 무력분쟁에 대한 반작용뿐만 아니라 실제의 정치적, 군사적 효과를 기대하게 된다.

우선, 불필요한 야만성은 그렇지 않았을 때에 비해서 분쟁의 근본적인 해결을 더 힘들게 한다. 클라우스 쿤(Klaus Kuhn) 대령은 다음과 같이 말하였다.

> 지속적인 평화를 유지하고 성취하는 가장 빠른 방법은 교전행위를 인간적으로 다루는 것이다.… 인도적인 고려가 군지도자들의 전략개념으로부터 분리될 수 없는 요소이다.[17]

따라서 불필요한 야만성을 없애는 것은 윤리적이고 인문주의적인 고려요소일 뿐만 아니라 다른 호전적인 국가에 대한 다른 국가의 대응을 고려해서도 필요하다. 또한 학대에 대한 공포가 궁지에 몰린 적을 좌절하게 만드는 나머지, 분쟁이 길어질 수 있는 가능성에 의해서도 마찬가지다. 이러한 생각은 새로운 것이 아닌데, 기원전 5세기에 손자의 의해 이미 주창되었던 것이다. 손자는 말하길, "절망에 빠진 적을 너무 압박하지 말라"고 하였다. 이를 증명하는 역사적 사례는 많다. 1945년 이전의 독일군이 행한 행동들에 대해 분노한 소련의 진격을 독일군이 막을 수 있는 가능성은 낮았으며, 그러는 동안에 독일군 병사들은 서부전선의 연합군에게 항복하였다. 교전당사자의 경제적인 고갈에 의해서라도 결국 모든 전쟁은 끝나게 된다. 평화적인 관계는 다시 도래하기 마련인 것이다. 이러한 과정은 결코 쉽지 않으며, 분쟁이 잔혹할수록 전후의 복구는 더 어려워질 것이다.

전투법에 대한 두 번째 비판은, 그것이 전쟁을 보다 인간화할수록 그만큼 전쟁을 부추긴다는 것이다. 그러나 이 주장은 중요한 결함을 지니고 있다. 전쟁 고유의 잔혹함이 전쟁발생을 막는 것은 아니라는 점이다. 만약에 이

---

[17] K. Kuhn(1987), "Responsibility for Military Conduct and Respect for International Humanitarian Law", *Dissemination*, ICRC., p. 1.

주장이 옳은 것이라면, 베르덩(Verdun)과 솜므(Somme), 그리고 빠샹데일(Passchendaele)의 대량 학살 후에 누가 전쟁을 일으키려고 생각할 수 있었을 것인가? 그러한 전쟁의 발발이 지속되고 있다는 것은 전쟁의 발발자가 직접 싸우거나 아니면 전쟁의 희생자가 되는 경우는 거의 없다는 사실 때문이다. 전투에 참가한 사람들이 느끼게 되는 강도를 인도적인 관점에서 완화시키지 않는다는 것은 사실상 매우 잔인한 논리이다.

무력분쟁 중에 제한 규범에 대한 강력한 윤리적, 실천적 주장들이 있다. 그러나 전쟁 개시를 통제하는 것과는 다르게 전쟁수행을 통제하는 규범들은 그 속성상 완화하는 효과 이상이 될 수 없다. 만약 윤리나 법이 전쟁을 인간적으로 만들려고 해도, 클라우제비츠가 언급한 어리석음(absurdity)은 역시 명확한 것이 된다.

4. 정전법(Jus ad Bellum)

전쟁법에 있어 가장 극적인 변화는 정전법에서 발생하였다. 정전에 관한 초기 저작에 따르면, 정당하지 못한 공격에 대한 방어와 손해로 인한 보복 공격처럼 전쟁개시의 정당한 대의大義가 있었다. 정전법은 상충하는 논리로 구성되어 있었기 때문에 매우 복잡했다. 예를 들어, 주권은 정복을 통하여 확보될 수 있다고 널리 믿었다. 즉, 영토와 사람을 통제하는 통치자는 주권자로 인정받았다. 19세기에는 사활적 국익에 부합한다면, 전쟁이 정당하다는 관념이 정전론正戰論에 앞섰다. 전쟁을 개시할 수 있는 권리가 주권적

특권이라는 관념이 지지를 받았다. 이 관념의 비극적 결과는 양차 세계대전을 통하여 명확하게 나타났고, 1945년 이후 정전법의 영역은 극적으로 제한되었다. 국제연합 헌장은 무조건적 주권의 영역으로 인정받는 자위를 위한 무력 사용(7장 51조)과 유엔안전보장이사회가 승인하는 평화강제조치의 부분으로서의 무력 사용(7장 42조)만을 합법적인 무력사용으로 국한한다.

정전법은 UN헌장의 제1장 2조 3항, 4항과 제7장(39조~51조)에 기본적으로 나타나 있다. UN헌장 제1장 2조 3항과 4항의 내용은 다음과 같다.

- 3항, 모든 회원국들은 그들의 국제분쟁을 평화적 방법으로 해결해야 하며, 이는 국제평화와 안보, 정의가 위협받지 않는 방법이어야 한다.
- 4항, 모든 회원국은 다른 국가의 영토보존이나 정치적 독립에 대한 위협이나 무력 사용, 혹은 UN의 목적과 배치되는 어떠한 방법의 사용도 억제해야 한다.

2조 4항이 기본적으로 금지하는 것은 '강행규범'(jus cogens)의 성격을 지니는 것으로 1969년의 비엔나 협약이 다음과 같이 규정하는 것에 근거하고 있다. "일반 국제법의 강제 규정은 국제사회에 의해 승인되고 인정된 규범으로 폐기될 수 없는 것이다." 2조 4항이 금지하는 것에는 두 가지 예외가 있는데, "(1) 51조에 의해 보장되는, 무력공격을 당하였을 때 개별 혹은 집단적인 자위의 본질적 권리, (2) 42조에 의해 유엔안전보장이사회의 승인을 받아 국제평화와 안전을 회복하고 유지하기 위한 행동"이 그것이다.

UN헌장 51조는 다음과 같이 규정하고 있다.

> 현 UN헌장에서는, 만약 유엔의 회원국이 무력공격을 당했을 때, 안전보장이사회가 국제평화와 안전을 위한 조치를 취하기 전까지는, 개인적 혹은 집단적 자위의 본질적 권리를 침해하지 않는다.

2조 4항의 내용과 더불어 51조는 몇 가지 화두를 제기하고 있다. 예를 들어, 2조 4항의 경우, '위협이나 무력 사용'이 '영토보존이나 정치적 독립'에 대한 것이 아닐 경우에는 어떠한가? 51조에 따를 때 안전보장이사회가 '국제평화와 안전을 위한 조치를 취하는' 시점은 언제로 보아야 하는가?

이러한 의문은 예방적 자위, 재외국민보호를 위한 군사행동, 테러에 대한 대응, 인도주의적 개입 등의 문제의 적법성에 대한 논쟁을 야기하고 있다. 2001년 9·11테러와 그 후로 이루어진 테러와의 전쟁 개념은 그와 같은 일들에 초점을 맞추게 했다. 무력 사용에 대한 금지규칙의 완화를 선호하는 사람들은 모든 국제적 규정을 거부하는 국제 테러리스트 네트워크의 등장으로 법의 재해석이 필요하게 되었다고 주장한다. 즉, 이들 테러리스트 네트워크들은 화생방 무기의 사용 가능성과 연계되어 있어, 이들과 이들을 숨기거나 도와줄 수 있는 국가들에 대항하여 예방적 무력행사를 법적으로 할 수 있다는 것이다. 이런 주장은 이스라엘과 같은 나라에 국한되지 않고, 유엔 헌장의 2조 4항과 51조는 선행적 자주국방 행위가 허락되는 것으로 이해되어야 한다는 것이다. 이러한 주장은 또한 자주국방에 대한 천부인권을 전제로 한다. 이 천부인권은 만약 위협이 임박하여 평화적 수단을 통해 방지할 수 없을 때에만 적절히 선제공격을 할 수 있다는 헌장 이전의 권리를 포함하는 것이다.[18]

최근의 사건들을 고려하여 다시 공식화하면서 많은 선행적 자위의 옹호자들은 받을 위협이 임박해야 할 필요성을 내팽개치고, 예방공격을 할 수 있는 권리를 주장하고 있다. 미국과 EU에 의한 안보전략은 그러한 권리들을 넌지시 암시했고, 이는 2003년 이라크 전쟁의 적법성에 대한 논쟁의 핵심이 되었다. 그들의 2003년 선언에도 불구하고 EU 회원국들은 대립으로

18] A. C. Arend and R. J. Beck(1993), *International Law and the Use of Force : Beyond the Charter Paradigm*(London : Routledge), pp. 71~79.

몹시 분열되어 있는데, 이것은 자주국방이 얼마나 논쟁거리로 될 수 있는지에 대한 증거라고 할 수 있겠다.

앞의 주장 즉, 무력 사용의 일반적인 금지의 폭넓은 의미에 대한 법적, 도덕적, 정치적 그리고 전략적 이점들은 무엇이든지 그 초점을 잃어버려서는 안 된다. 최고 권위의 주권국가들로 구성된 국제사회에서는 질서는 이미 쉽게 손상될 수 있고, 현대전쟁의 파괴적인 능력만이 무력 사용 제한의 필요성을 강화시킨다. 어느 국가가 사활적 이익을 취하고자 함에 있어서 어떤 수단도 보이지 않을 때, 무력에 호소하는 것은 국제정치 하에서 불가피한 일이다. 그러나 그렇다고 해서 분쟁에 대한 법적 제한을 약화시키는 것은 국제사회의 궁극적 목표에 반대되는 것이다. 국가가 일반적으로 무력에 호소하는 것을 포기하는 것은 이러한 입장을 지지하는 것이다. 무력 사용 금지에 대한 예외는 매우 제한적인 방법으로만 이해되어야 한다.

정전법과 관련된 또 다른 화두는 2조 4항에서 제시하는 무력사용 금지와 UN헌장의 집단안보 조항과의 관계에 대한 것이다. UN헌장의 초안자들은 무력사용을 금지하는 법적 구조의 창설뿐만 아니라, 국가안보를 보장하는 집단안보 기제를 고안하기도 하였다. UN헌장 제39조는 다음과 같다.

> 유엔 안보리는 국제평화나 안보를 유지하거나 보존하기 위해서 평화에 대한 위협, 평화의 파괴, 공격행위 등이 있는지에 대해서 결정을 내려야 하고, 어떤 방법이 국제평화와 안전을 회복하고 보장할 것인지에 대해 41조와 42조에 근거하여 권고 혹은 결정해야 한다.

필요시 안보리는 41조에 의한 비군사적 제재나 42조에 의한 군사적 조치를 취할 수 있다. 유엔의 이러한 모습의 집단안보체제(가장 먼저 사용될 것이라고 기대되지 않는)는 오늘날에는 단순히 역사적 기록에만 남아있다. 47조에 따라 그와 같은 무력 사용에 있어 전략적 지침을 제공하는 군사 참모위원회는 설립되었지만, 군대가 없는 참모로서 위원회는 단지 유엔의 기념물로서 전락하고 말았다. 그러한 오랜 갈등 이후에 군사적 요청에 대한 그 조직의 무능한 대응은 부여된 역할을 수행하는 능력을 계속 훼손시키고 있다.

이러한 제한점들은 그럼에도 불구하고, 무력 사용의 제한에 대한 유엔 안보리의 권한은 크게 유지하고 있고, 이 점에서 41조와 42조가 반드시 선후관계로 이해되면 안 된다는 것을 인식해야 한다. 39조에서 바로 42조로 진행한다는 것은 전체적으로 적법한 과정의 경우이고, 이는 42조를 통해 명백해지고 있다. 즉, 비군사적 제재가 적절하지 못하다고 판단하는 경우에만 적용된다는 것이다. 게다가 비군사적 제재가 군사적인 수단을 사용하기 전에 소진되어야 한다고 일반적으로 주장할 수 있다.

다시 말하면, 경제적 수단이 더욱 인간적이라는 가정은 비판을 받기 쉬운데, 이는 경제적 제재가 비난받을 만한 지도자들보다 무고한 인민들에게 더욱 불균형하게 영향을 미칠 수도 있기 때문이다. 기술의 발전은 더욱 정밀한 타격을 가능하게 하였고, 경제적 제재는 이에 반해 무차별적이다. 특히 목표가 된 국가의 지도자들은 그들의 시민의 복지보다는 세계 언론에 나타나는 고통의 이미지를 통해 정치적 이득을 취하는 것에 더 관심을 가지는 상황에서는 더욱 그렇다. 현대기술 덕분에 2차적인 피해의 최소화와 함께 군사적 충돌이 점점 더 깨끗하게 끝날 것이라는 전망이 환영받을 것이다. 그러나 반드시 알아야 할 것은, 용납이 되는 적법한 전쟁은 깨끗한 전쟁이라는 것은 중요한 정치적 의미를 가지고 있다는 것이다. '스마트 무기'는 소수 강국들에 의해 유지되고 있고, 오랫동안 그렇게 될 것 같다. 만약에 무력의 사용이 이러한 강국들의 합법적인 배타적 영역이 된다면 정전법의 합의는 중요하다.

헌장 7장의 장치는 적어도 평화의 위협과 평화의 파괴, 공격행위에 대해 수많은 불투명한 영역을 만들었고, 헌장은 그러한 상황들의 구성지침을 제공하지 않고, 헌장의 책임자들은 안보리가 중대한 결정을 함에 있어서 폭넓은 판단력을 가지고 있어야 하기를 원했다.[19] 헌장의 입안 시점에 공격의 정의를 포함하자는 제안은 국가들이 안보리의 행동을 구속하는 것을 꺼려했기 때문에 반대되었다. 그러한 결정으로 안보리의 행동은 법적인 기구로 보다는 정치적인 기구로 행동하기를 원했다는 사실을 반영했다. 따라서 법적인 정의들은 부적절한 것으로 보였다. 안보리는 국제적인, 국가 간의 문제를 다루는 것에 제한받았으나, 이와 같이 상대적으로 제한적인 해석은 실질적으로 시간이 지나면서 퇴색되었다. 20세기가 끝나면서 UN의 실제 행위에 따르면 지역적 안정을 위협하는 몇몇 국내적 무력 사용 행위도 이와 같은 범주에 포함된다.

안전보장이사회만이 무력사용과 관련하여 행동할 수 있다는 제한 외에도, 헌장 7장에 보다 넓은 제한이 더해졌다. 27조 3항에 의해 부여된 거부권의 결과로 안전보장이사회 상임이사국(미국, 영국, 중국, 프랑스, 소련)의 행위는 UN의 제재조치로부터 면제된 것이다. 이와 같은 방법으로 UN의 설계자들은 주요한 딜레마를 해결하고자 하였다. 이것은 5개 상임이사국은 당대의 최강대국이고 따라서 이들의 행위는 가장 단속의 대상이 되어야 한다는 것이다. 그러나 이들 강대국의 행위에 대한 단속은 UN 내부의 분쟁과 UN 파괴로 이어질 수밖에 없다. 거부권에 의해 촉발된 교착상태는 선호하는 대안이 되는 것으로, 이러한 시각은 UN 창립 시기의 모든 국가들이 공유하는 것이었다. 샌프란시스코 회의에서 인도대표는 다음과 같이 발언하였다.

> 거부권은 전쟁의 누구도 UN의 이름으로 강대국들과 전쟁을 치르지는 않겠다는 모든 회원국의 암묵적인 보장이다.[20]

19] L. M. Goodrich and E. Hambro(1949), *Charter of the United Nations : Commentary and Eocuments*(Boston, MA : World Peace Foundation), pp. 262~272.

20] I. L. Claude(1962), *Power and International Relations*(New York : Random House), p. 61.

그러므로 헌장의 초안자들은 합의가 계속 지속되리라 생각지 않았으며, 불일치가 일어날 수도 있으며, 이러한 상황이 안전보장이사회가 무력해지는 경우라는 것을 알고 있었다. 클로드(Inis Claude)는 다음과 같이 지적하였다.

> 샌프란시스코에서 주요 강대국들이 집단적인 강제행위를 하도록 하는 어떤 시도도 피해야 한다는 신중한 결정이 내려졌으며, 이것은 불가피하다는 것이 결론이다. 헌장의 안전(security)계획은 상대적으로 소수의 평화 파괴자에 대한 집단행동을 위해 고안된 것으로 이는 강대국들이 실행하기로 단합하였을 때이다.[21]

유엔의 안보장치의 결핍은 마지막 질문을 야기한다. 2조 4항은 과연 헌장 7장의 효과적인 작전이 우발적인 것으로 보이는가? 효과적인 집단안보체제의 부재에서 2조 4항이 금지하는 것은 훨씬 건전하지 않게 보인다. 그러나 효과적인 집단안보체제의 부재에도 불구하고, 60년간 어느 국가도 2조 4항에 대해서 거절하지는 않았으며, 그 위치는 강행규범(jus cogens)의 자격을 가진 규범으로 서있다. 그러나 21세기를 여는 시점에서 유엔 시스템의 도전은 두 가지 방법으로 나뉜다.

- 첫 번째 주장은, 가장 팽창적인 자주국방의 권리에 대한 논의에 근거를 둔다.
- 두 번째 도전은, 국제평화와 안보의 유지나 보존에 관한 결의를 무시하여 안보리의 권한이 상실될 경우, 그럼에도 불구하고 국가들은 그렇게(준수) 하도록 행동한다는 주장이다.

미국과 그 동맹국들은 1991년 안보리에 의해 부여된 법적 강제의무를 집행하기 위해 행동하고 있다고 주장하면서, 그들은 2003년 이라크 전쟁에서의 자신의 주장들을 정당화할 때 이 논거들을 사용하였다. 이는 이전의 국가

21] I. L. Claude(1962), 상게서, p. 161.

관례로부터 근본적인 이탈을 보여주고 있으며, 2003년 이라크 전쟁에 대한 대응이 보여주고 있는 것은 많은 국가들에 의해 받아들여지지 않고 있다.

5. 전투법(Jus in Bello)

정전법의 변화에 맞추어 전투법도 진화하였다. 전투법은 급격한 변화를 겪기보다는 전투과정에 허용되는 행위를 점차 줄여가는 방향으로 진화하였다. 전투법(jus in bello)은 헤이그 협약과 제네바 협약으로 범주화된 두 가지 원칙으로 이루어져 있다. 근대적인 제네바 법은 무력분쟁에서의 희생자를 보호하는데 관련되어 있다. 헤이그 법은 전쟁행위의 방법과 수단에 관여하는데, 무기의 종류와 사용 및 전술과 교전행위에 대한 통제가 여기에 포함된다. 오늘날 제네바-헤이그 협약의 구별은 인위적이다. 양자 모두 전쟁행위를 완화 및 약화시킨다는 인도주의적 관점에서 합의된 것이다. 이 이유로 양자 사이에는 서로 겹치는 부분도 있다. 역사적으로는 제네바 법이라고 불리는 국제 인도주의법은 모든 강행규범들을 제네바법과 헤이그법의 차원에서 차용한 것이다.

〈참고 1〉 전투법

제네바 법	헤이그 전쟁법 회의
•비전투원 대우에 관한 제한 •전투원의 대우에 관한 제한 -1864년, 1929년, 1949년 제네바 협약 -1949년, 1977년, 2005년 의정서	•전쟁행위의 방법과 수단(사용 무기의 범위) •1899년과 1907년의 헤이그 협약에 기초

두 법체계 모두 궁극적으로, 군사적으로 '불필요한 고통'을 금지한다는 원칙과 관련되어 있다. 이 원칙은 1868년 상트 페테르부르크(St. Petersburg) 선언에서 인상 깊게 표현되었다.

> 국가가 전쟁을 하는 동안 성취하려고 노력해야 하는 유일하게 정당한 목표는 적의 군사력을 약화시키는 것이다.… 이 목표는 이미 무기력해진 사람을 불필요하게 괴롭히는 군비사용으로 과도해 질 수 있다.… 이러한 군비의 사용은 인도주의적 법과는 배치된다.

이 발언은 정당한 군사행위에 대한 기본적인 인도주의적 제한을 가하는 것으로, 제네바법과 헤이그 법에서 나타나는 전투법의 핵심적 성격을 조합한 것이라 할 수 있다. "군사적 필요성에 잔인함은 필요하지 않다"는 논리를 전제로 할 때, 상트페테르부르크 연설에서 보다 일반적인 요소들을 상정한 1863년의 리버법(Lieber Code)은 당대에 일반적으로 받아들여진 법의 선언전의 형태라 할 수 있다. 비록 미군에만 적용되는 것이긴 하지만, 사실 그렇게 구체화된 규칙은 당대의 유럽 강대국들이 제시한 가이드라인과도 일치하는 것이다. 1874년 브뤼셀 회의에서 '전투법'(jus in bello)을 유럽에서 성문화하려는 시도를 통해 다차원적인 조약을 맺는 형태의 결과를 얻는데 실패하였다. 하지만, 국제적으로 합의된 문서가 없음에도 불구하고, 이 시간의 다양한 국가들의 법조문들은 국제적 관습법을 구성하게 되었다.

헤이그법의 현대적 기원은 주로 1899년과 1907년 헤이그협약 및 1977년 추가의정서 I(Additional Protocol I)에 기초하고 있으며, 이는 전쟁행위의 방법과 수단, 교전 당사자를 식별하는 포격 등의 내용을 조항화하는 것이었다. 현대 제네바법은 네 개의 1949년 제네바협약에 기초한 것으로, (I) 지상의 환자와 병자, (II) 해양의 환자와 병자 및 조난자, (III) 전쟁포로, (IV) 민간인 등에 대한 내용을 각각 다루고 있다. 비록 일관성 있거나 문제없이 적용된 것은 아니지만, 이 조약과 관습적인 조항에 근거하여 '전투법'의 기본적인 규칙들은 자리를 잘 잡았다.

국제 인도주의법은 일반적인 인권법과 깊이 관련되어 있으며, 따라서 이에 의해 발생한 의무는 호혜적인 것이 아니라 일방적인 것이라는 주장이 제기된다. 1949년 제네바 협약의 일반 제1항은 다음과 같은 내용이다.

"가맹국(High Contracting Party)은 어떤 상황에도 현존의 협약을 따르고 또한 따를 것을 보장해야 한다."

이에 따라 장 픽테(Jean Pictet)는 다음과 같이 말하였다.

"협약은 각 집단들이 다른 집단이 자기의무를 수행할 때에만 충족되는 호혜성에 기초하는 것이 아니다. 이는 오히려 일련의 일방적인 계약으로 다른 가맹국들의 이익에 우선한다."

이러한 일반적인 비호혜성 주장은 러시아 관리인 프레드릭 드 마르탱(Frederik de Marten)의 이름을 딴, 이른바 마르탱 조항(Marten Clause)과 다음과 같은 그의 발언과 관계되어 있다.

"가맹국은 그들 스스로가 규제하는 것을 제외하고, 거주민과 교전 당사자들이 국가법의 원칙하에 보호받게 되는 것은 대중적인 양심의 명령과 인도주의적인 법, 그리고 문명화된 사람들의 사용에서 나온 것임을 선언해야 한다."

비록 서문에서 나오고 따라서 권고적이긴 하지만, 마르탱 조항은 뉴렘버그 재판소(Nuremberg Tribunal)에서 원용되었다. 재판소는 몇몇 국제 인도주의법의 기본적인 조항들에 특별한 지위를 부여하였고, 세 가지 수준의 의무가 국제 인도주의 법규와 관련되어 발생하였다.

첫째, 국제법 조항이나 강행규범 조항의 일부를 구성하는 규칙이나 원칙(제네바 협약과 헤이그 협약의 상당 부분을 포함하는)으로 모든 국가들이 호혜성과 관계없이 따라야 하는 것.

둘째, 호혜성이 필요하지 않고 마르탱 조약의 범주에 속하는 것.

셋째, 혁신적이거나 아직 관습으로 성립되지 않았거나, 혹은 호혜성의 영역에 남아있는 것 등이 그것이다.

따라서 최소한의 전투법의 인도주의적 원칙이 강행규범의 성격을 지니고 있고 폐기나 연기가 불가능하다는 압도적인 사례가 가능하다. 이러한 관점에서 국제사회는 한 세기 전에 상트페테르부르크 연설에서 잘 표현되었던 불필요한 고통의 원칙을 지킬 수 있는, 일반적으로 적용 가능한 법적 규제시스템을 구축하였다.

전투법이 그것과 관련된 목적을 성취하는 것은 규정된 행동 양식들이 실제에서 얼마나 나타나느냐에 달려 있다. 이와 같은 전쟁범죄 사례에서 처벌에 대한 지나친 관심을 가지는 것은 국제 인도주의법이 그 규칙을 어긴 사람을 처벌하기 위한 것이 아니라, 먼저 전쟁범죄를 억제하여 무력분쟁의 희생자들을 보호하는 것이라는 핵심사항을 놓치는 것이다. 사실, 전쟁범죄를 처벌하는 것이나, 여타 강제적인 행동의 문제 이전에 이러한 기본적인 노력의 실패가 먼저 논의되어야 하며, 강제적인 행동의 문제는 효과적인 보급(dissemination)과 훈련의 영역으로 남겨두어야 한다. 비록 이러한 실행이 흔한 것도 아니고 규칙이나 지휘통제의 부족 때문에 악화되는 경우도 있지만, 많은 국가에서 후자가 군사적 훈련기구의 설립요소가 되고 있다.

탈냉전 이후의 분쟁이 확대되는 시점에서 전투원들은 전통적인 군사력에 순응하지 않으며, 이는 20세기 말과 21세기 초에 르완다나 구유고 공화국에서 설립된 국제형사법정의 제한적인 성공이나 처벌보다는 훈련과 교육이 더 좋다는 기존의 교훈에도 불구하고, 1998년 로마에서 국제형사재판소를 설립하기 위한 노력이 진행된 것은 대단히 중요한 일이다. 특히 국제형사재판소는 제2차 세계대전 이후 가장 두드러진 국제사법실험으로, 집단학살범죄, 인류에 대한 범죄, 그리고 침략범죄를 담당한다.

제2차 세계대전 이후 두 차례의 세계대전이라는 참화를 봉합하기 위한 노력으로 UN이라는 국제기구와 UN헌장이 제정된 이후, 민주주의 국가는 무력 사용을 결정함에 있어 국제법이 하나의 중요한 수단이 되어 왔다. 6·25 전쟁 및 이라크의 쿠웨이트 침공에서 볼 수 있듯이 불법적이고 용납할 수 없는 무력적 침략은 국제법에 의거하여 국제사회가 집단적 자위권을 행사함으로써 억제되어 왔다. 한 국가가 자국의 안보를 정당한 수단으로 대응하기 위해 무력을 사용할 때에도 그 근거는 국제법이었으며, 타국의 무력 사용에 관한 정당성 판단에 있어서도 국제법이 그 근거가 되어 왔다. 즉 무력 사용에 관한 국제법 그 자체가 전쟁을 분석하고 판단할 수 있는 중요한 기준이 되어 왔다는 것이다.

이와 같이 국가들의 행위에 국제법이 아무런 영향을 미치지 않는다고 주장하는 것도 바보스러운 것이다. 코헤인(Robert Keohane)의 표현을 빌리자면, 국제법은 "역할을 규정하고, 행동을 제한하며 미래를 구성한다."[22]

물론, 때때로 국제법은 다른 법들과 마찬가지로 망가지기도 한다. 그러나 이는 일반적인 것이 아니라, 예외일 뿐이다. 국제법이 파괴되는 사례에서도 자기행동을 정당화하려 하지 않는 경우는 거의 없으며, 위반자들은 그 위반사항이 심각하고 현저할수록 더더욱 법률용어에 의지하기 마련이다.

한편, 국제법이 국제질서를 창출하고 유지하도록 만들어졌기 때문에 국제법은 몇 가지로 제한적이었다. 국가가 국제법의 가장 중요한 대상이며 행위자였다. 국제법은 국가간 관계를 규율했고, 질서문제에만 국한되었다. 그러나 지구적 통치를 모색하는 과정에서 국제법은 새로운 영역으로 확대되고 있으며, 이에 따라 국제법이 초국가법으로 변화하고 있음을 감지할 수 있다.

22] R. O. Keohane(1989), *International Institutions and State Power : Essays in International relations Theory*(San Francisco : Westview Press), p. 3.

무력 사용에 관한 법이 2001년 9·11사태라는 전대미문의 테러공격 이후 중대한 변화를 겪고 있다. 과거 국가 대 국가의 무력 사용 및 정규전 개념의 무력 사용과 재래식 무기에 관해 규정하고 있는 국제법으로는 국가 대 테러 단체, 비정규전 개념, 대량 살상무기의 등장 및 확산으로 인한 무력 사용의 위험성을 봉합할 수 없다는 논점이 9·11 사태 이후 강하게 등장하게 되었고, 이를 통해 국제법을 과연 어떻게 해석할 것인가라는 문제가 급격하게 대두된 것이다. 이라크전쟁 이후 북한이 대포동 2호 미사일을 포함한 여러 기의 미사일을 동해상에 시험 발사한 이후 심지어 핵실험까지 감행한 현재까지 빈번히 논의되고 있는 '선제공격'(preemptive strike)에 관한 논쟁은 사실 이러한 국제법의 논쟁을 배경으로 하고 있기도 하다. 즉 기존 국제법 해석의 관점에서 한 국가가 합법적으로 무력 사용을 할 수 있었던 '자위권'의 개념으로는 자국의 안보를 담보할 수 없는 현실이 도래했으므로 한동안 논의의 사항이었던 임박한 위협이 분명할 경우 선행 자위권 역시 국제법의 일부로 포함되어야 하며, 임박성의 기준조차 완화해야 한다는 주장이 강하게 일고 있는 것이다.

또한 초국가법의 대두로 개인과 집단도 점차적으로 국제법이 규율하는 권리와 의무를 획득하고, 국제법의 대상이며 동시에 행위자로서의 지위를 확립해 가고 있다. 또한 비정부 행위자는 국제법의 발전과 법제화 과정에서 점차 중요한 역할을 담당하고 있다. 이와 같이 국제법은 국내법과 국가의 국내적 업무에도 영향을 미치고 있다. 국제법의 규칙은 더 이상 질서문제에 국한되지 않는다. 국제인권법이 발전함에 따라, 전 지구적 정의의 쟁점이 국제법 질서에 스며들고 있다.♣

XI

북한 핵무기와 한반도 안보

• 북한이 당면한 가장 중요한 문제인 핵문제의 경우 스스로 외교적인 노력을 차단하고 막다른 길로 가고 있다.… 6자회담 참가국가들이 북한의 회담 참가를 계속 종용해도 일방적으로 핵무기 보유를 천명하고 6자회담 진행을 거부했다.

－본문에서－

• 북한의 핵무기 개발의 본질적이고 궁극적인 목적이 공산체제 유지와 공산화 통일이기 때문에 북한 핵문제의 평화적 해결이 어려운 것이다.

－본문에서－

1993년 3월에 북한이 핵확산금지조약(NPT) 탈퇴를 선언함으로써 북한 핵문제가 미·북간 및 남북 간 뿐만 아니라, 국제적으로 심각한 현안으로 등장한 지 20여년이 흘러갔다. 이 문제의 평화적 외교적 해결을 위한 4자회담, 6자회담 등이 개최되었으나 평화적 해결의 가능성은 더욱 희박해지고 있는 것 같다.

북한 핵문제가 처음으로 국제문제가 된 후 1994년 10월에 미·북간 제네바합의문을 통하여 외형상 일단락되었다. 미·북간 핵 합의문의 내용은 크게 네 가지로 집약될 수 있다. 즉, ① 북한의 핵무기개발 포기, ② 미국의 책임 하에 1,000MW 경수로 2기 북한에 건설·제공, ③ 국교 정상화를 포함하여 미·북간 관계 개선, ④ 남북관계 개선에 북한 동조 등이다. 그런데 핵무기 개발을 중단·포기하기로 한 여러 국제협정에도 불구하고 북한이 2002년 10월에 농축 우라늄을 이용한 핵무기개발 프로그램을 추진하고 있음을 시인하고, "제네바 합의는 무효화됐다"고 선언함으로써 북한 핵문제가 다시 현안으로 부각되었다.

그 이후 북한은 2006년 10월 9일, 2009년 5월 25일, 2013년 2월 12일, 제1, 2, 3차 핵실험을 차례로 강행하였으며, 특히 3차 핵실험에는 고농축 우라늄탄 가능성이 높은 가운데 '다종화된 핵 억지력'을 갖추었다고 공식 발표하는 등 위협의 강도를 지속적으로 증가시켜 왔다.

북한의 핵문제를 해결하기 위해서는 우선 북한이 어떤 의도로 핵무기를 개발하는지를 분석하는 것이 필요하다. 북한에 대한 정보가 제한된 상황에서 북한의 의도를 정확히 파악하는 것은 어렵지만, 북한의 핵능력을 추정하고, 북한의 현 체제의 특성을 분석해봄으로써 어느 정도 판단할 수도 있을 것이다. 북한이 핵 포기를 조건으로 국제사회의 지원을 받는데 있는 것인가? 핵무기 개발을 지속하여 궁극적으로 핵보유국이 되려는 것일까?

북핵문제의 해결은 북한정권의 향방과 밀접한 관계가 있다. 사실 제네바 합의에 의한 북한 핵문제의 해결도 북한이 합의사항을 성실히 이행한다는 전제 하에 가능한 것이었는데 북한이 '공산체제의 유지와 공산화 통일'이라는 기본 목표를 포기하지 않는 한 그것은 불가능한 기대였다. 김일성이 사망한 이후 김정일은 선군정치와 강성대국을 더욱 강조하고 병영 국가체제를 강화하였다. 이 장에서는 핵 이론 전개와 함께 북한의 핵개발 경과와 현황을 개괄하면서 북한의 핵능력을 평가하고 핵 해결의 전망과 그 대응책을 살펴본다.

1. 북한의 핵개발 현황과 능력

가. 핵개발의 역사와 현황

북한은 풍부한 광물자원을 보유하고 있지만 석유자원은 전무하여 에너지원으로는 수력, 석탄이 있으며 석유는 전량 수입에 의존하고 있다. 구소련의 붕괴 이전 연간 원유 수요 약 250만 톤 중에서 100만 톤을 구소련과 중국에서 수입했는데 구소련의 붕괴 후 러시아에서의 원유수입은 거의 전무했다고 추정된다.

이러한 에너지 사정과 함께 풍부한 양질의 우라늄광을 국내에 보유하고 있는 북한으로서는 자연히 원자력 이용에 관심을 갖게 된 것이다. 북한의 핵개발의 역사는 50년이 넘는데, 그 주된 흐름은 다음과 같다.

북한은 1956년부터 인재육성을 위해 과학자, 기술자를 구소련으로 유학시키고 모스크바 에너지 연구소, 바만 고급기술학교 등에 연수를 시키는 것 외에 소련, 동독, 불가리아 등 동구 공산권 여러 국가의 원자력발전소에서도 실지 훈련을 받게 하였다.

1960년대에는 평양의 북동 90km 정도의 지점에 원자력연구센터를 건설하고 소련은 이것에 대하여 1965년에 IRT-2000으로 불리는 소형 연구화로 研究火爐와 핵연료를 공급하고, 북한에서 '첫' 원자로가 되는 이 연구화로는 1967년에 운전을 시작하였다.

1970년대에 접어들어 1973년 김일성종합대학 물리학부에 핵물리학과, 화학부에 방사화학과를 개설하고, 김책대학에 핵물리학부를 출범시켰으며, 핵연료 주기를 형성하였다.

1980년대에는 본격적인 원자로 발전 추진을 위해 소련에서 VVER타입의 가압 수형 경수로 도입을 계획하고, 신포시 부근에 원자력발전소 건설 부지를 선정하였다. 이것 때문에 소련의 권유도 있고 해서 1985년에는 핵확산방지조약(NPT)에 가맹하였다. 가입 배경을 보면, 1984년 김일성이 소련을 방문해 식량지원 문제와 원자력발전소 건설에 소련의 지원을 요청했는데, 이에 소련은 북한이 NPT에 가입시 지원이 가능하다고 응답하여 동년 12월 12일 NPT에 가입하게 된 것이다. 그렇지만 이 원자력발전소 건립 프로젝트는 소련이 분열되면서 중단되었다.[1]

북한의 원자력 이용은 당초 평화 이용을 주목적으로 하고 있다고 볼 수

[1] 박명서·정지웅(2000). 『북한 핵 프로그램』(서울 : 사군자). p. 42.

있지만 1985년경에는 군사 이용으로 방향전환을 시도한 것으로 판단된다. 그 이유로서는 몇 가지를 고려해 볼 수 있다. 우선, 북한경제가 1970년대 후반 이후 저조하기 시작하여 한국과의 격차가 크게 벌어지고 게다가 중·러의 군사적 후원이 사라졌다. 그 결과로써 남북의 군사력 균형도 북한에 불리한 상황이 되었고, 이것에 대항하기 위해 북한으로서는 코스트가 낮은 핵무기 개발에 뛰어든 것으로 판단된다. 또한 당시 한국의 박정희 대통령은 주한미군 철수에 대비, 핵무기 개발을 위해 폐연료의 재처리 시설 도입 관련 프랑스와의 계약을 맺으려 하였지만, 핵확산을 우려하는 미국의 강한 압력으로 1978년 계약을 포기한 바 있다. 이는 아마도 북한을 자극했을 것으로 생각된다.

참고 1 북한의 핵시설 현황

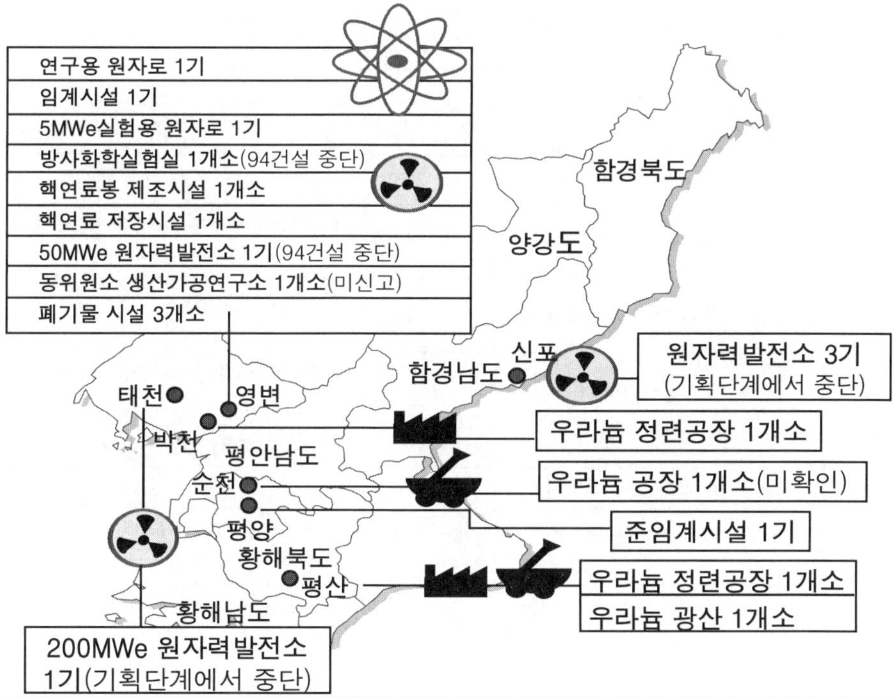

따라서 북한은 1970년대 말부터 1980년대에 걸쳐 영변의 원자력 센터에 자력으로 5메가와트의 소형화로 건설을 비롯하여, 1986년부터 운전을 시작한 것으로 볼 수 있다. 이 북한 원자력 건설의 화로는 소련 공급 IRT-2000에 이어 북한의 '제2의 원자로'로 불리고 있다.

또한 북한은 1980년대의 중반부터 '방사화학연구소'라고 불리는 재처리시설 건설에 착수하였다(1989년부터 부분적인 가동). 이것은 연구소라기보다는 체육관 같은 큰 건물이다. 아직 원자력 발전소가 가동되고 있지 않고 있는 북한에서 이러한 대규모 재처리시설은 발전용으로는 필요 없는 것으로 핵무기의 플루토늄 추출을 위해서라고 밖에 생각할 수가 없다.

북한의 핵시설 현황은 위의 그림과 같으며, 2차 핵 위기 이전까지 동결된 핵시설 5개소는 〈참고 2〉에 나타난 바와 같다.

참고 2 북한의 핵시설 동결(5개소)

순번	시 설 명	수량	위치	비 고
1	5MWe 원자로	1기	영변	'79 착공 → '86 가동 개시
2	50MWe 원자력발전소	1기	영변	'85 착공 → '95 완공 예정이었으나 '94.10 동결
3	200MWe 원자력발전소	1기	태천	'89 착공 → '96 완공 예정이었으나 '94.10 동결
4	방사화학연구소 (재처리시설)	1개소	영변	'85 착공 → '89 부분가동 → '95 완공 예정이었으나, '94.10 동결 (동결 당시 70% 공정 완료)
5	핵연료봉 제조시설	1개소	영변	
미신고	폐기물 저장소	3개소	영변	'76, '90, '92 건설

나. 핵 위기

북한이 소련에서 IRT-2000이라는 '제1의 원자로'를 도입하였을 때에는 소련 측의 요구에 따라 이 화로에 대해서 국제원자력기구(IAEA, International Atomic Energy Agency)의 부분적 사찰을 받아들여, 1967년 이후 IAEA의 사찰관의 사찰이 이루어졌다. 그러나 전해지는 바에 따르면 사찰관의 출입은 야간으로 한정되고, 이 화로가 있는 장소에만 허용될 뿐이었고, '제2의 원자로'나 재처리시설에 관련해서 북한 측은 그 존재조차 침묵하고 일체 이야기하지 않았다. 그렇지만, 미국의 위성사진 등으로 재처리시설의 존재가 떠오르면서 북한은 1985년에 NPT에 가맹하였지만 원자력 시설 신고도 하지 않았고 사찰도 받아들이지 않은 것은 NPT 의무 위반이라는 소리가 IAEA 이사회 등에서 커지게 되었다.

이러한 지적에 대해서 북한은 1992년의 1월이 되어서야 IAEA와의 보장조치협정에 조인하고, 같은 해 4월이 되어 비준수속을 끝마쳤지만, NPT 가맹으로부터 6년 이상이 지나 있었다. NPT(제3조)에 의하면 가맹국은 가맹 후 18개월 이내에 IAEA에 신고하여 보장조치협정을 맺고 자국 내의 모든 원자력 활동을 IAEA에 신고하여 사찰을 받아야 하는 의무가 부여되어 있었다. 이것은 단순 명쾌하고 또한 기술적인 규정이며, 별도의 해석이 필요 없는 규정이다. 그러나 북한은 미국의 핵무기가 한국에 배치되어 있고 핵의 위협에 있는 등 조약상 이유가 되지 않는 정치논의를 전개하여 사태 지연을 도모하였다.

보장조치가 체결되면 체약국은 자국의 원자력 활동실태를 IAEA에 신고하는 최초 보고서를 제출하고, IAEA는 그 보고가 옳은가에 대한 이른바 '특정사찰'을 실시한다. 북한의 경우에도 그에 따라 수속이 진행되고 1992년 5월부터 특정사찰이 시작되었지만, 사찰이 진행됨에 따라 북한이 신고한 플루토늄의 조성과 양이 IAEA가 실제로 검인한 결과 '중대한 불일치'가 발생하였다. 더욱이 영변 원자력 센터의 구내에 핵폐기물 저장 센터와 두 개의 시설이 발견되었기 때문에 IAEA는 북한에 설명을 구함과 동시에, 이 두 개 시설에 대한 출입검사를 요구하였다. 그러나 북한은 이들 시설은 원자력 활동과는 상관없는 군사시설이라고 항변하며 사찰을 거부, 거꾸로 미국에 휘둘러지고 있는 IAEA는 불공평하다는 비판을 전개하고, 1994년 6월 IAEA 탈퇴를 선언하였다. 이른바 제1차 핵 위기가 발발되었다. IAEA이사회는 결의를 통해 1993년 1월에 두 개 시설에 대해 '특별 사찰'을 요구하였고 북한은 이것을 거부하면서 더욱이 3월 12일에 국가의 최고 이익을 지키기 위한 조치로서 NPT 제10조 규정에 따라 NPT에서의 탈퇴의사를 표명하였다.

이에 대해 국제사회는 북한에 탈퇴 통고의 철회를 요구하였고, 북한은 핵 문제는 미국과의 직접 교섭에 의해서만 해결할 수 있다는 주장을 반복하였다. 미국은 내키지 않았지만 여기에 응하면서 북한은 탈퇴 통고가 효력이 발하는 기일(탈퇴 통고로부터 3개월)의 전날인 1993년 6월 11일, NPT 탈퇴 통고를 '중단'시키는 것을 '자주적'으로 결정하였다고 발표하였다. 북한은 이것이 탈퇴 통고의 '중단'이며 철회가 아니라고 하면서 NPT에 대해 '특수한 입장'에 있다고 주장했다.

이렇게 해서 파란은 수습되었지만 잇따라 실시된 북미 직접교섭으로 북한은 NPT에 대해 통상의 체약국과는 달리 '특수한 입장'에 있는 것이므로 IAEA의 사찰을 전면적으로 받아들일 의무는 없다는 주장을 집요하게 전개하여, 교섭은 난항을 겪었다.[2]

북한은 유엔안보리나 IAEA의 재차 요청에도 귀를 기울이지 않아, 영변에 대한 핀포인트 공격이라든가, 안보리에 있어서의 경제제재 결의 가능성 등도 검토되기 시작하여 한반도는 심각한 긴장에 휩싸였다. 결국, 1994년 6월에 북한은 IAEA에서 탈퇴, 지금까지 복귀하지 않고 있다.

---

[2] 이춘근(1995), 『북한 핵의 문제 : 발단, 협상과정, 전망』(서울 : 세종연구소), pp. 126~176.

그러나 같은 해 6월 카터 전前 미국 대통령의 방북과 김일성 주석(당시)과의 회담으로 상황은 일전一轉하여 충돌 가능성은 후퇴하였으며, 결국 북·미 교섭이 재개되어 1994년 10월에 북·미간에 '제네바 합의'가 조인되었다. 이것으로써 한·미·일 3국은 북한이 플루토늄에 의한 핵무기 개발을 중단하는 대신 북한에 100만 KW급의 경수로를 2기 건설하고, 그것을 완성하기까지 50만 톤의 중유를 무상 공급하기 위한 국제 컨소시엄(consortium)을 설립하기 위해 교섭을 시작, 1995년 3월에 한반도 에너지 개발기구(KEDO)를 발족하였다.

'제네바 합의'와 KEDO에 의해 북한의 플루토늄에 의한 핵개발은 우선 억제되었지만, 그 후에도 북한의 핵 의혹 소문은 끊이지 않았다. 그와 같은 상황 속에서 2002년 10월에 북한의 고관이 방북 중인 케리 미국 국무차관보에게 우라늄 농축에 의한 핵개발 존재를 인정한 것은 국제사회에 대단한 충격이었다. 그 후 북한은 미국 전문가조사단에 추출 플루토늄(100g 정도)을 보여주고 핵무기계획의 진전을 각인시키는 한편, 우라늄 농축을 표명한 적이 없다고 말하면서 공적으로는 우라늄 농축을 부정하였다. 그러나 이 우라늄 농축계획의 언급으로 한·미·일을 선두로 국제사회는 크게 반발하였다. 이에 북한은 북·미 제네바 합의로 약속되어 있던 핵관련 시설 동결을 해제하고, IAEA의 봉인을 제거하며, 감시카메라 촬영을 방해하여 상주하고 있는 IAEA의 사찰관을 추방하고, 더욱이 2003년 1월에는 NPT에서의 탈퇴를 표명하였다. 제2의 핵 위기의 시작이었다(고영태, 2005).

우라늄 농축은 NPT, 또한 그에 따른 보장조치 협정에 위반하고, 남북한 비핵화 공동선언도 위반하는 것이며 "제네바 합의"정신에도 배치된다. 그럼에도 우라늄 농축에 손을 댄 이유는 정확히 알 수 없다. 추측하기로는 플루토늄에 의한 핵개발이 금지되고 있는 북한으로서 지금 하나의 핵개발의 수단인 우라늄 농축으로 갈 수 밖에 없다는 것, 재처리와는 달리 민생용 원자력 발전을 위한 연료를 만드는 데에 불가결하다고 말할 수 있다는 것, 더욱이 농축에 의한 우라늄 폭탄 쪽이 플루토늄형 폭탄보다는 폭발시키는 데 기술적으로 용이한 것 등을 들 수 있을 것이다.

제2의 핵 위기는 제1의 핵 위기보다는 더 큰 위험성을 내포하고 있다.

첫째, 플루토늄 추출이든, 우라늄 농축이든, 핵 억지력을 위한 핵개발이라는 본심을 분명히 주장하고 있는 것으로 따라서 NPT라든가 IAEA 사찰이라는 제도적인 제약 요인을 이제 벗어던져 버린 것이다.

둘째, 북한의 미사일 개발은 소련형 스커드 B를 기초로 스커드 C, 노동, 대포동으로 꾸준히 진행하고, 운반수단이 점차 고도화되고 있는 것이다.

셋째, 플루토늄의 경우는 영변 원자력 센터 1개소에 집중하고 있지만, 농축과 관련해서는 장소의 특정을 할 수 없다는 문제가 있다. 우라늄 농축의 진보상황은 잘 모르지만, 약간의 시간을 들이면 충분히 그 목적을 달성할 수 있을 것이다.

다. 핵능력 평가

핵무기(nuclear weapons)로서 핵탄두 및 기폭장치 외에 운반장치를 포함할 것인가에 관해 두 가지 관점이 존재한다. 하나는 '핵물질'(nuclear material)에 기폭장치를 조합해서 제조한 '핵장치'(nuclear device)를 핵무기로 보는 것이고,[3] 다른 하나는 핵장치에 '운반수단'(delivery means)까지 갖춘 것을 핵무기로 간주하는 것이다. 운반수단을 제외한 핵장치를 핵무기로 보는 관점은 대량 살상무기의 비확산에 관련된 국제 레짐에서도 통용되고 있다. 예를 들어, 걸프전 이후 이라크의 대량 살상무기를 폐기할 것을 규정한 유엔안보리 결의안 687호에서도 폐기 대상을 다음과 같이 크게 3개 항목으로 구분해서 나열했다. 즉, ① 생화학무기와 관련물질(제8a항), ② 핵무기와 관련

3] P. Zimmerman(1993) "Technical Barriers to Nuclear Proliferation", *Security Studies*, Spring/Summer, pp. 345~356.

물질 및 부품(제12항), ③ 사정거리 150km를 초과하는 모든 탄도미사일(제8b항) 등이다(UN SCR687, Apr. 3, 1991).

따라서 통상 운반수단을 핵무기와는 별도로 다루게 된다. 따라서 '핵능력'(nuclear capability)이란 핵물질을 생산하고 이를 '무기화'(weaponization)해서 핵장치를 제조하는데 필요한 기술적 지식, 생산시설 및 필요한 원료물질을 갖춘 능력으로 본다. 여기서 운반수단은 무기화의 일부가 아니라 핵능력을 구체적인 위협으로 실현하는 수단으로 간주되며, 핵능력을 구성하는 2대 요소는 핵물질과 핵장치가 된다. 핵물질이 무기화과정을 거치면 핵장치가 되고, 완성된 핵장치를 운반수단에 장착하면 '핵무기체계'(nuclear weapon system)가 된다.

핵물질은 핵장치를 만드는 데 필요한 재료로서 '플루토늄'(plutonium : Pu)과 '고농축 우라늄'(highly enriched uranium : HEU) 두 종류가 있다. 따라서 핵폭탄에도 이 두 종류의 핵물질을 이용해 플루토늄(Pu) 폭탄과 고농축 우라늄(HEU) 폭탄을 만든다. 플루토늄 탄은 농축 우라늄 탄에 비해 제조하기가 어렵다. 반면에 농축 우라늄 탄은 개발하는 데 시간이 오래 걸리고, 비용도 비싼 것으로 평가된다. 가공 전 천연 우라늄은 U-238이 약 99%, U-235가 0.7%를 함유하고 있다. 플루토늄 폭탄 제조를 위해서는 우선 천연 U-238을 중성자와 충돌시켜 U-239를 생성시킨다. 이를 재처리(흑연 감속로를 가동시)하면 핵 연료봉에서 Pu239가 축적되며, 이를 화학적 방법으로 처리하여 93% 이상 순도의 Pu을 추출하여 플루토늄 탄 핵무기 제조에 사용한다. 반면, 우라늄 농축방법을 보면 천연 우라늄에 있는 0.7%의 U-235의 함유 비율을 90% 이상으로 높이는 작업을 통해 핵무기 제조용 고농축 우라늄을 생산하는 것이다(우라늄을 4%까지 농축하면 경수로 원료로 사용).

핵장치는 플루토늄이나 고농축 우라늄을 화약으로 삼아서 무기화 과정을 거쳐 만들어진 핵 폭발장치를 말하는데, 핵분열(원자탄) 혹은 핵융합(수소탄)을 통한 폭발에 의해 피해를 야기하는 부분이다. 핵장치는 소총에 비유하면 총알에 해당된다고 할 수 있다. 따라서 핵무기에는 두 종류로서 하나는 핵분열 무기(fission weapons)이고, 다른 하나는 핵융합 무기(fusion weapons)가 있는 셈이다. 전자는 핵분열을 이용한 원자폭탄(atomic bomb)이고, 후자는 핵융합을 이용한 수소폭탄(열핵폭탄 : hydrogen bomb, thermonuclear bomb)이다. 원자폭탄은 수소폭탄에 비해 단순하고, 비용도 적게 들고, 파괴력도 상대적으로 낮다.[4]

무기화 과정이란 설계도면에 따라 핵물질과 기폭장치 등 다른 부품들을 조합해서 폭발이 가능한 핵장치를 제조하고, 실험을 실시해서 핵장치의 작동 여부를 확인하며, 핵물질의 양을 줄이고 설계기법을 현대화해서 핵장치의 소형화와 경량화를 꾀하는 전 과정으로 정의할 수 있다. 결국 무기화 과정은 핵장치의 설계·제조 및 고폭실험, 핵실험, 핵장치의 소형화·경량화로 세분화 할 수 있다.

한편 방사능 물질에 재래식 폭약을 장착해 터뜨려서 인명을 살상하고 심리적 공황상태를 야기하는 방사능무기는 '방사능 살포장치'(radiological dispersion device : RDD) 혹은 '더러운 폭탄'(dirty bomb)이라고 하는데, 핵무기로 분류되지는 않지만 역시 큰 위협이 될 수 있다.[5] RDD는 보통 TNT와 같은 재래식 폭약과 방사능 물질을 섞어서 터뜨리게 되는데 방사능무기를 만드는데 적합한 방사능 물질은 코발트-60 등 10여종이 넘는다.[6] 방사능무기는 인명살상의 규모는 핵폭발하는 핵무기에 비해 떨어지지만 방사능 오염에 의한 경

4] 국방부(2004), 『대량 살상무기(WMD) 문답백과 : 화·생·방·미사일 얼마나 알고 계십니까?』(서울 : 국방부)

5] 전성훈(2008), 「대량 살상무기(WMD) 군비통제와 군축의 역사적 평가와 전망」, 『한반도 군비통제』(서울 : 국방부), pp. 22~23.

6] K. Van der Meer(2003), "The Radiological Threat : Verification at the Source", *Verification Yearbook 2003*(London : VERTIC), pp. 126~132.

제활동의 중단과 일반인들의 심리적 공포감을 유발함으로써 우리사회를 커다란 혼란에 빠뜨릴 수 있을 것이다(북한의 핵개발 역사와 핵능력의 규모를 감안할 때, 북한이 방사능무기를 제조하는 데는 큰 어려움이 없을 것으로 보인다). 따라서 방사능무기를 '대량 혼란무기'(weapons of mass disruption)라고 부르기도 한다. 실제로 방사능무기는 제조와 취급이 핵무기에 비해 훨씬 쉽기 때문에 테러에 사용될 가능성이 많으며, 부품을 구입해서 조립하기 용이하기 때문에 절도와 불법거래의 표적이 되고 있다.

앞에서도 언급했듯이 핵능력을 구성하는 4대 요소는 기본적으로 ① 핵물질, ② 핵장치의 설계·제조 및 고폭실험, ③ 핵실험, ④ 핵장치의 소형화·경량화이다. 현재 북한의 예상 핵능력을 분석한 내용을 요약하면 다음 〈참고 3〉 에서 보는 바와 같다.

참고 3 북한의 보유 핵 운반 수단

구 분	항공기	미사일	대大구경포	핵배낭
종류	IL-28	SCUD, 노동, 신형 중장거리, 대포동	170mm 240mm	
운반능력	약 3.5톤	0.5~1톤	약 50kg	약 20kg
특성	운반 가능, 이동 중 요격에 취약	사거리 길고 안전한 투발수단	초소형화	초경량화

핵장치 제조 능력은 편의상 초급, 중급 및 고급으로 구분할 수 있는데, 초급기술은 1945년 일본에 투하된 제1세대형 핵장치를 제조할 수 있는 정도의 능력이고, 고급기술은 미국과 러시아가 보유한 것과 같이 오랜 경험과 최신기술을 바탕으로 설계와 제조기법을 개량해서 핵장치의 첨단화, 경량화에 성공한 능력을 말한다. 중급기술은 초급과 고급의 중간단계의 능력으로 볼 수 있다. 북한의 경우, 플루토늄과 HEU를 확보하고 있기에 핵장치를

제조하는 데 아무런 문제가 없으며, 이제는 초급기술을 넘어 중급기술까지도 보유 가능한 것으로 추정된다.[7]

북한이 2006년 10월 9일 제1차 핵실험이 지진파 3.9로 1kt 이하의 위력으로 평가되었던 점에 비추어보면 2013년 제3차 핵실험은 6~7kt의 위력으로 수배 이상 큰 위력을 과시했다.[8] 그럼에도 전문가들은 표준형 핵무기의 위력(20kt)에는 못 미치는 것으로 추정하고 있다. 따라서 북한이 보유 가능한 핵장치의 파괴력을 5kt, 10kt 및 20kt으로 가정했을 때, 중급기술 수준의 경우 핵탄두 하나를 만드는데 필요한 플루토늄의 양은 각각 2.5kg, 3kg 및 3.5kg이다. 북한이 현재까지 생산한 플루토늄의 양을 최대 약 60kg으로 추정했을 때(국제 핵물질위원회), 핵탄두 수는 파괴력과 이를 위한 플루토늄 소요량에 따라 각각 계산될 수 있는데 최소 9개에서 최대 23개까지 보유할 수 있는 것으로 예상된다.[9]

한편, 북한의 핵위협은 운반수단에 의해서 그 강도가 더욱 증가된다. 미사일 운반수단의 경우 문제는 핵탄두를 1톤 이내로 소형·경량화하여야 하는 기술적 문제가 있으나 이의 실현을 위한 지속적 노력을 경주하고 있는 것으로 알려져 있다.

7] NRDC(2003). *Natural Resources Defense Council*, p. 76. www.nrdc.org.

8] 중국 과학기술대 원롄싱(溫聯星) 교수팀은 지진의 관측기록과 위성자료를 종합 분석해 연구한 결과 2013년 2월 12일 북한이 실시한 3차 핵실험의 정확한 좌표위치는 북위 41도 17분 26.88초, 동경 129도 4분 34.68초였으며, 핵폭발 규모는 12.2kt이라고 밝혔다. http://news.zum.com/articles/7462962(검색일 : 2013.7.7.)

9] 전성훈(2010). 「북한 비핵화와 핵우산 강화를 위한 이중경로정책」. 『국가전략』. 세종연구소. 2010년 봄. 16권 1호. p. 13 ; IRT-2000 원자로와 5MWe 원자로를 통해 생산 및 재처리된 플루토늄의 총량은 두 번의 핵실험시 사용된 양을 제하고 32.5~58.5kg으로 보고 있다.

2. 북한 핵의 미래

가. 선군정치先軍政治와 핵

북한의 유일 지도이념이며 영생불멸의 사상이 되어왔던 주체사상은 김정일의 통치 이전까지는 매우 중요한 통치 이념으로서 작동되었으나, 김정일 등장 이후 통치상황의 변화와 함께 붉은기 사상, 선군정치, 강성대국의 개념들이 등장·강조되었다. 특히 강성대국은 주체사상을 대체하는 새로운 통치 이념으로 기능하고 있다(2012년 북한의 신년사에서는 강성대국 대신 강성국가로 표현, 2013에는 강성국가 건설을 위한 가장 중요한 과업으로 '경제강국' 건설을 강조).

강성대국론이 처음으로 나온 시점은 1998년으로서 황장엽이 탈북하여 남한으로 귀순한 1997년의 이듬해이다. 황장엽의 탈북과 남한 귀순이 주체사상의 권위를 훼손시켰다고 북한 지도부는 생각했을 것이다. 강성대국론은 한마디로 정치·사상강국, 경제강국, 군사강국을 건설하겠다는 것이다. 북한은 식량난으로 민심이 흉흉한 상황에서 군부를 무마하고 동시에 사회통합에 활용하기 위하여 1995년부터 선군정치라는 새로운 통치양식으로 통치를 하고 있는데 이 선군정치에 잘 부합하는 통치이념이 강성대국론이다.[10]

2004년부터는 하위 개념의 통치양식인 '선군정치'라는 개념이 매우 자주 등장하면서 '강성대국론'은 그 이념으로서의 위치를 상실하고 '선군정치' 개념에 그 자리를 내주게 되었다. 여기서 말하는 '선군'은 김정일 국방위원장의 정치방식으로 알려지고 있는 '선군정치'를 의미한다. 김정일의 '선군

10] 서재진(2001), 『주체사상의 형성과 변화에 대한 새로운 분석』(서울 : 통일연구원), pp. 40~ 55.

정치'는 군을 최우선시하며 군을 앞세워 국가의 모든 문제를 해결해 보겠다는 의지를 담고 있는 것이다. 따라서 현재 북한에서는 명목상에 있어서나 실질적인 차원에 있어서도 군의 최고 가치는 곧 국가의 최고 가치며, 군대를 대표하는 것이 바로 국가를 대표하는 체제가 유지되고 있다고 할 수 있다. 이를 일컬어 '선군정치 체제'라 할 수 있을 것이다.[11]

김정일은 소련이나 동구권에서 공산주의체제가 무너진 원인을 다음과 같이 설명하고 있다. 소련이나 동구권에서 공산주의체제가 무너진 것은 그 체제 때문이 아니고 사상적으로 무장이 덜 된 군대가 체제붕괴를 방관하거나 묵인한 것이 원인이라는 것이다. 게다가 동구 공산권의 몰락은 북한 경제의 악화를 가속화시켰다. 대외무역의 대부분을 소련을 비롯한 공산권에 의지하고 있던 북한으로서는 이들 나라들의 몰락은 외부에서의 젖줄이 끊어진 것이나 다름없었다. 미국과의 관계도 갈수록 나빠지면서 직접적인 위협으로 다가왔다. 이러한 상황은 북한에게 군에 모든 것을 의지하는 선택을 불가피하게 만들었다.

선군정치를 통해 헌법상으로도 국방위원장이 최고 권력자가 되도록 했으며, 군의 위상이 대폭 확대되었다. 차수급 장령들의 권력순위가 당 비서들을 앞질렀으며 김정일이 중국을 방문 시에는 업무와 직접 관련이 없는 군 실세들이 대거 수행했다. 김정일은 현지 방문의 60% 이상을 군부대나 군 관련 행사에 할애하고, 기회 있을 때마다 군에 대한 각별한 애정을 나타내었다.[12] 종업원 5백 명 이상의 공장 기업소 광산 등은 군이 직접 관리하고 있으며 협동농장도 대부분 군이 담당하고 있다. 안변청년발전소, 월비산발전소, 태천수력발전소, 대응단군종합농장을 군이 건설했다.

11] 정영태(2004), 「김정일 정권하 정치군사체제 특성과 변화전망」, 『김정일 정권 10년 : 변화와 전망』(서울 : 통일연구원), pp. 2~8.

12] 정영태, 상게서, pp. 7~8.

또한 어려운 경제사정에도 막대한 예산을 들여 96년 북한이 '광명성 1호', 2009년 4월 5일 '광명성 2호', 2012년 12월 12일 '광명성 3호'를 발사한 것도 선군정치의 위상을 높이기 위한 조치였다. 선군정치의 특징은 군을 전면에 내세움과 동시에 주민들에 대한 감시와 사상교양을 강화한 점이다. 이처럼 북한의 경제난 가속으로 북한정권이 주민들의 경제적 욕구를 채워줄 수 없게 되자, 이러한 선군정치를 통해 주민들의 심화된 정치적 불신을 완화시켜주는 효과와 함께, 군대를 우선하는 정책의 표방으로 경제난에 대한 책임을 회피하면서 군부의 일탈 현상을 막고 정권의 안정성을 확보하려는 것이다.

김정일을 승계하여 국방위원회 제1위원장이 된 김정은도 이러한 통치스타일에서 크게 자유롭지 못할 것으로 보인다. 더구나 그의 짧은 권력승계 준비기간과 통치경험 부족, 그리고 권력층이나 주민들의 김정은의 권위에 대한 확신 부족 등이 작용한데다 김경희, 장성택, 최룡해 등 핵심 엘리트들의 영향력이 커져 정권의 불안 가능성과 함께 계속적인 경제 악화문제는 3대세습의 김정은 정권의 최대 위협요인이 될 수 있다. 그리하여 승계 후 첫 지도순시도 북한군의 탱크사단이었으며, 유엔제재를 무릅쓰고 장거리 로켓 발사라는 도발 카드를 꺼내든 점 등을 미루어볼 때 무엇보다 선군정치사상은 계속 승계·유지할 수밖에 없을 것으로 보여진다.

선군정치는 무엇보다 군부의 영향력 확대와 정책의 보수화로 사실상 안보문제를 외교적으로 해결하는 것을 방해하고 있다. 북한이 당면한 가장 중요한 문제인 핵문제의 경우 스스로 외교적인 노력을 차단하고 막다른 길로 가고 있다.

미국 등 6자회담 참가국들이 북한의 회담 참가를 계속 종용해도 일방적으로 핵무기 보유를 천명하고 6자회담 진행을 거부했다. 이는 어떤 일이 있더라도 핵무장을 하겠다는 북한 군부의 의지가 확고한 것으로 볼 수 있다.

설사 6자회담이 진전된다 해도 북한이 핵을 포기할 가능성은 낮다. 북한이 1994년 제네바 합의로 핵개발을 포기하겠다고 약속하고서도 우라늄 핵개발을 다시 시작한 것을 보면 북한의 핵개발 의지가 얼마나 확고한가를 알 수 있다. 무력강화를 우선시하는 군부의 입김이 강하기 때문이다. 북한의 대미, 대일외교가 결코 만만치 않은 강경자세로 유지하고 있는 것도 그와 관련이 있다. 핵개발은 북한의 선군정치 수단으로서, 군력의 핵심수단으로서, 매우 가치 있는 일임에 틀림없는 것이다.

정상적인 국가로서의 북한의 생존을 위해서는 당연히 개혁과 개방의 대안이 필요하겠지만 이는 우상화 신정神政체제의 조속한 몰락을 의미할 지도 모를 일이다. 김정일을 이은 김정은체제의 생존을 위해서는 지속적인 폐쇄 및 고립정책이 필요하나, 이 경우 북한이라는 국가사회는 경제적 파탄을 면치 못할 것이다.

바로 이 같은 딜레마를 해결하기 위한 방법으로 북한이 택한 길은 후자의 길, 즉 '체제의 생존'을 '국가의 생존'보다 우선하는 정책이었다. 이를 위한 하나의 중요한 방편이 핵무기를 개발하는 일이며 핵개발을 통해 체제의 생존을 우선적으로 보장하고 궁극적으로 국가의 생존 방안까지 강구하려는 것이다. 따라서 북한은 군축, 화해, 개방의 길을 택하기보다는 핵개발을 통한 군비 증강, 적극적인 군부 중시정책 및 군부의 환심확보, 대남 전략적 우위확보, 적화통일정책의 지속적인 강조 등을 통해 체제를 유지 강화하고자 노력하고 있는 것이다.

북한은 핵개발 정책을 통해 신국제질서를 주도하고 있는 미국의 지위에 정면 도전함으로써 오히려 최강대국을 통한 체제의 생존확보를 위한 노력 전개의 기회를 갖게 되었다고 볼 수 있다. 따라서 북한은 미국과 맞대응하여 핵을 포기하는 시늉을 통해 북한체제의 생존을 보장받고자 하는 것으로서, 애초부터 '6자회담'을 통한 북핵문제 해결은 북한의 생리에 맞지 않는 논리가 되는 것이다.

또한 북한은 개혁과 개방을 통해 공산주의 체제를 자본주의 체제로 형질 변경시키는 방법이 아니라 공산주의체제를 그대로 지속하는 범위 내에서 북한의 민생고를 해결하기 위해 서방측의 돈을 필요로 하는데, 핵카드는 이들을 확보하기 위한 절호의 수단이 되고 있는 것이다. 핵무기가 북한 정권의 안정에 기여할 것인지는 의문스러운 일이지만, 그럼에도 불구하고 북한의 지도자들이 의존할 수단이 별로 없다는 데에서 핵무장이라는 도구로서의 효용성을 계속 가질 것이다.

나. 향후 전개전망

선군정치는 일시적으로 북한사회를 안정시킬 수 있을지는 몰라도 북한의 생존과 발전전략에서는 커다란 '방해물'이다. 선군정치는 역설적으로 북한체제 변화나 정권변환을 앞당길 수도 있다. 따라서 김정은은 선군정치의 허상을 버려야 하며, 그 핵심 수단인 핵개발을 포기해야 하는 것이다. 핵개발 포기 없이는 남북문제나 주변국과의 관계개선은 근본적으로 이루어질 수 없는 것이다.

그러나 한편, 핵이 없는 북한은 아시아 최빈국의 하나이며, '파탄국가'에 불과하다. 이러한 나라가 초강대국 미국을 직접교섭의 테이블에 도착하게 끔 한 것은 '핵의 위력'이며, 핵개발을 포기하면 아무도 돌보아 보지 않게 될 것을 두려워하고 있을 지도 모른다. 따라서 북한은 용이하게 핵개발을 포기하지 않을 것이다. 특히 '완전하고도 검증 가능한, 불가역적인 포기'(CVID : complete, verifiable, irreversible dismantlement)는 극히 어려운 일이다. CVID에는 철저한 사찰과 검증, 예를 들어 유엔 안보리의 힘과 IAEA의 전문기술을 기초로 하는 검증이 불가결하다. 그러나 북한이 이것을 받아들일 것인가는 의문이다.

현시점에서 북한이 몇 kg의 플루토늄을 보유하고, 몇 개의 핵탄두를 가지고 있는 것일까에 관련해서는 각종의 정보가 있지만, 어찌 되었든지 간에 확실히 양도 불어나고, 소형화도 진행하여 미사일에 탑재도 가능해질 것이다. 우라늄 농축에 관련해서도 마찬가지로 진행될 것이다. 가령 현재는 아직 nuclear device(핵장치)의 단계이고, 군사적 의미에서의 nuclear weapon(핵무기)이 아니라고 하더라도 그렇게 되는 것은 시간문제이다.

한편, 북한은 심각한 경제적 어려움을 가지고 조급한 해결을 재촉 받고 있다. 이 시간과의 싸움이 북한에게 유리하게 작용할 것인가, 불리하게 작용할 것인가, 지금으로서는 단정 지을 수 없다. 북한은 재처리를 재개하여 농축에도 손을 댄 것 같지만, 다음 예측해 볼 수 있는 단계는 아마도 '핵실험', '핵무기 수출' 등일 것이다. 이제 이러한 단계로 가면 위기가 파멸적인 상황이 될 수도 있다.

북한이 핵무기를 포기하지 않는다고 해서 실질적인 핵 억지력을 갖춘 핵보유국이 된다는 것도 사실상 불가능할지도 모른다. 현재 북한의 노후화된 핵시설과 기술력, 그리고 자금 등을 고려할 때 핵무기를 실전 배치한다고 하더라도 핵 억지력까지 보유하기는 상당한 시간과 노력이 필요하다. 핵 억지력을 위해서는 반드시 상대방의 공격 미사일 등이 도달하기 전 또는 도달 후 생존하여 보복력을 이용, 상대방을 전멸시킬 수 있는 '상호 확증파괴' 능력이 필요하다. 그러나 북한이 세계 최대의 핵보유국인 미국을 상대로 '상호 확증파괴' 능력을 갖는 것은 현실적으로 불가능하다. 더군다나 미국은 북한이 핵보유국이 되는 것을 결코 좌시하지 않을 것이다. 현재 UN 안보리 상임이사국인 미국, 러시아, 중국, 영국, 프랑스를 제외하고 핵무기를 보유한 국가는 인도, 파키스탄, 이스라엘이 전부이다. 이들 중 미국을 직접적인 주적으로 간주하는 국가는 없다.

반면, 북한은 미국을 직접적인 주적으로 간주하고 있기 때문에 북한의 핵무기 보유는 미국의 안보에 실질적인 위협이 된다. 따라서 미국의 입장에서 자국을 공격할 수 있는 북한의 핵무기 개발을 좌시할 수 없다. 더욱이 북한의 핵물질 또는 핵무기는 국제 반미 테러조직 등으로 확산될 우려가 있기 때문에, 미국은 어떠한 형태로든지 북한의 핵무기 개발을 좌시할 수 없을 것이다. 무엇보다 미국이 북한의 핵무기 보유를 인정한다면 국제적 핵확산방지정책을 유지할 명분을 잃게 됨은 물론, 미국의 국제적 지위에도 큰 손상을 입게 될 것이다. 이러한 이유로 미국은 북한의 핵무기 보유를 막기 위해서는 이라크의 전례에서 보듯 최악의 경우 군사적 행동까지 염두에 두고 있을 가능성이 높다.

더욱 큰 이유는 북한의 가장 큰 우방인 중국이 북한의 핵무기 개발을 원치 않는다. 100% 원유제공 등 북한정권의 생명줄을 쥐고 있는 중국이 원치 않는다면 북한은 이를 무시하기 힘들 것이다. 북한의 핵개발은 일본 군사력 증강의 정당한 명분을 주게 되고 미국의 군사적 개입 가능성 등 복잡한 양상이 전개될 것이다. 역내 지역안정을 통해 경제발전을 최우선 과제로 추진하고 있는 중국으로서는 북핵으로 인한 동북아의 군사적 긴장은 반갑지 않은 상황전개이다.

이처럼 핵보유국을 통한 핵 억지력 확보는 어려울지 모르나 한국으로서는 북한의 핵무기 존재 자체가 군사력 균형을 깨뜨리는 매우 위력적인 수단임에는 틀림없다. 향후 6자회담에 의해 북한의 핵문제를 완전하고도 검증가능하고, 불가역적으로 해결하는 것은 대단히 어렵다고 생각되지만, 협의를 계속하는 것은 의의가 있다. 왜냐하면 북한과의 중요한 접촉점의 하나이며 북한에 대해 가장 영향력이 있는 중국과의 접촉을 계속할 수 있다는 것이다.

3. 한국의 대응

한국에게 있어서 북한이 보유한 핵과 미사일 능력은 군사 안보적인 위협으로서 반드시 제거해야 할 대상이다. 그러나 북한의 핵개발은 정권유지와 밀접한 관계를 갖고 있어 해결의 실마리를 찾기가 쉽지 않다. 따라서 북한의 핵보유 의지가 강한 만큼 우리 안보를 위한 대안을 고려해야 할 것이다.

학자들 간에 논의되는 제안들 중 하나는 북핵 폐기를 목표로 하는 이중경로정책(dual-track policy)이다.[13] 이는 북한 비핵화와 국가안보라는 두 가지 목표를 실현하기 위해 시한을 설정해서 주한 미군의 전술핵 재배치와 북한 비핵화 협상을 동시에 추진하는 적극적인 북핵 폐기 정책이다. 전시작전권이 전환될 예정인 2015년 12월 1일을 시한으로 정해놓고 그 시점까지 북핵 협상을 추진하면서 동시에 주한 미군 전술핵의 남한 재배치를 준비하는 것이다. 이 시점까지 북한 비핵화가 완료되지 않으면 주한 미군의 전술핵을 재배치하고, 반입된 전술핵은 추후 핵군축 협상을 통해 북핵 폐기가 완료되는 것과 동시에 철수하는 조건부 재배치가 되는 셈이다. 전술핵이 재배치되는 시점부터는 북핵문제는 '북한의 일방적 핵포기'에서 '북한 핵과 주한 미군 전술핵의 쌍방 군축'으로 국면이 전환되는 것이다.

이와 같은 전술핵 배치는 북핵에 대한 가장 확실한 대응방안이며 핵우산의 신뢰성을 높이고 내실화를 기할 수 있을 뿐만 아니라, 협상시한과 전술핵 재배치의 연동은 북핵 협상을 촉진하는 계기가 될 것으로 보인다. 하지만 전술핵 재배치는 국내외 여론의 지지를 받아야 하며, 무엇보다 미국의

13] 전성훈(2010), 「북한 비핵화와 핵우산 강화를 위한 이중경로정책」, 『국가전략』, 2010년 봄.

동의를 필요로 한다.

다음은 북한의 현실적 핵위협에 대해 억제능력을 강화하는 정책을 들 수 있겠다. 억제방법에는 자주적인 방법과 국제협조를 통한 억제방법이 있을 것이다. 자주적 억제는 한국이 독자적으로 재래무기의 범주 내에서 억제에 효과적인 무기체계, 군사력 운영체제 등을 갖추어 나아가는 것을 의미한다. 이에는 많은 예산과 시간이 필요하며 한정된 국방예산의 재분배를 위해 사회적·정치적 합의를 이끌어내는 힘든 과정이 수반될 것이다. 그러나 자주적 억제는 '선택과 집중' 전략 하에 검토·추진될 수 있다. 특히 천안함 폭침 및 연평도 포격사건으로 국방개혁이 속도를 내면서 '적극적 억제능력 제고' 또는 '적극적 억제전략'으로 북한의 위협에 대응하겠다는 자주적 억제개념이 힘을 얻게 되었다.

참고 4 적극적 억제전략(proactive deterrence)

- 억제 : 처벌(punishment)과 거부(denial)의 조화된 위협을 사용하여 상대방의 행위를 단념시키는 것.(Glenn Snyder)
  - 처벌에 의한 억제 : 원하지 않는 행동을 잠재적 공격자가 취할 경우 수용 불가능한 손실을 가하겠다는 위협을 통해 행동을 단념시킴. 군사적 보복의 두려움을 조성하는 것에 주안(적의 핵심가치 표적화 및 타격능력 보유).
  - 거부에 의한 억제 : 잠재적 공격자가 손실을 감수하고 공격을 하더라도 궁극적인 목적 달성을 거부할 것이라는 위협을 통해 행동을 단념시킴, 상대자가 궁극적으로 추구하는 정치적 목적 달성의 희망을 좌절(hopelessness)시키는 것에 주안(대내외적 정치적 목적 달성 거부, 즉 심리전 전개 통한 체제생존을 오히려 위협)
- 적극적 억제(proactive deterrence) : 상대국의 도발에 대비하여 처벌과 거부의 능력과 의지를 적극적으로 구비하고 시현함으로써, 도발을 통해 얻게 될 이익보다 손실이 클 것임을 명확히 인지시켜 도발을 단념시키는 것. 이를 위해 정부는 북한의 비대칭 위협에 대비 '강력한 억지력 증강'과 함께 '단호한 보복 의지' 전달에 중점을 두고 있다.

자주적 억제를 위한 대책에는 장거리 보복 미사일, 무인체계, 전략잠수함, 지하관통탄, 정밀타격능력 향상 등의 향상된 응징보복용 무기체계를 갖추어야 할 것이다. 또한 북한핵 대응전략으로 한국형 미사일 방어계획(KMD)을 마련하는 것을 신중히 검토해야 할 것이다. 비용문제나 기술 의존성 문제가 있다고 하지만, 동북아 주변국의 경우 대부분 핵을 보유하고 있거나 핵을 만들 수 있는 기술력을 확보하고 있다. 따라서 장차 한반도 지역방어를 위해 여기에 적합한 지상, 해상 및 공중 미사일 종합방어체계 구축(초기에는 미국의 MD 기초연구와 개발계획 참여)을 고려해야 할 것이다.

다음 억제능력 강화를 위한 정책으로 국제적 협조를 통한 억제가 있다. 이는 확장된 억제(extended deterrence)로서 동맹, 핵우산(nuclear umbrella), 유엔, 대주변국 핵외교 등을 통해 북한의 핵사용 가능성을 거부하고 핵이 발휘하는 정치·외교적 위력을 무력화시키는 것이다.[14]

이론상 특별한 예산 없이 즉시적이고 강력한 효과를 발휘할 수 있다. 따라서 한정된 자원으로 국가를 안위해야 하는 한국에게 있어 합리적 선택이란 국제적 억제책과 병행하여 자주적 억제책을 강구하는 것이다. 한국은 2009년 6·16 한미 정상회담에서 핵우산의 법적 지위 고양 및 적용범위 확대(확장 억제력 강화)를 통해 핵우산의 신뢰성과 안전성을 강화하게 되었다(양국 정상이 서명한 '공동비전'에는 핵우산을 포함한 확장억제를 지속적으로 제공한다는 취지의 표현을 명시하였다). 물론 중단된 6회담 재개를 통한 핵문제의 평화적 해결 노력을 지속하는 것과 함께 동북아 다자안보협의체 내에 동북아지역의 핵문제 협의 및 국제통제기구로서 동북아 핵통제협의체의 구축을 적극적으로 추진해야 할 것이다.

따라서 한국은 북핵 폐기를 위한 이중경로정책을 구사하면서 자주적 및 국제적 억제력 강화정책 중 실현 가능한 방안들을 강구하되, 궁극적인 대

14] 핵우산(nuclear umbrella) : 핵무기 보유국이 자신의 핵 억제력으로써 제3국의 위협·공격으로부터 핵무기를 미보유한 동맹국·우방국의 안전을 보장하는 것을 의미.

응방안을 모색하면서 북한 핵에 대비해 나아가야 할 것이다.

앞에서도 잠시 언급했지만, 북한의 핵무기 개발 목적을 총체적으로 정리해보면 대략 다음과 같은 것으로 볼 수 있을 것이다. 즉, 정권의 업적 및 이미지 부각, 공산체제와 공산화 통일 노선에 대한 북한 주민들의 자신감 제고, 남북한 군사력 균형에 있어서 북한의 우위유지 내지 강화, 외교수단으로의 이용 등이다.

그러나 이러한 목적들은 극히 부차적인 것들이고 가장 중요하고 궁극적인 목적은 공산체제 유지와 공산화 통일이라고 보아야 할 것이다(북한의 '한반도 공산화 통일'은 그들의 능력과 관계없이 체제 결속·유지의 좋은 명분이 되고 있다).

사실 북한이 핵무기 개발을 외교수단으로 이용하는 것은 득보다 실이 많다. 왜냐하면 북한은 핵무기 개발을 통해서가 아니라 핵무기 개발을 포기함으로써 미·일을 포함한 서방국가들과의 수교 및 각종 지원을 통하여 국제적 고립과 경제난으로부터의 탈피가 더욱 용이할 것이기 때문이다.

북한의 핵무기 개발의 본질적이고 궁극적인 목적이 공산체제 유지와 공산화 통일이기 때문에 북한 핵문제의 평화적 해결이 어려운 것이다. 왜냐하면 핵무기 개발의 완전 포기를 위하여 북한은 미국에 대하여 미·북간 평화협정의 체결, 북한에 대한 미국의 적대정책의 포기, 북한체제의 보장 등을 요구하고 있는데, 이것은 미국이 한국 방위정책을 포기하고, 북한의 공산체제 유지와 공산화 통일 노선을 지지·지원하든가, 최소한 방관·묵인할 것 등을 요구하는 것이기 때문이다.

그러나 북한의 경제난이 가중되어 북한정권이 주민들의 경제적 욕구를 채워줄 수 없게 되고 점차적으로 주민들의 정치적 불신이 심화되면서, 북정권은 군대를 우선하는 정책의 표방으로 이러한 경제난에 대한 책임을 회피하려는 시도를 하게 된다. 그리하여 군부의 일탈현상을 막고 정권의 안정성을 확보하기 위해 결국 군軍에 모든 것을 의지하는 선택을 하게 된다. 이른바 '선군정치'다.

앞에서도 논의했듯이, 선군정치 논리의 중심에는 핵무기 개발이 자리 잡고 있다. 결국 북한정권의 유지는 핵무기 개발위에서만 가능하게 된 것이다. 따라서 핵무기 개발 포기는 정권의 생존을 위협하는 일이 아닐 수 없다.

결국 북한의 공산체제의 유지와 공산화 통일이라는 기본목표도 핵무기 개발을 통해 유지할 수 있게 된 것이다. 북한의 핵무기(대량 살상무기 포함)가 주한 미군이나 미국 혹은 일본을 대상으로 삼고 있는 것도 사실이지만, 우선적이고 종국적인 대상은 한국이다. 북한의 핵위협이 미국이나 다른 나라들에게는 생존의 문제까지는 아니지만 한국에게는 바로 생존의 문제이다.

북한정권의 변화나 교체 없이 계속해서 김정은 정권이 건전하게 생존해 나아간다는 것 자체가 우리에게 큰 위협이 될 수 있다. 왜냐하면 현 북한정권의 유지는 핵무기를 비롯한 대량 살상무기 보유의 기반 위에 있기 때문이다. 따라서 김정은 세습정권과 핵무기 개발의 동시 유지 또는 유착관계를 끊을 수 있는 특단의 발상이 필요하다. 이를 위해서는 궁극적인 북핵 폐기 노력과 아울러 현실적 위협인 북핵 위협에 대비한 정책들을 과감하게 실행해 나아가야 할 것이다.♣

XI

미래를 위한 전략의 연구

• 평화연구란 폭력의 원인과 평화의 조건을 연구하는 것이다. 전략연구가 국가 이익이라는 정치적 목적 달성을 위해 군사력을 운용하는 방법에 관한 연구라고 한다면, 평화연구는 폭력의 원인을 규명하여 폭력을 예방함과 동시에 평화를 누릴 수 있는 조건을 연구하는 것이다.

－본문에서－

• 전략의 실천은 이론과는 달리 다수의 지지자들을 위해 위험을 무릅써야 하는데 보통은 군인의 목숨이 달려있으며 때에 따라서는 모든 사회와 관련되어 있기 때문에 막대한 책임감이 요구된다.

－본문에서－

21세기를 시작하면서 오랫동안 있었던 많은 전략의 신념(beliefs)과 실제(practices)는 어떤 해설자들이 '전략의 종언'이라고 언급할 정도로 심각한 도전에 직면한 것 같이 보인다.[1] 국제환경이 중대한 변화를 겪고 있다는 것에는 의심의 여지가 없다. 지구화(globalization) 현상이 국가의 경계를 허물고 있다. 소통과 정보혁명이 또 다시 세계적으로 누가 누구에게, 언제, 어디서, 어떻게 하는가를 재정의하고 있다. '시장'(market)이 국가로서의 지위의 기초를 대신하고 있다. 그러한 세속적인 압력들이 민족국가를 침해하고 있으며 아이러니컬하게도 민족주의라는 배타적이고 종종 적대적인 현상의 부활에 기여하고 있다. 불확실성과 불안의 새로운 요소가 2001년 9월 11일에 뉴욕과 워싱턴에 대한 알카에다의 끔직한 테러를 통해 들어왔으며 자살 폭탄사건이 더 일반화되어 증가되었다.

동시에 수세기 동안 분쟁의 성격과 방어의 구조를 특징지었던 국가 간의 대규모, 전구戰區 수준의 전쟁의 가능성은 감소되고 있다. 한반도, 대만해협, 이스라엘과 중동은 위험한 발화점들로 남아있으나 주요 국가 간 전쟁은 일반적으로 쇠퇴되고 있다. 냉전 종식 후 1991과 2003년 사이에 세상에 무장충돌의 횟수는 40%이상으로 감소했으며, 국제위기는 70%까지 줄었고, 국제 무기거래 지출은 33%로 하락했다.[2] 유럽은 세계전쟁 이후 경제적 단

[1] Martin van Creveld(2001), "The End of Strategy", in Hugh Smith (eds), *The Strategists* (Canberra : Australian Defence Centre)

일체(unity)와 정치적 안정을 향한 놀랄만한 축이 되고 있다. 이와 같은 유럽의 최근 모습을 보면 1945년 이전에는 유럽이 전 세계에서 국가 간 긴장의 치열한 격전지였음을 기억할 때 놀라운 일이다.

아직 주요전쟁이 발생하고 있는 곳에는 시민전쟁의 형태를 띠고 있다. 이러한 전쟁 속에서 인권의 무자비한 학대로 인해 그러한 국가들이 도덕적이고 법적인 딜레마를 가지고 있음을 보여주고 있다. 즉, 고통을 받는 것을 방지하도록 간섭해야 하는가? 혹은 국제법의 핵심요소인 국가의 주권이 유지되어야 하는가? 하는 것이다. 평소에는 덜 잔인한 국가 내 갈등들이 이러한 과제를 보여주고 있다. 즉 장기적 정치 목적의 달성과 제한적인 군사적 개입을 어떻게 양립시킬 것인가 하는 문제다. 러퍼트 스미스 장군(General Rupert Smith)이 언급했듯이 이러한 문제들의 해결에 실패한 결과를 보면 비록 군사적 행동이 결정되더라도 그 대결은 계속될 것이라는 점이다. 즉 경쟁자들은 계속적인 갈등의 상황 속에 있게 될 것이라는 점이다.[3]

21세기 초는 또한 다양한 규모의 군사적 능력과 전략으로 특징지어진다. 한쪽 끝에서는 첨단기술, 고가의 무기체계, 사람과 기계의 복잡한 네트워크, 압도적인 힘과 마비력을 가진 교리들을 가진 미국이 있는 반면, 다른 한쪽 극단에서는 전혀 군사력이 없는 국가들이 있다. 그 중간에는 광범위한 범위의 능력을 가진 국가들이 있고 그 중 어떤 국가들, 하위 국가 및 초국가적 그룹들은 첨단기술을 가진 적을 당황하게 하는 창의적인 방법들을 발전시켜 왔다. 이와 같은 현상은 이제 전략의 새로운 시작이냐 전략의 종언으로 가는가 하는 문제를 대두시키고 있다.

여기에서는 먼저 전략연구가 학문 연구의 영역으로서 미래가 있는가에

2] "War and Peace in the 21st Century", in *Human Security Report 2005* (Vancouver : The University of British Columbia, 2005), pp. 1~2.

3] Rupert Smith(2005), *The Utility of Force* (London : Allen Lane), esp. pp. 371~404.

관해 생각해 본다. 전략연구는 대학 밖에서 거의 대부분 이루어졌고 초기에는 물리학과 공학의 영향을 받았다. 전통적인 군사적 사고 양식은 핵시대에 와서는 불충분해 보였고, 학자들은 여전히 변화하는 정책 속에서 살아남을 수 있는 학문적 틀을 만드는 데 어려움을 겪었다. 냉전이 끝날 즈음에 전략연구는 다양한 전문가에 의존하게 되면서 광범위하게 이루어졌다.

냉전의 종식과 함께 군사전략 연구를 고무시켰던 주요 이슈들이 사라지고 그 주제의 중대한 사회문제와의 관련성에 대해 의문시되기도 했다. 전략연구는 대학에서의 학문적 미덕이나 학문조직과 전략실제로부터의 압력과 요구에 대한 부응 등으로 그 정체성의 혼란을 겪게 되었다. 전략연구의 지적 기초인 현실주의 또한 그것의 단순성, 객관성 확보를 위한 과장된 주장, 국내 그리고 다국적 요소들을 경시했다는 것을 이유로 도전받아왔다. 더구나 일부는 현실주의가 군사력에 대해서 영향력을 행사하고 논쟁을 해결하는 평화의 수단으로서 보지 않고 정책의 도구로서 합법화하는 데 몰두하고 있다고 보았다.

역사의 과정은 개인, 단체 또는 정부의 선택으로 바뀔 수 있다는 생각에 전략의 미래가 있다. 이러한 선택들은 전략연구를 위한 주제를 제공해 준다. 그들은 오로지 국가에 의해서 혹은 군사력의 사용에 관한 것일 필요는 없다. 그러나 군사력은 직면할 수 있는 가장 뚜렷한 선택들을 제공하며 따라서 전략의 일반적 이론을 만들려는 모든 시도의 시작점을 제공해 준다. 동시에 조직된 폭력은 특별 연구의 가치가 있는 일련의 도전들을 불러일으킨다.

1. 전략연구의 발전

그러면 전략의 정치적 목적은 무엇이어야 하는가? 냉전기간 동안 적어도 정부 차원에서 정책의 목적은 고정된 것처럼 보였기 때문에 그 초점은 상당히 그 수단에 맞춰졌다. 정부의 형태로서 자유 자본주의(liberal capitalist)와 국가 사회주의(state socialist) 간의 논쟁을 피할 수 없었다. 정책의 핵심적인 문제로서 그것이 함축하고 있는 내용은 상당한 것이었지만, 비교적 그 형태가 단순한 것으로 그 근본적 논쟁점들은 억제였다.

어떠한 상황에서 핵위협이 효과가 있을까, 그리고 핵위협이 실패했을 때 어떤 결과가 생길 것인가 혹은 어떠한 역효과를 초래할 것인가? 어떻게 전쟁과 같은 큰 위기를 유발하지 않고 핵무기로부터 정치적 이득을 얻어 낼 수 있는가? 어떻게 상식을 벗어난 언동에 대해 신뢰성을 주입시킬 수 있을 것인가? 학자들은 이러한 모순들을 탐구하는 쪽으로 자연스럽게 기울어졌다. 이 문제에 대한 해법은 억제를 강화시켜 전쟁을 피하든지, 위험 부담이 큰 억제정책에 대한 의존을 줄이고 다른 정책수단들을 찾든지 하는 것이었다. 학자들은 군비통제에 특별한 관심을 갖게 되었다. 시간이 지나면서 이것이 순수하게 국가적 수준을 넘어 체제수준의 시각을 가진 연구를 촉진시켰다는 점에서 중요한 결과를 가져왔다. 합리적인 소비에트 정책들은 합리적인 미국의 정책들만큼 중요해졌다. 합리적 미국 정책을 통해 모스크바를 잘 달래서 더 합리적인 소비에트 정책들을 취하도록 구상되어야 했다.

냉전의 종식쯤에는 전략연구 분야(현재는 안보연구로 종종 알려졌다)는 훨씬 더 산만해졌다. 인정받는 학문분야가 없었으며 다양한 표제들(평화, 전쟁, 국방, 안보, 전략, 군비통제)에 따른 방대한 연구 영역만이 있을 뿐이었다. 유일하게 통일된 요소는 정치적 목적을 위해 군사력 사용에 관련된 실제적 문제들에 관심이 없었고, 군사력 사용을 방지하거나 중지시킬 수 있는 정치적 조치에 대해서 관심을 가지게 된 것이다.

이러한 여건 속에서 대학에서 했던 기존의 작업들이 광범위한 정책토론을 거치게 된 것은 불가피했다. 냉전의 종식과 그 이후 탈냉전의 여파 속에서 이것은 작은 문제가 아니었다. 정책 이슈가 강대국 대치, 핵무기 통제와 같은 주제에서 내전, 인도주의적 개입과 같은 것으로 옮겨갔을 때 상당히 다른 새로운 기술들이 필요해졌다. 오래된 의제들로서 학자들에게 요구했던 것은 전통적 국가들 간 분쟁, 세계 주요 국가들의 고위정치 영역에 대한 지식, 동맹관계에 대한 민감성, 치명적 무기체계에 대한 기술적인 이해 그리고 그것이 어떻게 사용될 것인가에 대한 이해였다. 여기에 국방 예산의 관리와 군비통제 협상의 복잡성과 같은 문제들이 더해지면서 냉전기간 동안 전략연구는 확실히 방대한 영역들에 걸쳐졌다.

냉전이 종식되고 인종 갈등이 대두되면서, 엄청난 양의 문화인류학과 사회학 문헌들이 새로 추가되었다. 또한 국제정책의 흐름에 영향을 주지도 못할 작고 약한 나라의 정치적 발전까지도 신경 써야 했다. 민병대 수준의 전쟁과 인도적 개입의 문제는 정교한 억지이론과는 전혀 상관이 없는 문제이다. 몇몇 사람들은 갈등과 폭력의 주제들은 더 중요한 환경과 경제문제에 양보해야 한다고 주장하면서 전통적 주제로부터의 완전한 탈피를 주장했다. 냉전기간 동안 전략연구를 담당했을 대학의 학과는 냉전 후 학제 간(interdisciplinary) 요구가 갑자기 방대해진 것을 보게 되었다.

학자들이 국제 시스템의 미래에 대해 그리고 정책 입안자로서 새로운 의제들을 어떻게 다룰 것인가에 대해서 확신하지 못하고 당황하는 것은 놀라운 일이 아니다. 정책 입안자들은 학자들이 가장 가치 있다고 믿는 특징들(장기적 관점의 사고思考, 가능성 영역의 확대, 문제의 복잡성을 도전으로 수용)에 대해서도 인내를 잃어갔다. 전략·안보 연구 분야의 학자들은 그들의 예산이 줄어들고 그들이 최선을 다한 성과물들이 당파싸움, 편협한 부처들의 이해관계 등으로 인해 묻혀져 버리고 있는 것을 보게 되었다.

정책세계는 단순하고 짧지만, 학문의 세계는 완전히 반대였다. 전쟁의 문제들을 해결하기 위해 만들어진 국제관계에 대한 연구는 이론과 방법론을 포함하여 모든 적절한 학문들의 성과들을 취합하여 예측성을 획득하려 했다. 학문의 발전은 '뛰어난 박학다식'에 의존하게 되었다. 권위 있는 학술지에 발표하고 상대적으로 재미없는 사례 연구를 거대 이론적 이슈와 연결시키고, 방대한 주석으로 가능한 모든 문헌들을 참고할 수 있는 능력을 보여줌으로써 존경을 받으려 했다.

활동의 경험적 측면이 더욱 더 매력적이고 전문적으로 필요하게 되면서 더 이론적이며 학문적 전략연구를 통한 공급이 부족해졌다. 젊은 학자들은 현대 문제들(외국에 대해 이해하고 그들의 역사를 탐구하고 연락망을 구성하고, 정책 토론과 군사 결정의 복잡한 굴곡을 따라야 하는)에 대해 이해하기 위해 갈수록 시간 소모적인 활동에 참여한다는 것에 낙담했다. 종종 그 빈틈을 채우는 것은 저널리스트였는데, 그들은 특별한 자료들을 찾아내기 위해 그들의 전문적 성향을 반영하였고 핵심 인물들을 인터뷰했다.

예를 들어, 학자들보다 저널리스트들이 기억할만한, 믿을만한, 이라크 전쟁에 대한 해석을 썼다. 동시에, 말하는 것에 관심이 없고 스스로 정책 입안자가 됨으로써 정책에 영향력을 행사하는 데 관심이 있던 이들은 그들이 진지하면서도 핵심 이슈를 다루면서 꽤 기술적 연구들을 할 수 있는 싱크탱크로 들어갔다. 하지만 싱크탱크는 자체 내부적인 문제를 안고 있었다. 즉, 끊임없는 뉴스 의제에 대해 주목하거나 특정한 세계관을 홍보하는 것을 통해서 (싱크탱크)투자자들을 만족시키는 것과 같은 것이다. 교육과정의 연속성과 박사 학위 과정 학생들과 박사 후 연구원의 취업기회 없이는 핵심을 유지하기 어려워질 수 있었다.

대학은 잘 하면 지적인 전통을 가진 오래갈 수 있는 학과, 독립적 연구 기회들, 진정한 혁신으로 갈 수 있는 괴벽과 장난기에 대한 관용, 큰 그림을 볼 수 있는 수용력, 다양한 이론들을 만드는 능력, 신입생들과의 만남으로 끊임없는 신선함을 제공할 수 있다.

2. 전략·평화·안보 연구

전략은 목표와 수단, 그리고 방법으로 구성된다. 그러나 통상 전략으로 호칭되는 것은 전략의 방법, 즉 목표와 수단을 연결하는 하나의 술을 의미한다. 정해진 목표를 달성하기 위해 한정된 수단을 어떻게 사용할 것이냐가 바로 전략개념이자 흔히 호칭되는 전략인 것이다. 정치적 목적을 달성하기 위해서는 정치전략이 필요하고 경제적 목표를 달성하기 위해서는 경제전략이 필요하며 군사적 목표를 달성하기 위해서는 군사전략이 필요하다. 그러나 어떤 전략이든 군사력은 국가전략의 목표달성을 위한 수단이 될 수 있다.

현실주의자들은 국가의 생존과 사활적 이익을 위해 안보를 가장 중요시하며 이를 달성하기 위해서는 군사적 수단이 가장 중요하다고 본다. 현실주의자이자 전통적 안보학파에 속하는 월트(Stephen Walt)는 "안보연구는 군사력의 위협, 사용, 그리고 통제에 관한 연구"[4]라고 했다. 군사안보와 국가

4] Stephen M. Walt(1991), "The Renaissance of Security Studies", *International Studies Quarterly*,

안보를 거의 동일시했던 현실주의자들과 전통적 안보학자들은 국가의 안전을 보장하기 위해 군사력을 어떻게 운용할 것인가에 초점을 두었다. 이것이 바로 전략연구이다. 따라서 전략은 기본적으로 실용적이며 실천적이기도 하다. 브로디(Bernard Brodie)의 주장처럼 전략이론은 행동이론인 것이다. 앞에서도 언급했듯이 전략연구가 학문적 체계를 갖추고 본격적으로 발전하기 시작한 것은 제2차 세계대전 이후의 일이며 냉전과 데탕트, 그리고 탈냉전을 거치면서 부침을 거듭하였다.

구소련과 중국 등 강대국들이 핵무기를 개발하자 전략연구는 상호 공멸을 가져오는 핵전쟁을 어떻게 회피하면서 국가 이익을 도모할 것이냐에 초점을 맞추었다. 억제, 제한전쟁, 위기관리, 대량보복, 유연반응 등 현대전략 개념의 대부분은 쿠바 미사일위기를 전후하여 발전하였다. 데탕트가 도래하자 전략연구는 쇠퇴했다가 구소련의 아프가니스탄 침략을 계기로 전략연구가 다시 활성화되었는데, 핵 억지전략의 문제점과 전략정보에 대한 연구가 주류를 이루었다.

이와 같이 전략연구는 안보라는 용어를 많이 사용하면서도 힘을 위한 투쟁이라는 현실주의적 모델을 벗어날 수 없었다. 탈냉전이 되자 전략연구가 방향감각을 잠시 상실했으나 오히려 이들은 국제안보 쪽으로 전략연구 분야의 폭을 넓혀가기 시작했다. 따라서 안보연구와 중첩되는 부분이 훨씬 넓어졌다.

평화연구란 폭력의 원인과 평화의 조건을 연구하는 것이다. 전략연구가 국가 이익이라는 정치적 목적 달성을 위해 군사력을 운용하는 방법에 관한 연구라고 한다면, 평화연구는 폭력의 원인을 규명하여 폭력을 예방함과 동시에 평화를 누릴 수 있는 조건을 연구하는 것이다. 따라서 두 개의 연구는 국제관계를 바라보는 서로 다른 시각에 근거하고 있다. 전략연구가 현실주

Vol. 35, p. 212.

의적 시각에 바탕을 두고 있다면, 평화연구는 이상주의, 또는 자유주의 시각과 가깝다. 따라서 연구 성향이 다르다.

평화란 소극적 평화(negative peace)와 적극적 평화(positive peace)로 대별되는데, 소극적 평화란 개인적·물리적 폭력의 부재를 의미하며, 적극적 평화란 사회·경제적 측면의 구조적 폭력의 부재를 의미한다.[5] 즉, 억압과 착취라는 두 가지 폭력이 없어야 한다.

평화연구도 국제관계의 형태에 따라 부침을 거듭하였다. 냉전의 가속화와 핵전쟁의 위험이 높아지자 평화에 대한 연구가 본격화되었다. 전쟁연구소와 평화연구소가 창립되기 시작했으며 군비통제, 무기거래, 생화학 무기 등에 대한 연구가 진행되었다. 1970년대에는 개도국의 저발전문제와 남북관계, 그리고 구조적 폭력에 대한 연구가 진행됨으로써 평화연구는 개인·사회·경제적 측면의 연구로 확대되었다. 신냉전이 시작되자 평화연구는 비핵방어(non-nuclear defence), 공동방어, 군산복합체에 대한 비판 등에 초점이 맞춰졌다. 탈냉전이 되자 평화연구는 분쟁해결, 분쟁예방, 인간안보, 문화적 측면의 평화, 복지·평등·정의, 생태학적·환경적 측면에서의 평화, 여성과 평화 등 다양한 쟁점 영역으로 확대되었다.

요약하면, 소극적 평화에 대한 연구는 폭력을 예방하거나 또는 기존의 폭력을 제거하는 데 관심을 두고 있다. 적극적 평화에 대한 연구는 평화의 조건창출과 기본적인 평화체제의 실현을 위한 구조적 폭력의 제거를 연구대상으로 한다. 평화연구는 존재(Sein)에 대한 연구보다는 당위(Sollen)에 대한 연구에 초점을 맞추고 있다. 이상적 사회를 건설하고자 하는 규범적 성격이 강한 평화연구는 학문적 영역이라기보다는 오히려 하나의 평화운동으로 인식되는 이유도 여기에 있다. 평화연구도 확대되고 있기 때문에 안보

5] Johan Galtung(1969), "Violence, Peace, and Peace Research", *Journal of Peace Research*, Vol. 6, No. 3, p. 183.

연구와 중첩되는 부분이 많다.

안보는 힘이나 평화와는 다른 시각을 제공해 준다. 안보개념은 힘과 평화라는 양 극단의 중간에 위치하여 이들 개념이 제공하는 대부분의 통찰력을 수용함과 동시에 서로에게 흠집을 내고 있는 이들 학파 간에 간극을 메워준다. 그럼에도 불구하고 안보연구는 탈냉전이 되기 이전까지 주요 개념으로 자리를 잡지 못했다.

1970년대 데탕트의 도래와 함께 변동 환율제로의 전환, 그리고 오일쇼크 등이 일어나자 전략연구의 영역을 넘어서는 경제문제가 안보문제의 주요 관심사로 등장하게 되었다. 1976년 『국제안보』(*International Security*)지 창간호 서문은 "무역, 테러리즘, 군사물자 공급, 환경과 같은 탈국경적 관심이 안보의 불가결한 요소로 되어 가고 있다"라고 적시하고 있다. 이는 전략연구, 평화연구, 경제안보 등으로 분산되고 있던 안보의 여러 분야에 대한 연구가 안보연구의 분야가 될 것임을 의식한 것이기도 했다. 그리고 1980년대부터는 부잔(Barry Buzan)의 『인간, 국가 그리고 공포』(*People, States and Fear*)가 안보연구의 표준적 교과서가 될 정도로 인기를 끌면서 안보연구 논의가 활성화되기 시작했다. 그리고 1990년대에 접어들면서 안보관련 학자들 간에 안보개념을 둘러싼 열띤 논쟁이 시작되었다.[6] 비판적 안보연구 학파들이 등장한 것이다.

논쟁의 결과는 전통적 안보 개념을 고수하려는 일부 학자들의 주장에도 불구하고 안보개념을 확대하는 방향으로 움직였다. 안보연구는 군사분야를 벗어나 정치, 경제, 사회, 환경 분야로 확대되었다. 연구수준도 국가를 중심으로 개인과 국제안보 수준으로 확대되었다. 전략연구와 평화연구가 확대되면서 안보연구와 중첩되는 부분이 많아진 것도 사실이다. 전략연구는 국가안보를 위해 폭력을 어떻게 다루느냐에 초점을 맞추고 있는 반면,

6] Ronnie D. Lipschutz,(eds)(1995), *On Security*(New York : Columbia University Press)

평화연구는 개인, 국가, 체제안보를 위해 폭력을 어떻게 없애느냐에 초점을 맞추고 있다. 따라서 전략연구는 취약성을 감소시키는 데 초점을 맞추고 있고 평화연구는 위협을 감소시키는 데 초점을 맞추고 있다. 그러나 비판적 안보연구는 힘과 평화의 중간에서 위협의 감소와 함께 취약성의 감소에 초점을 맞추고 있다고 볼 수 있다.

3. 전략의 학문성 도전

전략연구는 사회과학에 특히 더 많은 도전을 주고 있다. 전략연구는 조직 내의 개인 행위자들의 관점을 채택하는 경향이 있는데, 이는 개별 행위자들이 자신들의 환경을 완벽히 이해하고 이것을 그들의 필요에 맞게 변형하려고 하기 때문이다. 대부분의 사회과학에서의 이론화는 필연적으로 인간 행위자의 중요성을 축소시키려고 한다. 이는 선택의 영역에 대해서도 일정한 패턴과 규칙성을 찾아내려는 것이다. 미묘한 정치변동에 대해서는 아직 정치학 이론에서 적절하게 연구되지 못하고 있다. 개인의 선택에 의해 역사가 바뀔 수 있다는 것을 믿지 않는다면 전략을 연구하는 데 의미가 없다. 전략이 특별히 흥미가 있다거나 적절하다고도 보지 않는 것은 정치와 국제관계에 대한 분석이 다음과 같은 것을 요구하기 때문이다. 정치와 국제관계 분석이 오래된 역사의 긴 주기 또는 정치적 삶의 보편적 법칙, 변하지 않는 행동양식 혹은 개개인의 결정이 아니라, 행동의 구조적인 결정요인들을 밝혀야 한다고 생각하기 때문이다. 규칙에서 벗어나는 특이한 행동은 주목을 받기보다 그것이 모델의 예측력을 떨어뜨리기 때문에 성가신 존재로 취급된다.

전략은 개인, 단체, 그리고 정부가 실제로 선택을 한다고 믿어질 때에만 중요하다. 다만 이러한 선택들을 하게 하는 추론이 주의 깊은 관찰의 가치가 있다고 판단되어야 할 것이다. 조직 내의 행위자들과 자신들의 이익과 열망에 초점을 맞추기 때문에 전략연구는 선동적일 수밖에 없다. 전략은 행동하는 자들에게 유리하다고 믿는 사람들 때문에 질서가 없거나, 무질서가 장려되는 상황을 분석토록 한다.

선택에 대한 이러한 찬양에 가까운 평가는 전략연구에 필수적이다. 전략은 인간이 어쩔 수 없는 상황에 압도되기 보다는 그 상황을 변화시킬 수 있다는 신념하에 추진된다. 이러한 이유로 전략을 연구하는 학생들은 다른 사람들의 선택을 통찰력 있는 시각으로 관찰하는 천성적으로 정치적 관음자들(political voyeurs)이다. 그들은 권유뿐 아니라, 다양한 형태의 강압들 또한 효과적인 수단으로 인정한다. 그들은 스트레스 받는 상태의 사람의 본성, 항상 움직이는 거대 집단조직, 협상기술, 바람직한 사회에 대한 비전, 도덕적 행위의 기준에 대한 관점을 제공한다.

이러한 이유로 연구의 한 분야라기보다 특정 형태의 문제들에 대한 지적인 접근으로 한정되어 전략연구가 학문적 위치에서 더 두드러질 수 없다고 논할지도 모르겠다. 현재는 전략에 관한 교육과정이 국제관계학과 보다는 경영학과에 더 많다. 불행하게도 이러한 현상이 불확실한 환경에서 대규모의 조직들에 대한 관리나 비전(vision) 있는 계획들과 연관되어서 다소 전략에 대한 느슨한 관점을 유발시켰다.

그럼에도 불구하고 경영전략가들이 군사문헌에 등장하는 것 보다는 손자나 클라우제비츠가 경영학 문헌에 등장하는 경우가 더 많다. 더군다나 1950년대 핵 억지이론의 등장과 함께 발전한 수학적 방법론(가장 대표적으로

게임이론)이 경제학이나 경영학에서 더 영향력을 늘려가고 있다.

수학적 방법론은 합리적 선택 이론으로 정치학과에 돌아오게 되었다. 비록 정치학이 과학으로서 실패할 것을 두려워하여 위험한 정치적인 주제들을 회피한다는 조롱적인 형태 속에 있긴 하다. 수학적인 방법론은 분석에 있어서의 엄격함, 수많은 연구에 대한 공유된 출발점, 그리고 상당한 이론적 명제를 제공한다. 문제는 방법론이 너무 엄격하여 제한된 형태의 선택에만 적용될 수 있다는 점이다. 게임이론은 복잡성에 잘 대처하지 못하며, 합리성 의미에 대한 대담한 가정을 필요로 한다. 이것은 비합리적이고 가용정보가 불완전한 무력충돌에 대해 연구할 때, 특히나 취약하다. 정보에 대해서 클라우제비츠는 마찰이나 전쟁의 안개에 대해 강조했다. 게임이론은 핵시대의 정책결정자들에게 가능한 대안들을 제시하고 때때로 적대적인 관계 속에서도 협력이 필요하다는 인식을 제시함으로써 중요한 사고思考수단을 제공했지만 중요한 결정을 내리는데 영향을 미치는 요소들을 잡아내지 못했다.

그러므로 도전은 정책세계와 어떻게 맞물리느냐 하는 것 그 이상이다. 학자들과 정책 입안자들과의 관계는 윤리적이고 실천적인 어려움들로 가득 차 있다. 권력에 다가가서 영향력을 행사하고 싶은 욕망은 고수들의 비판이 무뎌지고 정책 결정자에게 잘 보이기 위해 타락하지 않도록 적절하게 제어되어야 한다. 학문은 실천주의자가 되어야 한다는 의무감 속에 놓여서는 안 된다. 연구의 한 분야에 관하여 전략연구가들의 관점은 실천가들과 서로 다르다. 전자가 추측하려고 노력하는 반면 후자는 뛰어난 지혜를 보여주려고 노력한다. 가장 유용한 역할이 남아있는데 이것은 '학문적인 것'에 머무는 것이다(비록 정책세계에서는 이것은 보통 '부적절한'과 동의어로 쓰인다). 학문의 임무는 구체적 지침을 제공하기 보다는 개념화하고 맥락화하는 것이다. 이것이 잘 된다면 실천가들은 어떤 문제가 손 안에 있든지 간에 합리성을 인지할 수 있을 것이다.

스트레스 받는 바쁜 실천가는 아무리 분석이 섬세할지라도 학문적 연구는 현재의 위기나 현 위기에 이은 다음번의 상황에서의 정책 우선순위를 해결하지 못할 것이라고 비판한다. 학문적 전문가들과 비교해 보면 실천주의자들은 더 멀리 그리고 넓게 현상을 바라보아야 하는 데 판단이 종종 급하게 이루어지고 있다. 권유와 함께 다양한 강압 형태의 효율에 대해서 말하는 것도 필요하다. 그렇게 함으로써 압박감에 있는 인간 본성, 거대 그룹조직의 문제점, 협상기술, 아름다운 사회에 대한 비전들, 윤리적 행동의 표준에 대한 관점을 도출하게 된다. 전쟁에 참가하는 장군을 생각해보라.

그는 반드시 다음을 생각해야 한다 ;

- 정치 – 어떻게 전역(campaign)목표를 잘 정할 것인가, 동맹국과 좋은 관계 유지의 중요성, 귀환자들이 무엇을 견뎌야 할 것인지
- 공학 – 무기들이 얼마나 잘 운용되고, 실전에 사용될 것이며, 지역 여건에 맞추기 위해 가능한 변용들, 그것들이 적절히 유지되고 있다는 확신
- 사회학 – 전쟁 중에 적 군사력의 결속 가능성
- 심리학 – 어떻게 부하들에게 동기를 부여하고 적 지휘관의 마음을 읽어낼 것인가?
- 지리학 – 특정 전술에 영향을 끼치는 지형
- 역사 – 비슷한 상황에서 다른 장군들은 무엇을 이뤄냈는가?
- 경제학 – 특정 표적에 대해 그가 어느 정도의 비용을 소모하는가?

이러한 고려들은 오직 아군 쪽에서만 최선의 결과를 얻어내기 위해 적용되고 있다는 것을 명심하라. 적에 대해서 숙고할 필요성도 추가하고 더욱 더 많은 쟁점의 유형들이 전략적 고려 상황의 요소가 되어야 한다.

더구나, 실천주의자는 결과에 의해 평가받길 기대한다. 따라서 그들은 그들에게 도움이 되는 것에 의존한다. 이것은 직관, 예감, 강력한 경험이나 기억할만한 역사의 한 조각에서 얻어진 교훈이 될 수도 있다. 이러한 것들은 훌륭한 정보원들과 참모들의 작업을 통해 도움을 받는다. 문제들이 어느 정도 안정이 되고 결정을 내려야 하는 순간이 왔을 때, 문제에 관한 직감이 좋은 가이드가 될 수 있다. 이것은 완전히 부적절하거나 과장된 일반화에 기반을 둠으로써 학문에 타격을 준다. 확실히 그러한 접근에서 나온 결과들은 매우 형편이 없을 수 있다.

하지만 장기적 프로젝트를 위한 시간적 여유가 없고 많은 소송들(caveats)에 대해 용인할 수 없을 때에는 적절한 학문적 방법론이 더 나을 것이라는 것에 대해 이론異論의 여지가 많을 것이다. 현명한 전략가들은 가능한 대안들을 조사할 것이나 실전에서 시간은 종종 거창한 작업을 하도록 허락하지 않는다. 지휘관이 기습공격으로 적군의 대형을 파괴할 수 있을지에 대해 고민할 때 참모로부터 더 많은 연구가 필요하다는 말을 듣거나 지휘관의 가정이 검증될 수 없다는 말을 듣게 되더라도 그다지 영향을 받지 않을 것이다. 일단 운명적인 결정이 이루어지면, 열린 사고는 사치일 뿐이다. 왜냐하면 어떠한 재평가도 명령체계를 혼란시키고 사기 저하를 유발할 수 있기 때문이다.

전략의 실천은 이론과는 달리 다수의 지지자들을 위해 위험을 무릅써야 하는데 보통은 군인의 목숨이 달려있으며 때에 따라서는 모든 사회와 관련되어 있기 때문에 막대한 책임감이 요구된다. 이것은 예상되는 반대를 무릅쓰고 정한 목표를 추구하면서 계획에 따라서 인원과 물질적 자원을 징발하는 것을 포함한다. 목적이 잘못 정해지고, 계획이 제대로 전달되지 않았거나, 자원들이 사용 불가능하거나 부족하게 동원되었을 경우에 그 전략은 실패하게 되고 그 책임은 전략가에게 떨어질 것이다. 전략적 사고에 날카로움을 주는 것은 '실천으로 검증받고 결과로 평가받는 것'인데, 책임이 따르지 않는 학자는 그러한 문제들에 조언할 때 겸손한 마음을 가지고 해야 한다. 전략의 실천은 연구보다 인간적인 특성과 정치적 통찰력에 더 의존하게 된다.

이것이 왜 전략연구가 학문적 위치에서 어려움을 겪고 있는가에 대해서 설명해 줄지도 모른다. 순수학자들은 위기상황이나 전투에서 중요한 결정을 하는데 있어서 정치학, 사회학, 경제학, 심리학, 역사를 자의적으로 혼합시키는데 놀라거나, 통찰력과 직감에 의한 일처리에는 생각하지 못할 수 있다. 그러나 현실은 학문의 세계와 동떨어져 있다는 사실에 대해 학자들은 잠시 생각할 필요가 있다. 조심스럽게 정제된 명제들, 과도하게 일반화된 공식들, 가능한 연구의 수단들이 다할 때까지 연구결과를 발표하지 않으려는 성향이 그 증거가 된다.

학문분야들이 각각의 학문상자(disciplinary box)에 한정되어 있는 학계와는 달리 학계 밖에서의 효과적인 정책은 다양한 범위의 생각들을 그려낸다. 대학 안에서는 지적과정이 잘 알려진 개념적 틀 안에 엄격하게 적용되면서 일반적으로 용인된 방법론을 통해, 동료의 평가에도 잘 견딜 수 있는 결과들을 만들어 낸다. 그 과정은 전문적인 학회와 학술지의 편집위원들에 의해 엄격히 감시된다. 그들은 과정이 제대로 평가받을 수 있도록 기준을 잘 유지시켜준다. 학문상자가 없다면 강의와 연구에 대한 관리가 불가능해진다. 그럼에도 불구하고, 학문분야들은 종종 인위적이며, 초보자들을 배제시키는 전문용어를 통해 유지된다. 사실 학자들은 이러한 학문영역을 유지하고 지적 방해자들을 물리치기 위해서 특정한 전략들을 개발한다. 그러나 중요한 학문적 분파들의 상당수는 이러한 영역들을 넘나든다. 유행은 합리적 행위자 이론부터 해체론까지 쉽게 이동한다. 가장 혁신적이고 영향력 있는 인물들은 기존의 고정된 영역들에 의해 제한받기를 거부하고 다른 영역들로부터 지식을 빌리는 사람들이다. 실천적인 문제들은 한 가지 학문 영역 안에서 풀리는 경우가 거의 없다. 삶이란 다양한 분야에 걸치는 것이다.

4. 현실주의와 무력

전략의 부활을 위한 출발점으로서 우리는 현실주의 전통으로 눈을 돌리게 된다. 현대의 정치외교를 연구하는 사람들은 이러한 전통에 대해서 단순하고 진부하다고 비판하는데, 이는 오직 국가들의 군사력 선택이 중요하다고 가정하기 때문이다. 그런 비평에는 세 가지 측면이 있다. ① 객관성만이 현실을 진정하게 반영하는 것처럼 이 객관성을 과도하게 요구하고 있다고 하는 인식론적인 도전, ② 국내정치와 초국가적인 요소들에 대한 간과, ③ 분쟁을 해결하는데 무력에만 몰두하여 평화적인 수단을 배제시키고 나아가 군사력을 가용한 정책수단으로 정당화시킴.

전략의 윤리적 토대에 대한 이러한 비판은 첫 번째 비판인 객관성에 대한 비판과 직접적으로 연관되어 있다. 현실주의자들은 단지 그들이 발견한 현실을 그대로 반영하는 것이라고 주장하지만, 비평가들은 그들이 사용하는 언어와 개념이 위험한 세계관을 부추긴다고 주장한다. 최근 몇 년 동안에 이러한 비평은 많이 억제되었는데, 그 이유는 많은 선구적 현실주의자들이 질서와 안정성의 문제는 무시하면서 자유와 민주를 촉진하는 이상적 약속들을 지지하는 경솔한 약속들에 대한 위험성을 경고했기 때문이다. 현실주의는 보수적 경향을 띄지만, 신보수주의적(neo-conservative)이진 않다.[7]

전략연구의 방어는 현실주의에 대한 방어를 요구하진 않지만, 그 두 가지는 과거에는 많은 관련성이 있어 왔다. 그러나 현실주의적 전통 중에(다른 측면들은 갱신도 필요하지만) 보존할 만한 가치가 있는 요소들이 있다. 현실주의자들은 이상주의자의 몽상보다는 실제 존재했던 세계에 대한 설명이 더 우월하다고 분석하고 있다. 이는 국제정치의 중요한 현상들을 보면, 국가들이 그들의 안보를 추구하는 구조적인 요인들(structurally defined means)에 의해 더 잘 설명될 수 있다는 약간 불안한 가정(신현실주의)에도 의존하고 있다. 비교조주의적(non-dogmatic)인 현실주의라면, 비국가 요소와 사회·경제·문화·지역정치 요소들의 영향과 가치와 정신구조의 중요성에 대해 인정할 수 있다. 그리고 객관성의 가정이 제기하는 인식론적인 이슈에 대해 민감할 수 있다.

만약 국제정치의 실천가들이 정체성, 규범, 세계화 이슈에 대해 정기적으로 이야기한다면 그것들도 국제적인 현실의 한 부분이 되는 것이다. 어떤 국가가 강대국인지는 중요한 자산(보통은 경제력과 무력)에 대한 소유로 설명하는 현실주의 전통 안에서 묘사되었다. 그러나 나쁜 전략은 이러한 자산들을 모두 탕진할 수 있고, 좋은 전략은 빈약한 자원으로부터 상당한 정치적 효과를 추출해 낸다. 이러한 점에서 전략은 본질적으로 힘을 사용하는 것이 아니라 힘을 창조해 내는 기술에 가깝다. 이를 위해서는 힘에 대한 세밀한 정의가 필요하다. 힘은 정치적인 관계 속에서만 존재할 수 있으며 다른 사람의 행위를 자신의 의도에 따라 바꿀 수 있을 때 극대화될 수 있다.

구성주의적(constructivist) 입장[8]은 세계를 묘사하고 그 안에서 행동하는 방

7] 신보수주의(neo-conservatism) : 현재 미국이 세계를 지배하는 정치적 이념으로서 1970년대 이후 미국의 전통적 가치가 상실되나, 도덕의 부활과 강력한 미국재건을 목표로 설정되었다. 야만인들로부터 민주주의를 지키는 것은 자연의 권리이자 책임이라고 주장한 레오 스트라우스를 사상의 기원으로 삼는다. 신보수주의에 대해서는 여러 견해가 있으나 대체적인 이념은 자유이상주의, 미국 제일주의, 평등화의 거부, 기독교 강화로 요약된다. 신보수주의자의 줄임말인 Neo-con은 미국 공화당의 신보수주의자들의 세력을 통틀어 일컫는 용어다.

식 사이에서의 상호작용의 중요성을 강조한다. 이것은 현실주의적 전통이 힘을 측정 가능한 것으로서 생각하는 경향에 대해 진일보한 것이다. 현실주의적 전통은 전략에 대한 관점을 단지 명확하게 규정된 목표를 달성하기 위해 자원들을 소비하는 기계적인 문제로 한정시킨다. 이러한 방식을 취했을 때 그것은 과학에 가까워지고 예측의 가능성이 열린다. 그러나 실천적 전략가들은 일종의 구성주의자들이다. 효과적인 전략은 수단과 목적 사이의 역동적 관계에 대한 명쾌한 이해를 필요로 한다. 목표에 대한 정의가 내려져야 수단이 거기에 적합한지를 판단할 수 있다. 승리하기 위한 능력은 적이 스스로 취약점이라고 생각하는 것에 대해 민감하거나 무엇이 너의 입장에서 상대적으로 유리한지 잘 설득하는 것에 달려있다. 핵심적인 판단은 우리와 다른 정치체제 간의 작용(workings)을 우리가 이해하는 방식에 있다. 이 판단은 연합을 확장하고 적을 고립시키는 것 사이의 최적의 균형을 찾는 것, 연합의 형성에 가용한 제한적인 시간, 어쩔 수 없이 폐기해야 할 목표, 수락해야 하는 기타 책무, 공격받을 수 있는 다른 중립적인 의견 등을 들 수 있다.

따라서 새로운 현실주의는 국가안보뿐만 아니라 개인이나 특정그룹의 안보를 바라보는데 부족함이 없어야 한다. 또한 과거에는 거의 안보에만 국한되었던 국가의 일에 경제, 사회, 환경 이슈들까지도 포함시켜야 한다. 모든 갈등의 과정과 성격, 무력의 역할이 재평가 되어야만 한다. 높은 경제성장률과 상호의존의 형성은 국가들 간의 긴장을 완화시키고 평화적 공존의 이익을 창출할 수 있다. 환경적 재앙들은 국가에 대한 신뢰성을 저해하여, 다른 형태의 도전들에게 취약해질 수 있다. 가족구조와 사회적 관습의 변화는 폭력에 대한 태도에 영향을 끼칠 수 있다. 지난 몇 십 년 동안 분명

8] 구성주의는 구조적 현실주의에 문제가 있다고 생각하면서, 탈근대주의(post-modernist) 이론에 따라 해체주의나 상대주의에 빠지기 싫은 사람들에게 안전한 피난처로 기능하고 있다.

하게도, 조직적 폭력에 대한 전통적인 초점을 버리자는 제안은 시기상조인 것으로 판명되었다. 정부가 무력에 의존하기로 결정했을 때 그 선택된 도구를 이해해야 한다.

전략은 폭력보다 더 우리 주위에 존재한다. 전략은 정치가 있는 곳, 즉 인간이 만든 제도, 지지를 이끌어내려는 시도, 주변의 반대자들 등등에 존재한다. 전략연구는 인간사의 폭력적 측면에 대한 가능성에 의존하지는 않는다. 그럼에도 여전히 논의되는 것은 폭력의 가능성은 일반적인 전략이론(모든 정치적 상황의 형태를 설명할 수 있는)을 정립하는데 중요한 영향력을 가지고 있다는 것이다. 전략이 선택에 관한 것이라면 무력은 직면하고 있는 가장 당황스럽고 완고한 선택들을 제공한다. 이러한 선택에서는 갈등하는 이익과 가치간의 부조화, 거친 폭력의 충돌, 기만과 간계를 통한 절묘한 효과들이 목격될 수 있다.

대부분의 정치적 목적은 폭력의 사용 혹은 폭력의 위협적 사용 없이도 달성될 수 있다. 힘에는 다른 원천들도 있다. 그러나 물리적 폭력은 궁극적인 것이며, 이용할 수 있다면 다른 수단들을 압도할 수 있다. 어떠한 개인이나 단체 혹은 국가도 폭력의 위협을 무시할 수 없는데, 이는 그들의 생존을 위협할 수 있기 때문이다. 무력의 위협은 가장 기본적인 가치가 걸려있을 때 사용되는 경향이 있다. 의도적인 폭력의 사용을 수반하는 상황들은 국가적 국제적 차원 모두의 평범한 활동 중에서 드러난다. 폭력상황은 본질상 기본적인 원칙들(fundamentals)에 집중하기 때문에 윤리적으로 정치적으로 그들은 예외적인 정당성을 필요로 한다. 이러한 이유들로 폭력상황은 전략의 일반적 이론을 형성하려는 노력에 자연스러운 출발점을 제공한다.

그러나 이것은 무력과 관련하여 발전한 공식이 다양한 목적에 부합한다고 주장하는 것과 항상 같은 의미가 아니다. 예를 들어 정치가들은 심각한 사회문제들(마약, 암, 기타 등등)에 대해서 전쟁을 선포함으로써 이를 극화시키고 그 문제들을 극복시키기 위해서는 강력한 장수의 리더십(generalship)이 요구된다고 주장한다. 전쟁 비유의 무분별한 사용으로 서로 다른 성격의 이슈들을 군사적인 위협과 연관된 부적합한 개념 틀에 끼워 넣음으로써, 그 본질적인 이해가 방해될 수 있다.

예를 들어 마약의 경우 제3세계의 마약 카르텔과의 대결과 관련이 있고 소비패턴의 이해와는 관련이 별로 없다. 이와 같이 경제안보의 개념은 무역정책에 대결적인 접근을 부추긴다. 환경안보의 개념은 자연적인 요인이나 일상 경제생활보다는 적대적인 행동에 기반한 설명을 부추긴다. 더 어려운 것은 국내안보(internal security)와 같은 용어이다. 이것은 예전에는 국가의 권위에 도전하는 무장단체(범죄집단이나 정치집단)를 무력화시키는 국가의 능력을 지칭했으나, 지금은 경제적 이동이나 밀수를 포함하는 국경통제와 관련된 모든 일을 지칭한다. 이것은 특히 테러와의 전쟁에서 뚜렷해졌다. 따라서 모든 수단을 마음대로 사용하기로 한 적에 대해서는 전통적인 전쟁으로 취급하여, 적을 제거하려는 목표에는 어떤 태도라도 취할 것을 권장하고, 과격분자들을 주변화 시키려는 정치적 접근은 방해되었던 것이다.

국가는 그 성격과 능력에 많은 변화가 있지만 영토 내에서 합법적인 폭력을 독점하기를 계속해서 열망해 왔다. 도전은 다른 국가들로부터 올 수도 있고 분리주의자, 혁명가, 엘리트주의 공모자 형태로 국내에서부터 올 수도 있다. 또한 마약 카르텔이나 깡패집단, 종교분파, 테러리스트, 소수의 정치운동과 같은 비국가 행위자로부터 올 수도 있다. 이것은 전략연구에 비교적 날카로운 관점을 제공해 주었다.

원칙적으로 전략적 상상력이 무력의 역할을 제한하고 점진적으로 축소시켜 인간의 조건을 향상시키는 방향으로 가지 말아야 할 이유는 없다. 많은 전략연구 활동은 분쟁의 평화적 해결, 군비통제, UN활동 지원에 관한 것이었다. 중요한 국제협상은 대규모 전쟁만큼이나 전략적인 감각을 요구한다. 그러나 이것은 특성과 관련된 문제일 수 있지만, 전략적 상상력의 어두운 면이 존재하기 마련이다. 즉, 안정된 시기에 혼란의 징후를 잡아내고, 인간의 조직들을 강화하는 동안에도 이들의 취약성을 감지하고, 평화를 추구하는 와중에 전쟁에 대해 생각하는 것을 멈출 수 없다는 측면이다. 이런 어두운 측면 때문에 전략가들이 필요 이상의 무력을 허용했다는 비난을 받고 있음을 말해 준다. 이들의 대답은 불안정과 갈등의 가능성에 대한 지속적인 사고가 전쟁을 방지하는데 도움이 된다는 것이다. 더군다나 있을 법하지 않은 일련의 우울한 가정들을 생각하지 않은 나머지 전략적 상상력을 통해 전쟁 시나리오를 도출해 내는데 실패한다면, 그것 자체가 전략발전의 긍정적인 징후이다.

5. 전략의 종언?

21세기의 무력을 이용한 위협과 그 사용은 몇몇 지속적인 모습들과 세계사의 특정의 단계에 고유한 또 다른 모습들에 의해 특징지어질 것이다. 다시 말해, 무력은 자신들의 정치적인 목적을 달성하기 위해 일부의 국가들에 의해 계속해서 행사될 것이며, 많은 이들에게 있어 그것은 전략적 환경을 형성하고 무장공격을 억제하며 상대의 행실을 변화시키고자 하는 그들의 노력들에 있어 중요한 도구가 될 것이다.

대전략의 구성요소로서 무력을 통한 위협과 그 사용은 항상 하나의 중요한 구성 메커니즘으로서 간주되어왔다. 국가들은 다른 이들로 하여금 자신들의 법칙에 굴복하고 협조하도록 하며 특정의 행위들이나 행동양식들을 삼가도록 유도하기 위해 무력을 사용했다. 그들은 자신들의 영향력과 자원들과 노동에 대한 접근성을 확대하고, 자신들이 선호하는 이데올로기나 통치 양식들을 부과하며, 경쟁국들을 억제하며 국제법이나 지역적인 협정들에 대한 위반을 처벌하기 위해 그것을 사용했다. 군사력은 또한 존경을 얻기도 하고 경고를 하고 외교적인 압박이 신뢰성 있는 것이 되도록 하기 위해서도 사용된다.

국가의 방위전략은 그것이 실제적이거나 잠재적인 군사적 상대로 하여금 침략의도를 단념시키고 억제가 실패하는 경우에는 압도할 수 있는 능력을 보존하고자 시도하기 때문에 억제와 대응의 요소를 계속해서 통합하게 될 것이다. 분명히, 핵억제는 여전히 국가 간 경쟁의 수준에서 수행할 수 있는 중요한 역할을 가지고 있다. 이것에 대한 증거는 양국이 핵능력을 보유하게 된 뒤에 상대적으로 안정적이게 된 인도와 파키스탄 간의 관계와 이란의 경우에는 이스라엘과 미국에 대항하여, 그리고 북한의 경우에는 미국, 일본, 한국에 대항하여 전반적인 억제를 창출하기 위한 수단으로서 핵무기를 획득하고자 하는 은밀한 노력에 존재한다. 재래적 억제도 계속해서 국민국가들 사이에서 경고를 가하는데 기여할 것이다.

전시의 군사전략들은 계속해서 손자孫子와 투키디데스(Thucydides)의 시대 이래로 계속되어왔던 무장전투의 근본적이고도 오랜 세월에 걸쳐 그 유효성이 입증된 원칙들에 의해 형성될 것이다. 21세기에 국가와 비국가 행위자들이 어떻게 자신들의 안보적 필요성에 접근하기로 결심하든지 간에 그들의 전략가들은 그들이 달성하기를 희망하는 것이 무엇인지를 명확하게 이해해야만 한다. 그들은 '승리함'이 의미하는 바가 무엇인지를 알아야 하며, 그들의 희망하는 최종 상태는 그와 연관된 방법들과 수단들에 의해 보완되어야 한다.

지휘관들은 계속해서 양질의 정보와 작전수행의 물리적 환경에 대한 확실한 이해, 상대의 대응들에 대한 인지, 그리고 피아 간 전략적 중심重心에 대한 정통한 인식을 필요로 할 것이다. 자신의 계획들을 형성해가면서 여전히 그들은 기습, 속도, 집중의 특성들이 최근 수십 년 동안에 변화되었음을 주지하면서 그것들에 의해 제공되는 이점들이 무엇인지를 제대로 인식해야 할 필요가 있게 될 것이다. 그들은 적의 기동과 무력사용 간의 올바른 균형을 공격하고 자신들의 작전을 튼튼한 군수 절차들을 통해 지원하는 것의 중요성에 대해 인지해야 한다. 그들은 기대했던 것보다 장기적인 전역戰役들과 임무의 변경, 그리고 비대칭적인 대응들에 대해 준비해야만 할 것이다. 그리고 그 무엇보다도 그들은 전쟁의 역동성이 만들어내는 전략적 효과들에 대한 미묘한 인식을 보유하고 있어야만 한다.

선진국들의 지휘관들은 기동과 무력의 적용을 용이하게 해주는 다양한 플랫폼들과 기술들을 마음껏 사용할 수 있을 것이다. 전례가 없을 정도의 가시성과 기동성, 속도, 기습을 제공하기 위해 공중 및 우주 플랫폼들이 발전되었으며, 기타 기술적 발전들은 보다 우수하고 보다 포괄적인 감시와 개선된 지휘 및 통제, 무기들의 정확한 투사, 증대된 전력 보호를 용이하게 해주었다. 기술은 그 자체로 결코 충분하지는 않다는 점을 주지해야 할 필요가 있기는 하지만, 그러한 종류의 능력들은 그 보유자들에게 저발전 국가들의 군에 대항한 재래식 전쟁을 수행함에 있어 상당한 이점을 제공해준다.

기술적으로 가장 발전된 국가로서, 장기전이나 사상자가 집중적으로 발생하는 전쟁들에 휘말리는 것을 가장 꺼리는 국가인 미국은 교리적 발전에 선구적인 역할을 해왔다. 미군의 이론가들은 새로운 능력들을 활용하고, 상대의 전략적 중심에 지속적이고도 집중적으로 전력을 집중하고 지식우세(knowledge superiority)와 빠른 작전템포, 그리고 정밀한 표적처리를 통해 전략적 효과들을 창출하는 것을 추구해 왔다. 이로써 고비용적이고 소모적 전쟁을 회피하는 전략적 개념들을 만들어냈다. 미군 내의 많은 이들과 해외 근무의 동료들은 전략적 마비와 효과중심작전이 미래의 작전들을 위한 지적 표준을 제공해줄 것으로 믿는다.

그러나 콜린 그레이(Colin Gray)가 "우리가 해답을 찾는 바로 그 때에 그것들은 문제를 바꾸어버렸다"고 관찰했던 것처럼, 국제적인 환경이나 전장의 상황이나 할 것 없이 21세기에 변화되지 않은 채로 남아있게 될 것은 아무것도 없다. 이미 대부분의 전략 이론가들과 분석가들이 몇몇 결정적인 변화들을 간과하게 되었는데, 이는 그들이 무력의 사용에 있어서의 또 다른 보다 극적인 변혁에 의해 사로잡혀버렸기 때문이었다.

이러한 극적 변혁을 가져온 대표적인 사건이 2001년에 있었던 뉴욕과 워싱턴에 대한 9월 11일의 테러리스트 공격이었다. 9·11은 적어도 지난 반세기 동안에 적용되었던 바에 입각해 볼 때 억제에 있어 결정적인 순간이었다. 인류가 존재했던 역사 이래로 가장 강력한 육군, 해군, 공군, 해병, 그리고 우주전력을 보유하고 있었음에도 불구하고 미국은 약 20명에 이르는 개인들이 대낮에 그 나라의 수도와 그들의 가장 상징적인 도시에 아무런 방해도 없이 공격을 가하는 것을 억제하거나 막을 수 없었다.

미국에 대한 테러리스트 공격은 또한 그들의 위협인식이 잘못된 것이었음을 시사해주었다. 미국은 하나의 경쟁하는 열강에 의해서가 아니라, 아프가니스탄이라는 실패국가에 은둔하고 있던 부유한 사우디아라비아인이었던 오사마 빈 라덴(Osama bin Laden)으로부터 영감을 받은 극단주의자들의 느슨한 초국가적 집단에 의해 공격을 받은 것이었다.

그러나 역설적으로 테러리즘은 국가와의 보다 강력한 일체화를 이끌 수 있으며, 정부들은 내부적인 동조자들을 처벌하고 그들의 활동을 제한할 수 있는 보다 강력한 능력을 가질 수 있는 기회를 얻을 것이다.

치고 빠지거나, 자살폭탄 작전들을 수행하는 테러리스트들은 가시적이거나 정적이지 않기 때문에 선제先制, 보호, 또는 예방이 그들의 공격들을 중지시키는 선호되는 방법들이 되었다. 테러리스트 조직들과 그들의 계획들이 가진 불투명한 성격으로 인해 선제는 어렵다. 가능성 있는 표적들과 결정적인 취약지점들에 대한 보호는 보다 현실적인 선택안이며, 많은 관련된 정부들은 중요한 장소들을 보강하고 대중적 교통체계를 강화하고 보호하기 위해 움직였다. 그러나 공격하고자 하는 주민들에 대한 테러리스트들의 접근을 완벽하게 거부하는 것은 불가능하기 때문에 예방이 그들의 활동에 대한 전 세계적인 캠페인의 주요한 면모가 되었다.

예방은 많은 형태를 취했다. 정부들은 자금에 대한 극단주의적 집단들의 접근을 제한하는 방향으로 움직였으며, 여행자들의 접근을 엄격하게 관리하는 조치들을 도입하고 잠재적 테러리스트들을 식별할 수 있는 그들의 능력을 개선하며, 테러리스트 공격들을 조장하거나 가능하게 해 줄 수 있는 물자들의 확산을 단속했다. 그들은 이미 용의가 있는 테러리스트들을 처리하기 위해서 만큼이나 잠재적인 테러리스트들을 억제하기 위해서도 감시, 체포, 구금할 수 있는 그들의 권한들을 강화했다.

대對테러리즘은 또한 일부 정부들의 대전략들에도 포함되게 되었다. 그 가장 눈에 띄는 예는 미국이었는데, 그곳에서 부시(George W. Bush) 행정부는 다양한 면모를 가진 전 지구적인 예방전역을 발전시켰다.

그 첫 번째 가닥은, 테러리스트 집단들을 숨겨주는 결과를 낳고 있는 국가들에게 경고하고 순응하지 않는 국가들에 대해서는 조치를 취하는 것으로 구성되었다. 아프가니스탄에서 그 결과는 전쟁이었지만, 보다 강력한 국가들에 대항함에 있어서는 그것은 외교적 압력이나 경제적 제재에 대한 위협을 포함했다.

두 번째 가닥은, 무슬림 세계의 상당 부분이 가지고 있는 반미 감정을 테러리스트를 충원하는 데 있어서의 한 가지 요소로서 인정하고, 인식을 개선하고 태도들을 변화시키려는 대對여론외교 캠페인을 초래했다.

다소 주저하면서 이르렀던 세 번째 가닥은, 다시 한 번 무슬림의 의심과 반감을 감소시키기 위한 노력으로서 팔레스타인 주민들과 모종의 타협을 하도록 이스라엘을 압박하는 것을 포함했다.

네 번째 가닥은, 국제적 협력을 증진하고 외국의 정부들에 대해 대테러리즘 지원을 제공하였으며,

다섯 번째는, 무력과 외교적, 경제적 압력을 통해 달성될, 중동을 민주화하기 위한 교묘한 전략을 포함했다.

그러한 조치들의 일부는 성공적이었다. 알카에다는 아프가니스탄에서 기지를 박탈당했으며, 이스라엘 정부는 팔레스타인 사람들에게 모종의 양보를 제공하도록 설득되었으며, 많은 국가들이 극단주의적 집단들의 활동을 제약하는 데 협력했다. 많은 무슬림들에게 미국의 메시지는 그들의 행동과 모순되는 것으로 보였기 때문에 대여론외교는 덜 성공적이었다. 더구나 이라크에 대한 미국의 공격과 의심되는 테러리스트들에 대한 초법적 구금, 그리고 이란, 시리아, 팔레스타인 사람들에 대한 압력은 무슬림 거리에서의 미국의 합법성을 더욱 손상시키고 극단주의자들과 테러리스트들의 집단들에게 새로운 구성원들을 충분히 제공해주었다.

대부분의 국가들과 사람들은 원래 알카에다를 뿌리 뽑고자 하는 미국의 열망에 대해 동정적이었으며 많은 이들이 아프가니스탄 침공을 지지했다. 아시아, 중동, 그리고 유럽에 걸쳐 정부들은 의심스러운 집단들의 활동을 감시하고 제약하며, 테러리스트로 의심되는 이들을 체포하고 구금하는데 기꺼이 협력하고자 하고 있었다. 그럼으로써 일부는 미국과의 전략적 유관성을 과시하고, 국내의 정치적 반대를 단속하거나 그렇지 않았다면, 논쟁적일 수 있었던 군사적 관계를 개선할 수 있었다. 그러나 아프가니스탄에 대한 공격에 뒤이은 미국의 행동은 많은 정부들을 곤경에 빠뜨렸으며, 이

는 비단 무슬림 세계의 국가들에 한정된 것이 아니었다. 러시아, 중국, 독일, 프랑스를 포함하는 대부분은 그들이 위협의 위급성에 대해 확신하지 못하고 있었고 그것이 만들어 줄 주권이 일방적으로 폐기되는 것에 대한 위험스러운 전례에 관해 염려하고 있었기 때문에 이라크에 대한 침공에 반대했다. UN의 관리들과 그 많은 회원국들은 무력의 사용에 관한 국제적 규범들이 침해되는 것과 부시 행정부가 국제적 제도들과 법규들을 명백히 무시하는 것에 대해 염려했다. 반면에 중동의 체제들은 미국이 새로이 그들의 지역을 민주화하는 데 몰두하는 것에 대해 염려했다.

전략적 환경은 한 국가의 울타리를 친 경계가 아니라 범세계적인 공동 경작지이며, 다른 국가들과 공동체들은 그것의 특성과 방향을 정하고 자신들에게 유리하도록 전환시키도록 할 것이다. 모든 국가들은 다른 국가들의 대전략들과 그에 따른 힘의 균형과 성격의 변환에 영향을 받으면서 자신들의 대전략들을 만들어 나갈 것이다.

21세기가 시작할 즈음에 군사적으로 미국에 도전할 수 있는 능력을 갖고 있던 국가는 하나도 없었지만 일부는 이미 소프트파워를 이용해 자신들의 영향력을 행사하고자 움직이고 있었다. 중국은 열렬한 UN 지지자가 되었으며, 러시아와 중앙 및 동남아시아의 국가들과 유대를 강화하는 방향으로 움직였다. 러시아도 유사한 입장을 취했지만, 동시에 중동의 안보 이슈들에 대해 스스로 적극적으로 개입하고, 동유럽에서 자신들의 영향력을 다시금 행사하기 위한 수단으로서 에너지외교를 이용하기 시작했다.

미국의 지배력 때문에 주요한 전쟁은 비수기를 누리고 있다는 콜린 그레이의 주장은 이러한 현상에 너무나 많은 무게를 두고 있다. 국가 간 전쟁이 발발하는 빈도가 감소하는 이유는 위에서 언급한 현상들보다 더 복잡하며, 20세기 말에 동시에 작용했던 모든 다양한 경감요인들을 가지고 있다. 거기에는 역사적으로 보았을 때 세계에서 가장 전쟁 지향적인 지역들 중의 하나인 유럽의 국가들이 통합된 것을 포함할 수 있다. 또한 전쟁의 경감요인들로서 민주주의와 자유무역이 확산되고 군비의 비용이 증가한 것과 그 유용성이 감소된 것, 핵무기들의 발전, 그리고 개선된 법규 및 규범들의 제정과 이들의 광범위한 수용을 포함시킬 수 있다. 2000년대에 들어서서 대부분의 정부들은 자신들이 전쟁에 의존하기보다는 평화를 유지함으로써 얻을 수 있는 것이 더욱 많다고 믿게 되었다.

이와 관련해 로버트 쿠퍼(Robert Cooper)의 분석은 흥미롭다. 그는 세계를 근대 이전과 근대, 그리고 탈근대 국가들로 나누었다. 대부분의 서유럽 국가들은 이제 재래식 공격으로부터 안전하며 그 관계에 있어 협력적인 탈근대적 국가들이 되었고, 인도, 중국, 러시아와 같은 대부분의 비서구 열강들은 여전히 전통적인 국가 간 위협들과 국가적 이해관계들에 몰두하고 있는 근대적 국가들이며, 나머지 세계의 대부분은 단순히 생존을 위해 투쟁하고 있는 전근대적 국가들로 남아있다. 쿠퍼에게 있어 세계질서의 주된 문제는 전근대적 세계들로부터 발생되는 무질서였다. 이러한 매우 유럽적인 시각은 유럽이 전근대적 세계의 문제들에 밀접한 관계를 맺으면서 자신들의 취약점들을 통해서 그리고 그들의 복지 국가주의적 문화를 통해 밝혀졌던 것이다. 쿠퍼의 분석은 전근대 세계의 질서를 복원시키기 위한 새로운 형태의 제국주의를 주장했다. 그의 논평은 테러와의 전쟁과 이라크에서의 전쟁이 개시되기 전에 저술되었지만, 그는 그 모두를 전근대 세계와 근대 세계(그는 미국이 여전히 여기에 속한다고 보았다) 간의 투쟁을 보여주는 증거로 보았을 것이다.

국가체제의 변화 속성에 대한 그러한 숙고는 세계화의 힘이 이미 발전된 서구를 포함하는 세계의 대부분에서 민족주의의 대두를 조장해 놓았다는 사실을 간과했다. 미국과 서유럽, 그리고 호주에서 일하는 많은 이들은 생산설비들이 노동력의 비용이 보다 낮은 국가들을 향해 연안으로 이동하고 값싼 수입품들이 유입됨에 따라 취약해짐을 느끼게 되었다. 그들은 세계화를 보여주는 물리적 전형들 중의 하나인 난민들과 경제적 이민자들이 도착하는 것을 두려워하고 이주를 통해 자신들의 문화가 희석되는 것에 염려했다. 정부의 대응을 요구하는 것에 대한 비판은 흔히 엘리트주의적인 것으로 치부되고 말았으며, 공동체 방어성과 민족주의적인 감정을 증가시켜 놓았을 뿐이었다. 정부들은 다수의 관심사들에 반응했으며, 일부는 경제적 자유화를 증대시키기 위한 자신들의 계획들을 지연시키거나 되돌리며, 이민을 단속하는 것처럼 보임으로써 공동체적인 염려들을 완화시키도록 강요를 받았다.

세계의 다른 부분들에서는 세계화의 불균등한 결과들과 자유무역의 불공평성, 그리고 지역의 문화들을 침해하는 서구와 특히 미국의 영향력에 대한 불만이 존재했다. 일부의 국가들에서 이는 강건한 토착적인 통치모델들이나 지역적인 이해利害 공동체들을 발전시키는 데 몰두하는 정부들의 수립을 야기했다. 다른 곳들에서는 번영을 안겨다줄 수 없었던 정부들이 종족적이거나 종교적인 결속에 대한 호소를 통해 계속해서 대중적 지지를 동원해냈다. 중국과 일본은 서로의 국제적, 지역적 영향력에 손상을 가하기 위한 노력의 일환으로 민족주의적인 입장을 취했었다. 이란과 베네수엘라 정부는 민족주의적 감정을 동원하는 데 미국의 압력을 이용했었다.

역사가 보여주었듯이, 민족주의는 배타적이고 흔히 적대적이기 때문에 민족주의의 대두는 위험한 현상이다. 민족주의는 이슈들이 논쟁적일 때 두각을 나타내어 협상을 보다 어렵게 하고 군사적 행동을 위한 압력이나 저항하고자 하는 결의를 증대시킨다. 21세기의 불확실한 세계에 있어 그것이 주장되는 것은 무력의 사용에 대한 국제적 규제들이 계속해서 필요함을 강조해줄 뿐이다. 국제법에 대해 폄하하는 이들은 흔히 그것이 가하는 신중한 자극과 그것의 전략적 유용성을 간과한다. 예를 들어, 평시에 상선에 대한 공격을 금지하는 국제법은 네덜란드와 미국과 같은 무역국가들이 17세기와 18세기에 자신들의 경제적 성장을 가로막고 있던 공격들과 봉쇄들에 반대했던 데서 기원이 된 것이었다. 영국과 프랑스와 같은 해군 강국들은 전시의 해군작전에 제약을 가한다는 인식에 저항했지만, 자유무역의 경제적 혜택에 대한 인식의 증가와 프로이센과 같은 육군 강국들의 전략적 계산은 평시에는 해상교통이 방해를 받지 않고 이루어지도록 하는 협정을 야기했다. 교역의 자유로운 이동은 국가들로 하여금 평화롭게 식량과 자원들에 근접할 수 있도록 해주고, 영토적 획득의 동기들을 상당 정도 감소시켜 주었으며, 상선의 안전함은 긴장과 전쟁의 공통적인 원인을 제공해주었다.

무력의 사용을 제약하는 법률들을 고수하고자 하는 또 하나의 주장은 민족주의는 전쟁 자체를 심각하게 만들어버린다는 것이다. 베트남에 대한 미국의 개입과 소련의 아프가니스탄 침공을 파멸로 이끌었으며 1990년대의 발칸전쟁들이 잔혹하고 격렬하여 중재가 어려웠던 것은 강도 높은 민족주의적 감정이었다. 그것은 또한 이라크전쟁을 복잡하고 복합적이게 만드는 요인이었는데, 상호 경쟁적인 종교적 민족주의는 그 나라의 아랍 공동체들 간의 분열을 심화시켰다. 수니(Sunni)파 민족주의는 반군활동을 조장했는데 반해 쿠르드족의 민족주의는 하나의 통일된 국가가 수립되는 것을 방해했다.

이라크전의 경험으로 전쟁들이 더 이상 군사력들 간이나 심지어 체제들 간의 전투로 인식될 수 없다는 사실을 알 수 있었다. 그것들은 사실상 대중적이고 국제적인 여론의 환심을 사기 위해 치러졌고, 외견상 해상에서의 교전 이외의 대부분의 분쟁상황들이 사람들 간에 치러져야 하는 것이었다. 군사행동을 통해 요망되는 정치적 효과를 달성하지 못하면 군사력이 저항하는 주민들이나 적어도 위장이나 지지를 위해 그러한 주민들을 이용하는 상대의 전력들과 맞서는 길고도 희생이 큰 싸움에 사로잡히게 된다. 그리고 많은 이들이 생각하듯이 이는 비단 내전에만 적용되는 것이 아니다. 국가 간 공격들에 대한 게릴라적 대응은 군사적인 개입이 진행되는 동안이나 그 이후에 발생할 수 있으며, 모든 재래식 전쟁의 이점을 완전히 무효화해 버릴 수 있다.

게릴라전의 부활은 서로에 대항해 자신들의 군사력을 사용하고자 원하는 국가들에게 심각한 도전들을 가한다. 이는 민간인들이 거주하는 환경들 속에서 싸우기 위해 그러한 전력들을 조정하고, 정보 및 감시 능력들을 개선하며, 우월한 무기들을 확보하거나 공격으로부터 요인을 보호하는 등의 단순한 일이 아니다. 문제는 대반군작전의 진정한 표적은 게릴라들이 자신들의 힘을 키워가는 원천이 되는 민간주민들이 된다는 것이다.

민간인들은 그들이 비전투원으로서의 특별한 권리를 갖고 있기 때문에 전쟁으로 인한 약탈적 행위로부터 보호되어야 한다는 기대는 시간이 흐르면서 서서히 발전되어 국제법에 각인되었다. 그러나 민간주민들을 잘 처우하는 것에 대해서는 국민국가의 체계가 확립되기 훨씬 이전부터 인식되어 온 중요한 신중한 이유가 있다. 국가들이 기꺼이 장기적인 압제에 빠져들고자 하지 않는 경우에는 모든 주요한 정치적 변화들을 부가하거나 도입하는 데는 주민 대다수의 동의가 필요하다. 역으로, 대중적 정통성을 누리는 주역은 패배를 당하기가 어렵다. 심지어는 압도적인 재래식 전력도 만약 그것을 보유하고 있는 자가 정통성을 결여하고 있다면 평화를 가져오기 어렵다.

미국을 포함하는 서구의 열강들이 성공적인 '작은 전쟁들'에 대한 이전의 경험들을 주장할 수는 있지만, 베트남전에서 보면 저항운동이 쉽게 진압되지 않고, 주민들이 쉽게 위압당하지 않음을 보여주었다. 무력은 신속하거나 영속적인 결과를 낳을 가능성이 없으며, 군사적 평정은 수용 가능하거나 유용해질 가능성이 없다. 정부는 그들의 무장한 내부의 상대를 억제하거나 소진시킬 수 있지만, 외부의 전력에게는 영속적인 평화를 창조하는

데 필요한 인내, 권리, 또는 압력, 유인, 완화의 장기적인 전략을 이행할만한 자원이 결여되어 있다.

과거는 하나의 서막일 수 있지만 미래에 대한 예견에 의존할 수는 없다. 전쟁은 그 정치적, 경제적, 사회적 맥락들과 분리될 수 없으며, 그것은 국가적, 국제적 수준에서 비선형적인 방식으로 계속해서 진화될 것이다. 그러나 20세기 말과 21세기 초의 전쟁의 경험들은 미래의 전략가들에게 몇 가지의 시사점들을 제공해준다. 위협이나 무력의 사용을 위한 기획은 계속해서 일련의 '전통적인' 군사적, 정치적 고려들에 의해 영향을 받을 것이지만, 동시에 신뢰성과 정통성이라는 구축이 어려운 토대들에게도 의존해야 할 것이다. 작전들을 재래식 또는 비재래식인 것으로 인지한다거나, 별개이거나 차별화된 묶음들로 계획하는 것은 더 이상 전략적으로 의미가 없다. 분쟁은 동시적으로 발생할 수 있으며, 군사력에 대한 요구에 있어 모순의 잠재성이 있다. 한 영역에서 승리하기 위해 취해진 행동들은 다른 곳에서는 손상을 입을 수 있다. 전술적, 작전적 효과들은 좋지 않은 전략적 효과들을 불러올 수 있으며, 전략적 효과들도 그 자체가 예견 불가능하고 불확실하다. 결국 장기적 관점의 부재나 물질적 개선과 정치적인 확신의 노력이 없는 상태에서 무력위협이나 무력사용은 더 이상 계획되거나 이행되어서는 안 된다. 보다 나은 평화를 위한 전략들은 질서만큼이나 정의에 대한 합의된 개념에도 의존해야만 할 것이다.

전략연구는 인간이 어떻게 그들 스스로 역사를 만들어 나아가고 그렇게 함으로써, 그들이 직면하고 있는 환경들을 어떻게 조성해 나갈지에 대한 이해에 도움을 주어야만 한다. 이러한 실천적, 적극적 행동주의자들의 선택에 강조점을 두는 이러한 관점이 다른 연구들과는 매우 현저하게 구분되며, 특정의 학문 분야에만 국한될 수 없을 것이다. 인간행동에 내재되어 있는 주기적 행동양식에 매몰된 나머지, 그들의 행동에 대해 결정론적으로 생각하고, 힘을 행사하는 것이 인간 본성의 부분 보다는 사회제도의 실패로서 바라보는 사람들의 관점은 문제가 있다. 전략연구는 조직화된 폭력이 불안하게 대두되는 상황들을 마주함으로써, 극단으로 치우칠 때 더 발달할 수 있을 것이다. 우리가 아직 인간사에서 무력의 사용을 여전히 제거하지 못했고 많은 극단적인 상황과 직면해야 하기 때문이다.

이러한 극단적인 상황들은 전략을 배우는 학생들이 검토·토의하게 되는 정책의제들을 제공해준다. 학문의 조직 측면에서 볼 때 전략연구의 미래가 여기에 달려있다. 이것은 다음과 같이 다양한 측면에서 계속 시험될 것이다.

첫째, 전략연구는 극한의 상황으로 치달을 가능성 있는 상황과 계속해서 연관을 맺을 때, 필요한 요구들을 충족시켜 나갈 수 있을 것이다. 전략연구의 범위는 계속해서 커져가고 있다. 약소국들에게 관련된 많은 문제들과 함께 급진적 이슬람주의 운동에 의해 야기되는 도전들을 포함한다. 그러나 이와 동시에 강대국들 간의 주요전쟁과 같은 가장 극단적인 상황들은 여전히 일어날 것 같지는 않다. 2000년대의 혼란의 10년간은 전략적인 행동에 대한 일반적 이해 위에 개별적이며 복잡한 일련의 특별한 갈등들을 결합할 필요성을 보여주었다.

둘째, 의제가 더욱더 산만해지고 어떤 측면에서는 긴급성이 떨어지는 의제로 인하여 전략연구에 대한 일관성이 떨어질 수 있다.

셋째, 조심성과 겸손함이 요구될 것이다. 기존의 지식과 숙고시간의 측면에서 불완전한 상황 속에서 결정들이 이루어지면 심각한 결과를 낳을 가능성이 있는데, 이에 대해 조언을 하는 것과 책임을 지는 것에는 엄청난 차이가 있다.

넷째, 이러한 이유들로 전략은 과학이 아니라, 기술이라는 것을 망각해서는 안 된다.♣

마무리를 하면서

북한은 2010년에 있었던 천안함 피격과 연평도 포격전과 같은 국지 도발을 자행했고 또 우리 정부와 국제사회의 강력한 경고에도 불구하고 2012년 12월 12일에 장거리 미사일의 발사 그리고 2013년 2월 12일에는 3차 핵 실험을 감행한 후, "정전협정 백지화", "누르면 발사하게 돼 있고 퍼부으면 불바다로 다 번지게 돼 있다", "적진을 아예 벌초해 버려라", "아직 세상이 알지 못하는 우리식 정밀 핵 타격, 서울과 워싱턴 동시에 불바다" 등 최고 수준의 대남협박과 심리전을 최근에 구사하였다.

이에 대해 우리의 합참의장은 3월 6일 경고문을 발표했다. 즉, "북한이 도발할 경우 우리 군은 도발원점과 지원세력은 물론 지휘세력까지 강력하고 단호하게 응징할 것"이라 했다. 그 다음날(3월 7일) 주한 미군사령관은 "한국을 수호하기 위해 만반의 대비태세를 갖추고 있다"고 뒷받침 했다.

박근혜 대통령과 시진핑(習近平) 중국 국가주석은 6월 27일 베이징에서 열린 한·중 정상회담에서 「미래 비전 공동성명」을 통해 "(북) 핵무기 개발이 한반도를 포함한 동북아 및 세계의 평화와 안정에 대한 심각한 위협이 된다는 점에 인식을 같이 했다.… 양측은 한반도 비핵화 실현 및 한반도 평화와 안정 유지가 공동의 이익에 부합함을 확인했다"고 발표했다. 중국이 과연 북한의 붕괴 위험을 무릅쓰고, 강경한 대북 핵 정책을 실천할 것인가는 두고 볼 일이다.

아무튼 우리들은 북한의 도발에 대해서는 강력한 응징이 필수적이며, 이를 위해 우리의 강력한 군사적·외교적·경제적·심리적 억지력을 통해 북한이 감히 도발을 생각하지 못하도록 하는 것이 핵심과제이다. 이런 관점에서 우리의 군사력 증강이 필수적이며, 현재 우리나라 국방비는 국내 총생산(GDP)의 2.5% 수준이다. 이는 이스라엘 6.5%, 미국 4.8%, 사우디아라비아 10.1% 등에 비해 훨씬 떨어지는 수치인데, 북한의 도발을 억제하기 위해서는 좀 더 과감한 하드파워뿐만 아니라, 소프트파워에도 투자가 필수적이다. 필자는 평생을 군사학 연구를 했는데, 그 결론은 "평화를 바란다면, 전쟁을 이해하고 거기에 대비하라!"는 것이다.

지난 2007년 2월 일본 도쿄에 소재하는 「일본 전략연구 포럼」(Japan Forum for Strategic Studies)에서 '한반도의 현황과 전망'의 시평時評을 집필해 달라는 원고 청탁이 왔기에, 그들의 회지會誌 4월호에 발표했고 또 우리나라의 월간지 『자유自由』(2007년 5월호)에도 번역·발표했다. 거기의 평화적 남북통일에 대한 새로운 제안을 간략하게 요약하면 다음과 같다.

> 남·북한의 통계를 보면, 인구는 4,850만 명 대 2,150만 명, 병력은 67만 4천 명 대 117만 명, 그리고 국내 총생산(GDP)은 9,310억 달러 대 227억 달러이고, 남·북한의 체제 우열의 판결은 끝났으며, 북한의 붕괴는 이미 시작되었다고 진단해도 좋으리라.… 한반도 통일에 관한 시나리오에는,
> ① 북한 해방을 통한 남·북한의 연방제
> ② 북한의 붕괴 후, 한국에 의한 흡수 통일
> ③ 무력 충돌에 의한 통일
> 등이 논의되고 있으나, 강대국의 개입과 피해의 가능성은 언제나 존재하고 있다. 그래서 바람직한 시나리오는, 935년 신라의 경순왕이 태자의 반대를 무릅쓰고 고려의 태조에게 국가 권력을 이양한 것처럼, 김정일 국방위원장은 한국정부에 권력을 이양하고 따뜻한 제주도에서 여생을 편안하게 사는 것이리라. 이렇게 함으로써, 김일성이 범한 민족적 비극(6·25전쟁의 도발)에 대한 보상도 되고 또 한민족의 평화적 통일과 동북아시아의 평

화와 번영에 공헌하는 것이 되리라.(2007. 2. 15.)

필자의 이러한 제안은 우리 역사에서 찾을 수 있는 귀중한 교훈과 『손자병법』의 명구名句 즉, "그러므로 백 번 싸워 백 번 승리하는 것이 결코 훌륭한 전략이 아니고, 싸우지 않고 적을 굴복시키는 것이 최상의 전략이다."(謀攻, 第三)에 바탕을 두고 있다는 것을 밝혀 둔다. 그리고 '새로운 제안'에 대해 그동안 정세의 변화에 따른 부연의 글, 「한반도와 중국의 미래관계를 위한 단상斷想」(『自由』, 2013년 3월호)을 발표했으니, 참고하기 바란다.♣

주요 참고문헌

〈국내 단행본〉

• 권태영·노훈, 『21세기 군사혁신과 미래전』, 서울 : 법문사, 2008.
• 金永俊, 『國家利益과 國家政策』, 서울 : 신명문화사, 1962.
• 김종찬, 『한반도 핵게임』, 서울 : 새로운 사람들, 2005.
• 김태우, 『북한 핵문제 종합적 대처방안』, 서울 : 국방연구원, 2003.
• ______, 『북핵을 넘어 통일로』, 서울 : 명인문화사, 2012.
• 박명서·정지웅, 『북한 핵 프로그램』, 서울 : 사군자, 2000
• 박성규·길병옥 공저, 『현대북한의 이해』, 대전 : 충남대학교 출판문화원, 2012.
• 박 진, 『박진의 북핵 리포트』, 서울 : 한국경제신문, 2003.
• 서재진, 『주체사상의형성과 변화에 대한 새로운 분석』, 서울 : 통일연구원, 2001.
• 이강덕, 『북한 핵보유국의 진실』, 서울 : 해피스토리, 2012.
• 이용준, 『북한 핵 : 새로운 게임의 법칙』, 서울 : 조선일보사, 2004.
• 이재석, 『북한 핵 드라마 : 배경·전개·해법』, 서울 : 형성출판사, 2004.
• 李鍾學, 『韓半島의 抑止戰略理論』, 서울 : 螢雪出版社, 1979.
• ______, 『軍事論文選』, 경주 : 서라벌군사연구소, 1991.
• ______편저, 『군사전략론』, 대전 : 충남대학교 출판부, 2009.
• 이종학·길병옥 편저, 『군사학 개론』, 대전 : 충남대학교 출판부, 2009.
• 이종학, 『군사고전의 지혜를 찾아서』, 대전 : 충남대학교 출판문화원, 2012.
• ______편저, 『전략이론이란 무엇인가』, 대전 : 충남대학교 출판문화원, 2012.
• 이춘근, 『북한 핵의 문제 : 발단, 협상과정, 전망』, 서울 : 세종연구소, 1995.

•이태윤, 『새로운 전쟁, 21세기 국제 테러리즘』, 서울 : 모시는 사람들, 2004.
•任德淳, 『政治地理學原論』, 서울 : 一志社, 1973.
•전현준, 『김정일 정권의 분야별 정책변화와 추이 분석』, 서울 : 통일연구원, 2001.
•조동성·신철호, 『14가지 경영혁신 기법의 통합모델』, 서울 : 아이비에스컨설팅그룹, 1996.
•조재근, 『국제정치학』, 서울 : 법문사.
•최종기, 『국제관계론』, 서울 : 박영사, 1966.
•공군대학, 『북한 핵 어떻게 제압할 것인가?』, 제13회 국제항공전략 심포지엄 발표 자료집, 2007.
•교육사령부, 교육참고 8-3-18 『작전술』, 대전 : 교육사, 2007.
•국방대학교, 『북한 핵무기 위협에 대한 현실적 대응방안』, 합참대 합동전략발전 세미나 발표 자료집, 2010.
•국방부, 『한국적 군사혁신의 비전과 방책』, 서울 : 국방부, 2003.
•______, 『대량살상무기(WMD) 문답백과 : 화·생·방·미사일 얼마나 알고 계십니까?』, 서울 : 국방부, 2004.
•______, 『주요 국방정책 용어』, 서울 : 국방부, 2007.
•陸軍大學編, 『군사평론』 117호, 1970년.
•陸軍本部編, 『(야전교범 100-5) 作戰要務令』, 1968.
•육군본부, 『(야전교범 100-5) 작전요무령』. 대전: 육군본부, 1996,
•육군본부, 『(야전교범 3-0-1) 군사용어사전』. 대전 : 육군본부, 2006.
•합참, 합동참고 교범 1-2 『합동 및 연합작전 군사용어사전』, 합참, 2006.
•합동참모본부 편, 『합동·연합작전 군사용어사전』, 2010.
•토마스 함메스, 『21세기 전쟁 : 비대칭의 4세대 전쟁』, 하광희·배달형·김성걸 옮김, 서울 : 한국국방연구원, 2010.
•TRADOC, 교육사 역, 팸플릿 525-5-500 『지휘관의 상황 이해와 전역구상』, 2008. 1.

〈외국 단행본〉

•『毛澤東軍事論文選』, 北京 : 外文出版社, 1969.
•服部卓四郎,『大東亞戰爭全史』, 東京 : 原書房, 1965.
•小山弘健,『軍事思想の研究』, 東京 : 新泉社, 1970.
•岩島久夫,『心理戰爭』, 東京 : 講談社, 1968.
•原田稔,『未來國防論』, 東京 : 原書房, 1971.
•防衛廳防衛硏修所戰史室,『戰史叢書』, 大本營陸軍部(1), 東京 : 朝日新聞社, 1969.
•ヘーゲル,『小論理學』(上), 松村一人, 東京 : 岩波書店, 1997.

•A. C. Arend, and R. J. Beck, *International Law and the Use of Force : Beyond the Charter Paradigm*, London : Routledge, 1993.
•A. J. Bacevich, *The Pentomic Era : The US Army between Korea and Vietnam*, Washington, D.C : National Defense University Press, 1986.
•John Baylis, et al. *Strategy in the Contemporary World*, New York : Oxford University press, 2010.
•André Beaufre, *An Introduction to Strategy*, trans. R. H. Barry, New York : Frederick A. Praeger, 1965.
•Alfred H. Burne, *The Art of War on Land*, Harrisburg, Pennsylvania : The Military Service Publishing Company, 1947.
•Edward H. Carr, *What is History?*, New York : Vintage Books, 1961.
•I. L. Claude, *Power and International Relations*, New York : Random House, 1962.
•Carl von Clausewitz, *On War*, Translated and edited by Michael Howard and Peter Paret, Princeton, N.J : Princeton University Press, 1976.
•Martin van Creveld, *Technology and War from 2000 B.C. to the Present,* New York : Free Press, 1989.

• __________________, *The Transformation of War*, New York : The Free Press, 1991.

• R. E. Dupuy & T. N. Dupuy, *Military Heritage for America*, New York : McGraw-Hill Book Company, 1956.

• Edward M. Earle, ed., *Makers of Modern Strategy*, Princeton University Press, 1943.

• Henry E. Eccles, *Military Concepts and Philosophy*, New Brunswick, New Jersey : Rutgers University press, 1965.

• M. Finnemore(1996b), *National Interests in International Society*, N.Y : Cornell University Press.

• C. S. Forester, *The Ship*, Boston, MA : Little Brown, 1943.

• L. Freedman, *The Evolution of Nuclear Strategy*, 3rd edn, New York : St. Martin's Press, 1989.

• J. F. C. Fuller, *Armored Warfare*, Pennsylvania Harrisburg : The Military Service Publishing Company, 1943.

• ___________, *Armament and History, A Study of the Influence of Armament on History from the Dawn of Classical Warfare to the Second World War*, New York : Charles Scribner's Sons, 1945.

• ___________, *The Conduct of War*, New Jersey : Rutgers University Press, 1962.

• Raymond L. Garthoff, *Soviet Strategy in the Nuclear Age*, New York : Frederick A. Praeger, 1958.

• James M. Gavin, *War and Peace in the Space Age*, New York : Harper and Brothers, Publishers, 1958.

• Colin S. Gray, *Strategic Studies : A Critical Assessment*, London : Aldwych Press, 1982.

• ___________, *Modern Strategy*, New York : Oxford University Press, 1999.

• H. Grotius, *The Law of War and Peace: De Jure Belli ac Paccis Libri Trea*, New York : Bobbs-Merrill Commentary and Eocuments, Boston, MA : World

Peace Foundation, 1925.
•Morton H. Halperin, *Contemporary Military Strategy*, Boston : Little, Brown and Company, 1967.
•Thomas X. Hammes, *The Sling and the Stone : On War in the 21st Century*, St. Paul, MN : Zenith Press, 2004.
•Michael I. Handel, *Masters of War : Classical Strategic Thought,* London : Frank Cass, 1996.
•H. L. A. Hart, *The Concept of Law*, 2nd edn., Oxford : Oxford University Press, 1994.
•L. Henkin, *How Nations Before Law and Foreign Policy*, New York : Columbia University Press, 1968.
•Charles J. Hitch, *Decision-Making For Defense*, University of California Press, 1965.
•R. H. Jackson, *Quasi-States : Sovereignty, International Relaions and the Third World*, Cambridge : Cambridge University Press, 1993.
•Baron De Jomini, *The Art of War*, trans. by G. H. Mendell and W. P. Craighill, Westport, Connecticut : Greenwood Press, 1971.
•M. Kaldor, *New and Old Wars : Organized in a Global Era*, Cambridge : Polity Press, 1999.
•R. O. Keohane, I*nternational Institutions and State Power : Essays in International relations Theory*, San Francisco : Westview Press, 1989.
•K. Kim, et. al., *North Korea's Weapons of Mass Destruction : Problems and Prospects*, Seoul : Hollym International Corp., 2004.
•B. H. Liddell Hart, *Strategy*, New York : Frederick A. Praeger, 1954.
•Ronnie D. Lipschutz, (eds), *On Security*, New York : Columbia University Press, 1995.
•Julian Lider, *Military Theory*, Aldershot : Gower Publishing Company Limited, 1983.
•Donald MacKenzie, *Inventing Accuracy : An Historical Sociology of Nuclear*

Missile Guidance, Cambridge, MA : MIT University Press, 1990.

•A. T. Mahan, *The Influence of Sea Power upon History, 1660~1783* , Boston : Little, Brown and Company, 1890.

•Mao Tse-Tung, *Selected Works of Mao Tse-Tung*, vol. 2. New York : International Publisher, 1954.

•K. Mattews, *The Gulf Conflicts and International Relations*, London : Routledge, 1996.

•Michael J. Mazarr Shaffer, Jeffrey, and Ederington, Benjamin, *The Military Technical Revolution*, Washington D.C : CSIS, March 1993.

•H. McCoubrey, *International Humanitarian Law*, 2nd edn., Aldershot : Dartmouth, 1998.

•Harold S. Orenstein, *The Evolution of Soviet Operational Art 1927~1991 : The Documentary Basis*, Volume I . London : Frank Cass, 1995.

•Robert E. Osgood, *Limited War*, Chicago : The University of Chicago press, 1957.

•N. D. Palmer and H. C. Perkins, *International Relations*, Boston : Houghton Mifflin Co., 1957.

•Harries Clich Peterson, *Che Guevara on Guerrilla Warfare*, New York : Frederick A. Praeger, 1961.

•Henry Petroski, *To Engineer is Human : The Role of Failure in Successful Design*, New York : Random House, 1982.

•Thomas R. Phillips, (ed.), *Roots of Strategy*, Pennsylvania Harrisburg : The Military Service Publishing Company, 1950.

•Barry R. Posen, *The Sources of Military Doctrine: France, Britain, and Germany Between the World Wars*, New York : Cornell University Press, 1984.

•C. Reus-Smit, *The Politics of International Law*, Cambridge : Cambridge University Press, 2004.

•Rupert Smith, *The Utility of Force*, London : Allen Lane, 2005.

•Richard E. Simpkin, *Race to the Swift : Thought on Twenty-First Century*

Warfare, London : Brassey's Defense Publishers, 1985.

- V. D. Sokolovskii, *Soviet Military Strategy*, trans. Herbert. S. Dinerstein, Englowood Cliffs, New Jersey : Prentice-Hall, Inc., 1963.
- Harry G. Summers Jr., *On Strategy : The Vietnam War in Conflict*, US Army War College, 1982.
- A. A. Svechin, *Strategiia*, 2nd edition. Moscow : Voennyi Vestnik, 1927, edited by Kent D. Lee. Minnesota : East View Publication, 1992.
- V. K. Triandafillov, edited, Jacob W. Kipp. *The Nature of the Operations of Modern Armies*, Fort Leavenworth, Kansas : Frank Cass, 1994.
- Albert C. Wedemeyer, *Wedemeyer Reports!*, New York : The Devin-Adair Company, 1958.
- H. W. Wilson, *The War Guilt*, London : Sampson Low, 1928.
- James Q. Wilson, *Bureaucracy : What Government Agencies Do and Why They Do It*, New York : Basic Books, Inc., 1989.
- J. C. Wylie, *Military Strategy*, New Brunswick : Rutgers University press, 1967.
- *Dictionary of Basic Military Terms : A Soviet View*, trans. by Secretary of State, Ottawa, Canada. Washington, D.C. : Government Printing Office, 1982.
- National Defense Panel, *Transforming Defense : National Security in the 21st Century*, Washington, D.C, December 1997.
- U.S National War College, *Terrorism*, Washington, D.C. : U.S. National War College, 1986.
- USMC Headquarters. MCDP 1, *Warfighting*, Washington : Headquarter of USMC, 1997.
- U.S.A. Headquarters. *FM 100-5 Operations*, 1982.
- U.S.A. Headquarters. *FM 3-0 Operations*, 2008.

〈국내 논문〉

• 노양규, 「미군 작전술의 변화와 한국적 적용 연구」, 충남대학교 군사학 박사학위 논문, 2010.
• 도웅조, 「투하체프스키의 종심전투 사상이 소련군 기동전 교리에 미친 영향과 교훈」, 육대 정규과정 논문, 2001.
• 배달형, 「군사력 변환의 개념과 미군 변환추진전략에 대한 시사점」, 『주간 국방논단』, KIDA, 985호 (04-10), 2004.
• 이종학, 「평화적 남북통일에 대한 새로운 제안」, 『自由』 5월호, 서울 : 성우안보연구소, 2007.
• ______, 「한반도와 중국의 미래관계를 위한 단상斷想」, 『自由』 3월호, 2013.
• 전성훈, 「대량 살상무기(WMD) 군비통제와 군축의 역사적 평가와 전망」, 『한반도 군비통제』, 서울 : 국방부, 2008.
• ______, 「북한 비핵화와 핵우산 강화를 위한 이중경로정책」, 『국가전략』, 2010년 봄.
• 전현준, 「북한 정치체제의 특성에 관한 일 고찰」, 『북한체제의 현주소』, 서울 : 통일연구원. 2002
• 정영태, 「김정일 정권하 정치군사체제 특성과 변화전망」, 『김정일 정권 10년 : 변화와 전망』, 서울 : 통일연구원, 2004.
• 홍성후, 「북한의 2차 핵실험과 핵개발 의도」, 『한국동북아논총』, 15(2), 2010.
• 그란츠, 김석순 역, 「소련 작전술의 본질」, 『군사평론』 292호, 1991. 1. 30.

〈외국 논문〉

• D. Albright, "Introduction to Verified Dismantlement of Nuclear Programs : Defining the approach", ISIS, July 2003. http://www.isis-online.org/overview2.pdf.
• Fred Barnes, "Bush's Big Speech", *The Weekly Standard*, June 17. 2002
• Max Boot, "The Struggle to Transform the Military", *Foreign Affairs* 84(2),

March/April 2005.

• Robert A. Doughty, "The Evolution of US Army Tactical Doctrine, 1946~76", *Leavenworth Papers,* No.1. CGSC, 1979.

• Martin van Creveld, "The End of Strategy", in Hugh Smith (eds), *The Strategists,* Canberra : Australian Defence Centre, 2001.

• Francis Fukuyama, "Second Thoughts", *The National Interest,* 56 (Summer), 1999.

• Johan Galtung, "Violence, Peace, and Peace Research", *Journal of Peace Research,* Vol. 6, No. 3, 1969.

• David M. Glantz, "The Nature of Soviet Operational Art", *Parameters,* Spring 1985.

• ______________, "The Intellectual Dimension of Soviet(Russian) Operational Art", *The Operational Art : Developments in the Theories of War,* London : Praeger, 1996.

• Michael D. Krause, "Moltke and the Origins of Operational Art", *Military Review,* Sep. 1990.

• K. Kuhn, "Responsibility for Military Conduct and Respect for International Humanitarian Law", *Dissemination,* ICRC., 1987.

• H. Lauterpacht, "The Revision of the Law of War", *British Yearbook of International Law* 29, 1952.

• Edward N. Luttwak, "The Operational Level of War", *International Security*, winter, 1980~81.

• Michael R. Matheny, "Origins of Modern American Operational Art", Ph.D. diss., University of Temple. 2007.

• K. Van der Meer, "The Radiological Threat : Verification at the Source", *Verification Yearbook,* London : VERTIC, 2003.

• William A. Owens, "The Emerging System of Systems", *Military Review,* May/June 1995.

• ________________, "The Once and Future Revolution in Military Affairs",

Joint Forces Quarterly, Summer 2002.

- William Perry, "Desert Storm and Deterrence", *Foreign Affairs* 70(4), Fall 1991.
- R. Price, "Reversing the Gun Sights : Transnational Civil Society Targets Land Mines", *International Organization*, 52(3), 1998.
- _______, "Emerging Customary Norms and Anti-Personnel Landmines", in C. Reus-Smit,(ed.), *The Politics of international Law*, Cambridge : Cambridge University Press, 2004.
- Terry J. Pudas, "Disruptive Challenges and Accelerating Force Transformation", *Joint Forces Quarterly* 42, July 2006.
- C. Reus-Smit, "Politics and International Legal Obligation", *European Journal of International Relations*, 9(4), 2003.
- Donald H. Rumsfeld,(2001), "Transforming the Military", *Foreign Affairs* 81(3), May/June 2002.
- D. E. Sanger, "U.S. And 2 Allies Agree On A Plan For North Korea", *The New York Times*, December 8, 2003.
- James J. Schneider, "Vulcan's Anvil : The American Civil War and the Emergence of Operational Art", *Theoretical Paper*, No. 4. 1991. 6. 16.
- Alexander P. de Seversky, "What is Air Power?" in Eugene M. Emme, (ed.), *The Impact of Air Power,* Princeton : D. Van Nostrand Company, 1959.
- B. M. Simpson, "On the Theory of Strategy", *Military Review*, June 1973.
- R. H. S. Stolfi, "Equipment for Victory in France in 1940", *History* 55, 1970.
- Richard M. Swain, "Filling the Void : The Operational Art and U.S Army", ed., B. J. C. McKercher and Michael A. Hennessy, *The Operational Art : Developments in the Theories of War*, London : Praeger, 1996.
- Richard Szafranski, "Peer Competitors, the RMA, and New Concepts : Some Questions", *Naval War College Review* 49(2), Spring 1996.
- Stephen M. Walt, "The Renaissance of Security Studies", *International Studies Quarterly,* Vol. 35, 1991.
- Edward Warner, "Douhet, Mitchell, Seversky : Theories of Air Warfare", in

Edward M. Earle (ed.), *Makers of Modern Strategy*, Princeton : Princeton University Press, 1943.

•P. Zimmerman, "Technical Barriers to Nuclear Proliferation", *Security Studies*, Spring/Summer, 1993.

•ICG, "North Korea : Where Next for the Nuclear Talks?", *Asia Report,* No. 87, November 15, 2004.

저자약력

• 이 종 학

〈약 력〉

·공군사관학교(1954) 및 공군대학 졸업

·경희대학교 대학원 사학과 졸업

·공군사관학교 교수부 군사학과장

·국방대학원 교수 및 교수부 제3학처장

·미국 공군통신학교 통신장교과정 수료

·충남대학교 명예 군사학 박사(2003)

·공군대학 교수부 및 제2·3처장

·한국군사사학회 창설 및 초대 회장

·현재 : 서라벌군사연구소장
충남대학교 평화안보대학원 겸임교수
공군사관학교 명예교수

〈주요 저서〉

·『종합세계전사』(공저, 박영사, 1968)

·『군사전략론』(충남대학교출판부, 2009)

·『나의 학문과 인생』(충남대학교출판부, 2009)

·『전략이론이란 무엇인가』(충남대학교출판문화원, 2012) 외 20여권

• 노 양 규

〈약 력〉

·육군사관학교 졸업(1978)

·육군대학 및 국방대학원 군사전략 석사과정 졸업

·충남대학교 대학원 군사학과 졸업(군사학 박사, 2010)

·야전부대 대대장, 여단장 및 주요 부서 참모

·육군대학 전략학처장

·현재 : 영남대학교 군사학 교수

〈주요 저서〉

·『한국전쟁시 기갑부대 운용』(육본, 2000)

·『365일 손자병법』(신한출판사, 2007)

·『풀러의 마비전사상 연구』(석사논문, 1988)

·『미국 작전술 변화와 한국군 적용 연구』(박사논문, 2010)

•이 성 만

〈약력〉

·공군사관학교 졸업(1981)

·서울대학교 정치학과(1987) 및 동대학원 졸업(석사, 1990)

·프랑스 파리1대학(소르본느대) 정치학과 졸업(박사, 1996)

·공군사관학교 정치학 교관

·공군본부 전투발전단 전쟁연구실 전략기획담당

·합동참모본부 군사전략과 대북군사업무담당

·공군사관학교 교수부 군사학처장 겸 군사전략학 교수

·공군사관학교 교수부장 및 부교장

·현재 : 공군사관학교 교수부 군사전략학과 교수

〈주요 저서〉

·『항공우주시대 항공력 운용: 이론과 실제』(공저, 오름출판, 2010)

·『국가안보론 : 이론과 실제』(공저, 오름출판, 2013)

군사학 총서 발간 취지

군사학은 전쟁이란 무엇이며, 전쟁의 준비·수행 및 억제와 연구방법 등에 관한 지식의 체계이다. 전쟁은 오랫동안 인류 생존의 기본 요소이며 수단으로 등장하였고, 현재뿐만 아니라 앞으로도 형태를 달리하면서 존속하리라. 그리고 전쟁은 국민의 생사·국가의 존망과 직결되는 문제이기 때문에 신중히 대처하지 않을 수 없다. 한민족의 평화적 통일·생존권의 확보 및 번영의 초석이 되는 군사학의 연구·발전을 위해 군사학 총서를 발간하였다. 독자의 지도 편달과 육성, 그리고 동참을 기대한다. (**이종학** : leechoy@daum.net)

<table>
<tr><th>번호</th><th colspan="2">책 명</th><th>저 자</th><th>발행연도</th><th>정가</th></tr>
<tr><td rowspan="2">1</td><td colspan="2">군사학 개론</td><td>이종학·길병옥 편저</td><td>2009년
(4·6배판, 594쪽)</td><td>35,000</td></tr>
<tr><td>내용</td><td colspan="4">군사학이 우리나라에서 학문으로 공식적으로 인정된 것은 2002년 12월이다. 군사학의 간략한 정의는, “전쟁의 본질과 성격 및 무력전의 준비 및 수행에 관한 통일된 지식체계”라는 점에서 그 범위도 설정되었다. 이런 관점에서 군사학의 다양성, 다차원성, 다변화성을 포괄하는 학문적 개론서로서 새로운 학문 영역으로 자리 잡고 있는 군사학의 학문체계를 정리하고자 각 분야의 전문가 13명의 공동집필로 출간되었다.</td></tr>
<tr><td rowspan="2">2</td><td colspan="2">군사전략론</td><td>이종학 편저</td><td>2009년
(신국판, 450쪽)</td><td>25,000</td></tr>
<tr><td>내용</td><td colspan="4">우리 국군은 6·25전쟁과 베트남전 참전을 통해 전투경험은 했지만 전쟁을 하지 않았다는 것을 잊어서는 안 된다. 즉, 군사전략을 수립하여 전쟁을 수행해 본 일이 없는 것이다. 그래서 이 책은 군사전략 수립을 위한, 제1편 군사전략의 기초, 제2편 군사전략의 이론, 제3편 군사전략의 실제로 구성되어 있다. 군사전략은 군사목표, 군사전략개념 그리고 군사자원으로 구성되어 있는 결심사항을 간략한 문장으로 표기하며, 이것은 세 가지 기준, 즉 적합성, 가능성 및 수락성에 의해 검토된다는 것을 상세히 설명하고 있다.</td></tr>
<tr><td rowspan="2">3</td><td colspan="2">나의 학문과 인생</td><td>이종학 편저</td><td>2009년
(4·6배판, 606쪽)</td><td>30,000</td></tr>
<tr><td>내용</td><td colspan="4">평생을 군사학 분야 발전을 위해 헌신해온 이종학 교수의 八旬을 맞이하여 펴낸 책이다. 제1편은 나의 학문과 인생(이종학), 제2편은 군사학의 학문체계 및 발전방향(교수 에세이), 제3편은 군사학의 발전방향으로 군사학과의 박사과정을 이수했거나 혹은 이수 중인 피교육자들의 학위논문 주제를 요약하거나 관심을 가진 분야에 대한 간략한 에세이를 수록했다. 부록에는 공군사관학교 57기생들에게 ‘군사학 특강’을 실시 후 그들의 소감문을 소개했다.</td></tr>
</table>

<table>
<tr><td rowspan="2">4</td><td colspan="2">한국군사사연구</td><td>이종학 지음</td><td>2010년
(4·6배판, 632쪽)</td><td>30,000</td></tr>
<tr><td>내용</td><td colspan="4">1981년 국방대학원에 재직할 때, 「현대 군사사의 연구방향」이라는 논문을 발표하면서 '군사사'에 대한 이론 정립을 시도했다. 즉, 군사사는 군사이론과 역사학이 결합된 학문인 동시에 군사학의 이론적 기초이며 근원이다. 이것을 기초로 하여 한국사 가운데 군사문제를 다루기 시작해 30년간의 연구 성과를 집대성한 것이며, 21편의 논문으로 구성되어 있다. 저자가 지난 반세기 동안 군사사 연구에서 얻은 결론과 기본철학을 소개하면 다음과 같다. 즉, "평화를 바란다면, 전쟁을 이해하고 이에 대비하라!"</td></tr>
<tr><td rowspan="2">5</td><td colspan="2">전략이론이란 무엇인가
—『손자병법』과 『전쟁론』을 중심으로—</td><td>이종학 편저</td><td>2012년(개정보완판)
(신국판, 372쪽, 3판)</td><td>16,000</td></tr>
<tr><td>내용</td><td colspan="4">전략이론이란 무엇인가를 밝히면서, 원래 군사분야의 용어가 1960년대 이후 경영분야에도 활용되어 왔다는 것을 알아야 하고 군사전략뿐만 아니라, 국가전략 및 핵전략의 발전과정을 소개했다. 전략이론의 고전인 『손자병법』은 1972년 중국 산동성에서 『죽간 손자병법』이 나왔기에 그것을 삽입시켜 13편을 완역했다. 한편 클라우제비츠의 『전쟁론』은 초판본이 나왔고, 거기에서 내용이 너무 방대하기에 전술적 내용을 삭제한 抄譯을 했다. 직업군인과 최고 경영자들에게 전략이론을 알기 위한 필독서를 만들고자 꾸며 보았다.</td></tr>
<tr><td rowspan="2">6</td><td colspan="2">6·25전쟁이란
무엇인가</td><td>이종학 지음</td><td>2011년
(4·6배판, 623쪽)</td><td>30,000</td></tr>
<tr><td>내용</td><td colspan="4">이 책은 40여 년 간에 걸친 6·25전쟁 연구의 총 결산이자 집대성한 내용이다. 6·25전쟁에 대한 연구와 분석을 통해 그 원인을 밝혀내고 평시에 안보태세를 굳건히 하는 것이 가장 기본적인 대책이라고 해법을 제시한다. 이 책은 마치 6·25전쟁을 구석구석 현미경으로 확대해 들여다보는 듯하며 지금까지 나왔던 6·25전쟁 관련 서적과 다르게 새로운 사실들과 풍부한 사료들을 담고 있기 때문에 6·25전쟁을 연구하는 전문가들이나, 석·박사과정의 학생들에게 많은 도움이 될 것이다.</td></tr>
<tr><td rowspan="2">7</td><td colspan="2">현대 북한의 이해</td><td>박성규·길병옥 지음</td><td>2012년
(4·6배판, 336쪽)</td><td>25,000</td></tr>
<tr><td>내용</td><td colspan="4">탈냉전 이후 급변하는 국제상황 속에서 북한이라는 실체를 명확히 파악하고 한반도 평화통일의 기본 틀을 마련하는 데 기본적인 목적이 있다. 특히 남북한의 평화로운 통일과 기본적인 방향을 설정하는 데 있어서 가장 중요한 것은 북한을 제대로 이해하는 것이라는 점을 강조한다. 이 책은 현재 북한 관련 교재들이 북한의 실제를 제대로 파악하기에는 많이 부족하다는 점을 지적한다. 상식으로는 이해할 수 없는 북한이라는 체제 전체를 제대로 알 수 있는 교육이 절대적으로 필요하고 북한의 본질을 이해하여 그 대응책을 마련하는데 주요 초점을 두고 있다.</td></tr>
</table>

<table>
<tr><td rowspan="2">8</td><td colspan="2">군사고전의 지혜를 찾아서</td><td>이종학 지음</td><td>2012년
(신국판, 537쪽)</td><td>25,000</td></tr>
<tr><td>내용</td><td colspan="4">인류의 역사는 투쟁사 혹은 전쟁사의 연속이라 할 수 있다. 그러한 급변하고 위태로운 정세하에서 어떻게 생존하며 또한 승리할 것인가 하는 그 방법과 지혜를 제시했으며, 동양의 손무가 저술한 『손자병법』(기원전 513?)과 서양의 클라우제비츠가 저술한 『전쟁론』(1832)이 군사고전에 속하며, 그것들의 시대적 배경과 철학적 기초를 밝히려고 지난 반세기 동안 시도한 에세이를 편집한 것이 이 책이다. 군사고전은 심오한 철학사상을 바탕으로 하고 있기 때문에 생명력과 실용성을 보유하고 있을 뿐만 아니라, 인생철학의 지침서요 또 경영전략의 참고서로써 최근에 와서 더 많은 각광을 받고 있다.</td></tr>
<tr><td rowspan="2">9</td><td colspan="2">군제 기본원리와 한국의 병역제도</td><td>나태종 편저</td><td>2012년
(신국판, 353쪽)</td><td>16,000</td></tr>
<tr><td>내용</td><td colspan="4">이 책은 크게 두 편으로 구성되어 있다. 제1편 군제기본원리에서는 군사제도의 중요성과 제도에 관한 역사적 교훈, 현대 국방사상이 군제에 미치는 영향, 군사제도 설정의 기본원칙을 포함하였다. 제2편 한국의 병역제도에서는 정부수립 이후로부터 현재까지의 한국의 병역제도 변화과정을 분석하고 스위스, 이스라엘의 병역제도와의 비교평가를 통해 미래 한국의 병역제도 발전방안을 제시하였다.</td></tr>
</table>

· 펴낸곳 : 충남대학교출판문화원

· 전　화 : 042-821-6045

· e-mail : cnupress@cnu.ac.kr